智能变电站
监控系统及设备检测技术

ZHINENG BIANDIANZHAN

JIANKONG XITONG JI SHEBEI JIANCE JISHU

王永福　李劲松　王顺江　刘鑫蕊　等　编著

中国电力出版社
CHINA ELECTRIC POWER PRESS

内 容 提 要

变电站监控系统是电力信息采集的源头，对确保其安全、稳定、可靠、准确地运行至关重要。

本书介绍了变电站监控系统及设备的检测技术。全书共有 12 章，分别是变电站监控系统概述、智能变电站检测技术、硬件通用性能检测、测控装置检测、数据通信网关机检测、工业以太网交换机检测、同步相量测量装置检测、电能量采集终端检测、采集执行单元检测、时间同步系统检测、DL/T 860 通信规约检测、一体化监控系统检测。本书围绕变电站监控系统的检测技术展开，介绍了变电站监控系统内部主要设备及其相关设备的检测要求与方法，并附有各设备的现场测试实例，为智能化变电站监控系统及设备的检测工作提供指导，对推动其规范化检测具有一定帮助。

本书可供电气技术专业人员、电气专业在校师生、电力系统相关检测技术人员参考阅读。

图书在版编目（CIP）数据

智能变电站监控系统及设备检测技术/王永福等编著．—北京：中国电力出版社，2021.7
ISBN 978-7-5198-5209-2

Ⅰ.①智… Ⅱ.①王… Ⅲ.①变电所—智能系统—电力监控系统—检测 Ⅳ.①TM63

中国版本图书馆 CIP 数据核字（2020）第 248295 号

出版发行：中国电力出版社
地　　址：北京市东城区北京站西街 19 号（邮政编码 100005）
网　　址：http：//www.cepp.sgcc.com.cn
责任编辑：孙　芳（010—63412381）
责任校对：黄　蓓　王小鹏　王海南
装帧设计：赵丽媛
责任印制：吴　迪

印　　刷：三河市万龙印装有限公司
版　　次：2021 年 7 月第一版
印　　次：2021 年 7 月北京第一次印刷
开　　本：787 毫米×1092 毫米　16 开本
印　　张：24.25
字　　数：595 千字
印　　数：0001—1500 册
定　　价：128.00 元

编 委 会

前　言

　　变电站监控系统是电力信息采集的源头，对确保其安全、稳定、可靠、准确地运行至关重要。在智能化变电站监控系统发展初期，由于对检测的重视程度存在不足，期间投入的设备在信息采集与控制的准确性、及时性和可靠性方面存在一定的不足，对电网的安全、稳定、可靠、准确运行带来了负面影响。

　　本书围绕智能变电站监控系统的主要设备，从基本概念入手，对智能变电站系统与设备的检测进行了详细阐述。测试内容涵盖了智能化变电站监控系统及其内部设备，对功能、性能、通信规约、时间同步、硬件通用性能等方面的检测要求与方法等进行总结和归纳，并结合工程实际，归纳了相关设备检测的测试范例。本书着重介绍了智能变电站监控系统及其内部设备的测试关键技术原理及应用情况，通过对智能化变电站监控系统及设备进行上述规范化检测，使得智能化变电站更加可靠、环保、高效，并且为这些技术的进一步发展和应用起到了示范性的作用。

　　智能化变电站监控系统的本质就是实现变电站的运行监视和控制，是以实现变电站的安全经济运行、规范管理模式为目的，建立在计算机和网络通信技术基础上的监控系统。智能变电站作为智能电网的重要组成部分，具有全站信息数字化、通信平台网络化、信息共享标准化和高级应用互动化等主要特征，正由研究试点阶段逐步走向全面推广应用。

　　由于智能化变电站监控系统是一个不断进步完善的系统，新的技术与检测方法不断涌现，本书难以将所有进展全部涵盖，难免有不足与疏漏之处，恳请各位读者批评指正。

编者

2021.1

目 录

第一章

变电站监控系统概述

随着电网建设的快速发展，电网规模不断扩大，大电网实时调度控制要求越来越高，而智能化的变电站是电网运行的重要组成部分。变电站监控系统作为智能变电站的最重要监视控制，是智能电网调度控制和生产管理的基础。

变电站监控系统实现站内设备的配置管理、数据采集、运行监视、操作控制、运行管理等功能，实现数据辨识、智能告警、故障分析等高级应用功能，具备全站信息数字化、通信平台网络化、信息共享标准化、高级应用智能化等特点，具备全站信息的统一接入、统一存储和统一展示功能。变电站监控系统是生产控制大区的核心系统，部署在安全Ⅰ区及安全Ⅱ区，Ⅰ区设备包括监控主机、操作员站、Ⅰ区数据通信网关机，Ⅱ区设备包括综合应用服务器和Ⅱ区数据通信网关机等设备。变电站监控系统统一采用 DL/T 860 协议实现对站内测控、保护、安防、交直流电源以及电能量采集终端等自动化设备的信息采集和控制，并通过数据通信网关机实现和调度主站的通信，以及在发生控制动作、变位及告警信号时联动辅控系统及视频系统。

第一节 变电站监控系统架构

变电站监控系统，基于监控主机和综合应用服务器，统一存储变电站模型、图形和操作记录、运行信息、告警信息、故障波形等历史数据，为各类应用提供数据查询和访问服务。由于目前变电站监控系统均采用智能化变电站监控系统结构，因此全书将从智能变电站监控系统的角度进行阐述。

一、逻辑结构

智能变电站监控系统采集站内电网运行信息、二次设备运行状态信息，通过标准化接口与辅助系统等进行信息交互实现变电站全景数据采集、处理、监视、控制、运行管理、统一存储，构建面向主子站深度互动协同的信息模型和标准化接口，支撑主站各业务需求。智能变电站自动化系统体系架构逻辑关系如图 1-1 所示。

二、物理结构

智能变电站监控系统，基于监控主机和综合应用服务器，统一存储变电站模型、图形和操作记录、运行信息、告警信息、故障波形等历史数据，为各类应用提供数据查询和访问服务；变电站监控系统结构遵循 DL/T 860，如图 1-2 所示。

三、功能结构

智能变电站监控系统的应用功能结构如图 1-3 所示，分为三个层次：数据采集和统一存储、数据消息总线和统一服务接口、五类应用功能，支持主子站的实时数据传输和非实

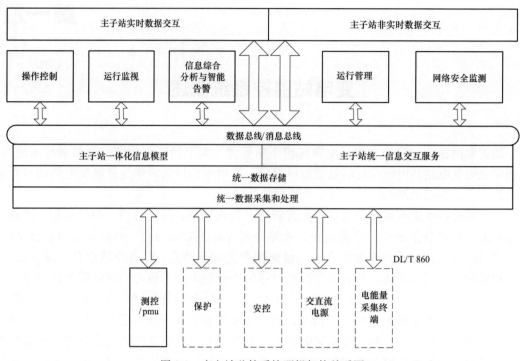

图 1-1　变电站监控系统逻辑架构关系图

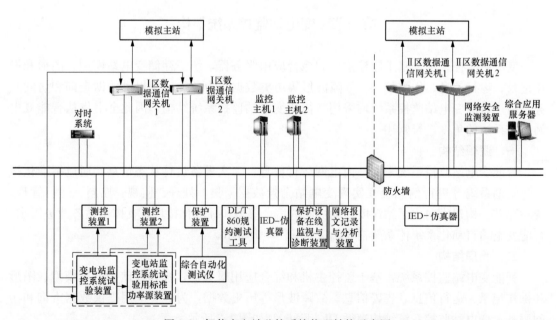

图 1-2　智能变电站监控系统物理结构示意图

时数据传输。五类应用功能包括：运行监视、操作与控制、信息综合分析与智能告警、运行管理和网络安全监测。

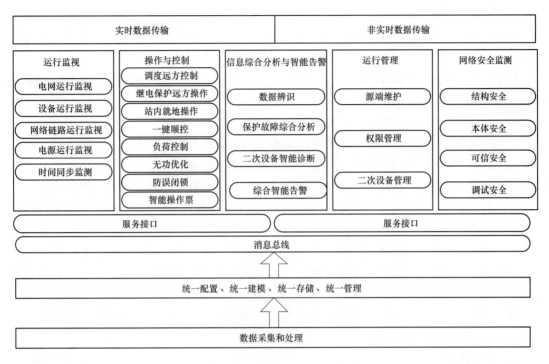

图 1-3 智能变电站监控系统应用功能结构示意图

第二节 技术规范及规约协议

本节主要是对智能变电站检测技术中所使用的一系列技术规范及通讯规约进行介绍，为后续检测工作的顺利进行做好准备。为使读者更全面理解本书所述概念，与本书相关国家标准、电力行业标准及企业标准也一并列出，供读者参考。

一、技术规范

本书所参考的技术规范主要有：

GB/T 17626.2—2018《电磁兼容 试验和测量技术 静电放电抗扰度试验》

GB/T 17626.3—2016《电磁兼容 试验和测量技术 射频电磁场辐射抗扰度试验》

GB/T 17626.4—2018《电磁兼容 试验和测量技术 电快速瞬变脉冲群抗扰度试验》

GB/T 17626.5—2019《电磁兼容 试验和测量技术 浪涌（冲击）抗扰度试验》

GB/T 17626.6—2017《电磁兼容 试验和测量技术 射频场感应的传导骚扰抗扰度》

GB/T 17626.8—2006《电磁兼容 试验和测量技术 工频磁场抗扰度试验》

GB/T 17626.9—1998《电磁兼容 试验和测量技术 脉冲磁场抗扰度》

GB/T 17626.10—2017《电磁兼容 试验和测量技术 阻尼振荡磁场抗扰度试验》

GB/T 17626.18—2016《电磁兼容 试验和测量技术 阻尼振荡波抗扰度试验》

GB/T 17626.29—2006《电磁兼容 试验和测量技术 电压暂降、短时中断和电压变化的抗扰度试验》

DL/T 476《电力系统实时数据通信应用层协议》

DL/T 634.5101《远动设备及系统　第 5-101 部分：传输规约　基本远动任务配套标准》

DL/T 634.5103《远动设备及系统　第 5-103 部分：传输规约　继电保护设备信息接口配套标准》

DL/T 634.5104《远动设备及系统　第 5-104 部分：传输规约　采用标准传输规约集的 IEC 60870-5-101 网络访问》

DL/T 860《电力自动化通信网络和系统》

Q/GDW 10131—2017《电力系统实时动态监测系统技术规范》

Q/GDW 10678—2018《智能变电站一体化监控系统技术规范》

Q/GDW 11202.2—2018《智能变电站自动化设备检测规范　第二部分：测控装置》

Q/GDW 11202.9—2018《智能变电站自动化设备检测规范　第九部分：数据通信网关机》

Q/GDW 11202.4—2018《智能变电站自动化设备检测规范　第四部分：工业以太网》

Q/GDW 11202.5—2018《智能变电站自动化设备坚持测规范　第五部分：时间同步系统》

Q/GDW 11202.8—2018《智能变电站自动化设备检测规范　第八部分：电能量采集终端》

二、规约协议

通信规约又名通信协议，是为保证数据通信系统中通信双方能有效和可靠地通信而规定的双方应共同遵守的一系列约定。电力系统中蕴含着一个巨大的信息子系统，这个子系统逐渐庞大而独立，形成电力企业信息平台。从信息技术的角度看过去，在当今的电力企业中，电力系统各子系统之间存在大量的信息交换，每个子系统不是信息提供者就是信息消费者，或者两者都是。

（一）发展变化

随着这种认识上的转变，以及计算机、通信等相关技术的高速发展，电力系统通信规约历经了几次大的发展变化：

1. 面向协议

过去人们更多地关注数据是如何传输，为数据传输定义了协议（protocol）。其具有面向点（而非面向对象）、面向报文（而非面向服务）、面向语法（而非面向语义）和主从结构（而非点对点）的特点。这种存在装置和子系统不能实现自我描述和"即插即用"，通信建立前须预配置。不能加入临时连接，网络拓扑完全固定；在纵向，难以实现多点传输，难以解决自动化系统的一发多收和信息转发问题。信息难以通过路由设备自由通信；在横向，难以实现变电站设备级的直接访问。从而难以实现 IED 之间（如保护设备和控制设备）之间的自协调问题；维护的问题，以及和离线系统的互联更是一个梦想等问题。

远动通信规约体系（IEC 60870-5 系列）包括 IEC 60870-5-101《远动设备及系统　远动设备及系统　基本远动任务配套标准》、IEC 60870-5-103《远动设备及系统　继保设备信息接口配套标准》和 IEC 60870-5-104《远动设备及系统　应用 101 于 TCP/IP 协议上网络访问》等标准。其中 IEC 60870-5-101、103、104 被用于变电站和调度中心间的通信。我国已将 IEC 60870-5-101、104 定为电力行业标准（非等同采用）。

2. 面向对象

随着电力系统自动化技术的迅速发展和实施复杂度的不断提高，迫使我们跳出各个子系统内部，站在更高的层次，考察和设计各子系统的边界。

一旦站在系统边界的角度，从系统集成目的的考虑，信息交换的内容实际上比数据如何在系统之间传输更重要。信息在通过系统边界时，它的语法和语义都需要被传输。而且，发生信息交换的系统可能都是非特定的。

IEC 新一代标准中已经不再用"XX protocol"命名。其制定的目标是描述所有已存在的对象模型、服务以及它们之间的关系。这些对象模型将涵盖电力系统一次系统、二次系统和通信系统。这些标准将为电力系统 SAS、DMS、SCADA/EMS、BMS 等提供可重用的构造"Bricks"。

3. 面向统一对象模型

由于历史的原因，TC57 各工作组在制定各部门的标准中使用了自己的对象模型和建模语言。这导致在发电，输电和配电领域中 TC57 内部并没有使用同一个对象模型代表同一个实体，甚至使用了不同的建模语言。

IEC 正在进一步做工作，研究并推荐如何实现电力系统统一的公共模型。当有些标准已经形成且大量使用时，推荐适当的适配器来完成模型间的必要转换。同时在将来标准的修订和新标准的开发中按统一的电力系统对象模型和建模技术，使 TC57 标准系列日趋完美。

目前，IEC 已将建模语言统一到 UML，并在 IEC 61850 和 IEC 61970 的对象模型（CIM）之间做了大量统一工作。

4. 电力企业统一信息架构

一个世界，一种标准，一种技术。一标准之争会演化为企业生存之争，对标准的支持往往直接关乎企业产品的竞争力。电力市场化已呈不可逆转之势。IEC 61850 以及 IEC 61970 等都是新一代的标准，都是将在今后的电力系统自动化发展中孕育出无限可能的标准，尽早对其开展研究具有深远战略意义。IEC 61850 的基本价值在于实现互操作性，最终价值在于为构造电力企业大信息平台创造必备条件。

（二）智能变电站中所使用的 61850 和远动通信规约体系（101、104、102、103、476）等通信协议

1. IEC 61850 规约

IEC 61850 是至今为止最为完善的变电站自动化标准，国际电工委员会（IEC）TC57 委员会于 2004 年完成制定并发布了 IEC 61850《变电站通信网络和系统（communication networks and systems in substations)》系列标准的第一版文件，该标准是基于通用网络通信平台的变电站自动化系统国际标准。该系列标准具有一系列特点和优点：分层的智能电子设备和变电站自动化系统；根据电力系统生产过程的特点，制定了满足实时信息和其他信息传输要求的服务模型；采用抽象通信服务接口、特定通信服务映射以适应网络技术迅猛发展的要求；采用对象建模技术，面向设备建模和自我描述以适应应用功能的需要和发展，满足应用开放互操性要求；快速传输变化值；采用配置语言，配备配置工具，在信息源定义数据和数据属性；定义和传输元数据，扩充数据和设备管理功能；传输采样测量值

等；制定了变电站通信网络和系统总体要求、系统和工程管理、一致性测试等标准。迅速将此国际标准转化为电力行业标准，并贯彻执行，对于提高我国变电站自动化水平、促进自动化技术的发展、实现互操作性非常重要。我国于 2004~2006 年，将其引进并翻译，等同采用为电力行业 DL/T 860 系列标准。

IEC 61850 第一版正式出版后，得到普遍应用，积累了大量宝贵经验，也提出了不少新的应用需求。特别是智能电网建设，可再生能源利用，要求 IEC 61850 不再局限于变电站内应用，适当扩展，考虑更多的应用，以满足当前技术发展需要。IEC TC57 2005 年起开始着手修订 IEC 61850 技术标准。IEC 61850 标准第二版保留了第一版的框架，对模糊的问题作了澄清，修正了笔误，在网络冗余、服务跟踪、电能质量、状态监测等方面作了补充，涉及变电站之间通信、变电站和调控中心通信、汽轮机和燃气轮机、同步相量传输、状态监测、变电站网络工程指南、变电站建模指南、逻辑建模等诸多方面。该系列标准的适用范围已拓展，超出变电站范围，IEC 61850 第二版的名称相应更改为《电力自动化通信网络和系统》(communication networks and systems for power utility automation)，并已成为智能电网核心标准之一。

2006 年以后，IEC 61850 标准的第二版陆续发布。迅速将此国际标准进行转化，替代和扩充 DL/T 860 第一版，并贯彻执行，将提高我国电力自动化水平，促进自动化技术的发展和实现互操作，为实现智能电网建设和发展奠定基础。

IEC 61850 的 5 大技术特点为面向对象建模、抽象通信服务接口 ACSI、面向实时的服务、配置语言 SCL 和电力系统统一建模。具体介绍如下：

（1）装置模型介绍。IEC 61850 标准根据电力系统生产过程的特点，制定了满足实时信息传输要求的服务模型。通过标准对各类型装置进行建模，实现了设备间较好的互操作性。

模型是利用 SCL 语言对智能电子设备（intelligent electronic device，IED）装置功能，外部通信，工程数据交换等装置功能的具体描述。装置模型是对装置的各个功能分解到 LN（逻辑节点），组成一个或多个 LD（逻辑设备），同时每个功能数据映射到 DO（数据对象），并且根据 FC（功能约束）进行拆分并映射到若干个 DA（数据属性）。其具体结构如图 1-4 所示。

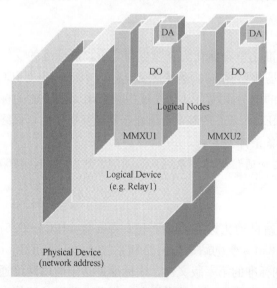

图 1-4　模型结构

1）逻辑设备（logical device，LD）。逻辑设备是装置中某些功能的集合，对于一个装置来说，它可以有一个或多个逻辑设备。对于每个逻辑设备都有自己的 LD Name，同时这也是装置内各逻辑设备的区分。例如，常规的测控装置一般可以分为 LD0（装置公共信息）、CTRL（控制）、MEAS（测量）等逻辑设备。同时每个逻辑设备应至少包含一个

LLN0 和 LPHD 逻辑节点。

逻辑设备一般由 inst、desc 等项目进行描述。对于逻辑设备的 inst，IEC 61850 规范中有具体的规定。如一个设备中有多个同类型 LD，其 inst 可以通过数字编号来进行区分。

例如：公用 LD：inst 名为 "LD0"；测量 LD：inst 名为 "MEAS"；保护 LD：inst 名为 "PROT"；控制及开入 LD：inst 名为 "CTRL"；录波 LD：inst 名为 "RCD"；保护测控过程层访问点的 LD，inst 名为 "PI"；智能终端 LD，inst 名为 "RPIT"；合并单元 LD，inst 名为 "MU"。

2）逻辑节点（logical node，LN）。逻辑节点是功能的最小单位，也是装置内具体功能的基本描述。如 PTOC 类型的 LN 表示带时限过流保护，包括时限、过流等定值及保护启动动作状态；MMXU 表示 3 相系统的模拟量，包括电流、电压、功率等数据；CSWI 表示开关对象，包括开关状态、开关控点等数据。

逻辑节点一般由 prefix、lnClass、lnType、inst、desc 等项目进行描述。其中，lnType 为 LN 类型，用于描述 LN 包含的数据信息，根据 lnType 可以在 DataTypeTemplate 段中查询其相关的数据。LN 实例名是 prefix＋lnClass＋inst 的组合，如图 1-5 所示中 LN 的描述，可以确定该 LN 实例名为 CBCSWI1。

Property View	
attrName	attrValue
* prefix	CB
* lnClass	CSWI
lnType	GNR_CSWI_0
* inst	1
desc	断路器控制

图 1-5 LN 的描述

其中只有实例名为 LLN0 的逻辑节点中包含数据集 DataSet、报告控制块 ReportControl。

3）数据对象（data object，DO）。模型中 LN 的下级数据称为 DO，在 IEC 61850 标准中统一定义了每个 DO 含义，DO 又可包含下级 DO 和 DA，因此 DO 可看作一个结构化的数据。

4）数据属性（data attribute，DA）。DA 是模型中的末级数据，DA 又可包含 DA，最末级 DA 称为叶子 leaf。

（2）模型相关的文件。在运用 IEC 61850 规约的工程中，我们经常会接触一些与模型相关的文件。其中比较常见的是 ICD 文件、CID 文件、SCD 文件等。

1）ICD 文件。ICD（IED capability description）智能电子设备能力描述文件。对于装置来说，其在出厂时，就已经具备其应有的功能和特性，但实际应用时所涉及的一些参数却是未定义的，如装置 IP 地址、IED Name 等。ICD 文件仅经过 IED 配置工具的配置，未经过变电站系统配置工具的配置，只是对现实智能设备的功能的一个全面描述。

2）CID 文件。CID（configured IED description）配置过的智能电子设备描述文件。简答来说，CID 文件是经过 SCL 工具配置过的文件，它是对 ICD 文件的一个扩充，不仅包含 IED 的功能描述，同时还包含了数据交换信息、报文控制信息等。

3）SCD 文件。SCD（substation configuration description）变电站配置描述文件。ICD 文件、CID 文件都是对于装置来说的，而 SCD 文件是所针对的对象是全站，可以说 SCD 文件就是全站所有装置模型的集合。

下面将通过框图对这 3 个文件的关系进行描述，如图 1-6 所示。

（3）IEC 61850 标准服务介绍。IEC 61850 标准的服务实现主要分为三个部分：MMS

图 1-6　文件关系图

服务、GOOSE 服务、SMV 服务。其中，MMS 服务用于装置和后台之间的数据交互，GOOSE 服务用于装置之间的通信，SMV 服务用于采样值传输。

1）MMS 服务。MMS（manufacturing message specification）即制造报文规范，是 ISO/IEC 9506 标准所定义的用于工业控制系统的通信协议。MMS 服务的种类为 93 种，表 1-1 中将其服务种类悉数列出。同时注意 MMS 规范中所支持的服务共计 85 种，占 11 个字节中的 85 个 bit。

表 1-1　　　　　　　　　　　　MMS 服务列表

bit	服务名称	bit	服务名称
0	Status	23	reportSemaphoreStatus
1	getNameList	24	reportPoolSemaphoreStatus
2	Identify	25	reportSemaphoreEntryStatus
3	Rename	26	initiateDownloadSequence
4	Read	27	downloadSegment
5	Write	28	terminateDownloadSequence
6	getVariableAccessAttributes	29	initiateUploadSequence
7	defineNamedVariable	30	uploadSegment
8	defin eScatteredAccess	31	tertmnateUploadS equence
9	getScatteredAccessAttributes	32	requestDomainDownload
10	deleteVariableAccess	33	requestDomainUpload
11	defineNamedVariablelist	34	loadDomainContent
12	getNamedVariableListAttributes	35	storeDomainContent
13	deleteNamedVariableLlst	36	deleteDomain
14	defineNamedType	37	getDomainAttributes
15	getNamedTypeAttributes	38	createProgramInvocation
16	deleteNamedType	39	deleteProgramInvocation
17	input	40	start
18	output	41	stop
19	takeControl	42	resume
20	relinquishControl	43	reset
21	defineSemaphore	44	kill
22	deleteSemaphore	45	getProgramInvocationAttributes

续表

bit	服务名称	bit	服务名称
46	obtainFile	70	deeteJournal
47	defineEventCondition	71	getCapabilityList
48	deleteEventCondition	72	fileOpen
49	getEventConditionAttributes	73	fileRead
50	reportEventConditionStatus	74	fileClose
51	alterEventConditionMonitoring	75	fileRename
52	triggerEvent	76	fileDelete
53	defineEventAction	77	fileDirectory
54	deleteEventAction	78	unsolicitedStatus
55	getEventActionAttributes	79	informationReport
56	reportEventActionStatus	80	eventNotification
57	defineEventEnrollment	81	attachToEventCondition
58	deleteEventEnrollment	82	attachToSemaphore
59	alterEventEnrollment	83	conclude
60	reportEventEnrollmentStatus	84	cancel
61	getEventEnrollmentAttributes	85	getDat ExchangeAttributes
62	acknowledgeEventNotification	86	exchangeData
63	getAlarmSummary	87	defineAccessControlList
64	getAlarmEnrollmentSummary	88	getAccessControlListAttributes
65	readJournal	89	reportAccessControlIedObjects
66	writeJournal	90	deleteAccessControlList
67	initialiaejournal	91	alterAccessControl
68	reportJournalStatus	92	reconfigureProgramInvocation
69	createJournal		

2）GOOSE 服务。面向通用对象的变电站事件（generic object oriented substation event，GOOSE）是 IEC 61850 标准中用于满足变电站自动化系统快速报文需求的机制。代替了传统的智能电子设备（IED）之间硬接线的通信方式，为逻辑节点间的通信提供了快速且高效可靠的方法。

GOOSE 服务支持由数据集组成的公共数据的交换，主要用于保护跳闸、断路器位置，联锁信息等实时性要求高的数据传输。GOOSE 服务的信息交换基于发布/订阅机制基础上，同一 GOOSE 网中的任一 IED 设备，即可以作为订阅端接收数据，也可以作为发布端为其他 IED 设备提供数据。这样可以使 IED 设备之间通信数据的增加或更改变得更加容易实现。

3）SMV 服务。SMV 服务用于采样值传输，目前有三种标准，分别是 IEC 60044-8、IEC 61850-9-1、IEC 61850-9-2。其中 IEC 60044-8 标准最简单，点对点通信，报文传输采用固定通道模式，报文传输延时确定，技术成熟可靠，但需要铺设大量点对点光纤；IEC

61850-9-1 标准，技术先进，通道数可配置，报文传输延时确定，需外部时钟进行同步，但仍为点对点通信，且软硬件实现较复杂，属于中间过度标准；IEC 61850-9-2 标准，技术先进，通道数可灵活配置，组网通信，需外部时钟进行同步，但报文传输延时不确定，对交换机的依赖度很高，且软、硬件实现较复杂，技术尚未普及。

2. 远动通信规约体系

20 世纪 90 年代以来，国际电工委员会第 57 技术委员会，为适应电力系统，包括 EMS、SCADA、DMS（配电管理系统）、DA（配电自动化）及其他公用事业的需要，制定了 IEC 60870-5 系列传输规约。IEC60870-5 系列标准涵盖了各种网络配置（点对点、多个点对点、多点共线、多点环型、多点星形），各种传输模式（平衡式、非平衡式），网络的主从传输模式和网络的平衡传输模式，电力系统所需要的应用功能和应用信息，是一个完整的集。近年来，经国家经贸委批准，我国也制定了一系列配套对应的电力行业标准。它们分别是：DL/T 634—1997《基本远动任务配套标准》（IEC 60870-5-101：1995）；DL/T 667—1999《继电保护设备信息接口配套标准》（IEC 60870-5-103：1997）；DL/T 634.5104—2002《远动设备与系统　第 5 部分：传输规约　第 104 篇：采用标准传输协议集的 IEC 60870-5-101 网络访问》（IEC 60870-5-104：2000）。其中 DL/T 667—1999（IEC 60870-5-103：1997）属于问答式（POLLING）规约，该标准定义了二次设备的信息接口，在变电站和厂站中，实现不同装置与控制系统之间的信息交互。规约采用非平衡传输，控制系统组成主站，间隔单元为从站。配套标准描述了两种信息交换方式：一种是基于严格规定的应用服务数据单元和"标准化"提出报文的传输应用过程、方法；另一种方法是使用通用分类服务可以传输几乎所有可能信息的方法。

（1）101 规约。101 规约是调度自动化与厂站通过串行方式进行信息传输的一种规约，国际电工委员会（IEC）在 1995 年出版《远动设备及系统　第 5 部分：传输规约　第 101 篇：基本远动任务和配套标准》（Telecontrol equipment and systems Part5：Transmission protocols Section 101 companion standard for basic telecontrol tasks），我国对应制定了相配套标准 DL/T 634—1997《基本远动任务和配套标准》，适用于具有编码比特串行数据传输远动设备和系统，用以对地理广域过程的监视和控制。IEC 总结经验，又出版了 A1、A2 扩充时标两个附件，于 2001 年将 IEC 60870-5-101：1995 和两个附件合并，出版了 IEC 60870-5-101：2002V.2 标准，我国又跟进制定了相应的配套标准，等同采用 IEC 60870-5-101：2002《远动设备及系统　第 5 部分：传输规约　第 101 篇：基本远动任务和配套标准》。本书是针对 2002 版 101 规约进行的讲解。

1）规约总述。101 规约有两种传输方式：平衡式和非平衡式传输。平衡式传输方式中 101 规约是一种"问答＋循环"式规约，即主站端和子站端都可以作为启动站，而当其用非平衡式传输时 101 规约是问答规约，只有主站端可以作为启动站。报文采用可变帧长度与固定帧长度传送方式，也可采用单个控制字符。报文构成与类型变化较大，在此通过原理与实例，分类展示各种类型的报文，使读者全面深刻地掌握 101 规约的解析方法。

IEC 60870-5 规约是基于三层参考模型"增强性能体系结构（EPA）"。物理层采用 ITU-T 建议，在所要求的介质上提供了二进对称无记忆传输，以保证所定义链路层的组编码方法高的数据完整性。链路层采用明确的链路规约控制信息（LPCI），此链路控制信息可将一些应用服务数据单元（ASDUs）当作链路用户数据，链路层采用帧格式的选集能保证所需的数据完整性、效率，以及传输方便性；应用层包含一系列"应用功能"，它包含在源和目的之间传送的应用服务数据单元中。本配套标准的应用层未采用明确的应用规约控制信息（APCI），它隐含在应用服务数据单元的数据单元标识符以及所采用的链路服务类型中。

①物理层。将比特串行数据从链路层要求的形式变换为线路传输要求形式。线路传输规则：在线路中传送遵守字节由低向高传送，字符由低向高位传送的规则；每个字符有一个启动位（二进制0），8位信息位，1位偶检验、1位停止位（二进制1）；线路空闲状态为二进制1。

②链路层。链路层接收、执行和控制高层要求的传输服务功能提供的三种服务类别。S1：发送/无回答，用于广播命令；S2：发送/确认，由控制站向发送终端发送命令等；S3：请求/响应，由控制站向发送终端召唤数据或事件；体现在功能码、特征位（FCB、ACD）、链路地址。

③应用层。体现在类型标识、可变结构限定词、传送原因、公共地址、信息对象地址、信息元素。

2）报文帧格式。标准传输帧格式FT1.2适用于远动系统中信息吞吐量和数据完整性的高等级要求。允许采用固定帧长、可变帧长、单个控制字符三种帧格式。①固定帧长帧格式。用于子站回答主站的确认报文，或主站向子站的询问报文，如图1-7所示。②可变帧长帧格式。用于主站向子站传输数据或子站向主站传输数据，如图1-8所示。③单个控制字符帧格式。用来取代固定帧长肯定确认帧或否定确认帧。

| 启动字符(10H) |
| 控制域(C) |
| 链路地址域(A) |
| 帧校验和(CS) |
| 结束字符(16H) |

图1-7　结构要求

	启动字符(68H)			
报文头 (固定长度)	L			
	L			
	启动字符(68H)			
L个字节长	控制域(C)			
	链路地址域(A)			
	ASDU	数据单元标示	数据单元类型	类型标识
				可变结构限定词
			传送原因	
			公共地址	
		信息体	信息体地址	
			信息体元素	
			信息体时标	
	帧校验和(CS)			
	结束字符(16H)			

图1-8　结构要求

3）标准传输格式 FT1.2 的传输标准。要求线路上低位先传；线路的空闲为二进制的 1；两帧之间的线路空闲间隔需不小于 33 位；每个字符包括 1 位起始位、1 位停止位、1 位偶校验位、8 位数据位，字符间无需线路空闲间隔；信息字节求和校验（Check Sum）。

4）帧长度。L＝C＋A＋链路用户数据的长度。

5）校验和。在可变帧长中，校验和是控制域、地址域、用户数据区的 8 位位组的算术和（不考虑溢出位即 256 模和）。每个字节对应位按十六进制相加的结果，溢出去掉；在固定帧长中，校验和是控制域，地址域的 8 位位组的算术和（不考虑溢出位即 256 模和）；单个控制字符无校验和。

6）链路地址。链路地址域的含义是当由主站触发一次传输服务，主站向子站传送的帧中表示报文所要传送到的目的地址，即子站地址；子站向主站传送的帧时，表示该报文发送的源站址，即表示该子站的站址。和应用层公共地址关系：一般情况下链路地址域的站地址和应用服务数据单元公共地址可以是一个值。在某些情况下，在一个链路层地址的站地址下，可以有好几个应用服务数据单元公共地址。

7）控制域 C。控制域 C 的定义如图 1-9 所示。

主站→子站	(RES)	1(PRM)	(FCB)	(FCV)	功能码(四位)
子站→主站		0(PRM)	(ACD)	(DFC)	
数据位	$8(2^7)$	$4(2^6)$	$2(2^5)$	$1(2^4)$	$2^3 2^2 2^1 2^0$

图 1-9 控制域 C 的定义

RES 位可定义为传输方向位 DIR（可根据需要定义）。由主站向子站传输：DIR＝0；子站向主站传输时：DIR＝1；主站向子站传输时：PRM＝1；子站向主站传输时：PRM＝0。

FCB：帧计数位（启动站向从动站传输，传输新一轮的发送/确认，请求/响应服务时，将前一轮 FCB 取反值）。

帧计数位用来消除信息传输的丢失和重复。主站向同一子站传输新一轮的发送/确认（SEND/CONFIRM）或请求/响应（REQUEST/REPOND）传输服务时，将帧计数位（FCB）取相反值，主站为每一个子站保留一个帧计数位（FCB）的拷贝，若主站超时未收到子站回复的报文，或接收出现差错，则主站不改变帧计数位（FCB）的状态，重复原来的发送/确认或请求/响应报文，重复次数为 3 次。若主站正确收到子站报文，则该一轮的发送/确认（SEND/CONFIRM）或请求/响应（REQUEST/RESPOND）传输服务结束；在复位命令的情况下，帧计数位（FCB）清零，子站接收复位命令将帧计数位重置为零，并期望下一次主站下发的报文中，帧计数位（FCB）以及帧计数位有效位（FCV）都为 1。

FCV：帧计数位（用于启动站向从动站传输）。

＝1：表示帧计数位 FCB 的变化有效；＝0：表示帧计数位 FCB 的变化无效；FCV 若等于 0，FCB 的变化无效。

ACD：要求访问位（用于从动站向启动站传输）。

＝1：子站要求传动 1 级数据；＝0：子站无 1 级数据要求传输。

DFC：数据流控制位（用于从动站向启动站传输）。

＝0：表示子站可以接收后续报文；＝1：表示子站不能再接收后续报文，将会导致数据缓冲区溢出。

主站向子站传输的功能码如图 1-10 所示。

功能码序号	帧类型	业务功能	FCV 位状态
0	发送/确认帧	复位远方链路	0
1	发送/确认帧	复位远动终端的用户进程（撤销命令）	0
2	发送/确认帧	用于平衡式传输过程测试链路功能	—
3	发送/确认帧	传送数据	1
4	发送/无回答帧	传送数据	0
5		备用	—
6，7		制造厂和用户协商后定义	—
8	请求/响应帧	响应帧应说明访问要求	0
9	请求/响应帧	召唤链路状态	0
10	请求/响应帧	召唤用户一级数据	1
11	请求/响应帧	召唤用户二级数据	1
12，13		备用	—
14，15		制造厂和用户协商后定义	—

图 1-10 主站向子站传输功能码

子站向主站传输的功能码如图 1-11 所示。

功能码序号	帧类型	业务功能
0	确认帧	确认
1	确认帧	链路忙，未接受报文
2～5		备用
6，7		制造厂和用户协商后定义
8	响应帧	以数据响应请求帧
9	响应帧	无所召唤的数据
10		备用
11	响应帧	以链路状态或访问请求回答请求帧
12		备用
13		制造厂和用户协商后定义
14		链路服务未工作
15		链路服务未完成

图 1-11 子站向主站传输功能码

8）应用服务数据单元（链路用户数据 ASDU）结构，如图 1-12 所示。

常用类型标识：第一个八位位组为类型标识，它定义了后续信息对象的结构、类型和格式。

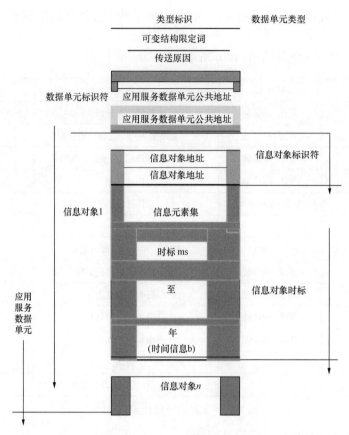

图 1-12　应用服务数据单方结构

在监视方向上的过程信息：

TYPE IDENTIFICATION＝类型标识：＝UI8 [1..8] <0..44>

<0>	：＝未定义	
<1>	：＝单点信息	M _ SP _ NA _ 1
<2>	：＝带时标的单点信息	M _ SP _ TA _ 1
<3>	：＝双点信息	M _ DP _ NA _ 1
<4>	：＝带时标的双点信息	M _ DP _ TA _ 1
<9>	：＝测量值，规一化值	M _ ME _ NA _ 1
<10>	：＝带时标的测量值，规一化值	M _ ME _ TA _ 1
<11>	：＝测量值，标度化值	M _ ME _ NB _ 1
<12>	：＝测量值，带时标的标度化值	M _ ME _ TB _ 1
<13>	：＝测量值，短浮点数	M _ ME _ NC _ 1
<14>	：＝测量值，带时标的短浮点数	M _ ME _ TC _ 1
<21>	：＝测量值，不带品质描述词的规一化值	M _ ME _ ND _ 1

DL/T 634.5101—2002 中新增以下类型

<30>	：＝带 CP56Time2a 时标的单点信息	M _ SP _ TB _ 1
<31>	：＝带 CP56Time2a 时标的双点信息	M _ DP _ TB _ 1

<34> ：＝带 CP56Time2a 时标的测量值，规一化值 　　M _ ME _ TD _ 1

<35> ：＝带 CP56Time2a 时标的测量值，标度化值 　　M _ ME _ TE _ 1

<36> ：＝带 CP56Time2a 时标的测量值，短浮点数 　　M _ ME _ TF _ 1

在控制方向的过程信息：

CON<45>：＝单点命令 　　C _ SC _ NA _ 1

CON<46>：＝双点命令 　　C _ DC _ NA _ 1

在监视方向的系统命令

<70> ：＝初始化结束 　　M _ EI _ NA _ 1

在控制方向的系统命令：

CON<100>：＝总召唤命令 　　C _ IC _ NA _ 1

CON<103>：＝时钟同步命令 　　C _ CS _ NA _ 1

CON<104>：＝测试命令 　　C _ TS _ NA _ 1

可变结构限定词：在应用服务数据单元中，第二个八位位组定义为可变结构限定词（见图 1-13）。

SQ 位：＝0 为单个或＝1 为顺序；＝0：每个信息都需给出信息体地址和信息元素；＝1：只需给出第一个信息体地址，后续信息元素的地址是从这个地址起顺序加 1，后面为连续的信息元素的集合，其他信息元素的信息体地址是在第一个信息体地址基础上加上相应的偏移量得到。

图 1-13　可变结构限定词结构

传送原因：在应用服务数据单元中，第三个八位位组定义为传送原因（见图 1-14）。

图 1-14　传送原因结构

T 位：＝0：未实验；＝1：实验；P/N 位：用以对由启动应用功能所请求的激活以肯定或者否定确认（＝0：肯定确认；＝1：否定确认）。

常用传送原因：

<1> ：＝周期、循环

<2> ：＝背景扫描

<3> ：＝突发（自发）

<4> ：＝初始化

<5> ：＝请求或者被请求

<6> ：＝激活

<7> ：＝激活确认

<8> ：＝停止激活

<9> ：＝停止激活确认

<10> ：＝激活终止

<20> ：＝响应站召唤

应用服务数据单元公共地址：应用服务数据单元中数据单元标识符的第四个和第五

个（任选）八位位组定义为应用服务数据单元公共地址，公共地址的长度［（一个或两个）八位位组］是一个系统参数，每一个系统此参数为固定值。

应用服务数据单元信息对象地址：信息对象地址长度（1 个、2 个或者 3 个八位位组）是一个系统参数，每一个系统是固定的。

数据单元标识符的结构如下：

1 个八位位组	类型标识
1 个或者 2 个八位位组	可变结构限定词
1 个或者 2 个八位位组	传送原因
1 个或者 2 个八位位组	应用服务数据单元公共地址

应用服务数据单元公共地址的八位位组数目是由系统参数所决定，可以是 1 个或 2 个八位位组，公共地址是站地址。它可以去寻址整个站或者仅仅站的特定部分。

常用应用服务数据单元（ASDU）格式包括在监视方向过程信息的应用服务数据单元和在控制方向过程信息的应用服务数据单元，下面对这两种单元的系列内容进行说明。

①在监视方向过程信息的应用服务数据单元。常用遥信：常用遥信按照类型标识主要分为类型标识 1（不带时标的单点信息），类型标识 2（带时标的单点信息），类型标识 3（不带时标的双点信息），类型标识 4（带时标的双点信息）几种应用服务数据单元来实现遥信信息的传输。不带时标的单、双点信息用来传输遥信变位，带时标的单、双点信息用来传输事件的顺序记录；不带时标的单、双点信息通过可变结构限定词信息元素来确定传输的遥信信息是独立地址的，还是以一个地址为开始的连续的遥信信息；带时标的单、双点信息由于每个信息有它们自己的时标，这个应用服务数据单元的类型不存在顺序的信息元素。

应用服务数据单元中的 SIQ 表示为品质描词的信息：

BL	<0>	:＝未被封锁	<1>	:＝被封锁
SB	<0>	:＝未被取代	<1>	:＝被取代
NT	<0>	:＝当前值	<1>	:＝非当前值
IV	<0>	:＝有效	<1>	:＝无效

单点信息信息元素 SPI：

SPI＝单点信息　　　　　<0>:＝开　<1>:＝合

双点信息信息元素 DPI：

DPI＝双点信息　　<0>:＝不确定或中间状态<1>:＝确定状态开

　　　　　　　　<2>:＝确定状态合　<3>:＝不确定或中间状

不带时标的单、双点信息传送原因：

<2> :＝ 背景扫描
<3> :＝ 突发（自发）
<5> :＝ 被请求
<11> :＝ 远方命令引起的返送信息
<12> :＝ 当地命令引起的返送信息
<20> :＝ 响应站召唤
<21> :＝ 响应第 1 组召唤

<22>　：＝响应第 2 组召唤 至 <36>：＝响应第 16 组召唤

　　带时标的单、双点信息传送原因：

　　　　　<3>　　：＝突发（自发）

　　　　　<5>　　：＝被请求

　　　　　<11>　：＝远方命令引起的返送信息

　　　　　<12>　：＝当地命令引起的返送信息

　　常用遥测：常用遥测按照类型标识分为类型标识 9（测量值，规一化值），类型标识 10（测量值，带时标的规一化值，类型标识 11（测量值，标度化值），类型标识 12（测量值，带时标的标度化值），类型标识 13（测量值，短浮点数），类型标识 14（测量值，带时标的短浮点数）几种应用服务数据单元来实现遥信信息的传输。不带时标的遥测信息通过可变结构限定词信息元素来确定传输的遥信信息是独立地址的，还是以一个地址为开始的连续的遥信信息；带时标的遥测信息由于每个信息有它们自己的时标，这个应用服务数据单元的类型不存在顺序的遥测信息，为各自独立的遥测信息。

　　品质描述词 QDS：＝CP8 {OV, RES, BL, SB, NT, IV}

　　　　　OV　<0>　　　　　：＝未溢出　　<1>　　　　：＝溢出

　　　　　BL　<0>　　　　　：＝未被封锁　<1>　　　　：＝被封锁

　　　　　SB　<0>　　　　　：＝未被取代　<1>　　　　：＝被取代

　　　　　NT　<0>　　　　　：＝当前值　　<1>　　　　：＝非当前值

　　　　　IV　<0>　　　　　：＝有效　　　<1>　　　　：＝无效

　　OV＝溢出/未溢出：信息对象的值超出了预先定义值的范围（主要适用模拟量值）；BL＝被封锁/未被封锁：信息对象的值为传输而被封锁，值保持封锁前被采集的状态。封锁和解锁可以由当地联锁机构或当地自动原因启动；SB＝被取代/未被取代：信息对象的值由值班员（调度员）输入或者由当地自动原因所提供；NT＝当前值/非当前值：若最近的刷新成功则值就称为当前值，若一个指定的时间间隔内刷新不成功或者其值不可用，值就称为非当前值；IV＝有效/无效；若值被正确采集就是有效，在采集功能确认信息源的反常状态（丧失或非工作刷新装置）则值就是无效。信息对象的值在这些条件下没有被定义。标上无效用以提醒使用者，此值不正确而不能使用。

　　由五个品质比特所组成品质描述词，这五个品质比特彼此可以独立地设置；品质描述词向控制站提供了信息对象品质的额外的信息；信息对象品质描述词透明地通过变电站系统（由数据采集到通信接口）不得由中间设备修改。

　　不带时标的遥测信息传送原因：

　　　　　<1>　　：＝周期/循环

　　　　　<2>　　：＝背景扫描

　　　　　<3>　　：＝突发（自发）

　　　　　<5>　　：＝被请求

　　　　　<20>　：＝响应站召唤

　　　　　<21>　：＝响应第 1 组召唤

　　　　　<22>　：＝响应第 2 组召唤至<36>：＝响应第 16 组召唤

带时标的遥测信息传送原因：

   $<3>$　：＝突发（自发）

   $<5>$　：＝被请求

②在控制方向过程信息的应用服务数据单元。遥控：常用遥控信息按照类型标识分为类型标识 45（单命令），类型标识 46（双命令）两种方式实现远方操作。可变结构限定词中信息对象顺序 SQ＝0。遥控过程通过选择、执行的询问确认过程执行。

单命令定义：

SCO＝单命令：＝CP8［SCS，BS1，QOC］

SCS＝单命令状态：＝BS1［1］$<0..1>$

$<0>$：＝开

$<1>$：＝合

BS1［2］$<0>$

QOC＝：＝CP6［3..8］{QU，S/E}

QOC：＝CP6 {QU，S/E}

QU：＝UI5［2..7］$<0..31>$

$<0>$：＝无另外的定义

$<1>$：＝短脉冲持续时间（断路器），持续时间由被控站内的系统参数所确定

$<2>$：＝长脉冲持续时间，持续时间由被控站内的系统参数所确定

$<3>$：＝持续输出

$<4..8>$：＝为本配套标准的标准定义保留（兼容范围）

$<9..15>$：＝为其他预先定义的功能选集保留

$<16..31>$：＝为特定使用保留（专用范围）

S/E＝：＝BS1［8］$<0..1>$

   $<0>$　 ：＝执行

   $<1>$　 ：＝选择

传送原因：在控制方向

 $<6>$　：＝激活

 $<8>$　：＝停止激活

 $<20>$　：＝响应站召唤

在监视方向：

 $<7>$　：＝激活确认

 $<9>$　：＝停止激活确认

 $<10>$　：＝激活终止

 $<44>$　：＝未知的类型标识

 $<45>$　：＝未知的传送原因

 $<46>$　：＝未知的应用服务数据单元公共地址

 $<47>$　：＝未知的信息对象地址

类型标识 100（召唤命令）：调度主站与厂站在通信链路建立后，通过数据召唤命令来

获取全站的遥测及遥信的初始信息。

对象顺序（SQ=0）。整体结构如图 1-15 所示。

0	1	1	0	0	1	0	0	类型标识(TYP)	数据单元标识符
0	0	0	0	0	0	0	1	可变结构限定词(VSQ)	
在1.9.3中定义								传送原因(COT)	
在1.9.4中定义								应用服务数据单元公共地址	
在1.9.5中定义								信息对象地址=0	信息对象
			UI8					QOI=召唤限定词	

图 1-15　整体结构

QOI＝召唤限定词选取

<20>：＝响应站召唤　　<21>：＝响应第 1 组召唤　　<22>：＝响应第 2 组召唤

<23>；＝响应第 3 组召唤　<24>：＝响应第 4 组召唤　<25>：＝响应第 5 组召唤

<26>：＝响应第 6 组召唤　<27>：＝响应第 7 组召唤　<28>：＝响应第 8 组召唤

<29>：＝响应第 9 组召唤　<30>：＝响应第 10 组召唤　<31>：＝响应第 11 组召唤

<32>：＝响应第 12 组召唤　<33>：＝响应第 13 组召唤　<34>：＝响应第 14 组召唤

<35>：＝响应第 15 组召唤　<36>：＝响应第 16 组召唤

传送原因用于：类型标识 100：C＿IC＿NA＿1

在控制方向：

<6>：＝ 激活

<8>：＝ 停止激活

在监视方向：

<7>：＝ 激活确认

<9>：＝ 停止激活确认

<10<：＝ 激活终止

<44>：＝ 未知的类型标识

<45>：＝ 未知的传送原因

<46>：＝ 未知的应用服务数据单元公共地址

<47>：＝ 未知的信息对象地址

信息对象地址范围，见表 1-2。

表 1-2　　　　　　　　　　　　　　　　数据信息

数据类型	新的地址范围	信息量
遥信量	1H～1000H	4096
遥测量	4001H～5000H	4096
遥控、升降地址范围	6001H～6200H	512

（2）104 规约。电力系统第一个统一到 DL/T 634.5 系列标准的通信协议，随着标准化步伐的不断推进，特别是 DL/T 634.5101—1997 的改版，等同采用国际标准的 DL/T 634.5101—2002 已经在我国电力行业远动通信中正式颁布实施。电力调度专用数据网络的逐步建成投运，使主站与厂站间使用网络通信成为可能。DL/T 634.5104—2002 是 DL/T 634.5101—2002 的网络访问，在远动站之间提供虚电路，为主站与子站间传输基本远动信息提供了一套通信协议集。DL/T 634.5104—2002 现已广泛应用于主站和子站之间的信息传输，对此规约有深刻掌握，将对运行和维护调度自动化系统提供有力支撑。

1）规约总述。①一般体系结构。DL/T 634.5104—2002 用于网络的开放 TCP/IP-接口，网络可以包括例如传输 IEC 60870-5-101 的应用服务数据单元的远动设备的局域网。包含不同的广域网-类型［例如 X.25、FR（帧中继-Frame Relay）和综合范围数据网络 ISDN-Integrated Service Data Network 等］的路由器可能通过公共的 TCP/IP-局域网连接起来（见图 1-16）。图 1-16 显示在某些站具有冗余配置在另外一些站为非冗余系统。②规约结构。图 1-17 显示终端系统的规约结构。远动站终端系统或者 DTE（数据终端设备）可能采用以太网 802.3 栈去驱动一个独立的路由器。如果不需要冗余配置和独立的路由器接口可以采用点对点的接口（例如 X.21）以代替局域网的接口。这样当转换为终端系绕时保

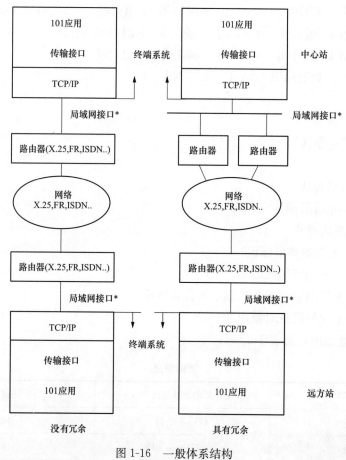

图 1-16　一般体系结构

* 　局域网接口可能是冗余的

根据DL/T 634.5101—2002从DL/T 18657.5—2002中选取的应用功能	初始化	用户进程
从DL/T 634.5101—2002和IDL/T 634.5104—2002中选取的ASDU		应用层 (第7层)
APCI(应用规约控制信息) 传输接口(用户到TCP的接口)		传输层(第4层)
TCP/IP协议子集(RFC2200)		网络层(第3层)
		链路层(第2层)
		物理层(第1层)

图 1-17 终端规约结构示意图

注：第 5、第 6 层未用。

留了许多原来符合 IEC 60870-5-101 的硬件。

2）报文帧结构。应用规约控制信息的定义（APCI）。控制站与被控站之间通过 TCP 连接交换的是 DL/T 634.5104—2002 应用层协议数据单元（application protocol data unit, AP-DU）。每个 APDU 都是由唯一的应用规约控制信息（application protocol control information, APCI）以及一个可能的应用服务数据单元（application service data unit, ASDU）组成，如图 1-17 所示。

传输接口（TCP 到用户）是一个定向流接口，它没有为 IEC 60870-5-101 中的 ASDU 定义任何启动或者停止机制。为了检出 ASDU 的启动和结束，每个 APCI 包括下列的定界元素：一个启动字符，ASDU 的规定长度，以及控制域（见图 1-18）。可以传送一个完整的 APDU（或者，出于控制目的，仅仅是 APCI 域也是可以被传送的），见图 1-19。

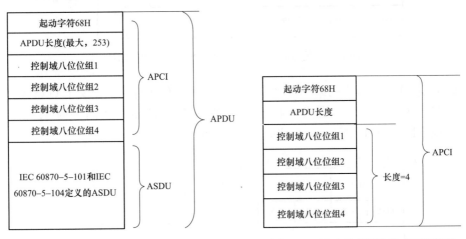

图 1-18 远动配套标准的 APDU 定义 　　　　图 1-19 远动配套标准的 APCI 定义

其中，APCI 为应用规约控制信息；ASDU 为应用服务数据单元；APDU 为应用规约数据单元。

启动字符 68H 定义了数据流中的起点；APDU 的长度定义了 APDU 体的长度，它包括 APCI 的四个控制域八位位组和 ASDU。第一个被计数的八位位组是控制域的第一个八位位组，最后一个被计数的八位位组是 ASDU 的最后一个八位位组。ASDU 的最大长度限制在 249 以内，因为 APDU 域的最大长度是 253（APDU 最大值＝255 减去启动和长度八位位组），控制域的长度是 4 个八位位组。控制域定义了保护报文不至丢失和重复传送的控制信息，报文传输启动/停止，以及传输连接的监视等。

图 1-20～图 1-22 为控制域的定义，三种类型的控制域格式用于编号的信息传输（I 格式），编号的监视功能（S 格式）和未编号的控制功能（U 格式）。

控制域第一个八位位组的第一位比特 ＝ 0 定义了 I 格式，I 格式的 APDU 常常包含一个 ASDU。I 格式的控制信息如图 1-20 所示。

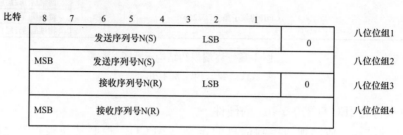

图 1-20　信息传输格式类型（I 格式）的控制域

控制域第一个八位位组的第一位比特 ＝ 1 并且第二位比特 ＝ 0 定义了 S 格式。S 格式的 APDU 只包括 APCI。S 格式的控制信息如图 1-21 所示。

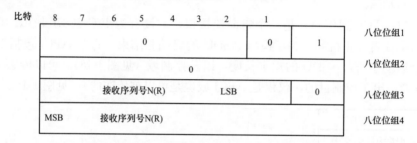

图 1-21　编号的监视功能类型（S 格式）的控制域

控制域第一个八位位组的第一位比特 ＝ 1 并且第二位比特 ＝1 定义了 U 格式。U 格式的 APDU 只包括 APCI。U 格式的控制信息如图 1-22 所示。在同一时刻，TESTFR，STOPDT 或 STARTDT 中只有一个功能可以被激活。

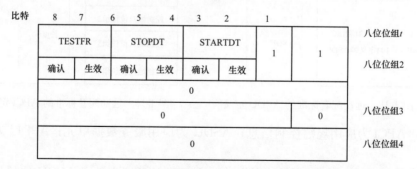

图 1-22　未编号的控制功能类型的控制域（U 格式）

（3）102 规约。102 作为一种通用的规约，采用问答模式，广泛应用于电量主站与集抄装置终端间的通信，同时为保证通信数据的准确性，增加对应的验证及流程控制来保证数据的准确性、完整性。目前 102 规约已经广泛用于电力系统销售部门主站端和装置端。

1）规约总述。102 规约通信报文格式有两种固定帧和变长帧，数据传输方式采用异步传输方式，通信线上字节传输格式为：1位起始位，8位数据位，1位偶校验，1位停止。

主要链路传输规则如下：①采用非平衡传输规则，传输过程的启动仅限于某一个固定点（主站），终端均为从动站；主站向终端触发一次传输服务，或者成功地完成；或者报告出错，之后才能开始下一轮的传输服务。②对于"发送/确认"和"请求/响应"传输服务在传输过程中受到干扰，用"等待—超时—重发"的方式发送下一帧，"发送/确认"和"请求/响应"这两种服务由一系列在请求站和响应站之间的对话要素组成。只有在前一轮传输结束之后，才能开始新的一轮的传输。③当终端正确收到主站传送的报文后，终端向主站发送一个确认帧；若终端由于过载等原因不能接受主站的报文时，则传送一个忙帧给主站。④主站在开始新的一轮"发送/确认"服务时，帧计数位（FCB）改变状态，并从终端收到无差错的确认帧，则这一轮的"发送/确认"传输服务结束。若确认帧受到干扰或超时没收到确认帧，则不改变帧计数位的状态重发原报文，最大重传次数为3次。⑤当收到一个复位命令，此帧计数位为零，则终端将其保存的帧计数位置为零，并期待下一帧的帧计数位和帧计数有效位都为1。主站没收到终端发送的"确认/响应"帧，过了超时时间（50ms）后，按服务用户给定的重传次数3次，主站重发原报文。

2）报文帧结构。IEC 60870-5规约是基于"增强性能结构"（EPA）的三层参考模型，如在IEC 60870-5-3的4中所示。物理层采用ITU-T建议，这个建议在所要求的介质上提供了二进对称和无记忆传输，并使在链路层所定义的主编码方法下保持了高的数据完整性；链路层由若干个链路传输规则所组成，这些链路传输规则采用明确的链路规约控制信息，链路规约控制信息将应用服务数据单元作为链路用户数据，链路层采用帧格式集的一个选集，可以提供所需的传输的完整性、效率和方便性；应用层包含一组应用功能，这些功能包含在介于源与宿之间传输的应用数据单元内。

在此配套标准中，应用层不采用明确的应用规约控制信息（APCI），应用规约控制信息隐含在所采用的应用服务数据单元的数据单元标识域和链路服务类型内。

①报文格式。

a. 单个字符。102规约中的单个字节，只有E5，用于终端侧确认和响应主站报文。使用场景有：主站正常询问，向电能采集终端发送请求Ⅱ级用户数据的请求帧，终端无Ⅱ级用户数据，又无Ⅰ级用户数据，即以E5帧作为否定确认的响应帧，通知主站；主站向采集终端发送读数据命令，终端以E5帧作为肯定确认应答。

b. 固定帧长帧格式。固定帧由6个字节组成，包括启动字符0x10、控制域C、目的地址、帧校验和结束字符0x16。固定帧主要用于102规约链路传输流程中使用，用于请求、激活链路、确认、响应等过程使用。固定帧启动字符都为0x10，结束字符为0x16。帧格式中需要校验启动字符、帧校验和帧结束符。单字节为一格，具体帧格式如表1-3所示。

表1-3　　　　　　　　　　　　　　固定帧格式

启动字符	控制域	地址域低字节	地址域高字节	帧校验和	结束符
10H	C	AL	AH	CS	16H

c. 可变帧长帧格式。可变帧总长度共L＋6个字节组成，L是帧长。整帧报文中有68H、帧长度L(2)、68H、C（控制域）、A（地址域）、A（地址域）、链路用户数据、校验和16H。可变帧用于主站下发的命令报文、终端上送的镜像和数据报文。两帧之间传输过

程中，需要检查线路空闲间隔是否大于等于 33 位，每个字符之间无需空闲间隔。还需要校验两个启动字符 68H、两个 L 值相等，接收字符数 L＋6、帧校验、结束字符。具体帧格式如表 1-4 所示。

表 1-4 变长帧格式

启动字符 0x68H	帧长 L	帧长 L	启动字符 0x68H	控制域 C	地址域 AL	地址域 AH	链路用户数据 ASDU	校验和 CS	结束字符 0x16
1 个字节	1 个字节	1 个字节	1 个字节	1 个字节	1 个字节	1 个字节	N 个字节	1 个字节	1 个字节

d. 格式说明。

地址域 A：地址域 2 个字节 16 进制表示，低位字节在前，高位字节在后，因此范围为 0～65535。地址域内容是终端侧地址，网络通信情况下，也可以直接默认为 0。

帧长 L（可变帧帧长）：标准 102 定义为从控制域到校验和之前所有字节的字节个数。只有可变帧报文才有帧长，有 2 个字节，两个 L 值相等，所以帧长最大只有 255。

校验和：所有帧报文的校验和，都是从控制域到结束符 0x16 之前，除去校验和本身的所有字节的和模 256 的值。例如固定帧的校验和等于控制域和地址域之和，不考虑溢出位，即模 256 的值。

②控制域 C 的定义。

a. 主站侧（下行报文）。主站侧控制域，1 个字节，即为主站→远方终端的控制方向的定义。主站所发送的报文帧叫作下行报文。具体主站侧控制域位定义如表 1-5 所示。

表 1-5 主站侧控制域定义

D7	D6	D5	D4	D3—D0
传输方向位 DIR	启动报文位 PRM	帧计数位 FCB	帧计数有效位 FCV	功能码 FC

其中各个位的解释如下：

DT 传输方向位 DIR。

D6 启动报文位：PRM＝1，表示主站向终端传输，主站为启动站。

D5 帧计数位：主站确认终端已收到命令帧并发送下一帧命令帧的时候，要将 FCB 位取反，表示是一帧新的命令帧；否则，保持 FCB 位不变，表示要求终端重发上一帧数据。重传次数为 3 次，若主站收到终端报文，则该一轮的发送/确认或请求/响应传输服务结束。

D4 帧计数有效位：FCV＝0，表示帧计数位 FCB 的变化无效。FCV＝1，表示帧计数位 FCB 的变化有效。复位命令的帧计数位常为 0，帧计数有效位 FCV＝0。

D3—D0 功能码：表示链路功能命令，下行报文中的控制域的位定义如表 1-6 所示。

表 1-6 主站侧功能码

功能码序号	帧类型	功能	帧计数有效位的状态 FCV
0x00	发送/确认帧	复位通信单元 CU	0
0x03	发送/确认帧	下发数据命令	1（变长）
0x09	请求/响应	召唤链路状态	0

功能码序号	帧类型	功能	帧计数有效位的状态 FCV
0x0A	请求/响应	召唤Ⅰ级用户数据	1
0x0B	请求/响应	召唤Ⅱ级用户数据	1

注　Ⅰ级用户数据：历史数据；Ⅱ级用户数据：最近一次采集的电能数据。

b. 终端侧（上行报文）。

终端，1个字节，也称为远方终端，从动设备，或者子站。终端→主站，终端是被监视的方向，终端发送给主站的报文叫作上行报文。终端侧控制域位的定义如表 1-7 所示。

表 1-7　　　　　　　　　　　　终端侧控制域定义

D7	D6	D5	D4	D3—D0
备用	0	要求访问位 ACD	数据流控制位 DFC	功能码

其中各个位的解释如下：

D6 启动报文位：PRM=0，表示由终端向主站传输，终端为从动站。

D5 要求访问位：ACD=1，表示终端有Ⅰ级用户数据等待上传，主站接收数据完成之后应该发送召唤Ⅰ级用户数据命令；ACD=0，表示终端待传数据已全部上传完成。

D4 数据流控制位：DFC=0，表示终端可以接收数据；DFC=1，表示终端的缓冲区已满，无法接收新数据。

D3—D0 功能码：终端向主站传输的帧中功能码的定义如表 1-8 所示。

表 1-8　　　　　　　　　　　　终端侧功能码

功能码序号	帧类别	功　　能
0x00	确认帧	确认，响应链路复位
0x01	确认帧	链路忙，没收到报文
0x08	响应帧	以数据响应请求帧（变长）
0x09	响应帧	没有所召唤的数据
0x0B	响应帧	响应请求链路状态

注　功能码 0x00，0x01，0x09，0x0B 用于定长帧；功能码 0x08 用于变长帧，上传数据。控制站向终端召唤Ⅰ级用户数据，终端如有Ⅰ级用户数据，以响应帧回答，如没有Ⅰ级用户数据，以无要求的数据帧回答；控制站向终端召唤Ⅱ级用户数据，终端以最近累计时段的电能累计量的响应帧回答，接收站检出差错，接收了受干扰的发送的请求帧后不作回答，由于所期望的确认帧或响应帧没有收到，启动站超时重发，如果启动站接收了受干扰的确认帧或响应帧，舍弃此帧。

③应用层（ASDU）。标准规定每个链路规约数据单元（LPDU）只有一个应用服务数据单元（ASDU），应用服务数据单元由数据单元标识符（DATA UINIT IDENTIFIER）和一个或多个信息体（INFORMATION OBJECTS）组成。应用服务数据单元公共地址分成两部分：虚拟设备地址和记录地址。

应用数据单元结构如表 1-9 所示。

表 1-9 应用数据单元结构

应用服务数据单元									
数据单元标识符（6 Bytes）					数据区				
类型标识	可变结构限定词(VSQ)	传输原因（COT）	虚拟设备地址	记录地址（RAD）	信息体地址（IOA）	信息元素集	时标	…	信息体 n
1个字节	1个字节	1个字节	2个字节	1个字节	信息体 1				信息体 n

a. 类型标识的定义。

1 字节，1～127 为本规约的标准定义、128～255 为特殊应用。

ASDU 类型标识详细定义如下：

主站侧：在主站侧表示的是主站召唤的数据类型，如表 1-10 所示。

表 1-10 主站侧类型标识

标识	功 能	注释
100	读制造厂和产品规范	
101	读带时标的单点信息的记录	
102	读一个选定时间范围的带时标的单点信息的记录	常用
103	读采集器的当前系统时间	常用
104	读最早累计时段的积分电能量—表底值	常用
120	读选定时间范围、选定地址范围的积分电能量—表底值	常用
121	读选定时间范围、选定地址范围的积分电能量—增量值	
128	时钟同步	常用
170	读指定地址范围和时间范围的复费率积分电能量—表底值	常用
171	读指定地址范围的遥测量当前值	常用
172	读指定累计时段、选定地址范围的遥测量	
128～255	特殊应用	

终端侧：在终端侧表示的是终端上传的信息元素的类型，如表 1-11 所示。

表 1-11 终端侧类型标识

标识	功 能	注 释
1	带时标的单点信息	常用
2	积分电能量—表底值，4 字节	常用
5	积分电能量—增量值，4 字节	常用
14～69；73～99	为将来兼容定义保留	
70	初始化结束	常用
71	采集器的制造厂和产品规范	
72	采集器的当前系统时间	常用

注 主站侧的应用服务数据单元被确认后，可以在终端侧形成镜像，但具有不同的传送原因，这些镜像的应用服务数据单元可以用于肯定/否定确认。

b. 可变结构限定词（VSQ）。可变结构限定词 VSQ，1 个字节，主要用于记录信息体个数，或者用于数据域寻址使用。主站侧下发过程中定义需要获取数据的对象的个数。信息体个数 N 范围是 0～255。最高位是寻址方法位。具体二进制每个位的定义如表 1-12 所示。

表 1-12　　　　　　　　　　　　　　可变结构限定词定义

D7	D6	D5	D4	D3	D2	D1	D0
SQ	信息体数目（N）						

　　其中各个位的详细解释如下：

　　N=0：应用服务数据单元无信息体；N=1～255：信息体或信息元素的数目；

　　SQ=0：在同一种类型的一些信息体中寻址一个个别的元素或综合的元素；SQ=1：在一个体中寻址一个顺序的元素；

　　SQ=0 和 N=0～127：表示后面的每个信息体都有信息体地址；

　　SQ=1 和 N=128～255：表示只有第一个信息体有信息体地址，后续的信息体是连续的。

　　c. 传送原因（COT）。传送原因 1 个字节，正如字面意思理解，主站与终端各自发送此帧报文的原因，一般是应答对方确认使用。传送原因位定义如表 1-13 所示。

表 1-13　　　　　　　　　　　　　　传送原因位定义

D7	D6	D5	D4	D3	D2	D1	D0
T	P/N	原因					

　　解析如下：T=0 表示未试验；T=1 表示试验。P/N=0 表示肯定确认；P/N=1 表示否定确认。给出部分使用的 COT 类型例子如表 1-14 所示。

表 1-14　　　　　　　　　　　　　　传送原因解析

COT	解释	发出的方向
4	初始化	终端侧
5	请求/被请求	主站侧/终端侧
6	激活	主站侧
7	激活确认	终端侧
8	停止激活	主站侧
9	停止激活确认	终端侧
10	激活终止	终端侧
13	无所请求数据	终端侧
14	无所请求的 ASDU 类型	终端侧
15	记录地址错误	终端侧
16	虚拟设备地址错误	终端侧
17	无所请求的信息体	终端侧
18	无所请求的累计时段	终端侧
48	时钟同步	主站侧/终端侧

　　注　在主站侧，COT 表示命令的请求方式，例如，是请求应答（COT=5）还是激活上传数据（COT=6）；在终端测，COT 表示应答方式，以及是否有数据待传。

d. 虚拟设备地址。虚拟 RTU 设备地址，用两个字节（16 位二进制）表示，低字节在前，高字节在后。采用虚拟 RTU 设备，可以针对不同需求的主站上传不同的数据，做到数据隔离，节省信道资源，并且起到数据保密功能。

e. 记录地址（RAD）。记录地址，1 字节，用来表示同类数据的不同缓冲区类型。既可以作为"累计时段的记录地址"，或作为"单点信息的记录地址"。举例 RAD 类型说明如表 1-15 所示。

表 1-15　　　　　　　　　　　　　记录地址例子

RAD	解　释
0	缺省
2-13；104-123	电能累计量累计时段 1
51	全部单点信息
52	单点信息记录区段 1（一般指终端设备的单点信息）
53	单点信息记录区段 2（一般指电能表的单点信息）
101、102	单点信息

f. 信息体。信息体由一个信息体标识符（可有）、一组信息元素和一个信息体时标（可有）所组成。信息体标识符仅由信息体地址组成。一组信息元素集可以是单个信息元素、一组综合元素或者一个顺序元素。

信息体地址是一个电能累计量的地址，或者单点信息的地址，如果出现的话，信息体地址为一个字节。信息体地址为 0，表示无关的信息体地址；信息体地址为 1～255，表示信息体地址。

g. 时间表示。时标用于两种情况，单个信息体时标或者属于整个应用服务数据单元的公共时标。时标信息格式有 2 种。时标信息 A——5 字节，用于电能数据、分时电量和遥测量历史数据的时标。表示年、月、日、时、分，以及周，具体定义如表 1-16 所示。

表 1-16　　　　　　　　　　　　　时标信息 A

时标	D7	D6	D5	D4	D3	D2	D1	D0
分	0	0	分（0-59）					
时	0	备用（0）		时（0～23）				
周/日	周（1～7）			日（1～31）				
月	（未使用）		（未使用）		月（1～12）			
年	（0）	年（0～99）						

时间信息 B——7 字节，用于单点信息的时标，以及终端系统时间。表示年、月、日、时、分、秒、毫秒，以及周，具体定义如表 1-17 所示。

表 1-17　　　　　　　　　　　　时标信息 B

时标	D7	D6	D5	D4	D3	D2	D1	D0
毫秒	毫秒（包括秒字节低两位，共 10 位）（0～999）							
秒	秒（0～59）						毫秒	
分	0	0	分（0～59）					
时	0	备用（0）		时（0～23）				
周/日	周（1～7）			日（1～31）				
月	（未使用）		（未使用）		月（1～12）			
年	（0）	年（0～99）						

④控制流程。

a. 复位链路（见图 1-23）。

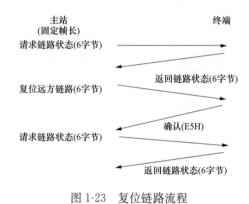

图 1-23　复位链路流程

b. 召唤数据。

流程 1（见图 1-24）：

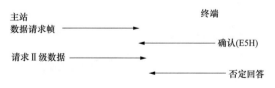

图 1-24　数据召唤流程 1

E5H—采集终端无要求数据应答情况

描述单点信息变位交互情况，系统主站按照正常询问过程，向终端发送请求Ⅱ级用户数据的请求帧。

流程 2（见图 1-25）：

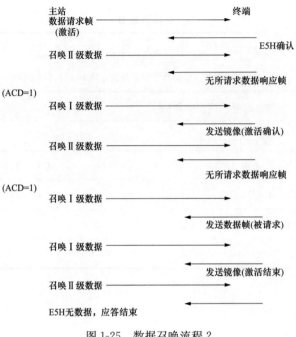

图 1-25　数据召唤流程 2

流程 3（见图 1-26）：

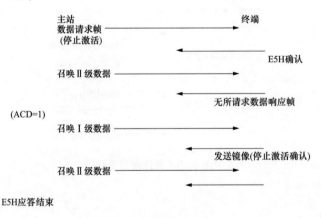

图 1-26　数据召唤流程 3

流程 4（见图 1-27）：

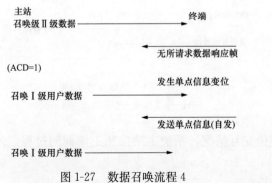

图 1-27　数据召唤流程 4

流程 5（见图 1-28）：

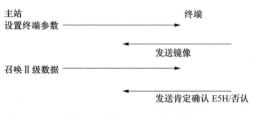

图 1-28　数据召唤流程 5

（4）103 规约。

1）规约总述。IEC 60870-5-103 适用于具有编码的位串行数据传输的继电保护设备（或间隔单元）和控制系统交换信息。制定本配套标准使得变电站内一个控制系统的不同继电保护设备和各种装置（或间隔单元）达到互换。其详细规范提供了继电保护设备（或间隔单元）信息接口的规范。IEC 60870-5-103 描述了两种信息交换的方法：第一种方法是基于严格规定的应用服务数据单元（ASDUs）和为传输"标准化"报文的应用过程，第二种方法使用了通用分类服务，以传输几乎所有可能的信息。

2）规约结构。IEC 60870-5 规约是基于三层参考模型"增强性能结构"，物理层采用光纤系统或基于铜线的系统，它提供一个二进制对称和无记忆传输；链路层由一系列采用明确的链路规约控制信息（LPCI）的传输过程所组成，此链路规约控制信息可将一些应用服务数据单元（ASDUs）当作链路用户数据，链路层采用能保证所需的数据完整性、效率以及方便传输的帧格式的选集；应用层包含一系列应用功能，它包含在源和目的之间应用服务数据单元的传送中。

①物理层。配套标准规定在继电保护设备（或间隔单元）和控制系统之间采用既可以是光纤系统或者也可以是基于铜线的传输系统，见图 1-29。

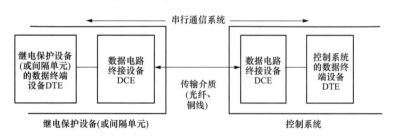

图 1-29　继电保护设备（或间隔单元）和控制系统的接口和连接

注：应当避免采用在一个给定的传输通道增加占用带宽的数据传输方法，一般的这些方法破坏了所要求的无记忆通道编码原则，除非能证明采用此种方法不会降低在链路层中所选用帧格式的数据组编码方法的海明距离。

②链路层。IEC 60870-5-2 提供了采用一个控制域和一个任选的地址域的链路传输规则的选集，在站之间的链路可以按非平衡或者平衡式传输模式工作。对于这两种工作模式在控制域有相应的功能码。

若是从一个控制系统到几个继电保护设备（或间隔单元）之间链路共用一条公共的物

理通道，那么这些链路必须工作在非平衡式，以避免多个继电保护设备（或间隔单元）试图同一时刻在通道上传输的可能性。不同的继电保护设备（或间隔单元）在通道上容许传输的顺序取决于控制系统的应用层的规则。

对于每一个链路，要指明一个毫不含糊的地址序号，在一个特定系统中，每个地址是唯一的，或者在共用一条通道的链路组中，其地址是唯一的。

③应用层。配套标准应当按照 IEC 60870-5-3 的一般结构来定义相应的应用服务数据单元，采用 IEC 60870-5-4 中应用信息元素的定义和编码规范来构成应用服务数据单元。

④非平衡传输。控制系统组成主站，继电保护设备（或间隔单元）为从站（子站）；即控制系统常常是始发站（启动站），继电保护设备（或间隔单元）常常是从动站。

采用下述功能码：

PRM＝1　0，3，4，9，10，11

PRM＝0　0，1，8，9，11

地址域 A 常常由一个八位位组构成，广播（发送/无回答）地址定义为 255。

⑤重复帧传输的超时时间间隔。环路延时 TLD 为 50ms；标准的传输速率为 9.6Kbit/s 或 19.2Kbit/s（可调）。

（5）476 规约。电力系统实时数据通信应用层协议于 1992 年制定，2012 年进行修订。修订主要针对协议的控制数据报文进行了丰富和细化。主要修订内容包括：增加了控制命令数据单元，细化了遥控、遥调和设点命令的数据块格式；调整了数据块类型编码；增加了原因码的说明；对状态量状态值表示方式进行了改进；对通信端口号及连接方式进行了细化。

规约总述：476 标准适用于电力系统调度（控制）中心之间以及调度（控制）中心与厂站之间的实时数据通信。数据块：由一个块头和一组某类数据构成的有意义的数据集合。不能直接和低层协议作用。只能几个块一起构成 APDU，以 APDU 为单位和低层发生作用。

DL 476-92 通信规约中的应用规约数据单元（APDU）分为三种类型：

1）协议控制的 APDU：用于双方通信进程之间联系的建立、释放、放弃或复位。

2）基本数据的 APDU：用于数据的接收、发送及应答控制；扩充数据的 APDU 用于探询等。

3）只实现两种称为 0 型规程，以上三种全部实现称为 1 型规程。

注："规程"指该协议具体实现时的动作序列。

APDU 定义了报文类型、长度、数据类型等信息，具体定义如下：

1）控制域：APDU 数据包的类型。

2）长度：512 字节，可根据通信的链路双方协商确定。

3）端口号：3000/tcp，可根据通信的链路双方协商确定。

基本数据的 APDU 结构示例表，报头 6 个字节，数据块头 4 个字节，数据项长度根据数据块类型而定。每个 APDU 可以包含一种数据类型（BID）的多个数据项，见表 1-18、表 1-19。

表 1-18   基本数据的 APDU 结构示例表

基本数据的 APDU（报头 + 数据块头 + 数据项）	单元组成描述	所属单元
控制域	报文类型	报头
接收序号（NR）	表示接收数据包的个数，一个字节	报头
发送序号（NS）	表示发送数据包的个数，一个字节	报头
优先级	表示数据优先级，一个字节	报头
数据长度（低）	后续报文长度的低字节，一个字节	报头
数据长度（高）	后续报文长度的高字节，一个字节	报头
数据块类型（BID）	表示数据类型，一个字节	数据块头
数据索引表号	数据索引表号，一个字节	数据块头
数据长度（低）	后续报文长度的低字节，一个字节	数据块头
数据长度（高）	后续报文长度的高字节，一个字节	数据块头
数据项起始序号（低）	数据项的索引号低字节，一个字节	数据块项
数据项起始序号（低）	数据项的索引号高字节，一个字节	数据块项
数据项块	不同类型数据块（BID）类型，组包内容不同，字节数不同，N 个字节	数据块项

表 1-19   常用数据块类型（BID）说明列表

数据类型	报文类型标识	描 述
遥信	0x03	单点遥信全数据块。每个量测记录 1 个字节
遥信	0x09	单点遥信变化数据块。每个量测记录 3 个字节
遥测	0x02	带品质描述的浮点值全数据块，每个遥测记录 5 个字节
遥测	0x08	带品质描述的浮点值变化数据块，每个遥测记录 7 个字节

（6）CDT 规约。CDT 是英文 Cyclic Digital Transmission 的缩写，即循环数字传送方式，这种规约称为循环式通信规约，此规约于 1991 年 11 月 4 日由原能源部发布，1992 年 5 月 1 日正式实施，随着电网与通信技术的不断发展，CDT 规约已较少应用在厂站与主站间的通信，只出现于老旧 RTU 厂站信息的远程传送，但 CDT 规约仍然广泛应用于厂站内部设备间的通信，如厂站消弧线圈信息采集、厂站直流信息采集、风电场风机信息采集等方面。在电力自动化系统所有通信规约中，CDT 规约相对较为简单易懂，如能深刻地掌握理解，对厂站自动化系统的建设维护和老旧 RTU 厂站的故障排查提供有力支撑。

CDT 规约为循环式信息传送规约，发送端周期的、周而复始地向接收端发送信息，不顾及接收端的状态、需求及接收能力，也不要求接收端给予回答。CDT 规约报文采用可变帧长度与多种帧类别循环传送方式，报文长度与类型变化较大，在此通过原理与实例，分类展示各种类型的报文，使读者全面深刻地掌握 CDT 规约的解析方法。

1）字节与位排列。CDT 规约报文的字节由低到高（$B_1 \sim B_n$）、从上到下进行排列，每个字节分成 8 位，每字节由高到低排列（B_7 到低 B_0）、左右排列进行排列，报文帧的字节、位排列如图 1-30 所示。

B_7	B_6	B_5	B_4	B_3	B_2	B_1	B_0	B_1
B_7			…				B_0	B_2
			…					
B_7			…				B_0	B_n

图 1-30　报文字节、位排列图

2）码位传送规则。CDT 规约依托于专用通道（4 线专用或 3 线 232），向接收端传送报文帧，发码规则较为简单，即：低字节先送，高字节后送；字节内低位先送，高位后送。

3）信息传送优先顺序。CDT 规约按照信息的重要程度，信息传送存在优先顺序，变位遥信优先传送，重要遥测更新循环时间较短，通过随机、循环和插入三种形式传送，以满足信息传送的实时性与可靠性，特别注意变位遥信、遥控与遥调的返校信息连续插送三遍必须在同一帧内，不许跨帧，若本帧不够连续插送三次，全部改到下一帧，同时若被插帧是 A、B、C 或 D 帧时，原信息字被代替，帧长不变，若被插帧是 E 帧，应在 SOE 完整信息字之间插入，原帧长相应加长。信息传送的优先顺序如下：

上行：子站时钟返回，插入传送；变位遥信，插入传送；遥控、遥调命令的返校信息，插入传送；重要遥测；次要遥测；一般遥测；遥信状态信息（总遥信）；电能脉冲计数值；事件顺序记录。

下行：召唤子站时钟及设置子站时钟；遥控遥调命令；广播命令；复归命令。

4）传送时间要求。CDT 规约制定了一些传送信息时间要求，主要体现在变位遥信与遥测量上，变位遥信传送时间不大于 1s，重要遥测传送时间不大于 3s，次要遥测传送时间不大于 6s，一般遥测传送时间不大于 20s。

第三节　变电站监控系统主要及相关设备

本节主要对变电站监控系统主要设备及与变电站监控系统密切相关的设备进行介绍。

一、监控主机

随着变电站监控系统一体化管理模式建设的深入，一体化变电站监控系统将作为变电站内统一的、唯一的信息平台，监控主机作为变电站监控系统的核心环节，集中处理、分析、展示全站信息，主要实现站内设备的数据采集、运行监视、操作与控制、运行管理、信息综合分析及智能告警应用、安全监测管理等功能，支持变电站实时运行数据和记录事件的存储功能，支持历史告警信息文件导出等功能，统一存储变电站模型、图形和操作记录、运行信息、告警信息、故障波形等历史数据，为各类应用提供数据查询和访问服务。

监控主机多采用 2U 机箱机架式服务器，硬件配置应满足各项功能、性能、稳定性及可靠性的检测要求，以下为推荐的典型配置：采用双路处理器，核心数不低于 4 核，主频：≥1.8GHz，内存：≥16GB，硬盘：≥1TB，不少于 2 个 100M/1000M 自适应网口，电源采用双热插拔冗余电源，显示器分辨率不低于 1920×1080，支持 DVI、HDMI、DP 接口，与显卡接口配套。

监控主机为变电站监控系统部署在安全Ⅰ区的站控层设备，应双重化配置，监控主机与站内设备传输协议及要求如下：

（1）监控主机采用 DL/T 860 标准协议与间隔层设备通信，如测控装置、保护装置、故障录波器、安全自动装置等，实现站内设备状态监视、数据采集及控制等功能。

（2）监控主机采用 NTP 服务进行对时并与时间同步管理装置进行通信，监测对时偏差及告警。

（3）监控主机的远程浏览和告警直传信息，通过Ⅰ区数据通信网关机转发上送调度主站，遵循 Q/GDW 11027、Q/GDW 11208 规范。

（4）监控主机通过Ⅰ区与Ⅱ区之间防火墙实现与Ⅱ区综合应用服务器信息交互功能。

（5）监控主机与智能防误主机之间信息的传输宜遵循 DL/T 860、DL/T 634.5104 等标准，从而可与站内独立配置的智能防误主机进行信息交互，实现防误校核双确认。

（6）监控主机与网络交换机信息传输应遵循 DL/T 860 或 SNMP 协议。

（7）监控主机采用基于 TCP 的私有协议与网络安全监测装置进行通信。

（8）监控主机采用 UDP 协议与Ⅱ区辅控监控系统及Ⅳ区在线智能巡视系统实现智能联动功能。

监控主机应严格遵循《电力监控系统安全防护规定》等法律规范的安全管理规定，首先应保证自身的本体安全，封闭不必要的端口及服务，采用"三权分立"权限管理机制，加强口令强度、避免敏感信息明文存储；其次应支持系统的安全监测与管理功能，部署安全代理，负责对网络空间状态的安全监测与管理，包括两方面要求，第一，支持网络安全状态数据的采集上送；第二，支持响应网络安全监测装置下发的基线核查、主动断网等服务。

二、测控装置

测控装置以计算机技术实现数据采集、控制、信号等功能，宜按照分布式系统设计，可就近安装于对应设备间隔，通过工业测控网络与安装于控制室的中心设备相连接，实现全变电站的监控，满足各种电压等级的变电站对实现综合自动化和无人值班的要求。

智能变电站的测控装置按照 DL/T 860（IEC 61850）标准建模，具备完善的自描述功能，并与变电站层设备直接通信，需支持电子式互感器和常规互感器的接入、支持 IEC 61850 通信标准、支持 GOOSE 跳合闸功能、支持 GOOSE 信号采集并对告警信号的变换进行事件记录。智能变电站中传统的交流模拟量采集、开关量采集以及控制模块被各种通信接口模块所代替。装置对相应通信通道工况、数据有效性都应该有相对完善的判断及处理机制。

测控装置应具有交流采样、测量、防误闭锁、同期检测、就地断路器紧急操作和单接线状态及测量数字显示等功能，对全站运行设备的信息进行采集、转换、处理和传送。其基本功能包括：

（1）采集模拟量，接收并发送数字量。

（2）具有选择返校执行功能，接收、返校并执行通控命令；接收执行复归命令、遥调命令。

（3）具有合闸同期检测功能。

（4）具有本间隔顺序操作功能。

（5）具有事件顺序记录功能。

（6）应具有功能参数的当地或远方设置。

（7）支持通过 GOOSE 协议实现间隔层防误闭锁功能。

（8）装置应具有在线自动检测功能，并能输出装置本身的自检信息报文，与自动化系统状态监测接口。

（9）装置具备接受 IEC 61588 或 B 码时钟同步信号功能，对时精度误差应不大于±1ms。

在常规变电站中，模拟量采集由二次保护、测控等设备自身完成，相同的模拟量会被不同的设备同时采集，造成了采集的重复性。随着电子式互感器的使用，模拟量采集功能独立出来，并下放到过程层，电子式互感器可以通过光纤网络为不同的设备提供统一的电气量。智能变电站的保护测控装置就可以略去模拟量采集的 TA/TV 部分，设备结构得到简化，且与一次系统有效隔离，安全性、可靠性得到提高。

同时，智能断路器的应用使变电站内分/合闸、闭锁、开关位置等重要信息的传递由常规的硬接点方式变为网络通信方式，因而智能保护测控装置不再需要状态量端子和中间继电器，硬件结构得到进一步简化，也可以省略复杂的二次电缆接线。

IEC 61850 标准设计了一套统一的变电站通信体系，建议采用以太网作为站内通信系统，设备之间要加强信息交互，实现资源共享。在智能变电站中，IED 设备间采用对等模式通信，同一个 IED 既可以是服务器，向其他 IED 提供信息；也可作为客户机，请求其他 IED 的数据。智能保护测控装置既要与站控层的监控主机通信，又要与过程层的智能设备交换数据，同时还要与间隔层内的设备实现信息交互，这就需要智能保护测控装置具有强大的通信能力。

智能保护测控设备的输入输出发生了较大的变化，其接收来自合并单元的 SV 采样值信号及智能终端的开关量信号，经过判别后，其执行结果又通过 GOOSE 信号送到智能终端完成保护测控的功能，但功能上与常规保护测控的功能类似。

三、数据通信网关机

网关实现网络层以上的网络互连。它是最复杂的网络互联设备，仅用于不同高级协议的两个网络的互联。网关可用于广域网互连和局域网互联。网关是充当转换代理的计算机系统或设备。网关用于不同的通信协议、数据格式或语言之间，甚至用于具有完全不同体系结构的两个系统之间，它是一个转换器。与只传递信息的桥接器不同，网关重新打包接收到的信息，以满足预期系统的需要。

网关机是在局域网中，由主机控制其他扩展，从主机上可以关闭其他扩展。该功能由相关软件组成。数据通信网关机就是一种通信装置。实现智能变电站与调度、生产等主站系统之间的通信，为主站系统实现智能变电站监视控制、信息查询和远程浏览等功能提供数据、模型和图形的传输服务。

数据通信网关机是变电站对外的主要接口设备，实现与调度、生产等主站系统的通信，为主站系统的监视、控制、查询和浏览等功能提供数据、模型和图形服务。作为主厂站之间的桥梁，数据通信网关机也在一定程度上起到业务隔离的作用，可以防止远方直接操作变电站内的设备，增强运行系统的安全性。

数据通信网关机常用的通信协议有 IEC 60870-5-101、IEC 60870-5-103、IEC 60870-5-104、DNP3.0、IEC 61850、TASE.2 等，少数的早期变电站可能还有 CDT、1801 等通信协议。

根据电力系统二次安全防护的要求，变电站设备按照不同业务要求分为安全 I 区和安全Ⅱ区，因此数据通信网关机也分成Ⅰ区数据通信网关机、Ⅱ区数据通信网关机和Ⅲ/Ⅳ区数据通信网关机。Ⅰ区数据通信网关机用于为调度（调控）中心的 SCADA 和 EMS 系统提供电网实时数据，同时接收调度（调控）中心的操作与控制命令。Ⅱ区数据通信网关机用于为调度（调控）中心的保信主站、状态监测主站、DMS、OMS 等系统提供数据，一般不支持远程操作。Ⅲ/Ⅳ区数据通信网关机主要用于与生产管理主站、输变电设备状态监测主站等Ⅲ/Ⅳ区主站系统的信息通信。无论处于哪个安全区，数据通信网关机与主站之间的通信都需要经过安全隔离装置进行隔离。

数据通信网关机一般为嵌入式装置，无机械硬盘和风扇，采用分布式多 CPU 结构，可配置多块 CPU 板及通信接口板，每个 CPU 并行处理任务，支持同时与多个不同的主站系统进行通信。为了确保通信链路的可靠性，数据通信网关机往往采用双机主备机工作模式或双主机工作模式。主备机工作模式下，当主机故障时，备机才投入运行。但是在双主机工作模式下，两台网关机同时处于运行状态，通信连接在双机之间平均分配，资源利用效率较主备机工作模式更高，但其实现也更复杂。

数据通信网关机一般不配置独立的液晶，而是通过远程终端查看实时数据值、系统运行状态和参数。数据通信网关机的配置由独立的组态工具完成，也有采用与监控主机共享配置信息的方式。

四、工业以太网交换机

1. 过程层交换机概述

网络交换机的大量使用是智能变电站的主要特征，常规的变电站只有自动化系统有一些网络交换机，在智能变电站中，除了站控层有用于交换四遥信息的网络交换机外，还配置有大量的过程层网络交换机。因此在智能变电站中，网络交换机的重要性不言而喻。

智能变电站过程层采用面向间隔的广播域划分方法，提高 GOOSE 报文传输实时性、可靠性，通过交换机 VLAN 配置，同一台过程层交换机面向不同的间隔划分为多个不同的虚拟局域网，以最大限度减少网络流量并缩小网络的广播域。同时，过程层交换机静态配置其端口的多播过滤以减少智能电子设备 CPU 资源的不必要占用，保证过程层信息传输的快速性；过程层交换机的传输优先级机制还可以保证过程层重要信息的实时性和可靠性。上述这些配置在变电站自动化系统扩建或交换机故障更换时必然要修改或重新设置，这必然会给通信网络带来安全风险。

为规避风险，智能化变电站的通信网络管理不仅要满足信息网络设备管理要求，而且要与继电保护同等重要地对待，将交换机的 VLAN 及其所属端口、多播地址端口列表、优先规则描述和优先级映射表等配置作为定值来管理。便于在系统扩建或更换交换机后，维持网络系统的安全稳定。

2. 过程层交换机要求

过程层交换机应采用 100M 及以上的工业光纤交换机，交换机均基于以太网，并满足 GB/T 17626（电磁兼容）的规定，且宜通过 KEMA 关于 IEC 61850 认证。

交换机应具备如下功能：

（1）支持 IEEE 802.3x 全双工以太网协议。

（2）支持服务质量 Quality of Service（QoS）IEEE 802.1p 优先级排队协议。

（3）支持虚拟局域网 VLAN（802.1q）以及支持交叠（overlapping）技术。

（4）支持 IEEE 802.1w RSTP（快速生成树协议）。

（5）支持基于端口的网络访问控制（802.lx）。

（6）支持组播滤波、报文时序控制、端口速率限制和广播风暴限制。

（7）支持 SNTP 时钟同步。

五、同步相量测量装置

同步相量测量装置（phasor measurement unit，PMU）是利用全球定位系统（GPS）秒脉冲作为同步时钟构成的相量测量单元。可用于电力系统的动态监测、系统保护和系统分析和预测等领域．是保障电网安全运行的重要设备。目前世界范围内已安装使用数百台 PMU。现场试验、运行以及应用研究的结果表明：同步相量测量技术在电力系统状态估计与动态监视、稳定预测与控制、模型验证、继电保护、故障定位等方面获得了应用或有应用前景。

1. 装置原理

基于 GPS 时钟的 PMU 能够测量电力系统枢纽点的电压相位、电流相位等相量数据，通过通信网把数据传到监测主站。监测主站根据不同点的相位幅度，在遭到系统扰动时确定系统如何解列、切机及切负荷，防止事故的进一步扩大甚至电网崩溃。根据功能要求，PMU 应包括同步采样触发脉冲的发生模块、同步相量的测量计算模块和通信模块。同步采样触发脉冲的发生部分主要功能是提供秒脉冲和当前标准时间（精确到 s），为了降低对 GPS 的依赖性，在 GPS 丢失卫星后一段时间内，由本机自身晶振提供相当精确的秒脉冲。相量测量运算部分输入模拟交流信号，A/D 由外部产生的同步采样脉冲触发，转换完成后发送"中断"给信号处理模块（DSP），DSP 每读取一点的数据就和前面的采样数据进行数字傅里叶变换（DFF）运算，求出该交流信号基波的幅值和相位。主 DSP 在计算相位后同时加上相应的时标从通信接口将相量数据发送到监测主站或保存在本地工控机上。同步串口通信数据除了采样点时刻的时标外，还有测量 CPU 发出的当前交流信号频率。

2. 装置结构

PMU 的数据采样/控制硬件类似于传统的 RTU，但是根据标准的要求，PMU 的数据采样速率/数据传输的实时性要远远高于传统的 RTU，PMU 的数据采样速率一般在 10 000 点/s 左右，其数据的传输实时性要求 20ms，因此，这就要求 PMU 的硬件设计上要有较快的 CPU（如采用 DSP 技术或多 CPU 技术），要求有较快的数据通信接口（如 10/100MHz 以太网）。装置的输入信号有：①线路电压、线路电流信号的输入；②开关量信号的输入；③发电机轴位置脉冲的输入，可以是鉴相信号或转速信号；④用于励磁、AGC 等的 4～20mA 控制信号；⑤GPS 标准时间信号。装置的输出信号有：①用于中央信号的告警信号输出；②用于通信的 10/100MHz 以太网及 RS232 接口（采用 IEEE Std 1344 通信标准）；③用于控制用的 4～20mA 输出。

3. 装置功能

（1）同步相量测量。

1）测量变电站线路三相基波电压、三相基波电流、序量值、开关量等的实时数据及实时时标；

2）测量发电机机端三相基波电压、三相基波电流、序量值、开关量、发电机功角、发

电机内电势的实时数据及实时时标;

3)测量励磁系统、AGC系统等的直流模拟量等。

(2)同步相量数据传输装置根据IEEE Std 1344规约将同步相量数据传输到主站,传输的通道根据实际情况而定,如10/100MHz以太网、RS-232、2M口等,通信链路协议为TCP/IP。

(3)数据整定及就地显示。

1)装置的参数当地整定;

2)装置的测量数据可以在计算机界面上以相量列表、主接线图相量矢量表计、相量矢量图、连续相量变化图、模拟量波形图、模拟量值、开关量状态等方式显示。

(4)扰动数据记录。

1)具备暂态录波功能。用于记录瞬时采样的数据的输出格式符合ANSI/IEEE C37.111-1991(COMTRADE)的要求。

2)具有全域启动命令的发送和接收,以记录特定的系统扰动数据。

3)可以以IEC 60870-5-103或FTP的方式和主站交换定值及故障数据。

4)可提供通信接口用于和励磁系统、AGC系统、电厂监控系统进行数据交换。

5)可存储暂态录波数据;存储实时同步相量数据。

4.装置应用

20世纪90年代以来,PMU陆续安装于北美及世界许多国家的电网,针对同步相量测量技术所进行的现场试验,既验证了同步相量测量的有效性,也为PMU的现场运行积累了经验。其中包括1992年6月,乔治亚电力公司在Scherer电厂附近的500kV输电线上进行了一系列的开关试验,以确定电厂的运行极限并验证电厂的模型;1993年3月,针对加利福尼亚—俄勒冈输电项目所进行的故障试验等。试验中应用PMU记录的数据结果与试验结果相当吻合。

5.研究与应用领域

目前,同步相量测量技术的应用研究已涉及状态估计与动态监视、稳定预测与控制、模型验证、继电保护及故障定位等领域。

(1)状态估计与动态监视。状态估计是现代能量管理系统(EMS)最重要的功能之一。传统的状态估计使用非同步的多种测量(如有功、无功功率,电压、电流幅值等),通过迭代的方法求出电力系统的状态,这个过程通常耗时几秒钟到几分钟,一般只适用于静态状态估计。

应用同步相量测量技术,系统各节点正序电压相量与线路的正序电流相量可以直接测得,系统状态则可由测量矢量左乘一个常数矩阵获得,使得动态状态估计成为可能(引入适当的相角测量,至少可以提高静态状态估计的精度和算法的收敛性)。将厂站端测量到的相量数据连续地传送至控制中心,描述系统动态的状态就可以建立起来。一条4800波特率或9600波特率的普通专用通信线路可以维持每2~5个周波一个相量的数据传输,而一般的电力系统动态现象的频率范围是0~2Hz,因而可在控制中心实时监视动态现象。

(2)稳定预测与控制。同步相量测量技术可在扰动后的一个观察窗内实时监视、记录动态数据,利用这些数据可以预测系统的稳定性,并产生相应的控制决策。基于同步相量测量技术,采用模糊神经元网络进行预测和控制决策,取PMU所提供的发电机转子角度以及由转子角度推算出的速度（变化率）等作为神经元网络的输入，输出对应稳定、不稳定。在弱节点处安装 PMU，可以观测电压稳定性。PSS 利用 PMU 所提供的广域相量作为输入，构成全局控制环，可以消除区域间振荡。

（3）模型验证。电力系统的许多运行极限是在数值仿真的基础上得到的，而仿真程序是否正确在很大程度上取决于所采用的模型。同步相量测量技术使直接观察扰动后的系统振荡成为可能，比较观察所得的数据与仿真的结果是否一致以验证模型，修正模型直到二者一致。

（4）继电保护和故障定位。同步相量测量技术能提高设备保护、系统保护等各类保护的效率，最显著的例子就是自适应失步保护。对于安装在佛罗里达—乔治亚联络线上的一套自适应失步保护系统，从 1993 年 10 月到 1995 年 1 月的运行情况分析表明，PMU 是可靠和有价值的传感器。另一个重要应用是输电线路电流差动保护，在相量差动动作判据中，参加差动判别的线路二端电流相量必须是同步得到的，PMU 即可提供这种同步相量。

对故障点的准确定位将简化和加快输电线路的维护和修复工作，从而提高电力系统供电的连续性和可靠性。传统的单端型故障定位方法是基于电抗测量原理，这种方法的精度将受故障电阻、系统阻抗、线路对称情况和负荷情况等多种因素的影响。解决这一问题的根本出路是利用线路两端同步测量的电压和电流相量进行故障距离的求解，能获得高精度和高稳定性的定位结果。

6. 广域测量系统

电力系统的稳定已是越来越突出问题。以 PMU 为基本单元的广域测量系统可以实时地反映全系统动态，是构筑电力系统安全防卫系统的基础。

六、电能量采集终端

电能量采集终端与监控系统密切相关，是检测工作中需要密切接触的设备。

1. 工作环境

（1）相对湿度：5％～95％（无凝露）。

（2）正常工作温度：−25～55℃，极限工作环境温度：−25～+70℃。

（3）大气压强 86～108kPa。

2. 结构要求

（1）外壳及其防护性能。终端的机箱外壳应有足够的强度，外物撞击造成的变形应不影响其正常工作。终端外壳的防护性能应符合 GB/T 4208 规定的 IP51 级要求，即防尘和防滴水。

（2）接线端子。终端对外的连接线应经过出线端子，出线端子及其绝缘部件可以组成端子排。强电端子和弱电端子分开排列，具备有效的绝缘隔离。出线端子的结构应与截面为 1.5～2.5mm² 的引出线配合。端子排的阻燃性能应符合 GB/T 5169.11 的阻燃要求。

（3）机械影响。终端设备应能承受正常运行及常规运输条件下的机械振动和冲击而不造成失效和损坏。机械振动强度要求：

1）频率范围：10～150Hz；

2）位移幅值：0.075mm（频率范围不大于 60Hz）；

3）加速度幅值：10m/s²（频率范围不大于 60Hz）。

（4）金属部分的防腐蚀。在正常运行条件下可能受到锈蚀的金属部分，应有防腐、防锈的涂层或镀层。

（5）铭牌标志。终端上应有下列标志：①产品名称及型号；②制造厂名或商标；③制造日期及厂内编号；④终端的端子盖板背面应有端子与外电路的连接线路图，接线端子应有明确的标识，其中交流电源与接地端子规定如下：交流电源相线端子应标以字母 L；交流电源中线端子应标以字母 N；保护接地端子应标以图形符号或字母 PE。

3．数据采集功能

终端至少具备 2 路相互隔离的 RS-485 本地通信接口，每路 RS-485 口可接 8 块全电子式电能表（每路 RS-485 口可支持多种电能表规约），能通过 RS-485 口或 CS 电流环口自动采集数字电能表带时标、带费率的电量数据（电能数据、最大需量及最大需量发生时间、瞬时量数据、失压断相数据、其他电表规约提供的数据）。

4．维护功能

（1）通过维护电缆与便捷式电脑连接，进行当地维护。

（2）通过 MODEM 或 GPRS 与远方主站系统通信，进行远程维护。

5．系统校时功能

（1）走时精度误差小于 0.5s/天，停电后维持走时 10 年。

（2）系统接受两种校时方式：远方主站校钟、当地人工校时。

6．异常记录告警功能

（1）通信异常记录告警。可以设置通信错误告警时间，当采集终端与下挂的电能表之间的通信中断超过设定时间时，作为与电能表的通信故障记录上报给主站。

（2）装置故障记录告警。当采集终端自身发生下列异常状态时，生成故障记录并在与主站的通信正常时立即上报给主站；①电量数据校验错误；②电能数据存储卡读写擦除错误；③软硬件自诊断信息，硬件诊断到插件级。

（3）其他事件记录告警。①开机时间。②参数更改，口令更改。③人工校时和设置数据值。④交流电源失电、交直流电源切换。⑤上电自检状态。⑥电能测量点失压。

7．通信功能

（1）有 1 路 RS-232 通信口和 1 路红外通信口，用于现场维护或现场抄表；

（2）有 1 路 Modem 通信口，主站能通过拨号、专线访问；

（3）有 1 路 GPRS 通信口，主站能通过 GPRS 方式访问（GPRS 终端适用）；

（4）与主站通信，通信规约为 IEC 870-5-102 规约、CDI 规约、兰吉尔、EDMI 规约等，并支持可提供规约的任何主站；

（5）通过 RS-485 通信口与电能表通信，能支持已知规约任何电能表计。

8．数据存储功能

（1）存储容量不得少于 32M。

（2）掉电后数据卡中的数据保持 10 年以上。

（3）停电或出现故障时，可以从存储卡中读出数据。文件格式和 Windows 完全兼容，可以很容易地进行拷贝。

（4）电能量数据存储类型，全电子电能表的各种类型电能数据和瞬时量数据以及失压断相数据等。

（5）电能量数据存储周期（1～60)min～45day 可灵活设置。

9. 工作电源

(1) 供电方式。终端使用两路交直流供电，交直流自适应，交直流电源应能维持终端正常工作和通信。

(2) 供电电源要求。①额定电压：交流 220V，允许偏差－20％～＋20％；直流 220V 允许偏差－20％～＋20％ 或 110V 允许偏差－10％～＋10％ 自适应；②频率：50Hz，允许偏差－6％～＋2％；③消耗功率：在非通信状态下终端消耗的视在功率应不大于 15VA、有功功率应不大于 10W。

10. 电气保护

具有安全电源、电话、485 专用防雷器；满足电磁兼容性标准 4 级要求。

11. 数据安全性

每个通信口可设置授权范围内的数据，供不同的授权用户读取。每个通信口由口令控制进入。现场修改和设置参数时，有完善的安全保护措施，防止非法用户的侵入。

七、智能终端

智能终端是指作为过程层设备与一次设备采用电缆连接，与保护、测控等二次设备采用光纤连接，实现对一次设备的测量等功能的装置。与传统变电站相比，可以将智能终端理解为实现了操作箱功能的就地化。其基本功能包括：

(1) 开关量和模拟量（4～20mA 或 0～5V）采集功能；

(2) 开关量输出功能，完成对断路器及隔离开关等一次设备的控制；

(3) 断路器操作箱（三相或分相）功能，包含分合闸回路、合后监视、重合闸、操作电源监视和控制回路断线监视等功能；

(4) 转换和通信功能，支持以 GOOSE 方式上传一次设备的状态信息，同时接收来自二次设备的 GOOSE 下行控制命令，实现对一次设备的实时控制；

(5) GOOSE 命令记录功能，记录收到 GOOSE 命令时刻、GOOSE 命令来源及出口动作时刻等内容，并能便捷查看。

八、合并单元

合并单元是按时间组合电流、电压数据的物理单元，通过同步采集多路 ECT/EVT 输出的数字信号并对电气量进行合并和同步处理，并将处理后的数字信号按照标准格式转发给间隔层各设备使用，简称 MU，其主要功能包括：

(1) 接收 IEC 61588 或 B 码同步对时信号，实现采集器间的采样同步功能；

(2) 采集一个间隔内电子式或模拟互感器的电流电压值；

(3) 提供点对点及组网数字接口输出标准采样值，同时满足保护、测控、录波和计量设备使用；

(4) 接入两段及以上母线电压时，通过装置采集的断路器、隔离开关位置实现电压并列及电压切换功能。

九、网络报文记录及分析装置

网络报文记录分析装置（简称网分装置）是伴随着数字化变电站的发展而产生的一种新型的变电站二次设备。在数字化变电站建设的早期，网分装置作为通信网络的调试设备，特别是在变电站自动化系统的联调阶段，对通信问题的定位、网络故障的分析和重现、设备厂家通信程序的完善等方面起到了非常重要的作用，也因此被大量安装于变电站中。随着数字化变电站网络通信系统的日趋成熟，网分装置作为调试工具的作用不断下降，而作为运行设备则又出现了一些新的应用需求，特别是对二次设备在线监测的应用需求。例如，实时监视全站物理网络和二次设备的运行状态，对网络和设备缺陷进行智能诊断，让运检人员能够远程调阅相关信息、评估现场情况，辅助智能站二次系统的日常维护和异常处理等。

网分信息根据产生方式的不同，可以分为原始数据和分析数据两大类：

1. 原始数据

原始数据又包括两种类型：一种是从交换机端口映射采集到的网络原始报文；另一种是从原始报文中提取的应用层数据，按协议的不同分为 SV 采样值、GOOSE 信号、MMS 数据、104 数据等。利用变电站 SCD 配置文件，可以将没有语义的 MMS 服务进一步还原为携带信息语义的 IEC 61850 的 ACSI 服务，例如将 MMS 的读/写服务还原为遥控操作、定值的读写、报告控制块的激活等。因此，这里的 MMS 数据代表了二次设备通过 MMS 协议与外界交换的所有运行信息。以下为网分提取的保护相关的运行信息：①保护动作、故障录波和报告；②压板状态：保护功能压板、GOOSE 出口软压板、SV 接收软压板、检修压板等；③保护运行定值；④装置自检信息；⑤装置告警及闭锁接点状态；⑥保护模拟量；⑦当地/远方系统对保护的各种命令和操作，比如修改定值、投退压板、激活报告等。

2. 分析数据

分析数据指的是网分装置的分析模块对原始数据进行分析所产生的信息，包括对原始报文的分析和对应用层数据的分析。按作用不同可以分为：①对通信网络的分析，例如网络流量是否异常、是否出现网络风暴、网络连接的通断状态、交换机和二次设备通信口的连通状态等；②对报文结构异常的分析，例如报文长度异常、ASN.1 编码的 TLV 结构异常等；③对通信逻辑异常的分析，例如 GOOSE 帧序异常、SV 丢帧、遥控过程不完整等；④对全站工程配置一致性的分析，例如装置发出报文中的内容（条目个数、数据类型、版本等）与 SCD 文件存在不一致；⑤对装置采集数据的有效性分析，例如同源多数据比对、双 AD 采样数据比对、遥测不刷新、GOOSE 信号频繁变位等；⑥对二次设备运行状态的分析，例如根据装置上送的自检信息和告警信息对装置异常进行智能诊断和预警等。

网分信息除了可以为设备厂家在站内调试提供帮助，还可以为变电站二次系统运维和检修服务，为保护专业和调度运行服务。网分装置不但能获取这些自检信息，而且能对整站通信网络进行监视，发现二次设备不能感知的其他网络故障；更加容易和准确地对网络故障进行定位。例如，现场曾出现过由于交换机故障导致保护与另一台设备之间发生频繁的通信中断，从而引发保护通信闭锁，给检修人员带来很大困扰。而通过网分装置则能迅速发现两台出现通信异常的设备，为迅速解决问题提供了有力的支持。

变电站的数字化和网络化使得通信网络已经成为二次系统的重要组成部分，关乎电网的运行安全。而网分装置既能获取所有二次设备的自检信息，又能对物理网络的运行状态进行监视，是站内掌握二次信息最全面、最完整的设备，因此与其他自动化系统相比更适合关注设备运行和维护，更适合实现对整站二次系统的在线监测与诊断。

十、时间同步装置

时间同步装置与监控系统密切相关，是检测工作中需要密切接触的设备。

1. 基本组成

时间同步装置主要由时钟接收单元、时钟单元和输出单元组成，如图 1-31 所示。

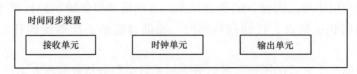

图 1-31　变电站时间同步装置基本组成

（1）接收单元。接收单元主要用于接收外部的时源信号，主时钟和从时钟的接收单元以接收的无线或有线时间基准信号作为外部时间基准。

主时钟的接收单元由天线、馈线、低噪声放大器（可选）、防雷保护器和接收器等组成。主时钟的接收单元能同时接收至少两种外部时间基准信号，其中一种应为无线时间基准信号，这些时间基准信号互为热后备。最早的时间同步装置仅支持接收 GPS 信号，随着时间同步技术及北斗技术的发展，目前，大部分时间同步装置采用以北斗信号（BDS）为主、GPS 信号为辅的技术手段完成装置本身的时间同步。

从时钟的接收单元由输入接口和时间编码（如 IRIG-B 码）的解码器组成。从时钟的接收单元能同时接收两路有线时间基准信号（主要为 IRIG-B 码信号），这些时间基准信号互为热后备。

（2）时钟单元。时钟单元主要用于完成逻辑处理等功能，时钟单元接收无线时间基准信号（如 BDS、GPS）、有线时间基准信号及热备时间信号，同时通过技术手段对输入信号的有效性以及各个时源信号之间的偏差对时源进行选择判断，选择出最为可靠的时源作为同步时源同步本地时间。当失去所有外部的时源信号后，时钟单元进入守时状态，即本地时钟仍能保持一定的时间准确度，并输出时间同步信号和时间信息。当外部时间基准信号恢复后，在满足多源判决机制的条件下时钟单元自动结束守时保持状态，并被牵引入跟踪锁定状态，且在牵引过程中，采用逐渐逼近方式调整，从而避免发生大的时间跳变。在授时阶段时间同步信号应不出错，时间信息应无错码，脉冲码应不多发或少发。时钟单元的授时依靠内部晶振来完成，根据时间准确度的要求，选用温度补偿石英晶体振荡器、恒温控制晶体振荡器或原子频标等。

（3）输出单元。输出单元用于将主时钟装置同步后的时间信号通过不同的模块转换为不同类型的时间输出信号，电力应用的输出信号主要分为：IRIG-B 码信号、脉冲信号、串口报文信号、网络报文信号等。

2. 主要配置

主时钟主要配置包括卫星接收模块（主要为 GPS 模块和 BD 模块）、晶振模块（多为恒温晶振）、双电源模块、外接天线及防雷保护器、CPU 板卡、卫星信号输入板卡、输出信号板卡等。

从时钟主要配置晶振模块（多为恒温晶振）、双电源模块、CPU 板卡、有线信号输入板卡、输出信号板卡等。

其中，为了保证时间同步装置的安全，均需配备双电源模块，从而保证整个装置的供电安全。此外，晶振模块主要用于保持稳定的频率输出，时间同步装置利用接收到的时间同步信号对晶振进行驯服，在完成驯服后，即使在丢失外部时源的条件下，时间同步装置也能在一定时间内保证输出的时间信号的有效性和准确性。

3．主要功能及性能

时间同步装置的主要功能和性能如下：

（1）输出信号类型及性能指标。时钟装置应可输出脉冲信号、IRIG-B 码、串行口时间报文和网络时间报文等，秒脉冲时间准确度应优于 $1\mu s$；IRIG-B 码时间准确度应优于 $1\mu s$；串行口时间报文时间准确度应优于 10ms；网络时间报文时间准确度应优于 10ms。

（2）时间同步信号输出状态。装置初始化状态（装置上电后，未与外部时间基准信号同步前）不应有输出；装置跟踪锁定状态（装置正与至少一路外部时间基准信号同步）应有输出；装置守时保持状态（装置原先处于跟踪锁定状态，工作过程中与所有外部时间基准信号失去同步）应有输出。

（3）启动时间。装置冷启动启动时间应小于 1200s，热启动时间应小于 120s。

（4）守时功能。时钟装置在失去外部时间基准信号时具备守时功能，即靠装置中的晶振模块保证输出的稳定性，守时性能优于 $1\mu s/h$（12h 内）。

（5）日志功能。具有本地日志保存功能，且存储不少于 200 条，能够对外部信号状态、当前同步时源、时间源跳变等内容进行记录。

（6）主时钟多时源选择功能。传统的时钟往往会因为外部时源的跳变导致输出的信号也发生跳变，这就对变电站中对时间稳定性及准确度要求较高的装置功能性能产生一定影响，且站上系统及设备的事件顺序记录时间戳会发生错误，严重影响变电站的故障定位和分析。为此，对于新型时钟提出了多时源选择功能，通过对外部多个时源进行比较判断选择出最为可靠地时源进行同步，保证了输出的稳定性和可靠性。

主时钟多时源选择旨在根据外部时源的信号状态及钟差从外部时源中选择出最为准确可靠的时钟源，参与判断的典型时源包括本地时钟、北斗时源、GPS 时源、地面有线时源、热备时源，其中北斗时源、GPS 时源和地面有线时源为外部独立时源，本地时钟指装置自身时间，热备时源为主备之间的关联信号。多时钟源选择流程示意图见图 1-32。

对于外部输入的各个时源，首先要对其有效性检测，对于 BDS 信号和 GPS 信号需要判断其稳定性，若信号频繁发生跳动或者无法锁定，则不将该信号纳入时源逻辑判断信号；对于地面有线信号和热备

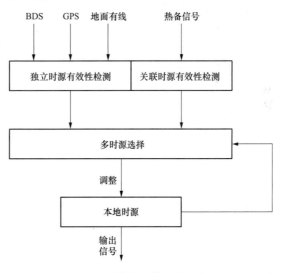

图 1-32　多时源选择流程示意图

信号，则判断其信号是否连续、报文解析和标志位是否正确，从而完成有效性判断。各个时源自身状态判断为正常的，才可参与到多源选择逻辑判断的运算。在多时源选择逻辑中，根据装置的运行状态将逻辑分为开机初始化及守时恢复多源选择逻辑和运行状态多源选择逻辑，前者的逻辑判断不计算本地时源，后者的逻辑判断需要计算本地时源。为了避免多时源逻辑判断后有多个时源均可用无法选择的情况出现，对主时钟外部独立时间源信号进行优先级设置，默认优先级为：BDS>GPS>地面有线。

开机初始化及守时恢复状态多时源选择逻辑：开机初始化及守时恢复状态多时源选择

不考虑本地时钟，仅两两比较外部时源之间的时钟差，时钟差测量表示范围应覆盖年、月、日、时、分、秒、毫秒、微秒、纳秒，具体选择逻辑如表 1-20 所示。

表 1-20　　　　　　　　　　开机初始化及守时恢复多时源选择逻辑表

BDS信号	GPS信号	有线时间基准信号	BDS信号与GPS信号的时间差（μs）	BDS信号与有线时间基准信号的时间差（μs）	GPS信号与有线时间基准信号的时间差（μs）	基准信号选择
有效	有效	有效	<5	无要求	无要求	选择 BDS 信号
			>5	<5	无要求	选择 BDS 信号
			>5	>5	<5	选择 GPS 信号
			>5	>5	>5	连续进行不少于 20min 的有效性判断后，若保持当前条件不变则选择 BDS 信号
有效	有效	无效	<5	—	—	选择 BDS 信号
			>5	—	—	连续进行不少于 20min 的有效性判断后，若保持当前条件不变则选择 BDS 信号
有效	无效	有效	—	<5	—	选择 BDS 信号
			—	>5	—	连续进行不少于 20min 的有效性判断后，若保持当前条件不变则选择 BDS 信号
无效	有效	有效	—	—	<5	选择 GPS 信号
			—	—	>5	连续进行不少于 20min 的有效性判断后，若保持当前条件不变则选择 GPS 信号
有效	无效	无效	—	—	—	连续进行不少于 20min 的有效性判断后，若保持当前条件不变则选择 BDS 信号
无效	有效	无效	—	—	—	连续进行不少于 20min 的有效性判断后，若保持当前条件不变则选择 GPS 信号
无效	无效	有效	—	—	—	连续进行不少于 20min 的有效性判断后，若保持当前条件不变则选择有线时间基准信号
无效	无效	无效	—	—	—	保持初始化状态或守时

注　1. 连续进行不少于 20min 的有效性判断内，满足表中其他条件时，按照所满足条件的逻辑选择出基准时源。

　　2. 外部仅有一个时源的守时恢复态，本地时源参与运算，若外部时源与本地时源偏差大于 5μs，则按照守时恢复逻辑进行 20min 判断后进行时源选择；若外部时源与本地时源偏差在 5μs 之内，则直接跟踪该源，避免因外部时源信号短时中断，造成同步频繁异常的情况。

运行状态多时源选择逻辑：运行状态的多时源选择逻辑应考虑本地时钟，两两比较各个时源之间的时钟差，时钟差测量表示范围应覆盖年、月、日、时、分、秒、毫秒、微秒、纳秒，具体选择逻辑如表 1-21 所示。

表 1-21　　　　　　　　　　　主时钟运行状态的多时源选择逻辑表

有效独立外部时源路数	时源钟差区间分布比例（每 5μs 为一个区间）	热备信号	基准信号选择
3	4:0	无要求	从数量为 4 的区间中按照优先级选出基准信号
	3:1	无要求	从数量为 3 的区间中按照优先级选出基准信号
	2:2	无要求	选择 BDS 信号
	2:1:1	无要求	从数量为 2 的区间中按照优先级选出基准信号
	1:1:1:1	无要求	进入守时状态，按照守时恢复逻辑进行选择
2	3:0	无要求	从数量为 3 的区间中按照优先级选出基准信号
	2:1	无要求	从数量为 2 的区间中按照优先级选出基准信号
	1:1:1	无要求	进入守时状态，按照守时恢复逻辑进行选择
1	2:0	无要求	从数量为 2 的区间中按照优先级选出基准信号
	1:1	无要求	进入守时状态，按照守时恢复逻辑进行选择
0	—	有效	选择热备信号作为基准信号
	—	无效	无选择结果，进入守时

注　1. 本地时源计入时源总数。

　　2. 阈值区间为 ±5μs，即两两间钟差的差值都（与关系）小于 ±5μs 的时源，则认为这些时源在一个区间内。

　　3. 选择热备信号为基准信号时，本地时钟输出时间信号的时间质量码应在热备信号的时间源质量码基础上增加 2。

（7）从时钟时源选择功能。从时钟同步信号来自主时钟输出的 IRIG-B 信号，在双主钟的工作模式下，分别接收来自主时钟 1 和来自主时钟 2 的 IRIG-B 码信号，为了保证从时钟信号的准确可靠，从时钟会通过时源选择判断主时钟 1 和主时钟 2 信号的可靠性，从而完成时源选择。默认条件下，主时钟 1 信号优先级高于主时钟 2 信号，具体时源选择逻辑如表 1-22 所示。

表 1-22　　　　　　　　　　　　从时钟时源选择逻辑表

主时钟信号	备时钟信号	初始化或守时状态基准信号选择	运行状态基准信号选择
有效	有效	选择时间质量高的信号作为基准信号；若时间质量一样，则选择主时钟信号作为基准信号	选择时间质量高的信号作为基准信号；若时间质量一样，则选择主时钟信号作为基准信号
有效	无效	选择主时钟信号作为基准信号	选择主时钟信号作为基准信号
无效	有效	选择备时钟信号作为基准信号	选择备时钟信号作为基准信号
无效	无效	无法完成初始化	保持守时状态

（8）时源切换功能。传统的时钟装置无时源切换的逻辑，当同步时源发生变化（跳变等）时，时钟装置瞬间完成跟踪同步，导致输出信号发生较大抖动，这就对 PMU 等对时间依赖较高装置的工作产生影响。为了保证时钟装置输出的稳定性，依据时间源提供的状态标志对其状态进行判断，若在正常工作阶段或从守时恢复锁定或时源切换时，不应采用瞬间跳变的方式跟踪，而应逐渐逼近要调整的值，输出调整过程应均匀平滑，滑动步进 0.2μs/s（切换后正常跟踪需要的微调量可小于该值），调整过程中相应的时间质量位应同步

逐级收敛。而在初始化阶段，因在锁定信号前禁止时间信号输出，可快速跟踪选定的时源后输出时间信号。

（9）闰秒处理功能。闰秒的发生曾经导致变电站时间同步装置工作的异常，为了保证时钟装置的稳定可靠运行，装置应正确响应闰秒，且不应发生时间跳变等异常行为，装置显示时间应与内部时间一致，输出的时间信号应有闰秒预告和闰秒标志，闰秒预告位应在闰秒来临前59s置1，在闰秒到来后的00s置0，闰秒标志位置0表示正闰秒，置1表示负闰秒。闰秒处理方式如下：

1）正闰秒处理方式：…→57s→58s→59s→60s→00s→01s→02s→…；

2）负闰秒处理方式：…→57s→58s→00s→01s→02s→…；

3）闰秒处理应在北京时间1月1日7时59分、7月1日7时59分两个时间内完成调整。

（10）对时状态自检功能。时钟装置应支持 DL/T 860 通信规约，具备对时状态自检功能，对输入的北斗时源信号、GPS时源信号、地面有线信号、热备时源信号、GPS天线状态、BD天线状态、卫星接收模块、时间跳变侦测、晶振驯服状态、初始化状态、电源模块状态、时间源选择状态等进行自检，并将自检信息通过 MMS 报文上送给上级管理系统。

（11）监测功能。部分新研制的时钟装置可具备对被授时设备的时间偏差监测功能。

4. 时间同步装置输出对时方式

时间同步装置输出对时信号方式主要有：

（1）PPS 信号：每秒发出一个对时脉冲信号。

（2）PPM 信号：每分钟发出一个对时脉冲信号。

（3）PPH 信号：每小时发出一个对时脉冲信号。

（4）串口时间报文：通过串口发送时间报文。

（5）IRIG-B（DC）信号：直流 B 码信号。

（6）IRIG-B（AC）信号：交流 B 码信号。

（7）NTP：NTP 网络对时方式。

（8）PTP：1588（PTP）网络高精度对时方式。

为保证变电站内被授时设备时间同步的准确度及信号传输的质量，被授时设备或系统可按表 1-23 选用不同信号接口。

表 1-23　　　　　　　　时间同步信号、接口类型与时间同步准确度的对照

接口类型	光纤	RS-422，RS-485	静态空接点	TTL	AC	RS-232C	以太网
1PPS	1μs	1μs	3μs	1μs	—	—	—
1PPM	1μs	1μs	3μs	1μs	—	—	—
1PPH	1μs	1μs	3μs	1μs	—	—	—
串口时间报文	10ms	10ms	—	—	—	10ms	—
IRIG-B（DC）	1μs	1μs	—	1μs	—	—	—
IRIG-B（AC）	—	—	—	—	20μs	—	—
NTP	—	—	—	—	—	—	10ms
PTP	—	—	—	—	—	—	1μs

第二章

智能变电站检测技术

随着电网运行监视、控制要求的不断提高，对于变电站监控系统及相关设备的技术要求和可靠性要求也越来越高。对于变电站监控系统及相关设备的检测既涉及通用技术的检测，也有针对特殊功能、性能的专用检测技术，本章首先介绍了检测的基本概念，对检测的目的及意义以及检测的分类进行介绍，然后再对变电站监控系统及设备进行检测时所用到的常用检测方法进行基本原理介绍，最后，给出检测用到的仪器仪表的具体介绍。

第一节　检测的基本概念

（一）检测的目的及意义

检测技术是自动控制技术、微电子技术、通信技术、计算机科学和物理学等学科有机结合、综合发展的产物，是检验和提高产品质量的重要手段。随着新技术应用和可靠性要求的提高，检测技术的重要性越来越被人们所重视。检测技术对于控制和改进产品生产过程中的质量、保证设备的安全运行以及提高生产率、降低成本等方面都起着至关重要的作用，是发展现代工业和科学技术必不可少的重要手段之一。

智与传统变电站相比，智能变电站以 IEC 61850 为基础，应用了一体化监控系统、采集执行单元、数据通信网关机、工业以太网交换机等大量新设备、新技术，其信息表现形式和传输方式发生了变化，系统组成也有所改变。高可靠性的设备是智能变电站坚强的基础，设备信息数字化、功能集成化、结构紧凑化是智能变电站发展方向。智能变电站系统及设备检测相比于常规变电站增加了许多新的检测内容，如虚端子检测、配置工具检测、模拟量采样性能检测、开关量性能检测、通信规约一致性检测等。与传统变电站相比，智能变电站更加智能化，但在智能电子设备的互操作性上还达不到完全的实时互换，因此对智能变电站的检测就显得十分重要。

现代电力系统为保证安全稳定高效运行，不仅需要高素质的技术人员、良好的基础设施，同时需要性能精准的设备。科学、合理、规范化的设备检测方法，不仅能降低电力系统的运行成本，保证电力系统的精确运行，确保电力系统的安全，更能提高电力系统的运行效率。设备检测能有效防止不合格的电力设备进入到电力系统，从设备端保障了电力系统的安全稳定运行。

近年来，随着新兴技术的快速发展，检测技术不断向高度集成化、非接触化、多参数融合化、自动化及智能化方向发展，研究新兴的智能变电站检测技术，建立统一的标准体系，规范检测方法，对定位智能变电站设备及系统的产品缺陷，提高产品质量，提升设备及系统可靠性具有重要意义。

（二）检测主要形式及检验内容

一般来说，检测可以分为型式检测、质量抽检、出厂检测等，内容包括功能检测、性能检测和安全检测。

1. 主要形式

（1）型式检测：为保证产品的质量，发生新型号产品研制，技术、工艺或使用材料有重大改变，出厂检测结果与上次型式检测结果有较大差异等情况时，应进行型式检测。型式检测应依据产品标准，由质量技术监督部门或检测机构对产品各项指标进行抽样全面检测，其检测项目为技术标准中规定的所有项目。为了批准产品的设计并查明产品是否能够满足技术规范全部要求所进行的型式检测，是新产品鉴定中必不可少的一个组成部分。只有型式检测通过以后，该产品才能正式投入生产。

（2）质量抽检：检测机构对型式检测合格，并形成批量生产的产品进行质量抽检。抽样地点为制造厂仓库或用户仓库。抽样检测是指从一批产品中随机抽取少量产品（样本）进行检测，据以判断该批产品是否合格的统计方法和理论。常用的抽样方法包括简单随机抽样、系统抽样和分层抽样三种。

（3）出厂检测：出厂检测是指在每台产品出厂是都应进行的检测。出厂检测全部项目检测合格为该产品检测合格，方可出厂。若任一项不合格则该产品为不合格，不能出厂。

2. 检测内容

从智能变电站设备及系统角度出发，检测可以分为功能检测、性能检测和硬件检测。功能检测主要着眼于设备是否具备实现某种要求的能力；性能检测主要着眼于设备实现某种功能时所能达到的精度；硬件检测主要着眼于设备在各种实际工业运行环境中能否保证安全、稳定、持续的工作状态。

第二节　常用检测方法

常用的检测方法包含信号测量方法、信号处理方法以及时间同步检测、电磁兼容检测等专项检测方法。智能变电站系统及设备的检测内容主要包含功能检测、性能检测和硬件检测，其中功能及性能检测是系统及设备检测中的重要内容。在电压、电流、功率等信号的测量过程中需要采用直接测量与间接测量方法实现信号测量。模拟量采样精度检测技术中通常会使用同步法来实现信号处理，选取同一时刻测试仪输出的模拟量数据与测试仪接收的被测装置数字量输出值数据进行比对，计算比差及角差，判断是否满足误差范围。同步相量测量装置检测技术中需要采用频率分析、相位分析等信号处理方法实现模拟量信号分析，计算被测装置的测量误差值。下面将分类具体介绍几种常见的检测方法。

（一）信号测量常用方法

1. 直接测量与间接测量

与同类基准量进行简单的比较以得到被测量的测量方法称为直接测量。用线纹尺测量物体的尺寸、利用电桥将电阻值与已知标准电阻相比较来测量电阻等都属于直接测量。当被测量无法或不易进行直接测量时，可以通过间接测量的方式进行测量。如测量负载电阻消耗的瞬时功率时，可分别测量负载电阻两端的瞬时电压和瞬时电流，两者相乘即是瞬时功率。在此实例中，称瞬时功率为目标变量，瞬时电流和电压为自变量。所以进行间接测量时，需先明确目标变量与各自变量之间的关系，并且自变量可以直接测量。

2. 偏移法与零位法测量

如图 2-1（a）所示的电压测量方法为偏移法。其中，点划线框内为传感器的等效电路，传感器等效为理想电压源 U_S 与电阻 R_S 的串联，虚线框内为电压表，其内阻为 R_U。电压表与传感器在 A、B 两处相连，从电压表上读得的电压值 U_{AB} 的计算式为

$$U_{AB} = \frac{R_V}{R_V + R_S} U_S \tag{2-1}$$

可见，测得值 U_{AB} 并不等于传感器的输出电压 U_S，仅当 $R_U \gg R_S$ 时，方可用 U_{AB} 代替 U_S。当传感器的内阻与电压表的内阻相差不多时将产生很大的误差。这种直接反映被测量，完全从被测量中获得信号转换所需能量的测量方法为偏移法。

使参考信号与被测信号相平衡，从而得到被测量大小的检测方法称为零位法，它可以有效地解决上面偏移法存在的传感器内阻影响检测结果的问题。零位法原理可由图 2-1（b）加以说明。其中，虚线框内是电位差计，用来产生正确的基准电压 U_r。电路中，恒定电流通过滑变电阻器，所以 U_r 与滑变电阻器的滑块位置有关，其大小可以从装在滑变电阻器上的时刻读取。测量时，一边移动滑块一边观察电位差计的读数，直到 I 为零，电位差计读数为零为止。I 与 $U_S - U_r$ 成正比，而此时 $U_S = U_r$，即 U_S 与 U_r 平衡，因此从滑块的位置可以读出 U_S 的大小，这样可使传感器的内阻不影响测量结果。

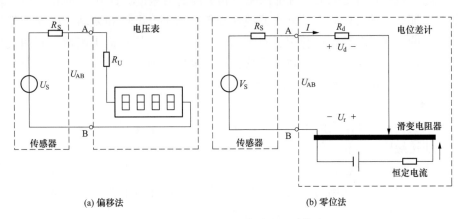

(a) 偏移法　　　　　　　　　　(b) 零位法

图 2-1　测量电压的偏移法和零位法

下面通过求解电位差计的内阻 R_P 来进一步阐明零位法的特点。内阻 R_P 是端电压 U_{AB} 和流入的电流 I 之比，即

$$R_P = \frac{U_{AB}}{I} = \frac{U_S - R_S I}{I} \tag{2-2}$$

R_P 随电流 I 而变化，平衡状态时为 0，这时电位差计的内电阻为无限大。因此用零位法测量的一个重要特点是不从信号源获取能量。换句话说，零位法测量不会给信号源带来干扰，这是实现高精度测量的一个重要方面。偏移法测量时，从信号源攫取的能量为 $U_S / (R_S + R_V)$，故给测量带来了误差。

零位测量法有很多应用实例，如用天平称量物体采用的是零位测量法，而用弹簧秤则是偏移量法测量，集成运算放大器作为负反馈放大器使用时也是工作在零位状态。

3. 差动式测量

在差动结构的检测系统中，一般要用到对称结构的两个传感器，且被测量反对称地作用在两个传感器上。如图 2-2 所示，被测量的变化量以反对称结构的方式分别作用于传感器 1 和传感器 2 上，而干扰量以同样的强度作用在两个传感器上，于是有

$$y = y_1 - y_2 = f_1(x + \Delta x, e + \Delta e) - f_2(x - \Delta x, e + \Delta e) \tag{2-3}$$

由于 f_1 和 f_2 的对称作用，可以保证 $f_1(x, e) = f_2(x, e)$，将式（2-3）在 x 点按级数展开，其二次项为零，忽略三次及以上的高次项，得

$$y = 2\frac{\partial f_1}{\partial x}\Delta x \tag{2-4}$$

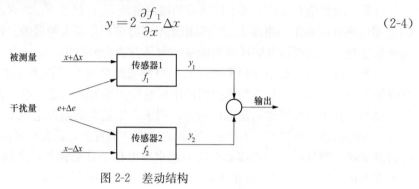

图 2-2　差动结构

可见，差动机构具有更强的干扰抑制能力和更高的灵敏度。此外，如果 y 和 x 之间为非线性关系，那么差动机构能有效减小非线性误差。天平、电桥和差动变压器等都是对称结构差动检测的实例。差动原理利用了对称结构与反对称结构在输出端增强有用信号、抑制干扰的特性，在消除共模干扰、降低漂移、提高灵敏度和改善线性关系等方面有明显的效果，常被用来构造传感器和构建检测系统。

4. 非接触测量

随着科学实验与工业应用的不断发展，非接触测量技术得到了快速发展，显示出巨大的优越性。非接触检测是利用物理、化学及声、光学的原理，使被测对象与检测元器件之间不发生物理上的直接接触而对被测量进行测量的方法。针对电气量的非接触测量根本原理是对电线在周围激发的电场与磁场进行间接测量，因此非接触式电压传感器本质上就是电场传感器，非接触式电流传感器本质上就是磁场传感器。测量时它们与电线没有电气连接，所以具有绝缘度高、对电线影响小、测量安全可靠的优点，且一般测量装置体积较小，既可以实现便携式测量，也可以组建多节点的传感网络。非接触测量技术迎合了未来电力系统对传感智能化的需要，具有一定的技术优势。

（二）信号处理常用方法

1. 比对法

比对法作为最常见的检测方法，广泛应用于大部分工业设备的功能、性能的检测过程。目前的比对检测多来自数据间的比对，数据又有"标准数据"与"检测数据"之分；少数来自检测人员的人工比对。"标准数据"来自模拟实际工作环境，与被测设备有数据交互的若干设备所可能产生的各类型数据。

比对法常用于精度的比对，顾名思义，计算"标准数据"与"检测数据"的差值，通过系统误差、变差（回差）、稳态误差（于差）等误差计算方式得到误差数值，比对是否符

合检测技术规范中的误差数值要求。

2. 同步法

同步法主要应用于进行精度分析。一般来说，同步法会分为自同步法和外同步法。下面详细对这两种方法进行介绍。

（1）自同步法。接收方能从数据信号波形中提取同步信号的方法。自同步就是自己跟自己同步，即从接收到的信号自身提取时钟分量。

（2）外同步法。外同步法是通过外界输入同步信号，接收端的同步信号事先由发送端送来，而不是自己产生也不是接收端从信号中提取出来。该方法需要在传输线中增加一根时钟信号线以连接到接收设备的时钟上，并把接收时序重复频率锁定在同步频率上。

3. 回归分析法

回归分析有着广泛的应用，是实验数据处理、获得经验公式、因素分析以及建立系统模型的一种基本手段，而最小二乘法是其中的核心。

（1）最小二乘法原理介绍。最小二乘法原理的本质是使测量结果出现的概率为最大，或者说使剩余误差的平方和为最小。采用最小二乘法进行曲线拟合或建立相关变量之间的关系时，即据此列式进行求解。

这里通过对重复测量的数据进行被测量最佳估计得实例来说明最小二乘法原理的应用。设对某被测量进行了 n 次重复测量，测量值为 x_1，x_2，$\cdots$，x_n，则被测量的最佳估计 $\hat{x}_{OPT}$ 应使剩余误差 $v_i = x_i - \hat{x}_{OPT}$ 的平方和为最小，故有

$$S \mid_{\hat{x} = \hat{x}_{OPT}} = \sum (x_i - \hat{x})^2 \mid_{\hat{x} = \hat{x}_{OPT}} = S_{min} \tag{2-5}$$

式（2-5）对 $\hat{x}$ 求导，并令其等于零，解得

$$\hat{x}_{OPT} = \frac{1}{n} \sum x_i \tag{2-6}$$

式（2-6）表明，一组测量数据的最佳估计值就是其算数平均值。

（2）回归分析方法介绍。在一些工程实践中常常需要解决这样的问题，已知某变量（目标变量）与另外一个或几个变量（自变量）之间存在密切的关系，但无法通过机理分析建立目标变量与自变量之间的函数关系式，回归分析即是解决这一问题的方法。回归分析是建立目标变量与自变量之间函数关系的数理统计方法，它通过对大量测量数据的处理，得出目标变量与各相关变量（自变量）间比较符合事物内部规律的数学表达式。回归分析有着广泛的应用，实验数据的处理、经验公式的求得、因素分析、产品质量控制以及系统模型的建立等都以回归分析为基本手段。

为简便起见，现以只有一个自变量的情况（一元回归）为例说明回归分析的过程。设变量 y 与 x 之间存在某种函数关系，现在通过测得的一组实验数据：(x_1, y_1)、(x_2, y_2)、$\cdots$、(x_n, y_n)，建立 y 和 x 之间的最佳函数关系式 $y = f(x)$。

首先要确定表达目标变量和自变量间关系的函数形式。对于一元回归问题，可以将检测结果在平面坐标上标出测量点，然后连接坐标点并观察曲线的趋势，建立最合适的数学模型，如直线、抛物线、双曲线和幂函数（经过对数变换可转化为线性问题）等。设已确定出最佳的曲线形式为 $f(x)$ 为 x 的 m 次多项式，即

$$y = f(x) = a_0 + a_1 x + a_2 x^2 + \cdots + a_m x^m = \sum a_j x^j \quad j = 1, 2, \cdots, m \tag{2-7}$$

拟合曲线与坐标点的剩余误差和剩余误差平方和分别由式（2-8）和式（2-9）表示，即

$$v_i = y_i - f(x_i, a_0, a_1, \cdots, a_m) \tag{2-8}$$

$$S = \sum v_i^2 = [y_i - f(x_i, a_0, a_1, \cdots, a_m)]^2 \quad j = 1, 2, \cdots, n \tag{2-9}$$

按最小二乘法原则，参数 a_0，a_1，$\cdots$，a_m 的最佳估计应使剩余误差平方和为最小，即

$$\frac{\partial S}{\partial a_j} = 0$$

或 $\sum_{i=1}^{n}\left(y_i - \sum_{k=0}^{m} a_k x_i^k\right)x_i^j = 0 \quad j = 0, 1, 2, \cdots, m \tag{2-10}$

以上 $m+1$ 个方程可解出 $m+1$ 个未知数 a_0，a_1，$\cdots$，a_m。

当 $y = f(x)$ 为一次函数时，y 与 x 之间为线性关系，即

$$y = f(x) = a_0 + a_1 x \tag{2-11}$$

式（2-10）成为 $na_0 + a_1 \sum x_i = \sum y_i \quad a_0 \sum x_i + a_1 \sum x_i^2 = \sum x_i y_i$

解得

$$a_0 = \frac{\sum x_i^2 \sum y_i - \sum x_i \sum x_i y_i}{n \sum x_i^2 - \left(\sum x_i\right)^2} \tag{2-12}$$

$$a_1 = \frac{n \sum x_i y_i - \sum x_i \sum y_i}{n \sum x_i^2 - \left(\sum x_i\right)^2}$$

回归方程求出以后，还必须检验其有效性。检验包括两方面的内容，一是检验该回归方程表示的因变量和自变量之间的关系与实际是否相符，称之为回归方程的显著性检验；另一项内容是检验用回归方程求解（预报）因变量的值的精度如何，即进行回归方程的方差分析。本小节讨论仍以一元线性回归为例。

1）回归问题的方差分析。n 个测量值（y_1，y_2，$\cdots$，y_n）之间的差异（称为变差）由式（2-13）表示，即

$$\Delta = \sum_i (y_i - \overline{y})^2 \tag{2-13}$$

式中：Δ 称为总的离差平方和；y_i 为第 i 个测量值；$\overline{y}$ 为 n 个测量值的平均值。Δ 由两方面的原因引起，一是自变量 x 取值的不同造成因变量 y 的变化；其二是试验误差等因素的影响。事实上，式（2-13）可以转化为

$$\Delta = \sum_i (\hat{y_i} - \overline{y})^2 + \sum_i (y_i - \hat{y})^2 = U + Q \tag{2-14}$$

其中 $U = \sum_i (\hat{y_i} - \overline{y})^2$，$Q = \sum_i (y_i - \hat{y})^2 \hat{y_i}$ 为由回归方程求得的估计值，U 表示因自变量取值的不同而引起的因变量的差异的情况，称为回归平方和，Q 表示测量值与回归直线相应点的差异情况，称为剩余平方和。回归直线的精度显然与 Q 的大小有关，由剩余方差表示为 $\sigma^2 = \dfrac{Q}{v_Q}$。式中 v_Q 是剩余平方和 Q 的自由度。若 n 为测量的点数，则总的离差平方和 Δ 的自由度 v_Δ 为 $n-1$，对于一元回归来说，回归平方和 U 的自由度 v_U 为 1，剩余平方和 Q 的自由度 v_Q 为 $n-2$。

2）回归方程显著性检验。回归方程所表示的因变量和自变量之间的关系与实际情况是

否相符需要通过合理性检验，如果是合理的则称回归方程是显著的。回归方程的显著性检验可由 U 和 Q 的相对大小来表示。U 越大则 Q 越小或者说 U 与 Q 的比值越大，说明 y 与 x 的线性关系越密切。定义一个新的统计量 F，$F=\dfrac{U/v_U}{Q/v_Q}$，回归方程的显著性即用其大小来表示。统计量 $F=\dfrac{U/v_U}{Q/v_Q}$ 服从 F 分布。

F 分布是随机误差的一种分布形式，其标准表达式为 $F_\alpha(v_1,v_2)$。$F_\alpha(v_1,v_2)$ 的取值表示分母自由度为 v_1，分子自由度为 v_2 时，随机变量 F 大于 $F_\alpha(v_1,v_2)$ 的概率为 α。F 分布的概率密度函数曲线见图 2-3。

图 2-3 中阴影部分的面积 α 表示随机变量 F 取值大于 F_α 的概率。α 取某一数值，当 F 的两个自由度为不同值时 F 的大小由 F 分布表查看。通常检验 $\alpha=0.01$、$\alpha=0.05$ 和 $\alpha=0.1$ 三种不同显著性水平下 F 值的大小情况，$\alpha=0.01$ 时，如果实际计算得到的 F 值比 F 分布表中的值 $F_{0.01}(v_U,v_Q)$ 大，则认为回归是高度显著的；如果 $F_{0.05}(v_1,v_2) \leqslant F \leqslant F_{0.01}(v_1,v_2)$，则称回归是显著的（或称在 0.05 水平上显著）；若 $F<F_{0.10}(v_1,$

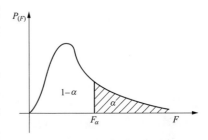

图 2-3 F 分布的概率密度函数曲线

$v_2)$，一般认为回归不显著。F 分布表可参阅参考文献［11］中的附表 4。以上所述是对应某一测量点仅做一次实验的情况，有关重复实验的显著性检验请参阅文献［11］。

4. 信号分析法

信息科学是研究信息的获取、传输、处理和利用的一门学科，检测技术就是获取信息的技术，它处于信息科学的最前端，是信息科学的前提和基础。自然界和工程实践中充满着大量的信息，获取其中的某些信息并对其进行分析、处理，揭示事物的内在规律、固有特性以及事物之间的相互关系，继而作出判断、决策等是测试工程所要解决的主要任务。

信息是一个抽象的概念，需要通过一定的形式把它表示出来才便于表征、储存、传输和利用，这就是信号。信号是信息的表达形式和载体，一个信号中包含着丰富的信息，人们在长期的生产活动和科学实践中不断寻找能准确反映信息内容的各种各样的信号，并研究这些信号之间的定性与定量关系，形成了独立的信号处理学科领域。根据目的的不同，在检测技术中数字信号处理技术可分为三类：①以剔除信号中的噪声为目的的数字滤波技术；②以估计、提取信号的相关信息为目的的数字信号分析技术；③在信号分析基础上进行判断、识别、定位或跟踪等技术。

对于各种不同信号，可以从不同角度进行分类，在动态测试技术中，常将信号作为时间函数来研究；按能否用确定的时间函数关系描述，又可将信号分为确定性信号和随机信号两大类。

（1）傅里叶变换与频谱分析法。以时间为独立变量的时域描述方式能直观反映信号的幅值随时间变化的特征，但不能明确揭示信号的频率结构和各频率成分的幅值与相位。通过傅里叶变换，可以把以时间为自变量的时域信号转换成以频率为自变量的频率域信号，称为信号的频率域描述。借鉴物理学中光谱的概念，人们把信号由时域向频域变换的过程称为频谱分析，称由此得到的不同频率分量为信号的频谱。

1) 傅里叶变换的原理。傅里叶变换是信号处理领域一种很重要的方法。傅里叶原理表明：任何连续测量的时间信号，都可以表示为不同频率的正弦信号的无限叠加。而根据该原理创立的傅里叶变换算法利用直接测量到的原始信号，以累加方式来计算该信号中不同正弦波信号的频率、振幅和相位。和傅里叶变换算法对应的反傅里叶变换算法，从本质上说也是一种累加处理，可以将单独改变的正弦波信号以累加的方式转换成一个时间信号。因此，傅里叶变换将原来难以处理的时域信号转换成易于分析的频域信号（信号的频谱），可以利用些工具对这些频域信号进行处理、加工，最后还可以利用傅里叶反变换将这些频域信号还原成时域信号。

由此可以看出，傅里叶变换的本质是以不同频率的正弦信号为基函数来分解原来的信号。这样处理具有以下好处：①正弦函数在物理上是被充分研究而相对简单的函数，只要用幅值、频率和相位三个参量就可充分表征；②正弦信号具有独特的保真性，一个正弦曲线信号输入系统后，输出的仍是正弦曲线，只有幅度和相位可能发生变化，但是频率和波的形状仍是一样的，且只有正弦曲线才拥有这样的性质；③傅里叶变换是线性算子，其逆变换形式与正变换非常类似，容易求出，从而系统对于复杂激励的响应可以通过组合其对不同频率正弦信号的响应来获取；④具有快速算法（快速傅里叶变换算法）。

周期信号的幅值谱是以基频 ω_1 为间隔的若干离散谱线组成，其分布情况取决于信号的波形。信号频谱的疏密程度与信号的基波周期直接有关，周期越长，即基频越低，谱线之间的距离越小。当信号周期无限增大时，谱线间的距离将无限缩小，最后当信号成为非周期（相当于周期无限大）时，其频谱将从离散转变为连续。

正是由于上述的良好性质，傅里叶变换在物理学、数论、组合数学、信号处理、概率、统计、密码学、声学、光学等领域都有着广泛的应用。

2) 傅里叶变换的基本形式。傅里叶变换是把以时间为自变量的时域"信号"转换成以频率为自变量的"频谱函数"的过程，根据时间和频率是取连续值还是离散值，有 4 种不同的变换形式：

①连续傅里叶变换（FT）。连续时间、连续频率的傅里叶变换。设 $x(t)$ 是一连续时间信号，如果其满足狄里赫利条件且能量有限，即 $\int_{-\infty}^{\infty} |x(t)|^2 dt < \infty$，那么 $x(t)$ 的傅里叶变换存在，定义为

$$X(j\Omega) = \int_{-\infty}^{\infty} x(t) e^{-j\Omega t} dt$$

$$x(t) = \frac{1}{2\pi} \int_{-\infty}^{\infty} X(j\Omega) e^{j\Omega t} d\Omega \tag{2-15}$$

式中：$\Omega = 2\pi f$ 为角频率（rad/s）；$X(j\Omega)$ 是 Ω 的连续函数，称为信号 $x(t)$ 的频谱密度函数，简称频谱。

②傅里叶级数（FS）。连续时间、离散频率的傅里叶变换。设 $\tilde{x}(t)$ 是一周期信号，其周期为 T，如果其满足狄里赫利条件且在一个周期内能量有限，即 $\int_{-T/2}^{T/2} |\tilde{x}(t)| dt < \infty$，那么 $\tilde{x}(t)$ 可以展开成傅里叶级数：

$$\tilde{x}(t) = \sum_{k=-\infty}^{\infty} X(k\Omega_0) e^{jk\Omega_0 t}$$

$$X(k\Omega_0) = \frac{1}{T}\int_{-\frac{T}{2}}^{\frac{T}{2}}\tilde{x}(t)e^{-jk\Omega_0 t}dt \qquad (2\text{-}16)$$

式中：k 为整数；Ω_0 为 $\tilde{x}(t)$ 的基波频率，$\Omega_0 = \frac{2\pi}{T}$，$k\Omega_0$ 为其第 k 次谐波频率；$X(k\Omega_0)$ 代表了 $x(t)$ 中第 k 次谐波的幅度，它是离散的，仅在 Ω_0 的整数倍处取值，反映了 $\tilde{x}(t)$ 中所包含的频率为 $k\Omega_0$ 的成分的大小。

③序列的傅里叶变换（DTFT）。离散时间、连续频率的傅里叶变换。对于连续时间信号 $x(t)$ 以采样频率 f_s 进行采样，得到离散时间信号 $x(n)$，若 $|x(n)| < \infty$，则定义其傅里叶变换为

$$X(ae^{j\omega}) = \sum_{n=-\infty}^{\infty}x(n)e^{-j\omega n}$$

$$x(n) = \frac{1}{2\pi}\int_{-\pi}^{\pi}X(e^{j\omega})e^{j\omega n}d\omega \qquad (2\text{-}17)$$

式中：$\omega = \Omega T = 2\pi f/f_s$ 为数字角频率。$X(e^{j\omega})$ 是 ω 的连续函数，也是 ω 以 2π 为周期的周期函数。

④离散傅里叶级数（DFS）与离散傅里叶变换（DFT）。离散时间、离散频率的傅里叶变换。我们知道计算机只能处理有限长的离散信号，上述三种形式的傅里叶变换至少在一个域（时域或频域）的取值是连续的，因此它们无法用计算机来实现。同时可以看到一个现象：如果信号在时域（或频域）是周期的，那么它在频域（或时域）是离散的，反过来也成立。因此一个在时域是周期的离散信号，它在频域一定可以表示为离散的周期的频谱，这就是离散傅里叶级数（DFS），即

$$\tilde{X}(k) = \sum_{n=0}^{N-1}\tilde{x}(n)e^{-j\frac{2\pi}{N}nk}, \quad k = -\infty \to +\infty$$

$$\tilde{x}(n) = \frac{1}{N}\sum_{k=0}^{N-1}\tilde{X}(k)e^{j\frac{2\pi}{N}nk}, \quad n = -\infty \to +\infty \qquad (2\text{-}18)$$

离散傅里叶级数（DFS）在时域、频域都是离散的、周期的。时域的离散间隔为 $T_s = 1/f_s$，周期为 $T_P = NT_s$；频域的离散频率间隔为 $\omega_0 = 2\pi/N$，周期为 $\omega_p = 2\pi$（即采样频率 f_s）。

4 种形式的傅里叶变换之间的对应关系可用图 2-4 表示。

尽管式（2-16）～式（2-18）中标注的 n、k 都是从 $-\infty$～$+\infty$，但受采样频率的制约，满足抽样定理的信号的最高频率只能是采样频率的一半，即 $N\Omega_0/2$，这样实际有效的 n、k 只能是 0，1，…，$N-1$，即

$$X(k) = \sum_{n=0}^{N-1}x(n)e^{-j\frac{2\pi}{N}nk} \quad k = 0,1,\cdots,N-1$$

$$x(n) = \frac{1}{N}\sum_{k=0}^{N-1}X(k)e^{j\frac{2\pi}{N}nk} \quad n = 0,1,\cdots,N-1 \qquad (2\text{-}19)$$

这里时域和频域都是有限长的，即为有限长离散序列的傅里叶变换（DFT）。图 2-5（a）所示为一连续时间函数 $x(t)$，它是一个单向指数衰减函数，即

$$x(t) = \begin{cases} 0 & t < 0 \\ \beta e^{-\alpha t} & t \geqslant 0(\alpha > 0) \end{cases}$$

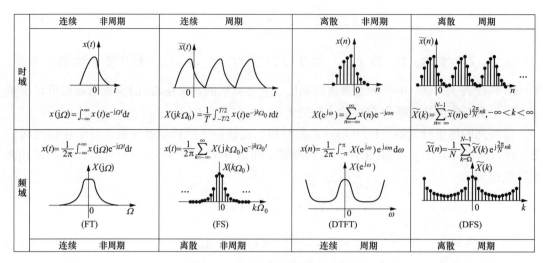

图 2-4 4 种形式的傅里叶变换

若要求在计算机上对其作频谱分析，就必须首先对 $x(t)$ 进行采样使其离散化。采样的实质就是在时间域将 $x(t)$ 乘以图 2-5（b）所示的采样函数 $\delta_0(t)$，它是周期为 T 的 δ 函数系列，即采样频率 $f_0 = \dfrac{1}{T}$。采样后的离散时间序列就是图 2-5（c）所示的离散函数 $x(n) = x(t) \cdot \delta_0(t)$。根据卷积定理：在时间域两函数相乘对应于其频率域的卷积，$x(t) \cdot \delta_0(t) \Leftrightarrow X(f) * \Delta_0(f)$，这里，"·"表示乘积运算，"*"表示卷积运算，$\Leftrightarrow$ 表示正逆傅里叶变换。显然，经过采样后得到的离散函数 $x(n) = x(t) \cdot \delta_0(t)$ 的频谱 $X(f) * \Delta_0(f)$ 是原连续函数 $x(t)$ 的频谱 $X(f)$ 以采样频率为周期的周期延拓，因此在频率大于 f 时会出现重叠现象，从而产生混叠误差。为避免这一误差，必须满足，$f_S \geqslant 2f_{max}$，此处 f_{max} 表示原函数 $x(t)$ 所包含的最高频率成分。这又从另一个侧面证明了采样定理：采样频率必须高于信号所包含最高频率的 2 倍。至此，采样后的离散函数 $x(n) = x(t) \cdot \delta_0(t)$ 仍有无限个采样点，而计算机只能接受有限个点，因此要将 $x(n) = x(n) \cdot \delta_0(t)$ 进行时域截断，取出有限的 N 个点，如图 2-5（d）所示，这相当于用宽度为 T_0 的矩形窗口函数 $\omega_0(t)$ 与其相乘。同样根据卷积定理，N 个有限点的离散函数 $x(t) \cdot \delta_0(t) \cdot \omega_0(t)$ 的频谱应等于 $[X(f) * \Delta_0(f)] * W_0(f)$，如图 2-5（e）所示，由于矩形窗函数 $\omega_0(t)$ 的傅里叶变换 $W_0(f)$ 是一个抽样函数 sincx，同它作卷积必须出现图 2-5（e）所示由 sinc 函数旁瓣所引起的频谱展宽和波动起伏，要减少因此带来的误差，增加截断长度 T_0 是有利的。

图 2-5（e）的傅里叶变换对中，频率函数仍是计算机不可接受的连续函数，为此还要将其离散化，即乘以频率采样函数 $\Delta_0(f)$。同样，按卷积定理，频率域两函数相乘对应于时间域要作卷积，如图 2-5（e）、（f）、（g）所示。此处频率采样函数 $\Delta_0(f)$ 的采样间隔应为 $1/T_0$，以保证在时间域作卷积时不会产生混叠，这里 $f_0 = 1/T_0$ 表示频率分辨率。

这样，图 2-5（g）已经成为计算机可接受的离散傅里叶变换对。它们在时间域和频率域上均离散周期化了。分别取一个周期的 N 个时间采样值和 N 个频率值相对应，即 $T_0 = NT$，从而导出了与原来连续函数 $x(t)$ 及傅里叶变换 $X(f)$ 相当的有限离散傅里叶变换（DFT）对。

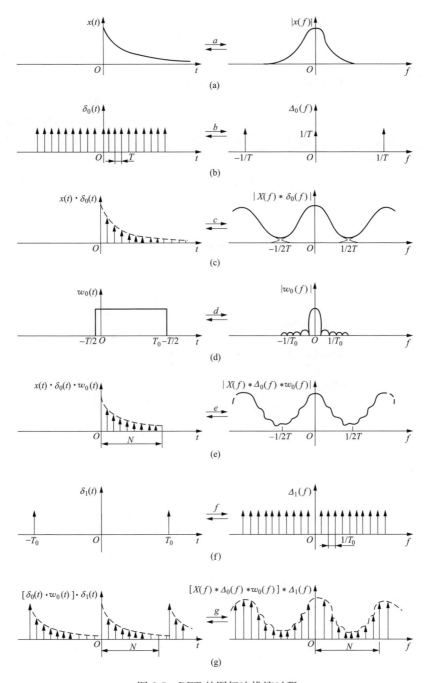

图 2-5 DFT 的图解法推演过程

由上述过程可以看出，DFT 实际上来自于 DFS，只不过在时域和频域各取一个周期，这样时域、频域都是离散的有限长的。同时也说明，无论信号 $x(n)$ 是否为周期信号，只要采用 DFT 处理，就隐含着周期性在里面。

5. 频率分析法

频率是描述周期信号的最重要参数，定义为周期信号在单位时间内变化的次数。频率

59

测量是电子测量技术中最基本的测量之一。工程中很多测量，如用振弦式方法测量力、时间测量、速度测量、速度控制等，都涉及或归结为频率测量。频率测量最常用的方法是将被测信号放大整形后送到计数器进行计数测量，按计数器控制方式和计量对象的不同，可分为直接测频和通过测量周期间接测频（简称测周法）两种方法。

（1）直接测频法。这种方法是在一定的时间间隔 T 内，对输入的周期信号脉冲进行计数，若得到的计数值为 N，则信号的频率为 $f_x=N/T$。直接测频的原理框图如图 2-6 所示。由脉宽为 T 的标准时基脉冲信号通过门控电路控制计数闸门的开启与关闭，当时基脉冲信号上升沿到来或为高电平时，门控电路打开闸门，此时允许被测信号脉冲通过，计数器开始记数，当时基脉冲信号下降沿到来或为低电平时，门控电路关闭闸门，此时被测信号脉冲无法通过，计数器停止计数，此时得到的计数值就是在时间间隔 T 内被测信号的周期数 N，由公式 $f_x=N/T$ 就可以计算出被测信号的频率。如果被测信号不是脉冲或方波形式，则先经过放大整形电路将其变为与被测信号同频率的脉冲串序列，然后再进行测量。

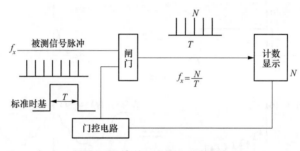

图 2-6　直接测频的原理框图

如图 2-7 所示，相对于被测信号来说，计数器开始计数和停止计数的时刻在被测信号的一个周期内是随机的，所以计数值可能存在最大 ±1 个被测信号的脉冲个数误差，在不考虑标准时基脉冲信号误差的情况下，这个计数误差将导致测量的相对误差为 $1/N\times100\%$，且误差值大小与被测信号频率有关。如设定时间间隔 $T=0.1s$，测量频率为 1000Hz 的信号时，测量的相对误差为 $1/100\times100\%=1\%$，测量频率为 10kHz 的信号时，测量的相对误差为 $1/1000\times100\%=0.1\%$。显然这种方法适合于高频测量，信号的频率越高，则相对误差越小，同时增加测量的时间间隔 T 也可以成比例地减小该项测量误差。

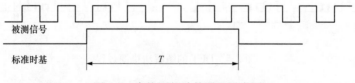

图 2-7　直接测频计数误差示意图

（2）测周法。这种方法是通过测量被测信号的周期然后换算出被测信号的频率。如图 2-8 所示，测量时利用电子计数器计量被测信号一个周期内频率为 f_N 的标准信号的脉冲数 N，然后通过公式 $f_x=\dfrac{f_N}{N}$ 来计算频率。该方法的测量原理与直接测频法相似，不过被测信号与时基信号进行了功能交换，这里是由被测信号通过门控电路控制计数闸门的开启与关闭，工作时由门控电路根据被测信号相邻的两个上升沿分别启动和停止对标准脉冲信号的计数，从而由记数值和标准脉冲信号频率得到被测信号的周期：$T_x = N/f_N$，再由周期求倒数得到被测信号的频率。同样，如果被测信号不是脉冲或方波形式，则先经过放大整形电路将其变为与被测信号同频率的脉冲串序列，然后再进行测量。

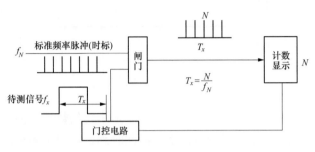

图 2-8　测周法原理框图

从测周法的原理可以看出，尽管这种方法仍然存在±1 个字的计数误差，但这个误差是标准脉冲信号的，由于实际测量中标准脉冲信号的频率远远大于被测信号的频率，因此测量误差会大大减小。如用 100MHz 的标准脉冲信号来测量频率为 1000Hz 的被测信号时，测量周期的绝对误差为±10ns，由此引起的测量频率的相对误差为 0.001%。显然，这种测量方法的精度也与被测信号的频率有关，被测信号的频率越低，测得的标准信号的脉冲数 N 越大，则相对误差越小，因此这种方法比较适合测量频率较低的信号。

（3）多周期同步测频法。上面介绍的两种测量方法都存在±1 个字的计数误差，且测量的精度与被测信号的频率有关。在上述两种方法基础上发展起来的多周期同步测频法，是目前测频系统中用得最广的一种方法，其核心思想是通过闸门信号与被测信号同步，将闸门时间 T 控制为被测信号周期的整数倍。如图 2-9 所示，测量时，先打开参考闸门，但计数器并不开始工作，当检测到被测信号脉冲沿到达时才停止计时，完成测量被测信号整数个周期的过程。测量的实际闸门时间与参考闸门时间可能不完全相同，但最大差值不超过被测信号的一个周期。该方法尽管仍然存在±1 个字的标准脉冲信号计数误差，但对不同频率信号其测量的周期数不同，测量精度大大提高，而且可兼顾低频与高频信号，达到了在整个测量频段的等精度测量。

影响多周期同步测频精度的主要因素是对标频脉冲信号的计数仍然存在±1 个字的误差，在不提高标频频率和闸门时间的前提下用两个计数器分别对标频上升沿和下降沿计数，再把两个计数结果进行算术平均，理论上可以使误差减少一半。近年来，随着嵌入式技术的不断发展，基于现场可编程门阵列（Field Programmable Gate Array，FPGA）、数字信号处理（Digital Signal Processing，DSP）和高级精简指令集机器（Advanced RISC Machine，ARM）式单片机的测量方法不断涌现，如模拟内插法、游标法等。同时也有对于传统方法加以改进，如基于多周期同步测频的改进方法—相位检测法，如图 2-10 所示，它利用被测信号和标准信号两个频率的最小公倍数周期产生计数闸门，理论上当以最小公倍数周期或最小公倍数周期整数倍的时间作为计数闸门时，计数闸门同时与标频 f_0 和被测频率 f_x 同步，避免了±1 计数误差。利用式 $f_x = \dfrac{N_x}{N_0}$ 即可求出被测频率。式中的 N_0、N_x 分别

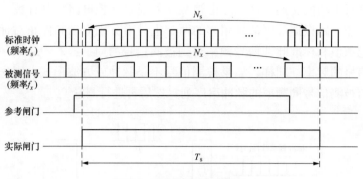

图 2-9　多周期同步测频法

为 f_0 和 f_x 的计数值。图 2-10 中，两个频率在一个最小公倍数周期内会发生一次"绝对相位重合"，在这一时刻两个频率信号的方波上升沿同时到达，两个频率的相位差为零。计数闸门由"绝对相位重合点"产生，没有时间误差，因此理论上的频率测量精度无限高。

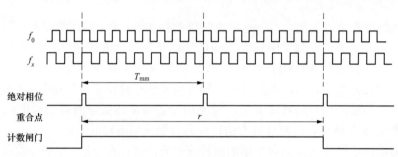

图 2-10　相位检测法测频原理图

　　(4) 专用芯片测量法。实际频率测量中除利用单片机、PLC、FPGA/CPLD 等控制器件按上述方法来实现和构建测量仪表之外，目前也有一些专用集成芯片可以实现频率测量，如 ICM7216D、NB8216D、TDC-GP2 等。

　　ICM7216D 是美国生产的集定时计数与 LED 驱动于一体的、显示驱动、频率计数集成电路，它内含十进制计数单元、数据锁存器、七段 LED 数码译码器、驱动器及小数点位置自动选择等单元，在频率测量方面有着广泛应用。其性能特点如下：

　　1) 具有频率计数功能，测频范围 0~10MHz，如果输入信号经分频器分频，则测频范围更大，可达 40MHz。

　　2) 有 4 个测量闸门时间 (0.01、0.1、18、10s) 可供选择。

　　3) 内含译码及驱动电路，可直接驱动 8 位七段 LED 数码显示器。

　　4) 有片内振荡电路，也可利用外部振荡频率作为测量时基。

　　5) 具有自动产生小数点、位锁存及溢出指示等功能，可根据所测频率的高低，自动选择小数点的位置，亦可由外部电路控制小数点的显示位置。当所测频率超出测量范围时有溢出指示。

　　6) 具有显示保持及暂停功能，可在输入信号停止后将测量频率保持在数码管上。

　　NB8216D 是中国微电子公司生产的，其功能与 ICM7216D 基本相似，最高测量频率达 40MHz，可减少分频级数，简化整机设计，工作电压范围拓宽到 2~5V，可用于手持式设计，同时静态功耗降低，驱动能力增强。

（5）微波频率测量法。微波泛指频率在 1GHz 以上的电磁波，受晶体管的最高工作频率的制约，对微波信号难以直接用上述的各种方法进行测量，而需要对其进行变频处理然后再进行测量。常用的测量方法有以下两种：

1）变频法。该方法的测量原理如图 2-11 所示，由谐波发生器产生谐波 nf_s，谐波滤波器从 n 个谐波中取出第 N 次谐波 Nf_s，由混频器产生差频信号 $f_1 = f_x - Nf_s$，此差频信号额率已降低为普通信号频率，可以用前面介绍过的方法测量其频率 f_1，然后由 $f_x = f_1 + Nf_s$。得到被测微波信号的频率。该方法的测量范围可达 10GHz，分辨率及精度较高，但灵敏度较差，要求被测信号有足够的幅度（一般要大于 100mV）。

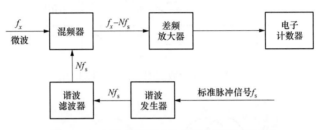

图 2-11 变频法测微波信号频率的原理框图

2）锁相分频法。该方法的测量原理如图 2-12 所示，由压控振荡器产生微波基频振荡信号 f_L 及谐波信号 Nf_L，由混频器产生差频信号 $f_1 = f_x - Nf_L$，鉴相器将此差频信号与电子计数器产生的标准信号 f_s 比较，当 $f_1 = f_x - Nf_L = f_s$ 时，压控振荡器信号频率锁定并同步于 f_s，由计数器测出 f_L，则得到被测信号频率 $f_x = f_s + Nf_L$。该方法的特点与变频法相反，即分辨率及精度较差，但灵敏度高。

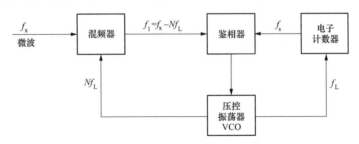

图 2-12 锁相分频法测量原理

近年来，随着以锁模飞秒激光器为核心的光学频率梳技术的成熟，其已经被广泛应用于光学频率测量，可以将铯原子微波频标与光频标准确、可靠且相对简单地直接联系起来，使得微波频率测量的精度大大提高。

6. 相位分析法

相位差的测量通常是指两个同频率的信号之间相位差的测量。早期的相位差测量方法主要有采用示波器的李沙育图形法和矢量电压法，这种测量方法需要特定设备，测量精度也较低。随着电子技术的发展，测量相位差的方法也从模拟式测量转向数字式测量，主要方法有脉冲计数和 FFT 分析法。

（1）脉冲计数测相法。脉冲计数法测相位是基于时间间隔测量法，通过相位一时间转换器，将相位差为 φ 的两个信号（分别称参考信号和被测信号）转换成一定时间宽度 τ 的脉冲信号，然后用电子计数器测量其脉冲 τ 来测量相位。其原理框图和波形图分别如图2-13 和图 2-14 所示。

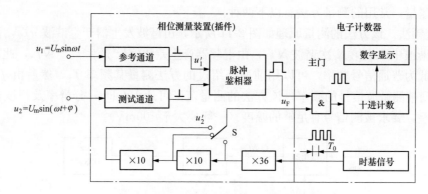

图 2-13　脉冲计数法测相位的原理框图

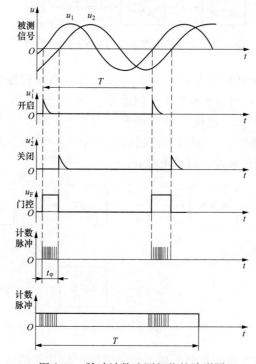

图 2-14　脉冲计数法测相位的波形图

若时基信号（计数脉冲）的频率为 f_0，周期为 T_0，被测信号的频率为 f，测量得到的脉宽记数值为 N，则相位差为

$$\varphi = N\frac{f}{f_0} \times 360°$$

测量的分辨率为

$$\Delta\varphi = \frac{f}{f_0} \times 360°$$

设计时如果取 f_0 为 360 的整数倍，则得到以度的倍数为单位的测量结果。

从上述测量原理可以看出，脉冲计数法测相位需要知道被测信号的频率，如果被测信号的频率是未知的，则需要在测量相位脉宽的同时测量被测信号频率，测量方法如上节所述。为了避免测量信号频率，可以将被测信号倍频后直接作为时基信号，假设将被测信号倍频 360×10^n 后作关闭为时基信号 f_0，测量得到的脉宽计数值为 N，则相位差为

$$\varphi = N \frac{f}{f_0} \times 360° = N \frac{f}{f \times 360 \times 10^n} \times 360° = N \times 10^{-n}$$

由此可以看出这样做不仅避免了测量被测信号频率，而且可以消除被测信号频率变化对相位测量脉冲结果的影响。

另外，脉冲计数法测相位同样可以采用周期同步测量思想（类似多周期同步测频法）进行多周期同步测量，以提高测量精度和对不同频率信号的适应性。

（2）基于 FFT 的测相法。根据傅里叶级数理论，在有限区间（t，$t+T$）内绝对可积的任意周期函数 $x(t)$ 可以展开成傅里叶级数：

$$x(t) = \sum_{n=0}^{m} (a_n \cos n\Omega t + b_n \sin n\Omega t)$$

$$= A_0 + \sum_{n=1}^{m} (a_n \cos n\Omega t + b_n \sin n\Omega t)$$

$$= A_0 + \sum_{n=1}^{m} A_n \sin(n\Omega t + \varphi_n)$$

其中，a_n、b_n 为傅里叶系数

$$a_n = \frac{2}{T} \int_{-\pi}^{\pi} x(t) \cos n\Omega t \, \mathrm{d}t$$

$$b_n = \frac{2}{T} \int_{-\pi}^{\pi} x(t) \sin n\Omega t \, \mathrm{d}t$$

φ_n 为 n 次谐波的初相位，其中基波的初相位为

$$\varphi_1 = \arctan \frac{a_1}{b_1}$$

傅里叶级数的意义表明一个周期信号可以用一个直流分量和一系列谐波的线性叠加来表示，只要求出傅里叶级数系数 a_n 和 b_n，即可求出任意谐波的初相位 φ_n，在相位差测量中只要求出基波的初相位 φ_1。

连续的时间信号经采样和 A-D 转换之后变为数字信号，设在周期函数 $x_1(t)$ 和 $x_2(t)$ 的一个周期内有 N 个采样点，则它们基波傅里叶系数和相位分别为

$$a_{11} = \frac{2}{N} \sum_{k=0}^{N-1} x_1(k) \cos \frac{2\pi k}{N} \qquad a_{21} = \frac{2}{N} \sum_{k=0}^{N-1} x_2(k) \cos \frac{2\pi k}{N}$$

$$b_{11} = \frac{2}{N} \sum_{k=0}^{N-1} x_1(k) \sin \frac{2\pi k}{N} \qquad b_{21} = \frac{2}{N} \sum_{k=0}^{N-1} x_2(k) \sin \frac{2\pi k}{N}$$

$$\varphi_{11} = \arctan \frac{a_{11}}{b_{11}} \qquad \varphi_{21} = \arctan \frac{a_{21}}{b_{21}}$$

以上各系数可以通过 FFT 算法计算，则周期函数 $x_1(t)$ 和 $x_2(t)$ 的相位差为

$$\varphi = \varphi_{21} - \varphi_{11} = \arctan \frac{a_{21}}{b_{21}} - \arctan \frac{a_{11}}{b_{11}}$$

（3）相关测相法。上面介绍的脉冲计数和基于 FFT 的相位测量方法都没有考虑噪声的影响，实际测量过程中如果存在较大噪声必然会对测量结果产生不利影响。采用相关法可以有效消除噪声的影响，较其他方法具有优势。

设两路信号为

$$x(t) = A\sin(\omega t + \varphi_1) + N_x(t)$$
$$y(t) = B\sin(\omega t + \varphi_2) + N_y(t)$$

式中：A、B 分别为两路信号的幅值；$N_x(t)$，$N_y(t)$ 为噪声信号。

理想情况下，噪声与信号不相关，且噪声之间也不相关，因此对周期信号的互相关函数：

$$R_{xy}(\tau) = \frac{1}{T} \int_0^T x(t)y(t+\tau)\mathrm{d}t$$

式中：T 为信号周期。

取 $\tau = 0$，将两路信号带入互相关函数中得到

$$R_{xy}(0) = \frac{AB}{2}\cos(\varphi_1 - \varphi_2)$$

所以有

$$\Delta\varphi = \varphi_1 - \varphi_2 = \arccos\left[\frac{2R_{xy}(0)}{AB}\right]$$

另外，根据自相关函数的定义可知

$$A = \sqrt{2R_x(0)} \qquad B = \sqrt{2R_y(0)}$$

这样，通过两信号的自相关、互相关就可以求得它们的相位差。在实际应用中处理的对象是连续信号采样后的离散点序列，计算相关函数时采用相应的离散时间表达式：

$$\hat{R}_{xy}[0] = \frac{1}{N}\sum_{K=0}^{N-1} x[k]y[k]$$

$$\hat{R}_x[0] = \frac{1}{N}\sum_{K=0}^{N-1} x^2[k]$$

$$\hat{R}_y[0] = \frac{1}{N}\sum_{K=0}^{N-1} y^2[k]$$

式中：N 为采样点数。

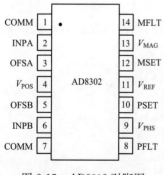

图 2-15　AD8302 引脚图

（4）集成芯片测相法。如同频率测量一样，在相位测量方面目前也有一些集成芯片可供使用，如 ADI 公司生产的 AD8302，是用于 RF/IF 幅度和相位测量的单片集成电路，主要由精密匹配的两个宽带对数检波器、一个相位检波器、输出放大器组、一个偏置单元和一个输出参考电压缓冲器等部分组成，能同时测量从低频到 2.7GHz 频率范围内的两输入信号之间的幅度比和相位差。AD8302 的引脚如图 2-15 所示。

幅度、相位测量方程式为

$$V_{\mathrm{MAG}} = V_{\mathrm{SLP}}\mathrm{LOG}\left(\frac{V_{\mathrm{INA}}}{V_{\mathrm{INB}}}\right) + V_{\mathrm{CP}}$$

$$V_{\mathrm{PHS}} = V_\phi[\phi(V_{\mathrm{INA}}) - \phi(V_{\mathrm{INB}})] + V_{\mathrm{CP}}$$

式中：V_{INA} 为 A 通道的输入信号幅度；V_{INB} 为 B 通道的输入信号幅度；V_{SLP} 为幅度斜率；V_{MAG} 为幅度比较输出；$\phi(V_{INA})$ 为 A 通道的输入信号相位；$\phi(V_{INB})$ 为 B 通道的输入信号相位；V_{ϕ} 为相位斜率；V_{PHS} 为相位比较输出；V_{CP} 为工作中心点。

当芯片输出引脚 V_{MAG} 和 V_{PHS} 直接跟芯片反馈设置输入引脚 MSET 和 PSET 相连时，芯片的测量模式将工作在默认的斜率和中心点上［精确幅度测量比例系数为 30mV/dB，精确相位测量比例系数为 10mV/(°)，中心点为 900mV］。另外测量模式下，工作斜率和中心点可以通过引脚 MSET 和 PSET 的分压加以修改。

AD8302 将测量幅度和相位的能力集中在一块集成电路内，使原本十分复杂的幅相检测系统的设计简化，而且系统性能得到提高。

（三）专项检测常用方法

1. 时间同步系统对时检测

（1）NTP 协议简介。网络时间协议 NTP（Network Time Protocol）的主要是由美国特拉华大学的 MILLS David L 教授设计实现的，由时间协议、ICMP 时间戳消息及 IP 时间戳选项发展而来。NTP 用于将计算机客户或服务器的时间与另一服务器同步，使用层次式时间分布模型。在配置时，NTP 可以利用冗余服务器和多条网络路径来获得时间的高准确性和高可靠性。即使客户机在长时间无法与某一时间服务器相联系，仍可提供高准确度的时间信息。

实际应用中，还有确保秒级精度的简单网络时间协议（Simple Network Time Protocol，SNTP）。SNTP 是 NTP 的一个子集，主要用于那些不需要 NTP 高精度的网络时间同步客户机。SNTP 协议已减少了网络延时对校对准确的影响，但没有冗余服务器和校正时钟频率误差功能。

一般的计算机和嵌入式设备在时钟精度方面没有明确的指标要求，时钟精度只有 $10^{-4} \sim 10^{-5}$，每天可能误差达十几秒或更多，如果不及时校正，其累积时间误差不可忽视。许多工业控制过程需要高准确度时间，如：电力系统内众多的计算机监控系统、保护装置、故障录波器等时间同步要在毫秒级以内。

联网计算机同步时钟最简便的方法是网络授时。网络授时分为广域网授时和局域网授时。广域网授时精度通常能达 50ms 级，但有时超过 500ms，这是因为每次经过的路由器路径可能不相同。现在还没有更好的办法将这种不同路径延迟的时间误差完全消除。局域网授时不存在路由器路径延迟问题，因而授时精度理论上可以提到亚毫秒级。Windows 内置 NTP 服务，在局域网内其最高授时精度也只能达 10ms 级。因此，提高局域网 NTP 授时精度成为一个迫切需要解决的问题。

（2）NTP 授时原理。NTP 最典型的授时方式是 Client/Server 方式。如图 2-16 所示，客户机首先向服务器发送一个 NTP 包，其中包含了该包离开客户机的时间戳 T_1，当服务器接收到该包时，依次填入包到达的时间戳 T_2、包离开的时间戳 T_3，然后立即把包返回给客户机。客户机在接收到响应包时，记录包返回的时间戳 T_4。客户机用上述 4 个时间参数就能够计算出 2 个关键参数：NTP 包的往返延迟 d 和客户机与服务器之间的时钟偏差 t。客户机使用时钟偏差来调整本地时钟，以使其时间与服务器时间一致。

现已经 T_1、T_2、T_3、T_4，希望求得 t 以调整客户方时钟，即

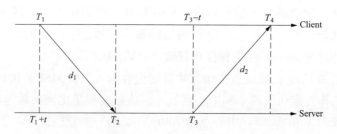

图 2-16　Client/Server 方式下 NTP 授时原理

T_1—客户发送 NTP 请求时间戳（以客户时间为参照）；T_2—服务器收到 NTP 请求时间戳（以服务器时间为参照）；
T_3—服务器回复 NTP 请求时间戳（以服务器时间为参照）；T_4—客户收到 NTP 回复时间戳（以客户时间为参照）；
d_1—NTP 请求包传送延时；d_2—NTP 回复包传送延时；t—服务器和客户端之间的时间偏差

$$\begin{cases} T_2 = T_1 + t + d_1 \\ T_4 = T_3 - t + d_2 \\ d = d_1 + d_2 \end{cases} \tag{2-20}$$

式中：d 为 NTP 包的往返时间。

假设 NPT 请求和回复包传送延时相等，即 $d_1 = d_2$，则可解得

$$\begin{cases} t = \dfrac{(T_2 - T_1) - (T_4 - T_3)}{2} \\ d = (T_2 - T_1) + (T_4 - T_3) \end{cases} \tag{2-21}$$

根据式（2-20），t 也可表示为

$$t = (T_2 - T_1) + d_1 = (T_2 - T_1) + d/2 \tag{2-22}$$

可以看出，t、d 只与 T_2、T_1 差值及 T_3、T_4 差值相关，而与 T_2、T_3 差值无关，即最终的结果与服务器处理请求所需的时间无关。因此，客户端即可通过 T_1、T_2、T_3、T_4 计算出时差 t 去调整本地时钟。

（3）乒乓法原理对时偏差测量技术。NTP 乒乓采用客户端（管理端）和服务器（被监测端）问答方式实现对时偏差的计算，对时偏差精度为毫秒级别，具体过程如图 2-17 所示。

1）T_0 为管理端发送"监测时钟请求"的时标；

2）T_1 为被监测端收到"监测时钟请求"的时标；

3）T_2 为被监测端返回"监测时钟请求的结果"的时标；

4）T_3 为管理端收到"监测时钟请求的结果"的时标；

5）Δt 为管理端时钟超前被监测装置内部时钟的钟差（正为相对超前，负为相对滞后）；

6）由于网络链路延迟假设是对称的，所以可得到

$$(T_1 + \Delta t) - T_0 = T_3 - (T_2 + \Delta t)$$
$$\Delta t = [(T_3 - T_2) + (T_0 - T_1)]/2$$

时间同步系统测试仪为管理端装置和被管理端装置提供授时信号，原理图如图 2-18 所示，使其完成对时工作。①管理端装置通过以太网和被管理装置进行 NTP 乒乓对时偏差测量，测得的结果记为 t_1；②时间同步系统测试仪通过以太网和被管理装置进行 NTP 乒乓对

时偏差测量，测得的结果记为 t_2；③管理端装置通过 MMS 报文将监测的数据上送到时间同步系统测试仪，若监测的偏差超过告警阈值，则产生响应的告警状态遥信变位信息；④管理端装置（被测设备）NTP 乒乓测量偏差记为 t_1-t_2；⑤通过时间同步系统测试仪设置被管理端装置对时信号延时 Δt，使管理端装置测得的偏差值超过告警阈值，重复步骤①～步骤④的操作；⑥时间同步系统测试仪为被管理端装置提供授时信号，使其完成对时工作；⑦时间同步系统测试仪模拟管理端装置通过以太网和被管理装置进行 NTP 乒乓对时偏差测量，测得的结果记为 t_1；⑧通过时间同步系统测试仪设置被管理端装置对时信号延时 Δt，重复步骤②测得的结果记为 t_2；⑨被管理端装置的对时偏差记为：$t_1-t_2-\Delta t$；⑩为了保证测试结果的准确性，重复步骤③和步骤④，多次测试计算平均值。

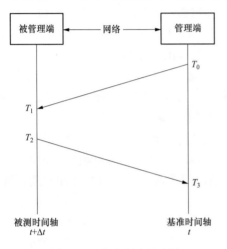

图 2-17 乒乓法原理过程

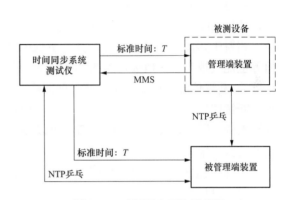

图 2-18 时间同步系统原理图

2. 电磁兼容检测

智能变电站大规模地使用了电子设备和自动化控制设备，整个变电站可以被看作是一个功率强大的电磁激励源，在实际的运行过程中所产生的电磁干扰现象是不可撤销的，这对以微电子技术和信息技术为核心的电子设备的运行将产生极大的干扰，甚至会使得一部分灵敏设备出现失效现象。因此，为了提高智能变电站设备运行的可靠性，对智能变电站中的智能电子设备进行电磁兼容性检测具有重要的意义。

在既定的工作环境和状态下，总系统、分系统、元器件、电路等能够按照设计的相关要求完成工作，并不会因为电磁的干扰造成功能失效或者性能降低等，就是电磁的兼容性。首先，电磁干扰和电磁敏感度共同组成了电磁兼容，电磁干扰特性、传播方式、试验技术、模拟技术、电磁兼容性设计、频谱利用、规范、标准是其研究的主要内容。其次，衡量分系统、电子设备在电磁环境下的响应程度，主要依靠电磁敏感度来判定。再次，所有的系统和设备不能因为传导或者辐射产生的电子干扰而影响或妨碍其他系统、设备的正常运行。最后，电磁的兼容性具有抗干扰的能力，也即是说，其不会因为受到干扰而降低本身的工作性能。

（1）测试标准及分类。

1）EMI 测试技术。通常情况下，电波暗室在电子电气设备的辐射发射及辐射敏感度测试中的应用最为广泛，因为其是一种较为典型的电磁兼容性测试场地。主要分为全电波暗室和半电波暗室,两种电波暗室分别用于模拟自由空间和开阔的试验场,但是,就目前的技术而言,开阔的试验场是判定测试结果的最终场地。

2)辐射。通常情况下,30MHz~18GHz 主要对样品电场辐射的特性进行测试,其中 1GHz 以上需要在 FAC 环境中,1GHz 以下则在 OATS 或 SAC 环境中。25Hz~30MHz 主要对样品磁场辐射的特性进行测试,若被测试样品较大,需使用远天线法,在规定的距离用单小环对骚扰的磁场强度进行测量;反之,则需要将小样品放置于大磁环天线之中,对骚扰磁场的感应电流进行测试。

3)连续传导。对地的共模骚扰测量就是传导测试,150kHz~30MHz 是最常用的测试频段,当然,CISPRIS 属于特例,其插入损耗一般在 150~1605kHz 之间,骚扰电压则在 9kHz~30MHz 之间。屏蔽室、电压探头、LISN、接收机、阻抗稳定网络、模拟手等是对连续传导骚扰进行测试的主要测量设备。一般情况下,EMI 被测设备都自带电源线,因此,下面对电源线的骚扰电压测试、布置图、相应距离等进行重点介绍。一个 2m×2m 以上面积、超出 EUT 边界至少 0.5m 的参考接地平面是整个测试过程中非常重要的一个条件,屏蔽室相对于其他封闭空间而言,具有更低的环境噪声,与此同时,屏蔽室的地板、金属墙面等也能被视为参考地板,因此,屏蔽室是进行传导骚扰测试的最佳场所。

4)断续传导。机械电子在开关的瞬间会产生一定程度的断续传导,和连续传导不同的是,断续传导会在家用电器、电子设备中以短脉冲的形式出现,从而影响到人们的主观感受和感觉。因此,我们在实际生活中可以按照实际情况考虑通过适当放宽脉冲频度、宽度、幅度的方式来放宽断续传导的限值。

5)插入损耗。插入损耗就是电感式荧光灯的灯具在工作的过程中产生骚扰电平的一部分,但这只是灯具自身的损耗,并不会反映在电网中。一般情况下,荧光灯具的插入损耗越大,对电网的骚扰而言相对较好。射频发生器、模拟灯、平衡/不平衡转换器、接收机、LISN 是对插入损耗进行测量的主要设备。

(2)EMS 测试分类。

1)辐射电磁场抗扰度。按照 GB 17626.3 的标准对辐射电磁场的抗扰程度进行检测,低频状态下磁场均匀性较好的电波暗室、带有吸波材料的屏蔽室都是较优良的测试环境、80%的调频幅度、80~1000MHz 的载波频率、1kHz 的调制信号、线性极化天线、对数周期天线、双锥天线、功率计、功率放大器、测试软件等都是测试开始之前必不可少的布置。

2)射频场感应传导骚扰抗扰度。按照 GB 17626.6 的标准对射频场感应的传导骚扰抗扰程度进行测试。一般情况下,干扰频率的波长会比被干扰设备的尺寸稍长一些,通信线、电源线、接口电缆等设备引线的长度则可能和干扰频率的波长等同,如此,设备引线就能借助传导的方式分散干扰。调频幅度为 80%、载波频率为 150kHz~80MHz、调制信号为 1kHz 的信号发生器、M 型去祸/祸合网络、测试软件、电流钳或 CDN、功率放大器、衰减器等共同组成测试设备。

在确定对 EMC 测试实验使用之前,要遵照相关的技术标准、规范和既定的测试步骤进行,且要对实验所用到的步骤进行严格管理。但在实际操作和落实的过程中,需要执行纷繁复杂的步骤,且在人的干预之下产生误差是常有的状况,因此,怎样通过革新技术达到电磁兼容测试和检测的进步,是目前亟待解决的问题,只有攻克这一难题,才能让电磁兼容测试技术取得更长足的发展和进步。

3. 软件检测

（1）黑盒测试。

黑盒测试也称功能测试，通过测试来检测每个功能是否都能正常使用。在测试中，把程序看作一个不能打开的黑盒子，在完全不考虑程序内部结构和内部特性的情况下，在程序接口进行测试，它只检查程序是否按照功能需求规格说明书的规定正常使用，程序是否能适当地接收输入数据而产生正确的输出信息。黑盒测试是与白盒测试截然不同的测试概念，也是在软件测试中使用得最早、最广泛的一类测试。

黑盒测试注重于测试软件的功能需求，主要试图发现以下几类错误：功能不正确或遗漏；界面错误；输入和输出错误；数据库访问错误；性能错误；初始化和终止错误等。

1）判定表驱动法和等价类划分法在软件测试中的组合应用。①判定表驱动法。判定表驱动法简介：判定表驱动法适合处理多种输入条件组合产生多个动作，以及多个逻辑条件之间存在依赖关系的情况。判定表通常由以下 4 个部分组成：条件桩，列出问题的所有条件；动作桩，列出问题规定可能采取的操作；条件项，列出针对条件的取值和在所有可能情况下的真假值；动作项，列出在条件项的各种取值情况下应该采取的动作。任何一个条件组合的特定取值及其相应要执行的操作称为规则，反映在判定表中即为贯穿条件项和动作项的一列。建立判定表包括以下 5 个基本步骤：列举所有的条件桩和动作桩；根据条件取值确定规则个数；填入条件项和动作项，得到初始判定表；合并相似规则或相似动作，生成最终判定表；设计覆盖所有规则的测试用例。②判定表驱动测试的局限性。当软件需求规格说明中的输入条件为逻辑值时，若有 n 个条件，则相应有 2^n 条规则。此时可根据输入的条件数目及其间存在的约束关系，选择单独采用判定表驱动法或者结合因果图分析法完成问题分析和测试用例设计，两者均可实现对 2^n 条规则的 100% 覆盖，测试效果良好。当输入条件为非逻辑值时，规则总数为所有输入条件取值个数的笛卡尔乘积，为了达成规则覆盖，保证测试效果，测试用例数目往往过于庞大，在有限时间和成本的条件下，无法保证测试效率。在实际测试过程中，为了减轻测试负担，可根据测试进度从海量规则中随机选取输入组合生成测试用例，这种做法虽然有效提高了测试效率，却未能充分考虑输入输出间的依赖关系，并且随机选取的输入组合不具有代表性，无法确保有效揭露软件中的缺陷。

综上所述，在非逻辑值的判定表驱动测试中，需要借助于输入取值的科学选取方法，才使得规则难以筛选、测试覆盖不均衡等问题能够得到妥善解决。

2）等价类划分法。等价类划分法是指依据某种划分原则，将需求规格说明中的所有输入或输出划分成若干个子集，并确保子集间互不相交，且子集的并是整个集合的测试方法。该方法能够保证子集中的每个输入或输出条件对揭露程序中的错误来说是等效的，因此对一个特定的等价类而言，不需将该类中所有数据均作为测试输入，仅选取具有代表性的少量输入即可覆盖某一方面的验证，大大减少了测试用例的数量，提高了测试效率，且最大程度上保证了测试效果。

另外，等价类划分包括有效等价类和无效等价类两种情况，分别对应于需求规格说明中合理及不合理的数据集合，因而可分别验证系统功能的正确性和可靠性，数据覆盖较为全面。通过上述分析可以看出，等价类划分法是科学有效的分类筛选方法，可应用于输入取值的选取过程中，以达到提高测试效率和有效性的目的。

3）判定表和等价类划分的组合测试方案。被测问题为 NextDate 函数，输入包括 Month、Day 和 Year，假定 Year 在 1920～2050 之间，输出为输入日期的后一天日期。

由于输入条件之间存在紧密的逻辑依赖关系，则采用判定表驱动法设计测试用例，而输入条件包含多种情况，逻辑值无法完全概括，为了提高测试效率，需与等价类划分法进行有机结合。生成测试用例的步骤如下。①根据需求规格说明，列出条件桩和动作桩。条件桩为 NextDate 问题的所有输入条件，分别为月份、日期和年份。动作桩为该问题处理操作的总结和概括，分析如下：当输入日期为某月中间值时，则日期值加 1；当输入日期为某月最后一天时，则日期值复位为 1，月份值加 1；当输入日期为某年最后一天时，则日期值和月份值复位为 1，年份值加 1；当输入各项满足输入规则，但输入日期组合不合法时，则返回输入无效的提示。此时，三个输入条件取值数分别为 12、31 和 130，则总规则数＝12×31×130＝48 360，排列组合数目过多，测试效率无法保证。②分析输入条件的共性，进行等价类划分。在求取 Next－Date 问题上，对于 Month 的 12 个输入项，其共性体现在每月的最大天数上，结合可能出现的处理操作差异，将其划分为四个等价类：M1＝〔Month 有 30 天〕、M2＝〔Month 有 31 天，12 月除外〕、M3＝〔Month 为 12 月〕和 M4＝〔Month 为 2 月〕。对于 Day 的 31 个输入项，其值若小于 28，则处理操作均为日期值加 1；其值若在 28 到 31 之间，则处理操作与月份有关。因而将其划分为五个等价类：D1＝〔1≤Day≤27〕、D2＝〔Day＝28〕、D3＝〔Day＝29〕、D4＝〔Day＝30〕和 D5＝〔Day＝31〕。在求取 NextDate 问题上，对于 Year 的 130 个输入项，其共性体现在 2 月的最大天数上，可将其划分为两个等价类：Y1＝〔Year 是闰年〕和 Y2＝〔Year 非闰年〕。③确定规则个数。经过对输入条件的等价类划分，该问题的规则总数＝4×5×2＝40，排列组合的数量明显减少，可大大提高测试的效率。与此同时，由于等价类具有缺陷发现能力等价的特性，因而该方案能够确保测试的有效性。④填入条件项和动作项，生成判定表。在填入条件项和动作项的过程中，可分析规则间的相似性，从而实现合并化简。NextDate 问题中规则合并化简主要基于以下两方面的考虑：除 2 月外其他月份的最大天数与是否为闰年无关，在考虑 M1 至 M3 的排列组合时，可忽略对 Year 的判定；由于 Day 为整数类型，则其五个等价类为无间断的连续取值，若动作相同，则可将 Day 的多个连续等价类进行合并。合并化简后的判定表如表 2-1 所示。⑤设计测试用例。依据简化后的判定表，设计 13 条测试用例用以覆盖所有规则。对于每条规则中的条件项和动作项，分别将其映射为测试用例中具体的输入和预期输出。⑥结论。采用判定表驱动法设计规则，等价类划分法对输入取值进行筛选，两种测试方法双剑合璧，可以有效解决输入条件为非逻辑值的测试问题。一方面，判定表驱动法能够将复杂组合问题通过表格形式列举出来，简明易于理解，确保输入条件的每种排列组合均被覆盖，避免产生遗漏，保证了测试的有效性；另一方面，判定表驱动法能够充分考虑输入条件之间的依赖关系，并可对相似规则进行合并化简，另外，结合等价类划分法，充分考虑输入条件在发现缺陷方面的等价性，大大减少了测试用例的数量，力争用尽可能少的测试发现尽可能多的缺陷，保证了测试的效率。

表 2-1   NextDate 问题的判定表

	项目	1	2	3	4	5	6	7	8	9	10	11	12	13
条件	Month	M1	M1	M1	M2	M2	M3	M3	M1	M4	M4	M4	M4	M4
	Day	D1-D2	D4	D5	D1-D4	D5	D1-D4	D5	D1	D2	D2	D3	D3	D4-D5
	Year	—	—	—	—	—	—	—	—	Y1	Y2	Y1	Y2	—
	输入无效			√									√	√
动作	Day 加 1	√			√		√		√	√				
	Day 复位		√			√		√			√	√		
	Month 加 1		√			√					√	√		
	Month 复位					√								
	Year 加 1					√								

（2）基于边界值分析方法的研究。

1）研究背景。目前软件行业虽然发展很快，但同时软件的失败率也非常高，其主要原因在于测试时存在缺陷，在测试阶段没有把各种可能会出现的异常情况完全考虑进去进行测试，结果导致投入使用后出现异常。下面我们就软件测试中边界值测试法进行探讨，通过对边界值测试法的原理、适用环境、优缺点进行分析，以更好地在软件测试过程中应用边界值测试法。

2）边界值测试法的原理及基本思想。边界值测试法的原理是软件错误绝大多数出现在输入变量的极值附近。因为在变量的边界值附近，我们输入稍有不慎就可能导致错误，美国陆军（CECOM）对他们的软件进行了研究，结果他们吃惊地发现，大量的缺陷都是边界值缺陷。

边界值测试法的基本思想是使用最小值、略高于最小值、正常值、略低于最大值和最大值处取输入变量值。这种边界值测试法的前提是基于一种关键假设，即"单缺陷"假设，也就是说失效大多是由一个缺陷引起的，极少是由两个或多个缺陷同时发生引起的。只有以这种可靠理论作为前提，我们的测试才能取得预期的效果。

3）边界值分析法。边界值分析法是一种黑盒测试方法，是对等价类划分方法的补充。①边界值分析法与等价类划分法的区别。边界值分析不是从某等价类中随便挑一个作为代表，而是使这个等价类的每个边界都要作为测试条件。边界值分析不仅考虑输入条件，还要考虑输出空间产生的测试情况。②边界值分析方法的考虑。软件测试经验告诉我们，大量的错误是发生在输入或输出范围的边界上，而不是发生在输入输出范围的内部。因此针对各种边界情况设计测试用例，可以查出更多的错误。使用边界值分析方法设计测试用例，应首先确定边界情况。通常输入和输出等价类的边界，就是应着重测试的边界情况。应当选取正好等于、刚刚大于或者刚刚小于边界的值作为测试数据，而不是选取等价类中的典型值或任意值作为测试数据。③边界值分析的局限性。边界值分析是在"单缺陷"假设成立的前提下进行的。但在实际问题中，多个变量之间往往存在着复杂的依赖关系，一个失效常常是由多个变量综合引发的。另外，边界值分析法在设计测试用例时，只考虑了在规定的范围内进行取值测试，但在实际应用中，用户往往不了解我们程序中的一系列规定，他们可能输入的值是很随机的，经常会超出我们设定的范围，对于这种情况，边界值分析法就无法给予测试。因此，我们采用边界值分析测试用例只能是初步的，对于多变量复杂关系的函数和多变的输入，我们只简单地使用边界值分析法显然是不够的。

4）边界值分析法的扩展。①健壮性测试。健壮性测试是边界值分析的一种简单扩展：除了变量的五个边界值分析取值以外，还要通过采用一个略超过最大值（max＋）的值，以及一个略小于最小值（min－）的取值，看看超过极值时系统会有什么情况发生。对于 n 个变量的函数，使用健壮性测试时，我们必须设计 $6n+1$ 个测试用例。健壮性测试最大的特点是它关心的重点不是输入，而是预期的输出。在很多软件中，变量被定义在一个特定的范围内，如果在超出这个范围外取值，都会产生导致中断正常执行的运行错误。②最坏情况测试。最坏情况测试的提出主要是源于我们在测试时把目光由可靠性理论的"单缺陷"假设转向了多个变量取极值的情况，即"多缺陷"。我们关心当多个变量取极值时会出现什么情况，也把这种叫"最坏情况测试"，它是对边界值分析法的一种完善。最坏情况测试是对于每个变量，首先进行包含最小值、略高于最小值、正常值、略低于最大值和最大值五元素集合的测试，然后对这些集合进行笛卡尔积计算，以生成测试用例。最坏情况测试相对于边界值测试的优点是测试更彻底，因为如果有 n 个变量函数的最坏情况测试，就会产生 5^n 个测试用例。但它的缺点是工作量太大，并且它没有考虑到超出边界范围外会出现的情况。③健壮最坏情况测试。健壮性测试考虑到了超过极限值时应对系统进行测试，但是它的前提是数据的物理独立性，也就是可靠性理论的"单缺陷"假设；最坏情况测试关心当多个变量取极值时会出现什么情况，但测试时没有对超出机制范围的数据进行测试。他们各有优缺点，健壮最坏情况测试就是对健壮性测试和最坏情况测试的综合，它既关心当多个变量取极值时会出现什么情况又考虑到输入超过极限值的情况。因此，对于极端的测试，往往会采用健壮最坏情况测试，这种测试使用健壮性测试的七元素的笛卡尔积，工作量会更大，但测试效果最好。

5）基于边界值分析方法选择测试用例的原则。①如果输入条件规定了值的范围，则应取刚达到这个范围边界的值，以及刚刚超越这个范围边界的值作为测试输入数据。②如果输入条件规定了值的个数，则用最大个数，最小个数，比最小个数少 1，比最大个数多 1 的数作为测试数据。③将规则①和②应用于输出条件，即设计测试用例使输出值达到边界值及其左右的值。④如果程序的规格说明给出的输入域或输出域是有序集合，则应选取集合的第一个元素和最后一个元素作为测试用例。⑤如果程序中使用了一个内部数据结构，则应当选择这个内部数据结构的边界上的值作为测试用例。⑥分析规格说明，找出其他可能的边界条件。

6）结论。边界值测试方法是所有测试方法中最基本的，这类测试方法都有某种假设，即"单缺陷"或"多缺陷"，如果不能保证某种假设，则这种方法不能产生令人满意的测试用例。因此我们在实际软件测试过程中，应认真地进行选择。

（3）场景法测试技术及应用。

1）开发背景。在软件测试过程中强调细节与整体同等重要，测试工作与实际业务要相结合。但现实测试中测试员更重视单个功能点（或单个事件）的细节测试，往往容易忽视整体业务流程的检测。使用场景法可用于解决业务流程清晰的系统或功能。通过针对需求模拟出不同的场景覆盖所有功能点及业务流程，可提高测试效率。

2）生成场景。场景法由基本流和备用流两部分构成，如图 2-19 所示。图 2-19 中用例从开始到结束可能的所有基本流和备选流的组合，都可能组成场景。一个业务仅存在一个基本流，且基本流仅有一个起点和一个终点。备选流为除了基本流之外的各支流，包含多种不同情况。每个用例提供了一个或多个场景，该场景说明了系统是如何与最终用户进行交互的。也就是哪个用户可以利用系统，利用系统可以做什么，从而获得一个明确的业务目标。

　　3）结语。在软件测试中以事件流为核心的场景法是高层测试设计的基础。对于复杂系统首先需要从全局把握系统的整个业务流程，了解功能模块，在熟悉流程的基础上讨论局部细节的测试用例设计。通过运用场景来对系统的功能点或业务流程进行描述，用场景法进行测试用例设计并执行，最终可提高测试效果。

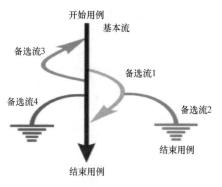

图 2-19　用例场景

　　（4）因果图法。前面介绍的几种测试用例设计方法，对于单一的输入是非常奏效的，若是对于一些有关联性的输入就不见得很好用了。什么叫有关联性的输入呢，举个例子：单位上要评选先进，要求如下，若是满足了（1）＋（4）或者（2）＋（3）＋（4），那么就满足评先进的条件：

　　1）带学生团队参加市级以上的比赛获了 2 等奖以上；

　　2）带学生团队参加市级以上的比赛获了 3 等奖；

　　3）本学年的教学任务完成了 520 以上；

　　4）本学年没有违反教学事故。

　　从这样一个很常见的输入条件组合的例子中可以看出，我们要得到一个结论，比如本例中要得到该教师是否是先进的结论，不能从一个条件就可以判断，而是各个条件的组合才能决定结论，对于这一类的测试用例设计，我们最好使用因果图法来解决。

　　如果在测试时必须考虑输入条件的各种组合，则可能的组合数目将是天文数字，因此必须考虑采用一种适合于描述多种条件的组合，相应产生多个动作的形式来进行测试用例的设计，这就需要利用因果图（逻辑模型）。因果图方法最终生成的就是判定表，它适合于检查程序输入条件的各种组合情况。

　　（5）功能图法。很多软件测试的时候，并不是只考虑静态的就可以了，像前面所讲的设计方法，我们考虑的都只是静态的输入数据和输出结果，但要测试的对象有很多时候也要考虑动态的说明。当然这里的所谓动态说明其实也是一种输入，只是和前面提到的具体到哪一个字段的输入不一样，这种输入更多的是测试人员的一种操作，比如：按下 Esc 键，选择转账功能等。

　　在这里，功能图法其实不再是一种严格的黑盒测试方法了，而是一种黑盒和白盒混合用例的设计方法。在功能图法中，要用到逻辑覆盖和路径测试的概念及方法，这属于白盒测试用例设计中的内容。

　　我们可以用 Windows 的屏幕保护程序作为示例来了解功能图法。图 2-20 是屏保程序的流程图，图 2-21 是状态迁移图，表 2-2 是对应的逻辑功能表。

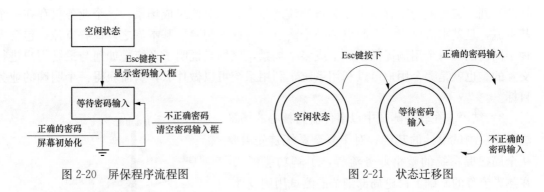

图 2-20 屏保程序流程图   图 2-21 状态迁移图

　　我们可以根据功能图来生成测试用例，从所有的输入、输出以及状态生成所需要的节点和路径，形成实现功能图的基本路径组合。

表 2-2 逻辑功能表

	Esc 键按下	11
输入	其他键按下	12
	正确的密码输入	13
	错误的密码输入	14
输出	显示密码输入框	21
	密码错误的提示	22
	空闲状态	31
状态	等待密码输入	32
	返回空闲状态	33
	初始化屏幕	34

　　（6）白盒测试。白盒测试又叫作玻璃盒测试、透明盒测试及开放盒测试等。在这里，盒子指的是需要被测试的软件。白盒，顾名思义即盒子是可视的，你清楚盒子内部的东西以及里面是如何运作的。因此，白盒测试需要对系统内部的结构和工作原理有一个清楚的了解；并且基于这个知识来设计你的用例。

　　使用白盒测试方法产生的测试用例能够：保证一个模块中的所有独立路径至少被使用一次；对所有逻辑值均需测试 True 和 False；在上下边界及可操作范围内运行所有循环；检查内部数据结构以确保其有效性。

　　1）代码检查法。代码检查主要针对代码的设计标准依从逻辑表达和结构等方面进行检查，常规的检查方式有桌面检查、代码审查和走查三种方式，代码检查应在编译和动态测试之前进行，其优势是能够快速发现大量软件逻辑设计和编码缺陷，而且代码检查找到的是缺陷本身而非其表现形式；代码检查的劣势是耗费大量时间而且对检查者自身积累的知识和经验要求较高。

　　2）静态结构分析法。在静态结构分析中，测试者通过测试工具对程序源代码的系统结构、数据结构、数据接口、内部控制逻辑等进行分析，进而生成函数调用关系图、模块控制流程图、内部文件调用关系图、子程序表和函数参数表等各类图形图表，通过静态结构分析可以明确软件系统的组成和结构，便于测试者对其阅读及理解。通过对图形和图表进行深入分析，判断软件是否存在缺陷或错误。静态结构分析工作主要分为质量因素、分类标准和度量规则三层，其中度量规则包括如下内容：①检查函数的调用关系是否正确；②确认是否存在未被调用的函数；③明确函数被调用的频繁度，重点检查调用频繁的函数。

　　3）静态质量度量法。ISO/IEC 9126 国际标准将软件质量分为六个方面，包括功能性（FUNCTIONALITY）、可靠性（RELIABILITY）、可用性（USABILITY）、有效性（EFFICIENCY）、可维护性（MAINTAINABILITY）和轻便性（PORTABILITY）。以 ISO9126 质量模型作为基础，我们可以构造质量度量模型，用于评估软件的每个方面。以可维护性为例，将质量模型自上到下分为质量因素、分类标准和度量规则三层，其中度量规则参数表中定义了度量所需参数的名称和简称，并规定了各参数的最大值和最小值；分类标准由一系列度量规则组成，规则的取值和权重值决定了分类标准的取值；质量因素的计算方法类似于分类标准的计算方法，分类标准取值和权重值决定了质量因素的取值。

　　4）逻辑覆盖法。针对逻辑覆盖法，覆盖准则是描述程序源代码被测试程度。白盒测试要求对被测程序结构特性做到一定程度的覆盖，逻辑覆盖标准如表 2-3 所示，每种覆盖标准的示例如表 2-4 所示。

表 2-3　　　　　　　　　　　　　　　　逻辑覆盖标准

发现错误的能力	标准	含义
1（弱）	语句覆盖	每条语句至少执行一次
2	判定覆盖	每一判定的每个分支至少执行一次
3	条件覆盖	每一判定中的每个条件，分别按"真""假"至少各执行一次
4	判定/条件覆盖	同时满足判定覆盖和条件覆盖的要求
5（强）	条件组合覆盖	求出判定中所有条件的各种可能组合值，每一可能的条件组合至少执行一次

表 2-4　　　　　　　　　　　　　　　　每种覆盖标准的示列

覆盖标准	程序结构举例	测试用例应满足的条件
语句覆盖		$A \cdot B = .T.$
分之覆盖		$A \cdot B = .T.$ $A \cdot B = .F.$
条件覆盖		$A = .T.\ A = .F.$ $B = .T.\ B = .F.$

覆盖标准	程序结构举例	测试用例应满足的条件
判定/条件覆盖	T ← A^B → F	A·B=.T. A·B=.F. A=.T. A=.F. B=.T. B=.F.
条件组合覆盖	T ← A^B → F	A=.T. ˉB=.T. A=.T. ˉB=.F. A=.F. ˉB=.T. A=.F. ˉB=.F.

5）基本路径测试法。基本路径测试法是在程序控制流图的基础上，首先对控制构造的环路复杂性进行分析，其次将可执行路径集合导出，最后以此为基础设计科学合理的测试用例。基本路径测试法要求所设计的测试用例在被测程序的每个可执行语句至少执行一次，针对复杂条件可以将其分解成为多个单一条件，并通过组合映射成控制流图，如图 2-22 所示。

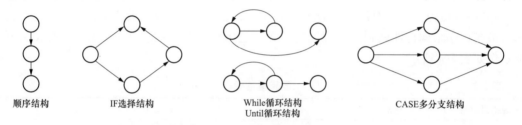

顺序结构　　　　　IF选择结构　　　　While循环结构　　　　CASE多分支结构
　　　　　　　　　　　　　　　　　　Until循环结构

图 2-22　组合映射成控制流图

6）其他白盒测试方法。白盒测试方法还有域测试、符号测试、Z 路径覆盖等方法。域测试是一种基于程序结构的测试方法，主要是针对域错误进行的程序测试，域测试有两个致命的弱点，一是为进行域测试对程序提出的限制过多；二是当程序存在很多路径时，所需的测试点也就很多。符号测试的基本思想是允许程序的输入不仅仅是具体的数值数据，而且包括符号值，目前符号测试存在一些未得到圆满解决的问题，比如分支问题、二义性问题，大程序问题等。Z 路径测试是将程序中的循环次数加以限制，通常为循环 1 次或 0 次，这样就将循环结构变为分支结构，Z 路径测试能有效降低被测程序的路径数。

第三节　检测仪器仪表

这一节主要是对检测过程中所需要的主要检测设备进行介绍，装置检测所使用的仪器、仪表应在有效期内，并经具备资质的国家法定计量部门或其他法定授权单位检定合格；所用仪器、仪表准确度等级应满足国家计量量值传递标准要求。本章从检测设备的功能出发，对不同设备检测过程中所需仪器的功能及精度进行介绍，为后续设备的检测提供参考及依据。

（一）测控装置主要检测设备

该部分主要是对测控装置在检测过程中所需要的主要检测设备进行大致介绍，分别规定了三相交流信号源、三相标准表、开关量信号发生器、数字信号发生器、标准时间源在对测控装置进行检测时所需要的精度及要求，为后续的检测做好准备。

1. 三相交流信号源

三相交流信号源是能够发生三相交流波形的测试仪器，可以根据需要生成各种常规波形或调制波形，或将外部信号按一定规则调制后输出，一般与示波器配套使用，是用来产生标准信号的设备。针对现阶段变电站测控装置的检测问题，三相交流信号源可模拟交流信号输入，进而满足工程实际，实现测试需要。

作为检测测控装置所需的检测设备，在检测过程中所使用的三相交流信号源的精度还需满足如下要求：

（1）频率范围：45～55Hz；准确度：0.002Hz。

（2）电压、电流范围：0～264V，0～20A；准确度：≤±0.05％。

（3）有功功率测量准确度：≤±0.05％；无功功率测量准确度：≤±0.05％。

（4）相位范围：0°～359.9°；准确度：0.1°。

2. 三相标准表

三相标准表作为智能变电站基础检测设备，其具有以下功能：

（1）宽量程测量：电压信号测量范围（相电压）1～680V，电流信号测量范围0.25mA～120A。

（2）多方式测量：可在单相、三相Y/△等各种接线方式下对交流电压、电流、功率（有功功率、无功功率、视在功率）及电能进行四象限测量；其中无功功率及电能可进行真无功、跨相无功、人工中性点无功等多方式测量。

（3）多功能测量：除测量交流电压、电流、功率、电能（电度）、谐波分析外，还可测量功率需量、频率、相位、功率因数、功率稳定度、电压电流的幅度不对称度及相位的不对称度、波形失真度、被检表电能脉冲常数（以及空间磁感应强度、电能表检定装置同名端压降）等多种参数。

（4）谐波测量：可测量工频电压、电流的50次以下谐波含量、谐波幅值。

（5）基波功率测量：可进行通常的全功率测量（包括基波和各次谐波的功率），也可进行基波功率测量（在含谐波的信号中仅测量其中的基波功率成分）。

（6）谐波功率测量：可测量2～50次谐波功率。

（7）电能误差校验：可校验电能表及电能表检定装置的电能计量误差和标准偏差估计值。

（8）多用途：可作为标准表，也可作为电能表检定装置测试仪。可单独使用，也可与PC机通信遥控使用，还可配装检定装置使用。

作为检测测控装置所需的检测设备，在检测过程中所使用的三相标准表还需满足如下的精度需要：

1）频率范围：45～65Hz；准确度：0.002Hz。

2）电压、电流范围：10～480V，50mA～120A；准确度：≤±0.02％。

3）有功功率测量准确度：≤±0.05％；无功功率测量准确度：≤±0.05％。

4）相位范围：0°～359.98°；准确度：0.02°。

3. 开关量信号发生器

开关量是指非连续性信号的采集和输出，包括遥信采集和遥控输出，它有 1 和 0 两种状态，这是数字电路中的开关性质，而电力上是指电路的开和关或者说是触点的接通和断开。信号发生器是一种能提供各种频率、波形和输出电平电信号的设备。在测量各种电信系统或电信设备的振幅特性、频率特性、传输特性及其他电参数时，以及测量元器件的特性与参数时，用作测试的信号源或激励源。信号发生器又称信号源或振荡器，在变电站自动化设备检测中有着广泛的应用。

作为检测测控装置所需的检测设备，在检测过程中所使用的开关量信号发生器还需满足如下要求：

（1）测量误差应不大于 0.5μs；分辨力为 0.1μs；

（2）时间分辨率可调；脉冲宽度可调。

4. 数字信号发生器

数字信号发生器是一种小型、便携式信号源，作为检测测控装置所需的检测设备，检测过程中所使用的数字信号发生器还需满足如下要求：

（1）支持接收和发送符合 DL/T 860.92 的采样值报文；

（2）支持接收和发送符合 DL/T 860.72 标准的 GOOSE 报文。

5. 标准时间源

在检测过程中，需要用到标准时间源对被测装置进行时钟校对等一系列的工作，作为检测测控装置所需的检测设备，检测过程中所使用的标准时间源还需满足如下要求：

（1）测试工作使用的时间源，应经国家授权机构量值传递并标定准确度。

（2）标准时间源相对 UTC 时间的时间准确度应不大于被测装置标称的时间准确度的四分之一，应具有 IRIG-B 码、秒脉冲及 SNTP 输出。

（二）数据通信网关机主要检测设备

该部分主要是对数据通信网关机在检测过程中所需要的主要检测设备进行大致介绍，分别规定了三相交流信号源、三相标准表、开关量信号发生器、数字信号发生器、标准时间源、网络报文记录及分析装置、模拟装置在对数据通信网关机进行检测时所需要的精度及要求，为后续的检测做好准备。

1. 三相交流信号源

与上述测控装置检测过程中三相交流信号源所提供的功能相同，但在精度问题上，用于数据通信网关机检测的三相交流信号源还需满足如下要求：

（1）频率范围：45～55Hz；准确度：0.002Hz。

（2）电压、电流范围：0～264，0～20A；准确度：≤±0.05％。

（3）有功功率测量准确度：≤±0.05％；无功功率测量准确度：≤±0.05％。

（4）相位范围：0°～359.9°；准确度：0.1°。

2. 三相标准表

与上述测控装置检测过程中三相标准表所提供的功能相同，但在精度问题上，用于数据通信网关机检测的三相标准表还需满足如下要求：

（1）频率范围：45～65Hz；准确度：0.002Hz。

（2）电压、电流范围：10～480V，50mA～120A；准确度：≤±0.02％。

（3）有功功率测量准确度：≤±0.02％；无功功率测量准确度：≤±0.05％。

（4）相位范围：0°～359.98°；准确度：0.02°。

3. 开关量信号发生器

与上述测控装置检测过程中使用的开关量信号发生器的功能及精度相同。

4. 数字信号发生器

与上述测控装置检测过程中使用的数字信号发生器的要求相同。

5. 标准时间源

与上述测控装置检测过程中使用的标准时间源的功能及精度相同。

6. 网络报文记录及分析装置

可以对网络报文进行有效的监视、记录和诊断，提前发现通信网络的薄弱环节和故障设备，预防电力系统事故的发生。当电力系统故障发生时，不仅需要对网络原始报文进行记录，还需要将网络报文进行解析，还原电力系统一次设备故障波形以及二次设备动作行为的记录，便于事故发生后进行分析和快速查找故障原因。

装置的报文在线分析具备以下功能：SV 报文连续记录存储；报文异常事件记录；报文实时监视与分析；网络状态实时监视与分析；电力系统数据实时监视与分析。

装置的报文离线分析具备以下功能：

（1）SCD 文件导入。作为能反映智能变电站系统配置信息的变电站配置文件，SCD 描述了变电站内所有 IED 的实例配置和通信参数、IED 之间的通信配置以及变电站一次系统结构等信息。通过对 SCD 文件的解析提取 GOOSE、SMV 的配置信息。网络报文记录及分析装置能够实现 SCD 文件导入操作，并在导入 SCD 文件后，会检查每个数据集成员的数据名称或对象参引，检测其是否符合要求。

（2）数据分析。

1）非法报文分析；

2）背景流量分析；

3）报文分类统计，并根据报文类型进行流量统计；

4）报文内容分析，至少包含在线分析的所有内容。

（3）数据管理。

1）用户管理、操作记录；

2）数据文件管理列表，历史数据的查询、分析、打印、导出；

3）根据时间、类型和服务等关键字对存储的数据进行查询；

4）根据设定的条件（如时间段、故障类型等）生成故障分析报告；

5）根据设定的条件上传有关数据和分析报告。

作为检测数据通信网关机所需的检测设备，检测过程中所使用的网络报文记录及分析装置还需满足如下要求：①装置应具备对变电站内通信网络上的所有通信过程进行采集、记录、解析等功能，具备对解析结果和记录数据进行展示、统计、分析、输出等功能；②装置所记录的数据应完整、真实、无损，采集接口不得对所监听的网络通信产生任何影响。

7. 模拟装置

作为检测数据通信网关机所需的检测设备，检测过程中所使用的模拟装置还需满足如下要求：

（1）模拟装置为测控装置等经过法定授权单位检定合格的间隔层设备；

（2）模拟装置可以发送标准 MMS 报文。

（三）工业以太网交换机主要检测设备

该部分主要是对工业以太网交换机在检测过程中所需要的主要检测设备进行大致介绍，分别规定了网络测试仪、光功率计、光衰减计、时间同步系统测试仪、网络管理测试工具在对工业以太网交换机进行检测时所需要的精度及要求，为后续的检测做好准备。

1. 网络测试仪

网络测试仪通常也称专业网络测试仪或网络检测仪，是一种便携、可视的智能检测设备，可以检测 OSI 模型定义的物理层、数据链路层、网络层运行状况，主要适用于局域网故障检测、维护和综合布线施工中，网络测试仪的功能涵盖物理层、数据链路层和网络层。

作为检测工业以太网交换机所需的检测设备，检测过程中所使用的网络测试仪还需满足如下要求：

（1）具有以太网数据编码发送功能；

（2）具有以太网接口性能测试功能；

（3）具有符合 GB/T 25931—2010《网络测量和控制系统的精确时钟同步协议》功能性能及一致性验证功能。

2. 光功率计

光功率计是指用于测量绝对光功率或通过一段光纤的光功率相对损耗的仪器。在光纤系统中，测量光功率是最基本的，非常像电子学中的万用表；在光纤测量中，光功率计是重负荷常用表。通过测量发射端机或光网络的绝对功率，一台光功率计就能够评价光端设备的性能。用光功率计与稳定光源组合使用，则能够测量连接损耗、检验连续性，并帮助评估光纤链路传输质量。

光功率计使用说明：光功率计测绝对光功率时，只要接上光源，看屏幕第二排以 DBM 为单位的数值即为光功率数值。

作为检测工业以太网交换机所需的检测设备，检测过程中所使用的光功率计还需满足如下精度要求：

（1）测量范围：10～－90dBm；

（2）分辨率：0.05dB。

3. 光衰减计

光衰减器是用于对光功率进行衰减的器件，它主要用于光纤系统的指标测量、短距离通信系统的信号衰减以及系统试验等场合。光衰减器可分为固定型衰减器、分级可调型衰减器、连续可调型衰减器、连续与分级组合型衰减器等。主要性能参数是衰减量和精度。

作为检测工业以太网交换机所需的检测设备，检测过程中所使用的光衰减计还需满足如下精度要求：

（1）衰减范围：0～80dB；

（2）分辨率：0.05dB。

4. 时间同步系统测试仪

无论是时间电平信号、时间报文，还是时间数据包使用时间同步测试仪都可以进行精确测量，让用户可以对已有设备做个准确标定。

时间同步测试仪基于对卫星（北斗、GPS）对时、地面（PTP/NTP/SNTP）网络对时时间精度和稳定度的检定方法的研究，提出高稳定度的频率源（原子钟、恒温晶振）的驯服算法、不同形式信号传递延时的补偿方法，实现高精度对时及时间信号检测与输出。时间同步测试仪可用于现场测试，可存储测试数据，对满负荷测试，能将数据保存在 U 盘里，对数据进行定期保存。时间同步测试仪在进入同步状态后，能获得极高的时间精度，可以作为高精度的时间标准。

作为检测工业以太网交换机所需的检测设备，检测过程中所使用的时间同步系统测试仪还需满足如下精度及功能要求：

（1）分辨率：1ns；

（2）应支持 IETF RFC 2030 SNTP 协议、GB/T 25931—2010《网络测量和控制系统的精确时钟同步协议》对时。

5. 网络管理测试工具

作为检测工业以太网交换机所需的检测设备，检测过程中所使用的网络管理测试工具还需满足如下精度及功能要求：

（1）应支持 DL/T 860 协议测试；

（2）应支持 SNMP 协议测试。

（四）同步相量测量装置主要检测设备

该部分主要是对同步相量测量装置在检测过程中所需要的主要检测设备进行大致介绍，分别规定了三相交流信号源、数字信号发生器、同步相量测量装置测试仪在对同步相量测量装置进行检测时所需要的精度及要求，为后续的检测做好准备。

1. 三相交流信号源

与之前检测所用的三相交流信号源的功能相同，但对于精度问题，用于同步相量测量装置检测的三相交流信号源还需满足如下要求：

（1）频率范围：10～90Hz；准确度：0.000 5Hz。

（2）电压、电流范围：0～120V，0～10A；准确度：≤±0.05%。

（3）有功功率测量准确度：≤±0.1%；无功功率测量准确度：≤±0.1%。

（4）相位范围：0°～359.9°；准确度：0.05°。

2. 数字信号发生器

与上述其他变电站自动化系统设备检测过程中使用的数字信号发生器的要求相同。

3. 同步相量测量装置测试仪

为了完整地测试同步相量测量装置的性能，同步相量测量装置测试仪自带 GPS 同步卫星时钟信号接收及守时单元，其发出同步采集信号与被测装置一起同步采集。外部三相电压/电流信号通过模拟量输入接口单元转换为低压信号送入数字信号处理器单元，通过其中的同步 A/D 进行采集。在数字信号处理器单元中，通过中央处理器高速计算出此时的电压、电流相量值，通过网络通信接口向外发送采集的信息。装置通过模拟量输入接口单元输出 A 相电流到模拟发电机转轴键相脉冲信号发生单元，通过其发出与 A 相电流同相的模拟键相脉冲，该脉冲经过机组脉冲信号转换单元转换后送入数字信号处理器单元采集功角信号。开关量输入单元将外部遥信信号转换后，送至数字信号处理器单元计算变位时间。

作为同步相量测量装置的功能性能检测所需的检测设备，同步相量测量装置测试仪还需满足如下功能要求：

(1) 支持接收、处理子站采集的模拟量和开关量；

(2) 支持远程召唤相量测量装置的参数，支持存储相量测量装置的配置信息；

(3) 支持召唤子站的离线动态数据文件；

(4) 通信协议应支持 GB/T 26865.2—2011《电力系统实时动态监测系统　第 2 部分：数据传输协议》的要求。

(五) 电能量采集终端主要检测设备

该部分主要是对电能量采集终端在检测过程中所需要的主要检测设备进行大致介绍，分别规定了标准时间源、时间信号测试仪在对电能量采集终端进行检测时所需要的精度及要求，为后续的检测做好准备。

1. 标准时间源

在检测过程中，需要用到标准时间源对被测装置进行时钟校对等一系列的工作，作为电能量采集终端所需的检测设备，检测过程中所使用的标准时间源还需要能够为采集终端授时，且应能够提供 IRIG-B 码输出、NTP 输出等作为授时信号。

2. 时间信号测试仪

时间信号测试仪，具备测试采集终端时间同步监测管理相关功能。可模拟 IEC 61850-MMS 协议、NTP 协议，检查采集终端时间同步状态在线监测协议配置功能；可配置不同的规约类型，检查采集终端时间同步在线监测功能的通信规约是否正确；可模拟与被测采集终端对应的时间同步管理端，检测设备对不同对时偏差的场景，检验采集终端对时状态检测功能是否满足要求；具有告警模式，可检测设备自检状态功能是否正确。

(六) 采集执行单元主要检测设备

该部分主要是对采集执行单元在检测过程中所需要的主要检测设备进行大致介绍，分别规定了合并单元测试仪、网络报文记录及分析装置、时间信号测试仪在对采集执行单元进行检测时所需要的精度及要求，为后续的检测做好准备。

1. 合并单元测试仪

合并单元测试仪是一款专为合并单元测试而开发的测试工具。针对现阶段智能变电站实际工程的建设及设计的差异，该装置可对电子式互感器输入、电磁型互感器输入、电子式及电磁型互感器混合输入的合并单元进行全面而有效的测试，继而满足各种实际工程中的合并单元测试工作。

(1) 合并单元测试仪主要特点有：

1) 集成高精度模拟信号输出源（0.05 级），无需外接标准源，即可完成合并单元检测工作；

2) 能同时对 6 路电压、6 路电流进行测试，并对测出的结果自动评估给出合格与否的结论；

3) 可适用于传统互感器输入型、电子互感器输入型、混合输入型等各种类型的合并单元的测试；

4）测试功能丰富，可对合并单元进行全面测试，提供包括精度、谐波、暂态误差、同步性、规约、额定延时、并列/解列逻辑、压力等一系列专业测试模块；

5）内置辅助直流输出，110/220V可切换，可为合并单元供电；

6）内置工控机，可单机操作或外联PC操作，操作软件一致；

7）散热结构设计合理，硬件保护措施可靠完善，对过流、过温、短路等具有自保护及告警功能。

（2）合并单元测试仪需满足的功能要求：

1）进行合并单元精度测试：可同时对所有电压、电流通道进行幅值误差、相位误差、频率误差、复合误差的全面测试，并对测出的结果自动评估给出合格与否的结论。

2）合并单元绝对延时（报文响应时间）测试：为了获取更为准确的合并单元绝对延时参数，提供了两种模式的测试原理，确保获取最为准确的测试结果。

3）对时性能测试：提供时钟测试仪的功能，可对合并单元的对时精度、守时精度进行高精准测试。

4）合并单元采样值报文、GOOSE报文的规约一致性测试。

5）合并单元输出采样值报文时间均匀性统计及测试。

6）合并单元采样值报文、GOOSE报文解析：对合并单元输出的采样值报文、GOOSE报文进行实时解析。

7）合并单元自检及错误标处理机制测试：通过合并单元输出的采样值品质位、GOOSE中的信号标识位、或GOOSE信息中定义的告警信息等多种途径测试。

8）合并单元采样值报文、GOOSE报文电气量参数显示：对采样值报文可绘制成实时波形，用于分析电流、电压的幅值、相位、频率、谐波分量等；对GOOSE报文可将开关量信息的实时状态和上次变位的时间实时显示。

9）合并单元输出采样值报文、GOOSE报文异常报文分析及统计。

10）合并单元实际配置与配置文件（SCD、CID）中配置信息的一致性测试。

11）合并单元母线电压并列、切换功能测试。

2. 网络报文记录及分析装置

同上数据通信网关机部分。

3. 时间信号测试仪

与上述时间信号测试仪所具功能相同。

（七）时间同步及监测主要检测设备

该部分主要是对时间同步及监测装置在检测过程中所需要的主要检测设备进行大致介绍，分别规定了标准时间源、时间同步系统测试仪、基准频率源、时间间隔频率计数器、卫星信号模拟器、示波器、网络交换机、网络测试仪、网络损伤测试仪在对时间同步及监测装置进行检测时所需要的精度及要求，为后续的检测做好准备。

1. 标准时间源

检测采用的标准时间源应满足以下要求：

（1）检测工作使用的时间源，应经国家授权机构量值传递并标定准确度；

（2）标准时间源相对UTC时间的时间准确度应不大于被测装置标称的时间准确度的四分之一，应具有秒脉冲输出。

2. 时间同步系统测试仪

检测采用的时间同步系统测试仪应满足以下要求：

(1) 时间同步系统测试仪应能（但不限于）检测以下类型时间同步信号：

1) 脉冲信号（1PPS、1PPM、1PPH、可编程脉冲等）；

2) IRIG-B 信号；

3) 串行口对时信号；

4) 网络对时信号；

5) GOOSE 监测信号；

6) SNTP/NTP 监测信号。

(2) 时间同步系统测试仪能支持配置 NTP 乒乓协议客户端和服务器端、GOOSE 乒乓协议客户端和服务器端；

(3) 时间同步系统测试仪的时间分辨率优于 10ns，如果内置标准时间源和频率源，则它们的精度应优于被测装置标称的时间准确度的四分之一；

(4) 支持 DL/T 860 通信规约客户端功能；

(5) 支持 GB/T 25931—2010《网络测量和控制系统的精确时钟同步协议》。

3. 基准频率源

检测采用的基准频率源应满足以下要求：

(1) 具有 10MHz 正弦和方波信号输出；

(2) 开机 30min 后频率准确度优于 5E-11（无校准）、1E-12（GPS 校准）；

(3) 频率稳定度优于 3E-11（月）；

(4) 相位噪声优于 90dBc。

4. 时间间隔频率计数器

检测采用的时间间隔频率计数器应满足以下要求：

(1) 可测量两路输入脉冲信号上升沿之间的时间差；

(2) 时间分辨率应优于 10ns，测量精度应优于被测装置标称的时间准确度的 1/4。

5. 卫星信号模拟器

检测采用的卫星信号模拟器应满足以下要求：

(1) 可以同时模拟北斗、GPS 等卫星信号；

(2) 时间基准可与外部时间源同步；

(3) 所模拟的每个卫星系统有独立的时间基准，可人工设置不同时间；

(4) 射频信号输出应覆盖相对各个系统的额定灵敏度−6～＋84dB 的功率范围；

(5) 输出频点应满足其模拟的各个系统的常用民用频点。

6. 示波器

检测采用的示波器应满足以下精度要求：

(1) 信号输入不小于 2 路；

(2) 带宽不小于 100MHz；

(3) 采样率不小于 1.25G/s。

7. 网络交换机

检测采用的网络交换机应满足以下功能及精度要求：

(1) 至少具有 12 个以上的 100M 网口；

(2) 支持 GB/T 25931—2010《网络测量和控制系统的精确时钟同步协议》及互操作能力；

(3) 时标误差优于 0.1μs，时标处理容量优于 400 组/s；

(4) 抗电磁干扰性能高于Ⅳ级。

8. 网络测试仪

检测采用的网络测试仪应满足以下要求：

(1) 至少具有 24 个以上的 100M 网口；

(2) 能够产生可控流量的单播/组播/广播流量；

(3) 抗电磁干扰性能高于Ⅳ级。

9. 网络损伤测试仪

检测采用的网络损伤测试仪应满足以下要求：

(1) 具有 2 个以上 100M 网口；

(2) 可产生变化的数据包延迟；

(3) 可产生错误数据包。

（八）一体化监控系统主要检测设备

系统测试所需要的仪器有录波器（应支持 GOOSE 和 SV 传输技术）、网络报文记录分析装置、DL/T 860 规约测试工具、DL/T 634.5104 规约测试工具、DL/T 634.5101 规约测试工具、变电站监控系统试验装置、变电站监控系统试验用标准功率源装置、网络安全监测装置（Ⅱ型）、网络攻击测试工具、综合自动化测试仪、综合时间测试仪、数字式相位仪、时钟同步系统测试仪、三相标准源、三相标准表、双绞线缆测试仪、SOE 信号发生器、报文时间标定装置、光发生器、SCD 组态工具、保护装置、仿真器-IED、在线监测仿真器、时间同步装置、模糊测试工具、万用表/兆欧表、光功率计、光衰耗计、网络测试仪、示波器、直流信号发生器等。

实际上对变电站一体化监控系统的测试还需要通过在模拟主站的软件中完成。

（九）通用测试主要检测设备

该部分主要是对设备通用检测过程中所应用到的部分检测设备进行介绍，其中涉及被测设备的电磁兼容测试、机械性能、绝缘性能以及环境条件影响检测，由于设备的通用性检测较多，本书只对部分检测所应用到的检测设备进行介绍。其中，对于设备的电磁兼容检测，在这一部分只介绍静电放电、射频电磁场辐射、电快速瞬变、浪涌、射频场感应的传导骚扰、工频磁场等 6 种情况下所使用的检测设备。

1. 静电放电抗扰度试验

静电放电抗扰度试验中，主要对试验中所使用的静电放电发生器进行介绍。

人体对物体或两个物体之间产生的静电，可能引起电气、电子设备的电路发生故障，甚至被损坏。所以，模拟静电放电的测试在全世界范围内广泛地应用。静电放电发生器（ESD Generator）或叫静电放电模拟器（ESD Simulator），俗称静电放电枪（ESD gun）是电磁兼容测量与试验中静电放电抗扰度（ESD immunity）试验中的重要设备。目的是为了检验电子设备受到外来静电放电时能否正常工作。

我国标准 GB/T 17626.2—2018《电磁兼容　试验和测量技术　静电放电抗扰度试验》

的唯一试验设备。静电放电发生器主要是应用于对系统级电子设备如手机、电脑的抗人体金属模型静电放电试验。包括静电发生器和静电放电枪。静电放电发生器的输出既有正也有负，有的是正负可以转换，它们的电压双极性高精度输出连续可调。同时适用于更多的应用领域以及未来新标准的要求。所以静电放电发生器可用于绝大多数电气与电子设备的静电放电试验。

静电放电发生器完全符合 IEC 61000-4-2《静电放电抗扰性测试》和 GB/T 17626.2《电磁兼容　试验和测量技术　静电放电抗扰度试验》最新标准的要求，在为评定电气和电子设备经受静电放电时的性能制定一个共同的准则。具有性能稳定、使用方便等优点，根据试验要求灵活设定电压等级。静电放电发生器简图如图 2-23 所示，静电放电发生器输出电流的典型波形如图 2-24 所示，静电放电发生器的放电电极如图 2-25 所示。

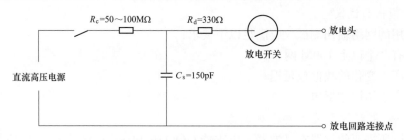

图 2-23　静电放电发生器简图

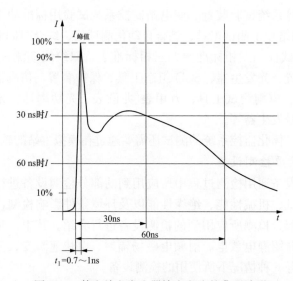

图 2-24　静电放电发生器输出电流的典型波形

静电放电发生器的基本要求：

(1) 储能电容（Cs+Cd）：150pF±10%；

(2) 放电电阻（Rd）：330Ω±10%；

(3) 充电电阻（Rc）：50M 与 100MΩ 之间；

(4) 输出电压：接触放电 8kV（标称值），空气放电 15kV（标称值）；

(5) 输出电压示值的容许偏差：±5%；

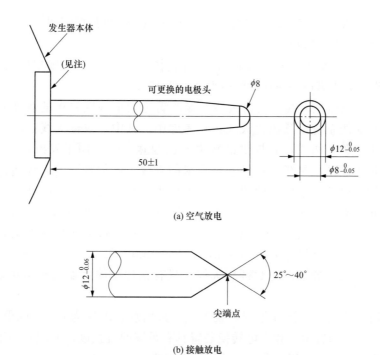

(a) 空气放电

(b) 接触放电

图 2-25　静电放电发生器的放电电极

注：放电开关（例如真空继电器）应尽可能靠近放电电极头安装。

（6）输出电压极性：正极性和负极性（可切换）；

（7）保持时间：至少 5s；

（8）放电操作方式：单次放电（连续放电之间的时间至少 1s），为了探测的目的，发生器能至少 20 次/s 的重复频率产生放电。

2. 射频电磁场辐射抗扰度试验

射频电磁场辐射抗扰度试验中，主要对试验中所使用的电磁干扰滤波器、射频信号发生器、功率放大器、发射天线及监视天线及记录功率电平的辅助设备进行介绍。

（1）电磁干扰滤波器。电磁干扰滤波器，又名"EMI 滤波器"是一种用于抑制电磁干扰，特别是电源线路或控制信号线路中噪音的电子线路设备。电磁干扰滤波器的功能就是保持电子设备的内部产生的噪声不向外泄漏，同时防止电子设备外部的交流线路产生的噪声进入设备。电磁干扰滤波器通常由无源电子元件的网络组成，这些元件包括电容和电感，它们组成 LC 电路。因为有害的电磁干扰的频率要比正常信号频率高得多，所以电磁干扰滤波器是通过选择性地阻拦或分流有害的高频来发挥作用的。基本上，电磁干扰滤波器的感应部分被设计作为一个低通器件使交流线路频率通过，同时它还是一个高频截止器件，电磁干扰滤波器的其他部分使用电容来分路或分流有害的高频噪声，使这些有害的高频噪声不能到达敏感电路。这样，电磁干扰滤波器显著降低或衰减了所有要进入或离开受保护电子器件的有害噪声信号。

（2）射频信号发生器。能够覆盖所有感兴趣的频带，并能被 1kHz 的正弦波进行调幅，词幅深度 80%。应具有以慢于 1.5×10^{-3} 十倍频程/s 的自动扫描功能，如带有频率合成器，则应具有频率步进和延时的程控功能，也应具有手动设置功能。

频率范围：100kHz～150MHz（谐波至 450MHz）；内/外部振幅调变：0～100％；供外部频率计数器之频率监视输出。

（3）功率放大器。放大信号（调制的或未调制的）及提供天线输出所需的场强电平。放大器产生的谐波和失真电应比载波电平至少低 15dB。

（4）发射天线及监视天线。发射天线：能够满足频率特性要求的双锥形、对数周期或其他线性极化天线系统，圆极化天线正在考虑中。其中，双锥天线：该天线由不平衡转换器和三维振子单元构成，它提供的频率范围很宽，既可用于发射，也可用于接收，随着频率的增加天线系数曲线大体是一条平滑的直线，这种紧凑的天线结构，使它们在一些有限的区域如电波暗室内，使用起来较为理想，其邻近效应可降到最小。典型的尺寸为宽 1400mm，深 810mm，直径 530mm；对数周期天线：对数周期天线是由连接到一根传输线上的不同长度的偶极子组成的天线阵，这些宽频带天线相对来说有着较高的增益和较低的驻波比，典型尺寸为高 60mm，宽 1500mm，深 1500mm；圆极化天线：产生圆极化电磁场的天线，如锥形对数螺旋天线，只有在功率放大器的输出功率增加了 3dB 时，才能使用。

水平和垂直极化或各向同性场强监视天线：采用总长度约为 0.1m 或更短的偶极子，其置于被测场强中的前置增益和光电转换装置具有足够的抗扰度，另配有一根与室外指示器相连的光纤电缆，还需采用充分滤波的信号连接器。

（5）记录功率电平的辅助设备。用于记录试验规定场强所需的功率电平和控制产生试验场强的电平。应注意确保辅助设备具有充分的抗扰度。

3．电快速瞬变脉冲群抗扰度试验

电快速瞬变脉冲群抗扰度试验中，主要对试验中所使用的脉冲群发生器、交流/直流电源端口的耦合/去耦网络及容性耦合夹进行介绍。

（1）脉冲群发生器。电快速瞬变脉冲群（Electrical Fast Transient/Burst，EFT/B）是指数量有限且清晰可辨的脉冲序列或持续时间有限的振荡，脉冲群中的单个脉冲有特定的重复周期、电压幅值，上升时间、脉宽。

群脉冲一般发生在电网中众多机械开关在切换过程（切断感性负载、继电器触点弹跳等）时所产生的干扰。这类干扰的特点是：成群出现的窄脉冲、脉冲的重复频率较高（kHz～MHz）、上升沿陡峭（ns 级）、单个脉冲的持续时间短暂（10～100ns 级）、幅度达到 kV 级。成群出现的窄脉冲可对半导体器件的结电容充电，当能量累积到一定程度后会引起线路或设备的出错。发生器的电路简图如图 2-26 所示。

快速解变脉冲群发生器性能特性：

1）1000Ω 负载时输出电压范围至少为 0.25～4kV。

2）50Ω 负载时输出电压范围至少为 0.125～2kV，发生器应能在短路条件下工作。

3）极性：正极性、负极性。

4）输出型式：同轴输出，50Ω。

5）隔直电容：10(1±20％)nF。

6）重复频率：重复频率值 X 为 (1±20％)kHz。

7）与供电电源的关系：异步。

8）脉冲群持续时间：5kHz 时为 15(1±20％)ms、100kHz 时为 0.75(1±20％)ms。

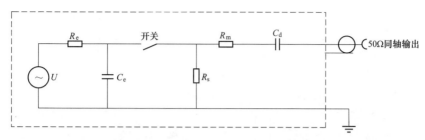

图 2-26　快速瞬变脉冲群发生器电路简图

U—高压源；R_e—充电电阻；C_e—储能电容器；R_s—脉冲持续时间形成电阻；

R_m—阻抗匹配电阻；C_d—隔直电容

9）脉冲群周期：300(1±20%)ms。

10）脉冲波形：输出到 50Ω 负载，上升时间 t_r：5(1±30%)ns，持续时间 t_d：50(1±30%)ns。快速瞬变脉冲群概略图如图 2-27 所示。

图 2-27　快速瞬变脉冲群概略图

（2）交流/直流电源端口的耦合/去耦网络。耦合/去耦网络特性参数如下：

1）耦合电容：33nF；

2）耦合方式 z 共模。

（3）容性耦合夹。耦合夹能在与受试设备端口的端子、电缆屏蔽层或受试设备的任何其他部分无任何电连接的情况下将快速瞬变脉冲群搞合到受试线路。耦合夹的耦合电容取决于电缆的直径、材料和屏蔽。该装置由盖住受试线路电缆（扁平形或圆形）的夹板（例如，用镀焊钢、黄铜、铜或铝板制成）组成，耦合夹的两端应具有高压同轴接头，其任一端均可与试验发生器连接。发生器应连接到耦合夹最接近受试设备的那一端。容性耦合夹的结构如图 2-28 所示。

特性参数：

1）电缆和耦合夹之间典型的耦合电容：100~1000pF；

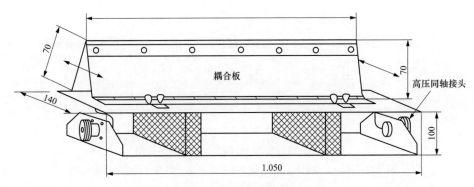

图 2-28　容性耦合夹的结构

2）固电缆可用的直径范围：4～40mm；

3）绝缘耐压能力：5kV（试验脉冲：1.2/50μs）；

4）对在输入/输出和通信端口上的连接线的验收试验要采用耦合夹的耦合方式。

4．浪涌（冲击）抗扰度试验

浪涌（冲击）抗扰度试验中，主要对试验中所使用的 1.2/50μs 组合波发生器、10/700μs 组合波发生器进行介绍。

（1）1.2/50μs 组合波发生器。发生器产生的浪涌波形：开路电压波前时间 1.2μs；开路电压半峰值时间 50μs；短路电流波前时间 8μs；短路电流半峰值时间 20μs。图 2-29 为该组合波发生器的电路原理图。

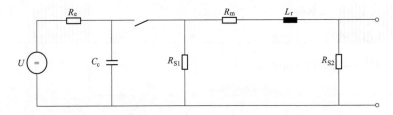

图 2-29　组合波发生器的电路原理图（1.2/50～8/20μs）

发生器的特性与性能：

1）极性：正/负；

2）相移：相对于 EUT 交流线电压的相位在 0°～360°变化，允差±10°；

3）重复率：每分钟一次，或更快；

4）开路输出电压峰值：0.5kV 起至所需的试验电平，可调；

5）有效输出阻抗：2×(1±10%)W。

（2）10/700μs 组合波发生器。发生器产生的浪涌波形：开路电压波前时间 10μs；开路电压半峰值时间 700μs。图 2-30 为该组合波发生器原理图。

发生器的特性与性能：

1）极性：正/负；

2）重复率：每分钟一次，或更快；

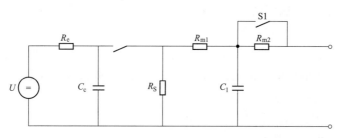

图 2-30　组合波发生器的电路原理图（10/700～5/320μs）

3）开路输出电压峰值：0.5kV 起至所需的试验电平，可调；

4）有效输出阻抗：40(1±10%)W。

5．射频场感应的传导骚扰抗扰度试验

射频场感应的传导骚扰抗扰度试验中，主要对试验中所使用的试验信号发生器、耦合和去耦装置进行介绍。

（1）试验信号发生器。试验信号发生器包括在所要求点上以规定的信号电平将骚扰信号施加给每个耦合装置输入端口的全部设备和部件。以下部件的典型组装可以是分立的，也可以组合为一个或多个测量设备。

1）射频信号发生器 G1：其能覆盖所规定的频段，用 1kHz 正弦波调幅，调制度为80%。它应有手动控制能力（比如，频率、幅度和调制度），或在射频合成器的情况下，将频率一步长和驻留时间编程。

2）衰减器 T1（典型 0dB～40 dB）：为控制骚扰测量信号源的输出电平，应有合适的频率特性，T1 可包含在射频信号发生器中或可选择。

3）射频开关 S1：当测量受试设备的抗扰度时，可以接通和断开骚扰信号的射频开关。S1 可以包含在射频信号发生器中，或者是附加的。

4）宽带功率放大器 PA：当射频信号发生器的输出功率不足时，需要加功率放大器。

5）低通滤波器 LPF 和/或高通滤波器 HPF：为避免干扰某些类型的受试设备，例如，（次）谐波可能对射频接收机产生干扰，需要时，应将它们插在宽带功率放大器 PA 和衰减器 T2 之间。

6）衰减器 T2：具有足够额定功率的衰减器（固定注 6dB，Z_0＝50W）。提供衰减是为了减小从功率放大器到网络的失配。

（2）耦合和去耦装置。耦合和去耦装置被用于将骚扰信号合适地捐合到连接受试设备的各种电缆上（覆盖全部频率，在受试设备端口上具有规定的共模阻抗），并防止测试信号影响非被测装置、设备和系统。

耦合和去耦装置可组成一个盒子，或由几部分组成。出于对测试的重现性和对辅助设备的保护方面考虑，首选的耦合和去耦装置是耦合去耦网络（CDN）。然而，如果它们不适用或无法利用，可以使用其他的注入方法。

6．工频磁场抗扰度试验

工频磁场抗扰度试验中，主要对试验中所使用的试验发生器及主要试验仪器进行介绍。

（1）试验发生器。输出波形与试验磁场的波形一致，并能为感应线圈提供所需的电流。

典型的电流源由一台调压器（接至配电网）、一台电流互感器和一套短时试验的控制电路组成。发生器应能在连续方式和短时方式下运行。其特性如下：

1）稳定持续方式工作时的输出电流范围：1～100A，除以线圈圈数；

2）短时方式工作时的输出电流范围：300～1000A，除以线圈圈数；

3）输出电流的总畸变率：小于8%；

4）短时方式工作时的整定时间：1～3s；

5）输出电流波形为正弦波。

（2）试验仪器。试验仪器包括用于设置和测量注入感应线圈电流的电流测量系统，电流测量系统是一套经过校准的电流测量仪、传感器或分流器。

测量仪表的准确度应为±2%。

7. 机械性能检测

对被测设备的机械性能检测中，主要对试验中所使用的振动测试仪、控制机箱及监控后台进行介绍。

图 2-31　振动测试仪主体

（1）振动测试仪及控制机箱。该机器通过模拟现场振动情况，以不同频率、方向及规模的振动方式来对被测设备进行测试。同时，通过调试控制机箱实现对振动测试仪主体的操控，进而对设备的机械性能进行检测。测试仪器具体如图 2-31、图 2-32 所示。

（2）监控后台。后台软件可设置当前频率、目标峰值、控制峰值、驱动峰值、速度峰值等，可显示设备振动的目标曲线、报警上下限及中断上下限等状态。

8. 绝缘性能检测

对被测设备的绝缘性能检测中，主要对试验中所使用的绝缘耐压测试仪进行介绍。

绝缘耐压测试仪是交流安全通用测试仪器，对各种高压电气设备、电器元件、绝缘材料进行工频或直流高压下的绝缘强度试验的设备，以考核产品的绝缘水平，发现被试品的绝缘缺陷，衡量过电压的能力。漏电流值由粗调和细调旋钮调节，漏电流超差时自动切断测试电压，并发出声光报警信号。

（1）设备特性：

1）四个显示窗同时显示高低压电压、电流和耐压时间，以及多个状态指示灯；

2）试验结果可查看和打印，并具有自动/手动打印方式；

3）人机对话全键盘操作方式，智能化工作全过程，任选自动方式和手动方式；

图 2-32　控制机箱

4) 实时显示高压电压、高压电流、低压电流，时间及耐压结果，显示直观明了；

5) 完善的过压、过流保护，任意设定输出电压、高压电流上限、低压电流上限和计时时间；

6) 具有回零检测功能，回零确定后才可进行试验，安全可靠；

7) 逼近式调压算法，到达设定电压后自动耐压计时，计时结束后自动降压回零；

8) 超过设定高压电流或低压电流时自动切断电压输出，降压回零，并发生声光报警；

9) 软硬件抗干扰设计，多种抗干扰手段，适应恶劣电磁环境；

10) 自动错误诊断，易于发现和解决问题；

11) 无线遥控控制功能、远程通信、门联锁警灯警铃、外接分压器校验接口等。

（2）仪器参数：

1) 输入电压：AC 220V；

2) 低压输出：AC 0～250V；

3) 低压电流：0～25A；

4) 输出容量：0～5kVA；

5) 高压电压：0～300kV；

6) 高压电流：0～2A；

7) 计时范围：0～9999s；

8) 环境温度：0～40℃；

9) 非线性误差：≤0.01%FS。

9. 环境条件影响检测

我国地域广阔、地形特征复杂，从平原到高原，具有较大的区域性环境差异，智能变电站相关产品在贮存、运输和使用过程中可能遇到非常复杂与严酷的环境。电力自动化设备在现场运行时的耐环境因素变化能力对其性能、可靠性和安全性具有重要意义。因此，有必要开展环境条件影响检测，将产品暴露在自然环境或人工模拟环境中，从而对其性能、可靠性和安全性做出评价。

IEC 于 20 世纪 40 年代开始研究环境条件影响检测方面的问题，随着电子电工产品环境试验问题的日益突出，于 1961 年成立了 TC50 "环境试验技术委员会"，专门从事环境条件分类和分级的研究工作。我国的环境条件影响检测从学习国外的标准，到逐步建立自己的环境试验体系，几十年来有了很大的发展，目前已具备大量的可靠性环境试验室，对提高产品质量起到了重要作用。

环境条件影响检测主要包括温度试验、温湿度试验、气压试验、水试验、盐雾试验、砂尘试验、气体腐蚀试验等。针对智能变电站相关产品的实际应用环境，常用的环境条件影响检测主要包含高温、低温、恒定湿热、交变湿热等检测项目。

环境条件影响检测中所使用的检测仪器为高低温、湿热环境试验箱。该检测仪器能模拟高温、低温或湿热等不同环境条件，通过调节箱外按键，控制试验箱变换内部环境，同时能够保证内部被测设备在箱内与外部仪器相连同时进行试验测试。

第三章

硬件通用性能检测

电力系统在正常和异常运行状态下极易产生和出现各种电磁干扰，而电力系统中的弱电设备又是极易受干扰的敏感者，尤其是以微电子技术为基础构成的信息技术设备，例如远动设备及系统已在电力系统中广泛使用，它们的灵敏度高、信息量大、分布面广，很容易受到干扰。随着电工和电子技术的发展，电磁兼容已经成为制约电力系统与设备性能的重要因素，电磁兼容指标已成为评价电力设备与系统性能的重要方面。而另一方面，电力设备的可靠性在很大程度上取决于设备寿命期内所遇到的环境条件。为保证设备能可靠地进行工作，必须采取相应的环境防护措施，其中重要的一步就是确定设备可能遇到的环境条件，并对其严酷成都进行分级。综上所述，硬件通用性能检测对电力系统远动设备及系统可靠性有重要意义。本章规定了电磁兼容、机械性能、绝缘性能、环境条件影响以及稳定性检测的检测条件、检测项目、检测方法及检测结果的判定。

第一节　电磁兼容检测

本节所涉及的被测设备的电磁兼容检测具体包括静电放电抗扰度、射频电磁场辐射抗扰度、电快速瞬变脉冲群抗扰度、浪涌（冲击）抗扰度、射频场感应的传导骚扰抗扰度、工频磁场抗扰度、脉冲磁场抗扰度、阻尼振荡磁场抗扰度、阻尼振荡波抗扰度、直流电源输入端口电压暂降、短时中断和电压变化的抗扰度等检测。电磁兼容试验均采用变差对比法进行。

具体性能试验和要求如表 3-1 所示。

（一）静电放电抗扰度

静电放电抗扰度试验按照 GB/T 17626.2《电磁兼容　试验和测量技术　静电放电抗扰度》中规定的方法进行。被测设备在施加表 3-2 规定的静电放电干扰的情况下，应能正常工作，各项性能指标满足技术要求。

被测设备应在预期的气候条件下工作，试验人员应穿着电磁辐射屏蔽服。在空气放电试验的情况下，气候条件应在下述范围内：

（1）环境温度：15～35℃；

（2）相对湿度：30%～60%；

（3）大气压力：86～106kPa。

试验应按照试验计划，采用对被测设备直接和间接的放电方式进行。它包括：

（1）被测设备典型工作条件；

（2）被测设备是按台式设备还是落地式设备进行试验；

表 3-1　　　　　　　　　　　　　　　电磁兼容试验要求

序号	试验名称	引用标准	等级要求
1	静电放电抗扰度	GB/T 17626.2	等级要求视 具体设备而定
2	射频电磁场辐射抗扰度	GB/T 17626.3	
3	电快速瞬变脉冲群抗扰度	GB/T 17626.4	
4	浪涌（冲击）抗扰度	GB/T 17626.5	
5	射频场感应的传导骚扰抗扰度	GB/T 17626.6	
6	工频磁场抗扰度	GB/T 17626.8	
7	脉冲磁场抗扰度	GB/T 17626.9	
8	阻尼振荡磁场抗扰度	GB/T 17626.10	
9	电压暂降、短时中断和电压变化的抗扰度	GB/T 17626.29	
10	振荡波抗扰度	GB/T 17626.18	

注　1. 电压暂降、短时中断和电压变化的抗扰度要求短时中断时间不小于 100ms。

　　2. 振荡波抗扰度差模试验电压值为共模试验值的 1/2。

　　3. 所有磁场抗扰度试验测量准确度改变量不大于 100%；静电放电抗扰度、射频电磁场辐射抗扰度、电快速瞬变脉冲群抗扰度、浪涌（冲击）抗扰度、射频场感应的传导骚扰抗扰度和电压暂降、短时中断和电压变化的抗扰度进行以上电磁兼容试验时，装置的测量准确度改变量不大于 200%。

（3）确定施加放电点；

（4）在每个点上，是采用接触放电还是空气放电；

（5）所使用的试验等级；

（6）符合性试验中在每个点上施加的放电次数；

（7）是否还进行安装后的试验。

表 3-2　　　　　　　　　　　　　静电放电干扰试验的主要参数

被测设备	级别	试验值（接触放电）(kV)	试验值（空气放电）(kV)
测控装置 数据通信网关机 工业以太网交换机 同步向量测量装置 电能量采集终端 采集执行单元 时间同步系统	4	8	15

对被测设备的静电放电抗扰度检测，具体过程如下：

第一步：按照测试要求连接测试设备和测试仪器，如图 3-1 所示，并将被测设备接地；

第二步：在未加干扰的条件下测试被测设备的功能和性能是否正常，若无异常，则开始施加干扰；

第三步：确定被测设备的试验级别、试验类型和相应的试验值如表 3-2 所示；

第四步：明确试验部位为装置正常使用时人员可接触到的点和面，包括机箱的前面板、按键、开关、把手、显示屏和指示灯、后面板等，按规定施加静电放电电压干扰；

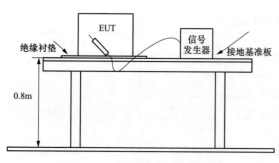

图 3-1　一般设备试验布置举例

第五步：静电放电干扰信号经放电枪对被测设备的导电部位接触放电，经导电枪对被测设备的非导电部位空气放电，在试验过程中，记录被测设备通信性能是否受影响。

（二）射频电磁场辐射抗扰度

射频电磁场辐射抗扰度试验按照 GB/T 17626.3《电磁兼容　试验和测量技术　射频电磁场辐射抗扰度试验》中规定的方法进行。被测设备在施加表 3-3 射频电磁场辐射干扰的情况下应能正常工作，各项性能指标满足技术要求。

实验室气候条件应符合被测设备和测试设备各自制造商规定的运行条件的要求，试验人员应穿着电磁辐射屏蔽服。

如果相对湿度太高以至于被测设备和测试设备上出现结露，那么测试就不能进行。

应按照试验计划进行测试，该计划应包含核查被测设备的运行是否符合技术指标要求。

应在被测设备典型（通常）运行条件下进行测试。

试验计划应包含下列内容：

（1）被测设备尺寸；

（2）被测设备典型运行条件；

（3）确定被测设备按台式、落地式，或是两者结合的方式进行试验；

（4）对落地式被测设备，需确认被测设备高度；

（5）所用试验设备的类型和发射天线的位置；

（6）所用天线的类型；

（7）扫频速率，驻留时间和频率步长；

（8）均匀场域的尺寸和形状；

（9）是否使用部分照射方法；

（10）适用的试验等级；

（11）所用互连线的类型与数量以及（被测设备的）接口；

（12）可接受的性能判据；

（13）被测设备运行方法的描述。

表 3-3　　　　　　　　　　射频电磁场辐射抗扰度试验的主要参数

被测设备	级别	试验强度（V/m）	频率（MHz）
测控装置 工业以太网交换机 同步向量测量装置 电能量采集终端 采集执行单元	3	10	80～1000

对被测设备的射频电磁场辐射抗扰度检测，具体过程如下：

第一步：根据测试要求连接好被测设备和测试仪器，如图 3-2 所示，并将被测设备接地。

第二步：在未加干扰的条件下测试被测设备的功能和性能是否正常，若无异常，则开始施加干扰。

第三步：确定被测设备的试验等级、频率范围和试验强度，如表 3-3 所示。

第四步：根据测试要求信号源发出的电磁干扰信号经过放电器放大输送至发射天线，由发射天线对被试装置进行电磁波照射进行磁场干扰。

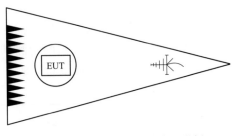

图 3-2　一般设备的试验布置举例

第五步：分别对被测设备施加 X 方向、Y 方向、Z 方向射频电磁场辐射干扰，在试验过程中记录每个方向干扰前后数据；在试验过程中，记录被测设备通信性能是否受影响。

（三）电快速瞬变脉冲群抗扰度

电快速瞬变脉冲群抗扰度试验按 GB/T 17626.4《电磁兼容　试验和测量技术　电快速瞬变脉冲群抗扰度试验》规定的方法进行。在施加表 3-4 规定的快速瞬变脉冲群干扰电压的情况下，被测装置应能正常工作，各项性能指标满足技术要求。

表 3-4　　　　　　　　　　　　　快速瞬变脉冲群试验的主要参数

被测设备	级别	共模试验电压峰值（kV）	重复频率（kHz）	试验回路
测控装置 数据通信网关机 工业以太网交换机 同步向量测量装置 采集执行单元 时间同步系统	4	2.0	5 或者 100	信号输入、输出回路
		4.0		电源回路
电能量采集终端		1.0（耦合）		通信线回路
	3	1.0		状态信号输入回路
	4	4.0		电源回路

实验室气候条件应符合被测设备和测试设备各自制造商规定的运行条件的要求，试验人员应穿着电磁辐射屏蔽服。

如果相对湿度太高以至于被测设备和测试设备上出现结露，那么测试就不能进行。

应根据试验计划进行试验，试验计划包括技术规范所规定的被测设备性能的检验。

被测设备应出于正常的工作状态。

试验计划应规定以下内容：

（1）试验的类型；

（2）试验等级；

（3）耦合模式；

（4）试验电压的极性；

（5）每个端口的试验持续时间；

（6）重复频率；

（7）待试验的被测设备端口；

（8）被测设备的典型工作条件；

（9）依次对被测设备各端口施加试验电压。

对被测设备的射频电磁场辐射抗扰度检测，具体过程如下：

第一步：分别按照信号快速瞬变测试和电源快速瞬变测试要求连接被测设备和测试仪器，如图 3-3 所示，并将被测设备接地。

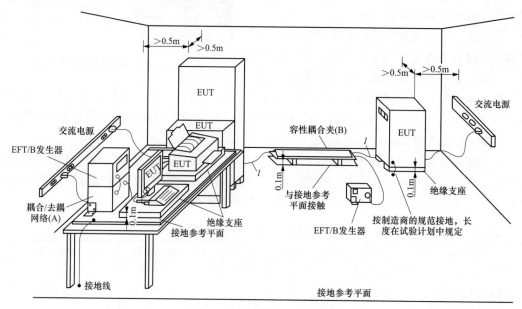

图 3-3　一般设备的试验布置举例

l—耦合夹与 EUT 之间的距离（应为 0.5m±0.05m）；(A)—电源线耦合位置；
(B)—信号线耦合位置

第二步：在未加干扰的条件下测试被测设备的性能是否正常，若无异常，则开始施加干扰。

第三步：确定测试等级、试验电压峰值以及试验回路，如表 3-4 所示。

第四步：施加信号干扰，测试被测装置性能，记录数据进行对比；在试验过程中，记录被测设备通信性能是否受影响。

（四）浪涌（冲击）抗扰度

浪涌（冲击）抗扰度试验按 GB/T 17626.5《电磁兼容　试验和测量技术　浪涌（冲击）抗扰度试验》规定的方法进行。被测装置应具备承受来自雷击、操作过电压产生的高能量、低重复率浪涌瞬态骚扰时的抗骚扰能力。在施加表 3-5 规定的浪涌干扰的情况下，被测装置应能正常工作，各项性能指标满足技术要求。

被测设备应在预期的气候条件下工作，试验人员应穿着电磁辐射屏蔽服。气候条件应在下述范围内：

（1）环境温度：15~35℃；

（2）相对湿度：10%~75%；

（3）大气压力：86~106kPa。

应根据试验计划进行试验，试验计划包括技术规范所规定的被测设备性能的检验。被测设备应出于正常的工作状态。

试验计划应规定以下内容：

（1）试验等级；

（2）信号发生器的源阻抗；

（3）浪涌的极性；

（4）试验次数；

（5）重复频率。

表 3-5　　　　　　　　　　　　　浪涌干扰试验的主要参数

被测设备	级别	试验电压峰值（kV）	试验回路
电能量采集终端	2	1.0（共模）	状态信号、输入回路
	4	4.0（共模） 2.0（差模）	电源回路
采集执行单元	3	1.0（共模）	信号输入、输出回路
		2.0（差模） 4.0（共模）	电源回路
测控装置 数据通信网关机 工业以太网交换机 同步向量测量装置 时间同步系统	4	2.0（共模）	信号输入、输出回路
		4.0（共模）	电源回路

对被测设备的射频电磁场辐射抗扰度检测，具体过程如下：

第一步：根据测试要求连接好被测设备和测试仪器，如图 3-4 所示，并将被测设备接地；

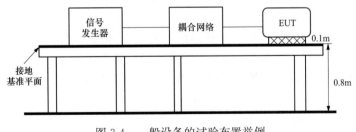

图 3-4　一般设备的试验布置举例

第二步：在未加干扰的条件下测试被测设备的功能和性能是否正常，若无异常，则根据测试要求开始施加浪涌干扰；

第三步：分别对电源回路施加差模浪涌干扰和共模浪涌干扰，对信号回路施加浪涌干扰，在试验过程中记录被测通讯性能是否受到影响。

（五）射频场感应的传导骚扰抗扰度

射频场感应的传导骚扰抗扰度试验按 GB/T 17626.6《电磁兼容　试验和测量技术　射频场感应的传导骚扰抗扰度》中规定的方法进行。被测设备应能遭受来自工作频率为 150kHz～80MHz 射频发射机发出的射频骚扰信号在被试装置端口产生感应的电压或感应的电流的骚扰能力，在施加表 3-6 射频传导干扰的情况下，被测装置应能正常工作，各项性能指标满足性能技术要求。

表 3-6　　　　　　　　　　　　　射频传导干扰试验的主要参数

被测设备	级别	频率范围 150kHz～80MHz	
		电压（e.m.f）	
		U_0(dBμV)	U_0(V)
测控装置 工业以太网交换机 同步向量测量装置 电能量采集终端 采集执行单元	3	140	10

被测设备应在预期的气候条件下工作，试验人员应穿着电磁辐射屏蔽服。

试验报告应包括：

（1）设备的尺寸；

（2）设备的典型工作条件；

（3）设备是作为单个单元还是多个单元试验；

（4）所用的耦合和去耦装置及其耦合系数；

（5）试验的频率范围；

（6）频率扫描的速率，驻留时间和频率步进；

（7）所采用的试验等级。

对被测设备的射频场感应的传导骚扰抗扰度检测，具体过程如下：

第一步：根据试验要求连接好被测设备和测试仪器，如图 3-5 所示，并将被测设备接地。

第二步：在未加干扰的条件下测试被测设备的功能和性能是否正常，若无异常，则根据测试要求开始施加信号传导干扰，并记录通讯性能是否有影响。

第三步：改变测试线路，在被测设备电源上施加电源传导干扰，在干扰过程中记录多组数据，并记录被测设备通讯性能是否有影响。

（六）工频磁场抗扰度

工频磁场抗扰度试验试验按 GB/T 17626.8《电磁兼容　试验和测量技术　工频磁场抗扰度试验》规定的方法进行。在施加表 3-7 规定的工频磁场干扰的情况下，被测装置应能正常工作，各项性能指标满足技术要求。

被测设备应在预期的气候条件下工作，试验人员应穿着电磁辐射屏蔽服。气候条件应在下述范围内：

（1）环境温度：15～35℃；

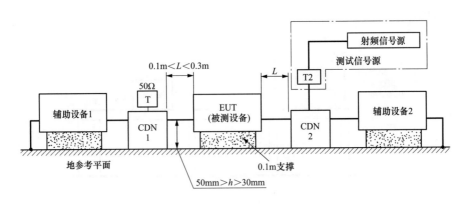

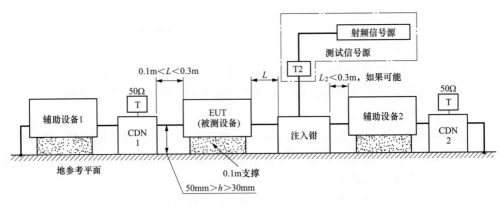

图 3-5　一般设备的试验布置举例

T—端接 50Ω 负载；T2—功率衰减器（6dB）；CND—耦合和去耦网络；注入钳—电流钳或电磁钳

（2）相对湿度：25%～75%；

（3）大气压力：86～106kPa。

应根据试验计划进行试验，试验计划包括技术规范所规定的被测设备性能的检验。电源、信号和其他功能电量应在其额定的范围内使用。

表 3-7　　　　　　　　　　　　工频磁场干扰试验的主要参数

被测设备	级别	电压/电流波形	试验值（接触放电）（A/m）
测控装置 数据通信网关机 工业以太网交换机 同步向量测量装置	5	连续正弦波	100
电能量采集终端 采集执行单元 时间同步装置	特定		400

对被测设备的工频磁场抗扰度检测，具体过程如下：

第一步：将被测设备置于磁场中，连接好被测设备和测试仪器，如图 3-6 所示，并将被测设备接地。

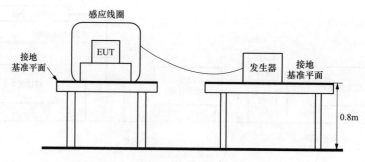

图 3-6　一般设备的试验布置举例

第二步：在未加干扰的条件下测试被测设备的性能是否正常，若无异常，则根据测试要求开始施加磁场干扰。

第三步：分别对被测设备施加 X 方向、Y 方向、Z 方向施加工频磁场干扰，在试验过程中每个方向记录数据，并在试验过程中记录被测装置通信性能是否受到影响。

（七）脉冲磁场抗扰度

脉冲磁场抗扰度试验试验按 GB/T 17626.9《电磁兼容　试验和测量技术　脉冲磁场抗扰度》规定的方法进行。被测设备在施加表 3-8 脉冲磁场干扰的情况下，被测设备应能正常工作，各项性能指标满足技术要求。

被测设备应在预期的气候条件下工作，试验人员应穿着电磁辐射屏蔽服。

气候条件应在下述范围内：

（1）环境温度：15～35℃；

（2）相对湿度：25%～75%；

（3）大气压力：86～106kPa。

应根据试验计划进行试验，试验计划包括技术规范所规定的被测设备性能的检验。电源、信号和其他功能电量应在其额定的范围内使用。

表 3-8　　　　　　　　　　　　　　脉冲磁场干扰的主要参数

被测设备	级别	脉冲磁场强度（峰值）（A/m）
测控装置 工业以太网交换机 同步向量测量装置 电能量采集终端 采集执行单元 时间同步系统	5	1000

对被测设备的脉冲磁场抗扰度检测，具体过程如下：

第一步：将被测设备置于磁场中，连接好被测设备和测试仪器，如图 3-7 所示，并将被测设备接地。

第二步：在未加干扰的条件下测试被测设备的性能是否正常，若无异常，则根据测试要求开始施加磁场干扰。

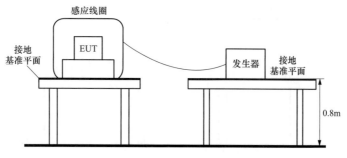

图 3-7 一般设备的试验布置举例

第三步：分别对被测设备施加 X 方向、Y 方向、Z 方向施加脉冲磁场干扰，在试验过程中每个方向记录两组数据，并在试验过程中记录被测设备通信性能是否受到影响。

（八）阻尼振荡磁场抗扰度

阻尼磁场抗扰度试验试验按 GB/T 17626.10《电磁兼容 试验和测量技术 阻尼磁场抗扰度》规定的方法进行。被测设备应具备遭受来自频率为 100kHz 及 1MHz 阻尼振荡磁场骚扰时抗骚扰能力，在施加表 3-9 规定的阻尼磁场干扰的情况下，处于正常工作状态，各项指标满足性能指标要求。

被测设备应在预期的气候条件下工作，试验人员应穿着电磁辐射屏蔽服。

气候条件应在下述范围内：

（1）环境温度：15～35℃；

（2）相对湿度：25%～75%；

（3）大气压力：86～106kPa。

应根据试验计划进行试验，试验计划包括技术规范所规定的被测设备性能的检验。电源、信号和其他功能电量应在其额定的范围内使用。

表 3-9 阻尼磁场干扰试验的主要参数

被测设备	级别	电压/电流波形	试验值（A/m）
工业以太网交换机	3	衰减振荡波	10
数据通信网关机 同步向量测量装置 时间同步系统	4	衰减振荡波	30
测控装置 电能量采集终端 采集执行单元	5	衰减振荡波	100

对被测设备的阻尼磁场抗扰度检测，具体过程如下：

第一步：将被测设备置于磁场中，连接好被测设备和测试仪器，如图 3-8 所示，并将被测设备接地。

第二步：在未加干扰的条件下测试被测设备的功能和性能是否正常，若无异常，则根据测试要求开始施加磁场干扰。

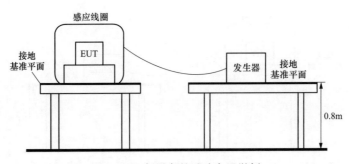

图 3-8　一般设备的试验布置举例

第三步：分别对被测设备施加 X 方向、Y 方向、Z 方向施加阻尼磁场干扰，在试验过程中每个方向记录两组数据，并在试验过程中记录被测设备通信性能是否受到影响。

（九）电压暂降、短时中断和电压变化的抗扰度

若供电电源为交流电源，电源暂降、短时中断干扰试验按 GB/T 17626.11—2008《电磁兼容　试验和测量技术　电压暂降、短时中断和电压变化的抗扰度试验》规定的方法进行。若供电电源为直流电源，电源暂降、短时中断干扰试验按 GB/T 17626.17—2005《电磁兼容　试验和测量技术　直流电源输入端口波纹抗扰度试验》规定的方法进行。在施加表 3-10 规定的电源暂降、短时中断干扰的情况下，被测设备处于正常工作状态，各项指标满足性能指标要求。

实验室气候条件应符合被测设备和测试设备各自制造商规定的运行条件的要求，试验人员应穿着电磁辐射屏蔽服。

如果相对湿度太高以至于被测设备和测试设备上出现结露，那么测试就不能进行。

表 3-10　　　　　　　　　　　电源暂降、短时中断的主要参数

被测设备	级别	试验值	
		$\Delta U(\%)$	$\Delta t(ms)$
电能量采集终端	1 级	100	10
	2 级	100	500
测控装置 数据通信网关机 工业以太网交换机 同步向量测量装置 采集执行单元	0 级	100	100

对被测设备的电压暂降、短时中断和电压变化的抗扰度检测，具体过程如下：

第一步：连接好被测设备和测试仪器，如图 3-9 所示，并将被测设备接地。

第二步：在未加干扰的条件下测试被测设备的性能是否正常，若无异常，则根据测试要求开始施加干扰。

第三步：对电源回路施加电源暂降、短时中断干扰，在试验过程中记录多组数据，并记录被测设备通信性能是否有影响。

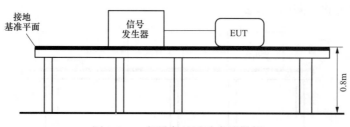

图 3-9　一般设备的试验布置举例

（十）振荡波抗扰度

振荡波干扰能力试验试验按 GB/T 17626—2016《电磁兼容　试验和测量技术　振荡波抗扰性试验》规定的方法进行。在正常大气条件下设备处于工作状态时，在信号输入回路和交流电源回路，施加表 3-11 中所规定的高频干扰，由电子逻辑电路组成的回路及程序应能正常工作，各项性能指标满足技术要求。

实验室气候条件应符合被测设备和测试设备各自制造商规定的运行条件的要求，试验人员应穿着电磁辐射屏蔽服。

如果相对湿度太高以至于被测设备和测试设备上出现结露，那么测试就不能进行。

应根据试验计划进行试验，试验计划包括技术规范所规定的被测设备性能的检验。

被测设备应出于正常的工作状态。

试验计划应规定以下内容：

（1）试验的类型；

（2）试验等级；

（3）试验电压的极性；

（4）试验持续时间；

（5）待试验的被测设备端口；

（6）试验电压的方式；

（7）依次对被测设备各端口施加试验电压。

表 3-11　　　　　　　　　　高频干扰试验的主要参数

被测设备	级别	试验值（kV）	试验回路
电能量采集终端	2	1.0（共模）	状态信号输入回路 RS 485 接口
	4	2.5（共模）	电源回路
		1.25（差模）	
测控装置 数据通信网关机工业以太网交换机 同步向量测量装置 采集执行单元 时间同步系统	4	2.5（共模）	信号和电源回路
		1.25（差模）	

对被测设备的振荡波抗扰性检测，具体过程如下：

第一步：分别按照电源高频干扰和信号高频干扰测试要求连接好被测设备和测试仪器，

如图 3-10 所示，并将被测设备接地。

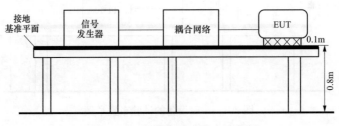

图 3-10　一般设备的试验布置举例

　　第二步：在未加干扰的条件下测试被测设备的性能是否正常，若无异常，则施加电源干扰，在干扰条件下记录数据，比较读数是否准确。

　　第三步：在试验过程中，记录被测设备通信性能是否有影响。

第二节　机械性能检测

　　本节所涉及的被测设备的机械性能检测具体包括振动耐久、冲击响应等检测。

　　（一）振动耐久检测

　　对照被测设备技术规范，装置应能承受响应严酷等级的振动耐久试验。试验时，施加规定的激励量，设备处于规定的状态，在试验过程中，不应改变原来的工作状态。试验后，不应发生紧固零件松动及机械损坏现象。

　　试验人员应穿戴防砸护具。对被测设备的振动耐久检测，具体过程如表 3-12 所示。

表 3-12　　　　　　　　　　　　　　　振动耐久检测参数

被测设备	振动频率范围（Hz）	振动幅值（mm）	频率范围（Hz）	加速度（m/s²）
测控装置 数据通信网关机 工业以太网交换机 电能量采集终端	2～9	0.3	9～500	1
同步相量测量装置 时间同步系统	10～150	—	—	10

　　以检测 PMU 设备为例：装置不上电，固定在电振动台上。振动频率范围应为 $10\sim150\text{Hz}$，加速度 10m/s^2；振动方向为三个轴向，每个轴向扫频循环 10 次。检测结束后检测装置零件是否有松动、机械是否有损坏，并上电检查装置运行工况是否符合检测要求。

　　（二）冲击响应检测

　　对照被测设备技术规范，装置应能承受响应严酷等级的冲击响应试验。试验时，施加规定的激励量，设备处于规定的状态，在试验过程中，不应改变原来的工作状态。试验后，不应发生紧固零件松动及机械损坏现象。

　　试验人员应穿戴防砸护具。对被测设备的冲击响应检测，具体过程举例如下：以测控装置检测为例：严酷等级：1 级。加速度：50m/s^2。脉冲持续时间：11ms。上、下、左、右、前、后各 3 次。试验时，施加规定的激励量，设备处于规定的状态，在检验过程中，不应改变原来的工作状态。检验后，不应发生紧固零件松动及机械损坏现象。

第三节　绝缘性能检测

本节所涉及的被测设备的绝缘性能检测具体包括绝缘电阻、介质强度、冲击电压、耐湿热性等检测。

（一）绝缘电阻检测

被测设备各电气回路对地和各电气回路之间的绝缘电阻满足被测设备技术规范要求。例：表 3-13 为 PMU 设备绝缘电阻要求。

表 3-13　　　　　　　　　　　　PMU 设备绝缘电阻要求

电压（V）	绝缘电阻（MΩ）	电流（mA）
$U \leqslant 60$	$\geqslant 5$	250
$U > 60$	$\geqslant 5$	500

注　与二次设备及外部回路直接连接的接口回路采用 $U > 60$V 的要求。

对被测设备的绝缘电阻检测，具体过程如下：

用导电短接线分别将同类型回路短接后，被测设备稳定后测试时间不小于 5s，通过兆欧表按表 3-13 的测试电压测量各带电的导电电路对地之间、电气上无联系的各带电的导电电路之间的绝缘电阻值。

试验人员应戴绝缘手套。

（二）介质强度检测

被测设备电源回路、交流电量输入回路、输出回路各自对地和电气隔离的各回路之间以及输出继电器常开触点之间，应耐受满足被测设备技术规范中规定的 50Hz 的交流电压，历时 1min 的绝缘强度试验，试验时不得出现击穿、闪络。例：表 3-14 为 PMU 介质强度试验电压要求。

表 3-14　　　　　　　　　　　　PMU 介质强度试验电压

额定绝缘电压（V）	试验电压有效值（V）
$U \leqslant 60$	500
$60 < U \leqslant 125$	1000
$125 < U \leqslant 250$	1500
	2500

注　电压为 $125 < U \leqslant 250$ 时，户内场所介质强度选择 1500V，户外场所介质强度选择 2500V。

对被测设备的介质强度检测，具体过程如下：

选择绝缘耐压仪 50Hz 正弦交流电压，对装置各电气回路对地和各电气回路之间按不同的相角阶跃施加试验电压 1min，试验期间装置应无击穿和闪络，漏电流小于 10mA。

试验人员应戴绝缘手套。

（三）冲击电压检测

冲击试验后，被测设备的功能和性能指标应满足其技术要求。

对被测设备的冲击电压检测，具体过程如下：

冲击电压以 5kV 试验电压，$1.2/50\mu s$ 冲击波形，按正负两个方向，施加间隔不小于 5s；用三个正脉冲和三个负脉冲，以下述方式施加于交流工频电量输入回路和被测设备的电源回路：

（1）接地端和所有连在一起的其他接线端子之间；

（2）每个输入线路端子之间，其他端子接地；

（3）电源的输入和大地之间。

试验人员应戴绝缘手套。

（四）耐湿热性能检测

被测设备应能承受相应技术规范规定的恒定湿热试验：温度（）℃，湿度（）％RH，被测设备绝缘电阻满足技术规范要求。例：表 3-15 为 PMU 耐湿热性能试验要求。

表 3-15　　　　　　　　　　　　耐湿热性能条件绝缘电阻

额定电压 U	绝缘电阻要求
$U \leqslant 60V$	$\geqslant 1.5M\Omega$（用 250V 兆欧表）
$U > 60V$	$\geqslant 1.5M\Omega$（用 500V 兆欧表）

试验条件：温度（40±2）℃，相对湿度 90％～95％，大气压力为 86～106kPa

对被测设备的耐湿热性能检测，具体过程如下：

在规范所规定的温度、湿度条件下，试验结束前 1～2h 内，用兆欧表测量各外引带电回路部分对外露非带电金属部分及外壳之间，以及电气上无联系的各回路之间的绝缘电阻值。

测得绝缘电阻满足技术规范要求。

第四节　环境条件影响

本节所涉及的被测设备的环境条件检测具体包括高温影响、低温影响等检测。

（一）高温影响检测

按照被测设备相应技术规范规定，在高温环境条件下被测设备的电气性能不受到影响，无故障或重启现象，无数据误发/测、漏发/测现象，功能正常。温、湿度分级如表 3-16 所示。

表 3-16　　　　　　　　　　　　温、湿度分级表

安装地点	级别	环境温度		湿度	
		范围（℃）	最大变化率（℃/h）	相对湿度（％）	最大绝对湿度（g/m³）
室内	C0	−5～45	20	5～95	28
遮蔽场所	C1	−25～55	20	5～100	28
室外	C2	−40～70	20	5～100	28
特定环境		用户约定			

对被测设备的高温影响检测，具体过程如下：

根据实验要求，将被测设备放入高温箱。在高温室温度偏差不超过±2℃条件下，高温室以不超过1℃/min变化率升温，待温度达到技术规范规定的高温温度并稳定后开始计时，使被测设备连续通电2h，检测被测设备相关功能、性能是否符合标准。

试验人员应戴高低温防护手套。

（二）低温影响检测

按照被测设备相应技术规范规定，在低温环境条件下，被测设备的电气性能不受到影响，无故障或重启现象，无数据误发/测、漏发/测现象，功能正常。温度分级如表3-15所示。

对被测设备的低温影响检测，具体过程如下：

根据实验要求，将被测设备放入高温箱。在高温室温度偏差不超过±2℃条件下，高温室以不超过1℃/min变化率降温，待温度达到技术规范规定的低温温度并稳定后开始计时，使被测设备连续通电2h，检测被测设备相关功能、性能是否符合标准。

试验人员应戴高低温防护手套。

第五节　稳定性检测

被测设备应能72h连续正常通电运行，期间不应出现死机、重启等异常现象，功能和性能与连续通电前保持一致。

对被测设备的稳定性检测，具体过程如下：被测设备投入运行，连续运行试验72h，试验过程中抽检部分功能和性能进行测试。对照设备技术规范，比较试验期间各项测试结果是否符合标准。例如采集执行单元每隔8h检测装置模拟量信息、遥信变位信息上送是否正常，开关量控制是否正确。

第六节　检测实例

（一）电磁兼容测试实例

1. 射频场感应的传导骚扰抗扰度

以消防信息传输控制单元的射频场感应的传导骚扰抗扰度测试为例，试验环境搭建如图3-11所示。

（1）试验设备。射频传导骚扰抗扰度测试仪（见图3-12）、射频传导线耦合-去耦合网络（见图3-13）、电磁兼容设备配件功率放大器（见图3-14）、电磁注入钳（见图3-15）等。

（2）试验过程。按照GB/T 17626.3的试验布置要求搭建试验环境。

对电源回路的抗干扰测试：干扰信号经功率放大器，接入耦合网络串接在被测设备的电源回路上。

对信号回路的抗干扰测试：干扰信号经功率放大器，通过与从电磁兼容设备源引出的三相导线共同置入电磁注入钳，将干扰引入信号回路。

1）由电磁兼容实验标准源给出被测消防信息传输控制单元的初始数据。

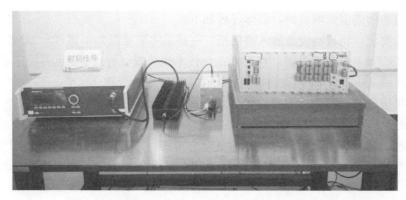

图 3-11　消防信息传输控制单元的射频场感应的传导骚扰抗扰度试验环境

图 3-12　射频传导骚扰抗扰度测试仪

图 3-13　射频传导线耦合-去耦合网络

图 3-14　电磁兼容设备配件功率放大器

图 3-15　电磁注入钳

2）启动射频传导骚扰抗扰度测试仪施加干扰，根据试验要求可设置其试验电压，频率变化范围。

3）在扫频周期内分别在模拟主站上读取被测消防信息传输控制单元受骚扰后的直流模拟量数据。

4）根据误差计算公式计算误差，填写原始数据记录。

具体原始数据记录如表 3-17 所示。

表 3-17　　　　　　　　　　　　　　　原始数据记录表

电源电压：$U=U_i$	环境温度：25℃	环境湿度：49%

检测要求：

磁场强度：□1V　□3V　■10V　□30V

频率范围：150kHz～80MHz

电源回路			
	采集上送	操作控制	
功能正确性	√	√	
遥测正确性	输入值（mA）/ 测量值（mA）	4.000/3.997	12.000/11.993	20.000/20.005
	误差（%）	−0.02	−0.03	0.02
信号回路			
	采集上送	操作控制	
功能正确性	√	√	
遥测正确性	输入值（mA）/ 测量值（mA）	4.000/4.003	12.000/12.004	20.000/20.005
	误差（%）	0.02	0.02	0.02

2. 静电放电抗扰度

（1）试验环境。以消防信息传输控制单元的静电放电抗扰度测试为例，实验环境搭建如图 3-16 所示。

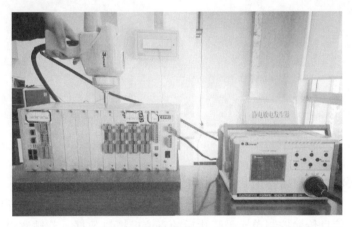

图 3-16　消防信息传输控制单元的静电放电抗扰度测试实验环境

（2）试验设备。静电放电发生器（见图 3-17）、操作主机。

（3）试验过程。按照 GB/T 17626.3 的试验布置要求搭建试验环境。

1）启动测试仪器及测试设备。

2）确认测试仪的静电枪部分是否完好，即是否带有静电。

3）记录设备在干扰前的电压电流数据。

4）分别用静电枪的尖口和圆口（见图 3-18）对消防信息传输控制单元进行静电放电抗扰度测试。尖口属于接触放电，电压等级为±8000V，圆口属于空气放电，电压等级为正负 15000V（见图 3-19）。

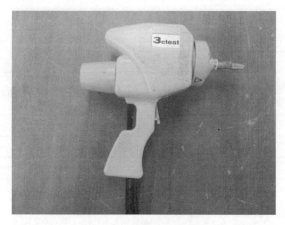

图 3-17　静电放电发生器

注：静电枪属于静电放电发生器的一部分；测试过程中各仪器均需接地。

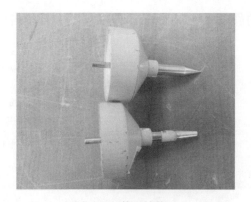

图 3-18　静电枪接口

图 3-19　静电枪面板数据

5）测试时要将被测设备接地，垂直打枪。

6）实验过程中，需要一位检测员匀速操作静电枪，另一位检测员进行数据记录。

7）记录消防信息传输控制单元受骚扰后的直流模拟量数据。若被测设备在施加干扰之后出现死机现象，检测结果则为不合格。

8）根据误差公式计算误差，填写原始数据记录。

（4）具体原始数据记录（见表 3-18）。

表 3-18　　　　　　　　　　　　静电放电抗扰度试验原始记录

电源电压：$U=U_i$	环境温度：25 ℃	环境湿度：49％

检测要求：在操作人员通常可接触部位施加静电放电干扰，单次放电至少 10 次，每次间隔至少 1s。

干扰电压：接触放电：□±2kV；□±4kV；□±6kV；■±8kV；□

正极性（接触放电）

续表

	采集上送		操作控制	
功能正确性	✓		✓	
遥测正确性	输入值（mA）/测量值（mA）	4.000/3.987	12.000/11.967	20.000/19.938
	误差（%）	−0.06	−0.16	−0.31

负极性（接触放电）

	采集上送		操作控制	
功能正确性	✓		✓	
遥测正确性	输入值（mA）/测量值（mA）	4.000/3.992	12.000/11.967	20.000/19.943
	误差（%）	−0.04	−0.16	−0.23

注 原始记录数据为尖口放电，属于接触放电。

3. 脉冲磁场抗扰度

（1）试验环境。以消防信息传输控制单元的脉冲磁场抗扰度测试为例，实验环境搭建如图 3-20 所示。

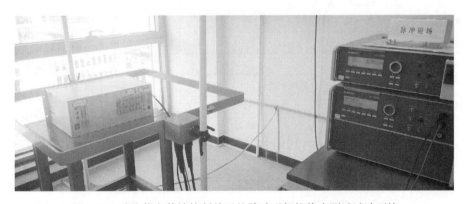

图 3-20 消防信息传输控制单元的脉冲磁场抗扰度测试试验环境

（2）试验设备。脉冲磁场发生器（见图 3-21）、磁场线圈、操作主机。

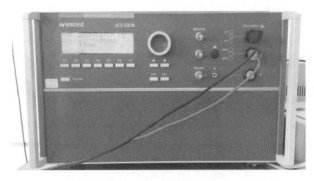

图 3-21 脉冲磁场发生器

（3）试验过程。按照 GB/T 17626.3 的试验布置要求搭建试验环境。

1）将被测设备置于磁场中，连接好被测设备和测试仪器，并将被测设备接地。

2）先对未加干扰下的各项指标进行测试，记录实验数据。

3）启动脉冲磁场发生器、标准源及测试设备，分别从 X、Y、Z 三个方向对仪器施加干扰，只需要对仪器进行不同方向的翻转，实现各个方向的测试。

4）调节干扰设备，对被测设备施加电磁干扰信号，记录干扰后的电压电流数据。

5）根据误差公式计算误差，填写原始数据记录，依据检测规范检查被测设备是否合格。

具体原始数据记录如表 3-19 所示。

表 3-19　　　　　　　　　　　脉冲磁场抗扰度试验原始记录

电源电压：$U=U_i$		环境温度：25℃		环境湿度：49%

检测要求：

磁场强度：□100A/m　□300A/m　■1000A/m　□

磁场方向：X 方向

		采集上送	操作控制	
功能正确性		√	√	
遥测正确性	输入值（mA）/测量值（mA）	4.000/3.992	12.000/11.962	20.000/19.943
	误差（%）	−0.04	−0.19	−0.28

磁场方向：Y 方向

		采集上送	操作控制	
功能正确性		√	√	
遥测正确性	输入值（mA）/测量值（mA）	4.000/3.992	12.000/11.962	20.000/19.943
	误差（%）	−0.04	−0.19	−0.28

磁场方向：Z 方向

		采集上送	操作控制	
功能正确性		√	√	
遥测正确性	输入值（mA）/测量值（mA）	4.000/3.992	12.000/11.962	20.000/19.943
	误差（%）	−0.04	−0.19	−0.28

（二）机械性能测试实例

测试设备由振动测试仪主体（见图 3-22）、控制机箱（见图 3-23）、后台主机（见图 3-24）共同组成。

测试控制软件界面如图 3-25 所示，可设置当前频率、目标峰值、控制峰值、驱动峰值、速度峰值等，从上向下，依次分别为中断上限、警报上限、设备振动的目标曲线、警报下限和中断下限。

图 3-22 振动测试仪主体

图 3-23 控制机箱

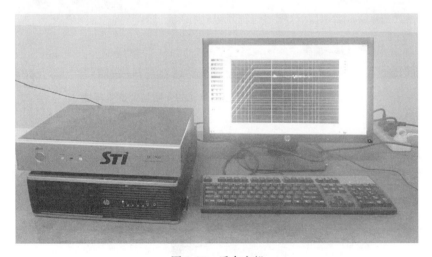

图 3-24 后台主机

（三）绝缘性能测试实例

本节以对同步向量测量装置绝缘性能试验中的介质强度试验为例，实验环境搭建如图 3-26 所示。

（1）试验设备。绝缘耐压测试仪（见图 3-27）。

（2）试验过程。按照 GB/T 15153.1—1998 中的试验布置要求搭建试验环境。

117

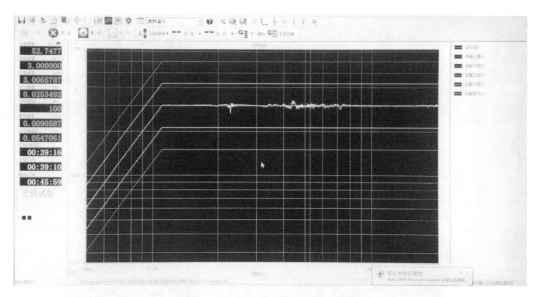

图 3-25　机械性能测试控制软件界面

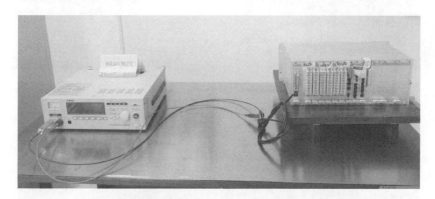

图 3-26　消防信息传输控制单元的介质强度试验环境

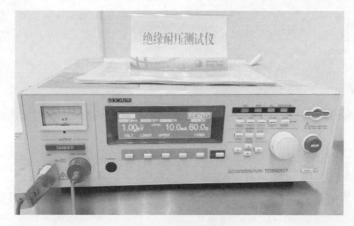

图 3-27　绝缘耐压测试仪

分别从交流遥测端口对地绝缘强度、电源端口对地绝缘强度及通信接口对地绝缘强度三方面对消防信息传输控制单元的介质强度进行试验。通过将绝缘耐压测试仪接出的导线接入被测设备的相应回路并接地，构成闭合回路进行试验。本次试验以对消防信息传输控制单元的电源端口对地的绝缘强度测试为例进行说明。

　　1）依据被测设备额定电压值确定绝缘耐压测试仪的试验电压。被测设备额定电压值大于 60V，故将测试仪的试验电压设为 1500V。

　　2）启动测试仪器，根据试验要求输入其试验电压，测量时间。依据本部分的试验要求，将试验仪的试验电压设置为 1500V，试验时间设置为 60s。

　　3）在试验过程中，观察仪器有无报警警告，判断消防信息传输控制单元是否发生闪络与击穿现象。

　　4）根据试验结果，填写原始数据记录。

　　具体原始数据记录如表 3-20 所示。

表 3-20　　　　　　　　　　　　绝缘测试原始数据记录

环境温度：25℃　　湿度：47%		
绝缘强度检测：对地之间绝缘强度，测量时间：1min		
检测项目	检测要求（V）	漏电流 10mA 测量结果
交流遥测端口对地绝缘强度	$U>60$，1000	
电源端口对地绝缘强度	$U>60$，1500	
通信接口对地绝缘强度	$U\leqslant60$，500	

第四章

测控装置检测

测控装置根据交流电气量采样、开关量采集和控制出口方式的不同，可分为数字测控装置和模拟测控装置。数字测控装置支持 DL/T 860.92 采样值传输标准的数字采样，采用 GOOSE 报文接收开关量信号，支持 GOOSE 报文输出控制出口。模拟测控装置支持电缆接入方式的模拟量采样，采用硬接点方式采集开关量信号和输出控制出口。数字测控装置按照应用情况共分为 3 类：间隔测控、3/2 接线测控、母线测控，具体分类见表 4-1。模拟测控装置按照应用情况共分为 3 类：间隔测控、母线测控、公用测控，具体分类见表 4-2。测控装置检测主要包括功能检测与性能检测。

表 4-1   数字测控装置分类

序号	类型	应用分类	应用型号	适 用 场 合
1	测控装置	间隔测控	DA-1	主要应用于线路、断路器、高压电抗器、主变单侧加本体等间隔
2		3/2 接线测控	DA-2	主要应用于 330kV 及以上电压等级线路加边断路器间隔
3		母线测控	DA-4	主要应用于母线分段或低压母线加公用间隔

表 4-2   模拟测控装置分类

序号	类型	应用分类	应用型号	适 用 场 合
1	测控装置	间隔测控	G-1、GA-1	主要应用于线路、断路器、高压电抗器、主变单侧加本体等间隔
2		母线测控	G-4、GA-4	主要应用于母线分段间隔
3		公用测控	G-3	主要应用于所变加公用间隔

第一节 检 测 系 统

数字式测控装置的检测系统拓扑图如图 4-1 所示，模拟式测控装置的检测系统拓扑图如图 4-2 所示。测控装置检测使用的主要仪器及设备有三相交流信号源、三相交流标准表、工业以太网交换机、网络报文记录分析仪、DL/T 860 传输规约测试系统和数字信号发生器（可接收和发送 GOOSE 报文、SV 采样值，分析品质位等）等。

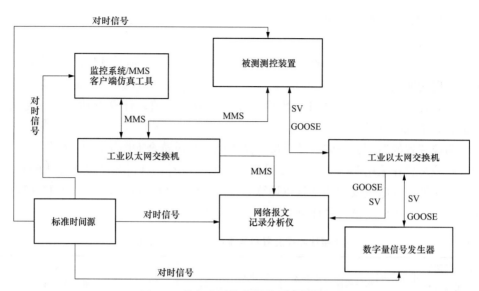

图 4-1 数字式测控装置检测系统拓扑图

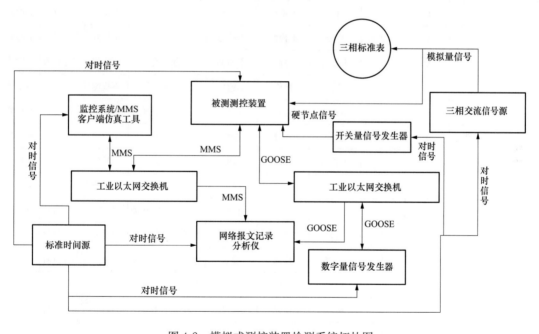

图 4-2 模拟式测控装置检测系统拓扑图

第二节 功 能 检 测

测控装置的功能检测主要包括交流电气量采集功能、DL/T 860.92 采样值报文品质及异常处理、状态量采集功能、GOOSE 模拟量采集功能、控制功能、同期功能、逻辑闭锁功能、记录存储功能、通信功能、时间同步功能、运行状态监测及管理功能等。

（一）交流电气量采集功能检测

1. 应满足要求

（1）应支持模拟量采样或接收 DL/T 860.92 采样值两种数据采样方式，支持选择一种采样方式实现交流电气量采集。

（2）应能计算相电压、线电压、零序电压、电流有效值，计算有功功率、无功功率、功率因数、频率等电气量。

（3）测控装置的遥测数据应带品质位，品质位定义应符合 DL/T 860.81。

（4）测控装置在采用 DL/T 860.92 采集交流电气量时，具备 3/2 接线方式的和电流及和功率计算功能，和电流及和功率具体计算处理逻辑满足 Q/GDW 10427—2017《变电站测控装置技术规范》中的要求，具体见表 4-3。

表 4-3　　　　　　　　3/2 接线测控装置和电流及和功率处理逻辑

边断路器电流合并单元检修状态	中断路器电流合并单元检修状态	电压合并单元检修状态	测控检修状态	边开关间隔电流品质	中开关间隔电流品质	出线电压品质	和电流数值	和电流品质	和功率数值	和功率品质
0	0	0	0	不检修	不检修	不检修	边开关+中开关	不检修	实际计算	不检修
1	0	0	0	检修	不检修	不检修	中开关	不检修	实际计算	不检修
0	1	0	0	不检修	检修	不检修	边开关	不检修	实际计算	不检修
1	1	0	0	检修	检修	不检修	0	不检修	0	不检修
0	0	1	0	不检修	不检修	检修	边开关+中开关	不检修	0	不检修
1	0	1	0	检修	不检修	检修	中开关	不检修	0	不检修
0	1	1	0	不检修	检修	检修	边开关	不检修	0	不检修
1	1	1	0	检修	检修	检修	0	不检修	0	不检修
0	0	0	1	检修	检修	检修	边开关+中开关	检修	实际计算	检修
1	0	0	1	检修	检修	检修	边开关+中开关	检修	实际计算	检修
0	1	0	1	检修	检修	检修	边开关+中开关	检修	实际计算	检修
1	1	0	1	检修	检修	检修	边开关+中开关	检修	实际计算	检修
0	0	1	1	检修	检修	检修	边开关+中开关	检修	实际计算	检修
1	0	1	1	检修	检修	检修	边开关+中开关	检修	实际计算	检修
0	1	1	1	检修	检修	检修	边开关+中开关	检修	实际计算	检修
1	1	1	1	检修	检修	检修	边开关+中开关	检修	实际计算	检修

1）装置正常运行状态下，处于检修状态的电压或电流采样值不参与和电流与和功率计算，和电流、和功率与非检修合并单元的品质保持一致，电压、边断路器电流、中断路器电流同时置检修品质时，和电流与和功率值为 0，不置检修品质；

2）装置检修状态下，和电流及和功率正常计算，不考虑电压与电流采样值检修状态，电压、电流、功率等电气量置检修品质。

（5）应具备根据三相电压计算零序电压功能和采集外接零序电压功能，优先采用外接零序电压。

（6）应具备零值死区设置功能，当测量值在该死区范围内时为零。

（7）应具备变化死区设置功能，当测量值变化超过该死区时上送该值，装置液晶应显示实际测量值，不受变化死区控制。

（8）应具备总召变化上送的功能，测量值上送的应该是实际值，不是经过死区抑制后的值。

（9）死区通过装置参数方式整定，不使用模型中的配置。

（10）支持测量值取代服务。

（11）应具备带时标上送测量值功能，测量数据窗时间不应大于 200ms，时标标定在测量数据窗的起始时刻。

（12）装置宜具备 CT 断线检测功能，CT 断线判断逻辑应为：电流任一相小于 0.5% I_n，且负序电流及零序电流大于 $10\%I_n$（I_n 为额定电流）。

2. 具体检测过程

测控装置的交流电气量采集检测包括了模拟式和数字式的检测，其中模拟式交流电气量检测拓扑图如图 4-3 所示，数字式交流电气量检测拓扑图如图 4-4 所示。

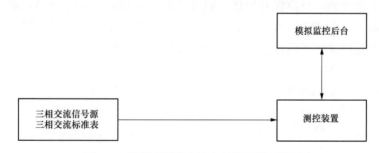

图 4-3 模拟式测控交流电气量检测拓扑图

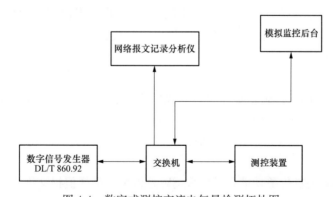

图 4-4 数字式测控交流电气量检测拓扑图

第一步：模拟式测控装置通过三相模拟交流信号源给被测装置施加频率为 50Hz 的三相额定电压、三相额定电流，在装置屏幕和模拟监控后台上读取三相电压和三相电流的有效值、有功功率、无功功率和频率数据，检测数据采集的正确性。数字式测控装置通过数字信号发生器向被测装置发送 DL/T 860.92 采样值报文，在装置屏幕和模拟监控后台上读取数据，装置应能正确接收 DL/T 860.92 采样值报文，并计算生成电压有效值、电流有效值、有功功率、无功功率、频率等数据。

第二步：查看测控装置上送的遥测量配置功能，应支持配置带时标上送遥测量功能。

第三步：查看装置的遥测数据报文应带"非法""保留""取代""Test"等品质，数字式测控品质位定义应符合 DL/T 860.81（数字式测控具备此功能）。

第四步：用数字化仿真测试仪模拟边断路器电流合并单元、中断路器电流合并单元、电压合并单元，测控装置置相应的检修状态，检测不同装置检修状态下的边开关间隔电流品质、中开关间隔电流品质、出线电压品质、和电流品质、和功率品质，并计算和电流数值、和功率数值，检测各种逻辑状态下的计算功能。

第五步：使用数字化仿真测试仪或三相交流标准源发送三相不平衡电压，检测测控装置零序电压计算是否正确，并检查是否优先采用外接零序电压。

第六步：检查装置遥测参数菜单中的死区值整定功能，保证功能可用性。

第七步：使用数字化仿真测试仪或三相交流标准源施加小于零值死区的测量值，应不上送该值，且测量值为零；当测量值变化超过该死区时应主动上送该值。

第七步：使用数字化仿真测试仪或三相交流标准源施加小于变化死区范围内的变化测量值时，应不上送该值，该值保持原值，但装置液晶应显示实际测量值，不受变化死区控制，同时当主动去读取或者召唤测量值时，应是实际测量值，不受死区抑制。

第八步：通过模拟监控后台操作，人为设置相应遥测值，检测装置是否取代之前测量值，并置取代品质上送。

第九步：使用数字化仿真测试仪或三相交流标准源、网络分析仪、测控装置与时间同步测试仪进行对时同步，数字化仿真测试仪或三相交流标准源使用状态序列模式，其中一状态设置整分触发，并模拟超过变化死区的测量值，状态持续时间的最大值设置为 200ms，并在网络分析仪上检测分析此状态下测控装置上送的测量值，电压、电流幅值误差不应超过 0.2%，装置量测量时标准确度应不大于 ± 10ms。

第十步：使用数字化仿真测试仪或三相交流标准源设置电流任一相小于 $0.5\% I_n$，且负序电流及零序电流大于 $10\% I_n$，查看是否上送电流断线告警信息。

（二）DL/T 860.92 采样值报文品质及异常处理检测

1. 应满足要求

（1）应具备转发 DL/T 860.92 采样值报文的无效、失步、检修品质功能；

（2）具备对 DL/T 860.92 采样值报文有效性判别功能；

（3）应具备接收多个合并单元采样值报文功能，在组网方式下通过采样值序号进行同步对齐；

（4）应具备 SV 丢点告警功能，并触发 SV 总告警，采样值报文恢复正常后告警信号应能够延时返回；

（5）应具备 DL/T 860.92 采样值报文中断告警功能；

（6）当测控装置接收的 DL/T 860.92 采样值报文品质无效时量测数据正常计算，并转发无效品质。

2. 具体检测过程

第一步：用数字化仿真测试仪向测控装置模拟发送 SV 采样值报文带无效、失步、检修品质，检查测控装置转发报文品质功能的正确性。

第二步：用数字化仿真测试仪选择状态序列模式，其中一状态设置错误配置（APPID 错误）并发送报文持续 8ms，此时装置触发 SV 总告警并点亮告警灯，当报文恢复后，SV 总告警 1s 后返回。

第三步：用数字化仿真测试仪模拟两路合并单元，将其中一路 SV 采样值报文置失步品质，或者将两路合并单元的 SV 采样值序号偏差模拟超过 16 个数据点，此时，测控装置不再进行同步对齐处理，并独立计算各 SV 采样通道的测量值，与同步相关的功率，和电流，功率因数等测量保持失步前数值，并置无效品质，并产生失步告警，触发 SV 总告警，点亮装置告警灯，当报文恢复正常后 1s 告警返回，相关测量值正常计算。

第四步：用数字化仿真测试仪模拟 SV 采样值报文在 1s 内丢点数大于 8 个采样点时，装置应产生 SV 丢点告警，并触发 SV 总告警，点亮装置告警灯，SV 采样值报文恢复正常后，告警信号应延迟 10s 后返回。

第五步：用数字化仿真测试仪模拟 SV 采样值报文中断，此时装置所对应通道的测量值应保持中断前的数值不变，并置无效品质；持续 8ms 接收不到 SV 采样值报文时，装置应判中断告警，触发装置告警灯，SV 采样值报文恢复正常后，告警信号延时 1s 返回。

第六步：用数字化仿真测试仪模拟 SV 采样值报文置无效时，此时装置应能正常计算测量数据，但转发数据应置无效品质，当连续 8ms 发送无效采样值报文时，装置触发 SV 总告警，点亮装置告警灯，采样值报文恢复正常后，告警 1s 返回。

（三）状态量采集功能检测

1. 应满足要求

（1）状态量输入信号应支持 GOOSE 报文或硬接点信号，GOOSE 报文符合 DL/T 860.81。

（2）当状态量输入信号为硬接点时，输入回路采用光电隔离，具备软硬件防抖功能，且防抖时间可整定（除功能投退压板开入、解除闭锁开入和手合同期开入）。

（3）同时装置应具备事件顺序记录（SOE）功能，状态量输入信号为硬接点时，状态量的时标由本装置标注，时标标注为消抖前沿。

（4）测控装置的遥信数据应带品质位，当状态量输入信号为 GOOSE 报文时，测控装置应具备如下功能。

1）具备转发 GOOSE 报文的有效、检修品质功能；

2）具备对 GOOSE 报文状态量、时标、通信状态的监视判别功能，GOOSE 报文的性能满足 DL/T 860.81 的要求；

3）接收 GOOSE 报文传输的状态量信息时，优先采用 GOOSE 报文内状态量的时标信息；

4）在 GOOSE 报文中断时，装置保持相应状态量值不变，并置相应状态量值的无效品质位；

5）装置正常运行状态下，转发 GOOSE 报文中的检修品质；装置检修状态下，上送状态量置检修品质，装置自身的检修信号及转发智能终端或合并单元的检修信号不置检修品质。

（5）测控装置应支持状态量取代服务。

（6）具备双位置信号输入功能，支持采集断路器的分相合、分位置和总合、总分位置。需由测控装置生成总分、总合位置时，总分、总合逻辑为：三相有一相为无效态（状态11），则合成总位置为无效态（状态11）；三相均不为无效态（状态11），且至少有一相为过渡态（状态00），则合成总位置为过渡态（状态00）；三相均为有效状态（01或10）且至少有一相为分位（状态01），则合成总位置为分位；三相均为合位（状态10），则合成总位置为合位。

2. 具体检测过程

测控装置的状态量采集包括硬接点和数字式两种检测方式，其中状态量（硬接点）检测拓扑图如图 4-5 所示，状态量（数字式）检测拓扑图如图 4-6 所示。

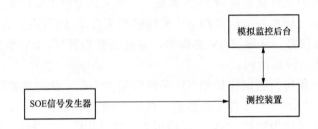

图 4-5　状态量（硬接点）检测拓扑图

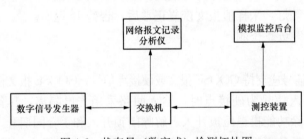

图 4-6　状态量（数字式）检测拓扑图

第一步：硬件检查。当遥信采用硬接点时，检查遥信电路板，核查遥信输入回路应采用光电隔离，并有硬件防抖。

第二步：防抖功能检查。状态量信号模拟器向被测装置的同一通道发送不同脉宽的脉冲信号，检查装置的防抖时间应与设置一致。通过装置屏幕核查状态量输入的防抖时间应可整定，整定范围为 10～100ms。

第三步：SOE 功能检查。设置状态量信号模拟器两路状态量输出按一定的时延输出状态量变化，在装置屏幕和模拟监控后台上显示的信息应分辨出遥信状态变化顺序。

第四步：通过网络报文记录分析仪检查装置对 GOOSE 报文状态量、时标、通信状态的监视判别功能及标注相应品质位的正确性。

第五步：用数字信号发生器向被测装置发送 GOOSE 报文传输的状态量信息，在装置屏幕和模拟监控后台上读取数据，检查状态的正确性，用网络分析仪检测状态量标注时标的正确性，应优先采用 GOOSE 时标。

第六步：在模拟监控后台上，人工取代状态量的位置变化，并置相应的品质位，通过网络报文记录分析仪检查测控装置的取代服务及相应品质位的正确性。

第七步：通过模拟双位置信号输入生成相应断路器的状态（00、01、10、11），检查断路器的分相合、分位置和总合、总分位置状态（间隔测控具备此功能）。

（四）GOOSE 模拟量检测

1. 应满足要求

（1）设备应具备接收 GOOSE 模拟量信息并原值上送功能；

（2）具备变化死区设置功能，当测量值变化超过该死区时上送该值；

（3）且应具备有效、取代、检修等品质上送功能。

2. 具体检测过程

第一步：用数字化仿真测试仪输出 GOOSE 模拟量的值，装置能够原值上送模拟监控后台并显示。

第二步：使用数字化仿真测试仪施加变化死区范围内的测量值时，应不上送该值。当测量值变化超过该死区时应主动上送该值，装置变化死区可设置。

第三步：用数字化仿真测试仪输出相应品质的 GOOSE 模拟量，通过网络报文记录分析仪检测 GOOSE 模拟量品质的正确性。

（五）控制功能检测

1. 应满足要求

（1）测控装置的控制信号应该既包含 GOOSE 报文输出，也包含硬接点输出。

（2）断路器、隔离开关的分合闸应采用选择、返校、执行方式。

（3）装置应具备主变挡位升、降、急停调节功能，调节方式应采用选择、返校、执行方式，装置宜具备滑挡判别功能。

（4）控制命令校核、逻辑闭锁及强制解锁功能。

（5）装置宜具备设置远方、就地控制方式功能，远方、就地切换采用硬件方式，不应通过软压板方式进行切换，不判断 GOOSE 上送的远方、就地信号。

（6）测控装置应具备远方控制软压板投退功能，软压板控制应采用选择、返校、执行方式，软压板投退应受远方、就地控制方式控制。

（7）装置应具备生成控制操作记录功能，记录内容应包含命令来源、操作时间、操作结果、失败原因等。遥控失败原因应按 Q/GDW 10427—2017《变电站测控装置技术规范》中定义，具体见表 4-4。

表 4-4 遥控失败原因

序号	MMS 值	备　　注
1	0	未知
2	1	不支持
3	2	远方条件不满足
4	3	选择操作失败

序号	MMS值	备　　注
5	26	遥控执行的参数和选择的不一致
6	8	装置检修
7	10	互锁条件不满足
8	14	操作周期内多对象操作（一个客户端同时控制多个对象）
9	18	对象未被选择
10	19	操作周期内多客户端操作（多个客户端同时控制一个对象）

（8）控制脉冲宽度应可调。

（9）装置处于检修状态，应闭锁远方遥控命令，响应就地控制命令，硬接点正常输出，GOOSE报文输出应置检修位。

2. 具体检测过程

测控装置的控制功能包括硬接点和GOOSE两种形式，其中装置的控制功能（硬接点）检测拓扑图如图4-7中所示、控制功能（GOOSE）检测拓扑图如图4-8所示。

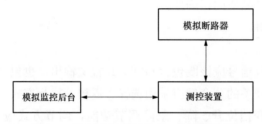

图4-7　控制功能（硬接点）检测拓扑图

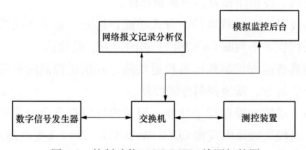

图4-8　控制功能（GOOSE）检测拓扑图

第一步：在模拟监控后台或装置面板上对控制对象发出两种遥控命令（带check位置和不带check位置），检测装置接收、选择、返校、执行遥控命令的正确性。

第二步：在模拟监控后台和装置面板上设置输出脉宽，并记录输出脉宽范围。检测遥控输出脉宽应与所设置的输出脉宽一致。

第三步：检查遥控输出部分原理图和线路板，遥控输出端口应为继电器接点输出。遥控回路应采用控制操作电源出口回路和出口节点回路两级开放式抗干扰回路。

第四步：在模拟监控后台对控制对象发出遥控命令，使用网络分析仪分析装置发送

GOOSE 报文传输的控制命令信息及处理 SBOW、DO 方式的控制命令的正确性。

第五步：在模拟监控后台发出遥控命令，当联锁条件不满足时应闭锁操作；投入解锁硬遥信，应可强制解锁。

第六步：在装置面板上检查装置设置远方、就地控制方式功能，就地方式应支持强合、强分；检测装置的控制出口监视出口状态的正确性。装置设置远方、就地控制切换采用硬件（硬遥信）方式，不应通过软压板方式进行切换，不判断 GOOSE 上送的远方、就地信号。

第七步：在模拟监控后台发出遥控命令，检测软压板投退正确性，软压板控制应采用选择、返校、执行方式，软压板应受到远方就地控制。

第八步：在模拟监控后台对控制对象进行遥调时，当发出主变升、降、急停及滑挡命令后，检测装置判别处理的正确性，控制输出数值的正确性。

第九步：在模拟监控后台检查装置完成执行控制命令后，检查返回的控制信息正确性，如：操作记录、失败原因等。

第十步：装置处于检修状态时，在模拟监控后台发出遥控命令，装置应闭锁装置遥控出口，响应就地控制命令，硬接点正常输出，GOOSE 报文输出应置检修位。

（六）同期功能检测

1. 应满足要求

（1）具备自动捕捉同期点功能，同期导前时间可设置。

（2）具备电压差、相角差、频率差和滑差闭锁功能，阈值可设定。

（3）具备相位、幅值补偿功能。

（4）具备电压、频率越限闭锁功能，电压频率范围宜为 $46 \sim 54\mathrm{Hz}$，电压上限宜为额定值 U_n 的 1.2 倍。

（5）具备有压、无压判断功能，有压、无压阈值可设定。

（6）具备检同期、检无压、强制合闸方式，收到对应的合闸命令后不能自动转换合闸方式。

（7）手合同期应判断两侧均有压，且同期条件满足，不允许采用手合检无压控制方式。

（8）基于 DL/T 860 的同期模型应按照检同期、检无压、强制合闸应分别建立不同实例的 CSWI。

（9）具备 PT 断线检测及告警功能，可通过定值投退 PT 断线闭锁检同期合闸和检无压功能，PT 断线应闭锁同期，并结束同期合闸流程。

（10）支持同期条件信息返回功能。

（11）采用 DL/T 860.92 规范的采样值输入时，合并单元采样值置无效位时应闭锁同期功能，应判断本间隔电压及抽取侧电压无效品质；合并单元采样值置检修品质而测控装置未置检修时应闭锁同期功能，应判断本间隔电压及抽取侧电压检修状态。

2. 具体检测过程

测控装置的同期功能的检测拓扑图如图 4-9 中所示。

（1）测控装置的模拟量同期检测方法包括以下 3 个步骤：

第一步：检同期合闸功能检测，在测试仪上设置两路电压按一定的步长变化，频率按一定的步长变化，相角按一定的步长变化，当达到装置设定的动作电压、动作频率、动作

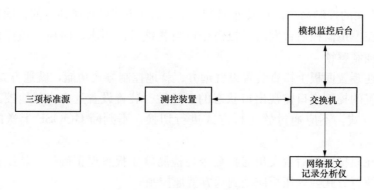

图 4-9　同期检测拓扑图

角度时，装置应能实现检同期合闸。

第二步：检无压合闸功能检测，在测试仪上设置一路电压输出为零，另一路电压输出为额定值，检测装置应可合闸。

第三步：强合功能检测，在测试仪上设置两路电压值不满足同期条件，在模拟监控后台或装置屏幕进行合闸操作，检测装置应可合闸。

（2）测控装置的数字量同期检测方法包括以下 5 个步骤：

第一步：检查装置基于 DL/T 860 的同期模型按照强合、检无压合闸、检同期合闸分别建立不同实例的 CSWI，不采用 CSWI 中 Check（检测参数）的 Sync（同期标志）位区分同期合与强制合功能的正确性，同期合闸方式的切换通过关联不同实例的 CSWI 实现，不采用软压板方式进行切换。

第二步：测试仪模拟 PT 断线状态，检查装置检测出的 PT 断线，以及发出相应的告警信息，闭锁检同期和检无压合闸功能的正确性（展宽 2s）。

第三步：在模拟监控后台或装置面板上检查装置同期条件信息返回功能的正确性。用测试仪加状态序列，首先使满足定值条件进行同期遥控，验证同期是否正确出口，并返回相关的同期合闸成功信息；然后加量使不满足定值条件进行同期遥控，验证同期是否正确不出口，并返回相关的同期合闸不成功信息。

第四步：在模拟监控后台或装置面板上检查装置的手合同期功能。用测试仪加状态序列，首先使满足定值条件进行手合同期测试，验证同期是否正确出口；然后加量使不满足定值条件进行同期遥控，验证同期是否正确不出口。

第五步：用测试仪模拟同期 MU 通道抽取测、测量侧采样值品质检修和无效，进行同期遥控，验证 MU 检修闭锁同期功能。

（七）逻辑闭锁功能检测

1. 应满足要求

（1）应具备存储防误闭锁逻辑功能，该规则和站控层防误闭锁逻辑规则一致。

（2）应具备采集一、二次设备状态信号，动作信号和量测量，并通过站控层网络采用 GOOSE 服务发送和接收相关的联闭锁信号功能。

（3）应具备根据采集和通过网络接收的信号，进行防误闭锁逻辑判断功能，闭锁信号由测控装置通过过程层 GOOSE 报文输出。

（4）具备联锁、解锁切换功能，联锁、解锁切换采用硬件方式，不判断 GOOSE 上送的联锁、解锁信号。联锁状态下，装置进行的控制操作必须满足防误闭锁条件。

（5）间隔间传输的联闭锁 GOOSE 报文应带品质传输，联闭锁信息的品质统一由接收端判断处理，品质无效时应判断逻辑校验不通过。

（6）当间隔间由于网络中断、报文无效等原因不能有效获取相关信息时，应判断逻辑校验不通过。

（7）当其他间隔测控装置发送的联闭锁数据置检修状态且本装置未置检修状态时，应判断逻辑校验不通过。本装置检修，无论其他间隔是否置检修均正常参与逻辑计算。

（8）具备显示和上送防误判断结果功能。

2. 具体检测过程

测控装置的间隔逻辑闭锁拓扑图如图 4-10 所示。

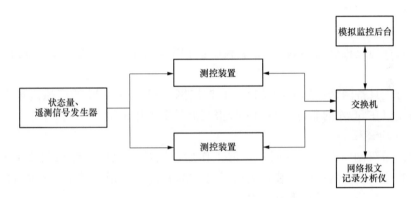

图 4-10 间隔逻辑闭锁拓扑图

第一步：模拟间隔内闭锁逻辑操作，在满足条件时和不满足条件时，检测装置动作的正确性，并应返回正确的告警信息（间隔内闭锁逻辑：防止带负荷拉刀闸的闭锁逻辑、防止带电挂接地线的闭锁逻辑、防止带接地线送电的闭锁逻辑、防止误入带电间隔的闭锁逻辑）。

第二步：依据配置的间隔间逻辑闭锁关系（如使用其他间隔开关/刀闸位置信息作为本间隔闭锁条件），通过改变其他间隔的状态信息、遥测量，影响本间隔闭锁条件，判断装置间隔间闭锁功能的正确性，通过网络报文记录分析仪检测是否有相应的闭锁信息上送。

第三步：通过数字信号发生器发送 GOOSE 报文，装置遵循闭锁逻辑产生闭锁信息，通过网络报文记录分析仪检测装置 GOOSE/MMS 网络传输逻辑闭锁信息功能的正确性；装置闭锁条件应包含状态量、量测量及品质信息。

第四步：模拟其他间隔装置通信中断及装置处于检修态时，检查装置的逻辑闭锁状态应为闭锁状态。

第五步：当装置处于闭锁状态时，检查装置应具有解锁功能。

（八）记录存储功能检测

1. 应满足要求

（1）装置应具备存储 SOE 记录、操作记录、告警记录及运行日志功能；

（2）当装置掉电时，存储信息不丢失；

（3）装置存储每种记录的条数应不少于 256 条。

2. 具体检测过程

第一步：用测试仪发送遥信信号、模拟后台发送的遥控命令、模拟装置异常情况，通过调阅装置异常告警记录，检查记录信息的正确性和记录存储时间顺序的正确性。

第二步：断开装置电源，持续至少 8h 以上，然后上电查看装置存储信息是否丢失。

第三步：查看测控装置存储的每种记录条数应不少于 256 条。

（九）通信功能检测

1. 应满足要求

（1）站控层网络应为双网冗余设计，且在双网切换时无数据丢失；

（2）与站控层通信应遵循 DL/T 860 的相关要求；

（3）模型中每个报告控制块的报告实例号个数不应少于 16 个，站控层双网冗余连接应使用同一个报告实例号；

（4）设备应能缓存不少于 64 条带缓存报告；

（5）设备在与过程层通信时应采用百兆光纤以太网接口，通信协议应遵循 DL/T 860 的相关要求；

（6）同时应具备网络风暴抑制功能，站控层网络接口在 30M 的广播流量下工作正常，过程层网络接口在 50M 的非订阅 GOOSE 报文流量下工作正常。

2. 具体检测过程

第一步：当双网（A 网、B 网）正常工作后，用数字化仿真测试仪定时给装置发送 SOE，此时断开其中一网通信，装置应通过另一网通信正常记录并上送正确的 SOE 信息，不应误报、错报和丢失，试验重复 5 次。

第二步：规约一致性测试专用软件工具模拟站控层客户端与被测设备通信，应通信正常。

第三步：规约一致性测试专用软件工具查看模型中每个报告控制块的报告实例号个数不少于 16 个，模拟站控层双网客户端，查看收到的报告是否使用同一个报告实例号。

第四步：当装置单网正常通信时，断开站控层网络通信，通过数字化仿真测试仪发送 64 条以上的动作事件，恢复站控层网络通信，装置应能上送不少于 64 条的缓存报告。

第五步：规约一致性测试专用软件工具模拟过程层客户端与被测设备通信，应通信正常。

第六步：站控层网络接口在线速 30M 的广播流量下检测装置的遥控、遥信、遥测等数据正常，过程层网络接口在线速 50M 的非订阅 GOOSE 报文流量下检测装置的遥控、遥信、遥测等数据正常。

（十）时间同步功能检测

1. 基本对时功能检测

（1）应满足要求：

1）支持接收 IRIG-B 码或 1PPS 与报文相结合的时间同步信号功能；

2）具有同步对时状态指示标识，且具有时间同步信号可用性识别的能力；

3）具有守时功能。

（2）具体检测过程：

第一步：将装置的时间同步接口与北斗/GPS同步时钟的IRIG-B或1PPS的输出口连接，检查装置接收IRIG-B码或1PPS与报文相结合的时间同步信号正确性。

第二步：当装置与同步时钟同步或失步时，检查装置指示的正确性，检查装置识别同步信号可用性的正确性。

第三步：当装置失步时，通过整秒触发遥信生成SOE报文，通过查看SOE时标确定装置是否具有守时功能。

2. 闰秒处理功能检测

（1）应满足要求：

1）闰秒处理应能正确处理对时信号闰秒信息。

2）正确处理正负闰秒信息。

①正闰秒处理方式：···→57s→58s→59s→60s（分钟数不变）→00s（分钟数加1）→01s→02s→···；

②负闰秒处理方式：···→57s→58s→00s→01s→02s→···；

③闰秒处理应在北京时间1月1日7时59分、7月1日7时59分两个时间内完成调整。

（2）具体检测过程：

第一步：利用时间同步系统测试仪为被测设备提供授时信号。

第二步：分别利用时间同步测试仪模拟正闰秒和负闰秒发生场景，测试被测设备是否按照检测要求正确处理闰秒信息。

3. 设备对时状态自检功能检测

（1）应满足要求：

1）被测设备对时状态应支持通过DL/T 860协议上送自检信息；

2）被授时设备的对时状态自检信息定义应满足表4-5要求；

3）被测设备对时状态自检功能应满足表4-6～表4-8的要求。

表4-5 　　　　　　　　　　　　　　对时状态自检信息定义

设备类型	状态名	模型定义
被测设备	对时信号状态	HostTPortAlarm
	对时服务状态	HostTSrvAlarm
	时间跳变侦测状态	HostContAlarm

表4-6 　　　　　　　　　　　　被测设备对时信号自检功能检测及合格判据

测试场景	合格判据
拔下或不连接对时电缆/光纤	产生对时信号状态告警
IRIG-B对时信号质量标志无效	产生对时信号状态告警
IRIG-B对时信号校验位错误	产生对时信号状态告警
插入或连接对时电缆/光纤且对时信号质量标志有效且校验正确	对时信号状态告警返回

表 4-7 被测设备时间跳变侦测状态自检功能检测及合格判据

测试场景	合格判据
对时信号年跳变增加 1	产生时间跳变侦测状态告警，装置守时
对时信号年跳变减少 1	产生时间跳变侦测状态告警，装置守时
对时信号月跳变增加 1	产生时间跳变侦测状态告警，装置守时
对时信号月跳变减少 1	产生时间跳变侦测状态告警，装置守时
对时信号日跳变增加 1	产生时间跳变侦测状态告警，装置守时
对时信号日跳变减少 1	产生时间跳变侦测状态告警，装置守时
对时信号时跳变增加 1	产生时间跳变侦测状态告警，装置守时
对时信号时跳变减少 1	产生时间跳变侦测状态告警，装置守时
对时信号分跳变增加 1	产生时间跳变侦测状态告警，装置守时
对时信号分跳变减少 1	产生时间跳变侦测状态告警，装置守时
对时信号秒跳变增加 1	产生时间跳变侦测状态告警，装置守时
对时信号秒跳变减少 1	产生时间跳变侦测状态告警，装置守时
闰秒	不产生时间跳变侦测状态告警，装置正常同步
恢复变化前正常信号	时间跳变侦测状态告警返回，装置正常同步

表 4-8 被测设备对时服务状态自检功能检测及合格判据

测试场景	合格判据
对时信号告警测试场景	产生对时服务状态告警
时间跳变侦测状态告警测试场景	产生对时服务状态告警
对时进程异常	产生对时服务状态告警
当被测装置处于守时状态，恢复外部对时信号，若外部对时信号与本地时间偏差大于 T^a 时	产生对时服务状态告警，装置守时
其余正常状态	对时服务状态告警返回

注 守时恢复时，外部信号与本地时间最大允许偏差 T^a 阈值应可设置，默认为 3600s。

（2）具体检测过程：

第一步：按图 4-11 搭建检测环境，时间同步系统测试仪为被测设备提供对时信号，时间同步管理测试仪配置为 DL/T 860 服务的客户端并与被测设备建立通信连接。

图 4-11 被测设备的设备状态自检功能测试原理

第二步：设置时间同步系统测试仪的输出模拟表 4-6 所示场景，监测对时信号状态上送信息是否正确，测试时，设置每个产生告警的场景前应先使告警返回。

第三步：设置时间同步系统测试仪的输出模拟表 4-7 所示场景，监测时间跳变侦测状态上送信息是否正确，测试时，设置每个产生告警的场景前应先使告警返回。

第四步：设置时间同步系统测试仪的输出模拟表 4-8 所示场景，监测对时服务状态上送信息是否正确，测试时，设置每个产生告警的场景前应先使告警返回。

4. 对时偏差测量功能检测

（1）应满足要求：

1）测控装置应支持通过 NTP 乒乓协议测量对时偏差；

2）且只应响应带 TSSM 标志位的 NTP 乒乓报文。

（2）具体检测过程：

第一步：按图 4-12 搭建检测环境，时间同步系统测试仪为被测设备提供对时信号，时间同步系统测试仪配置为 NTP 乒乓协议的客户端，并与被测设备（服务器端）建立通信连接。

第二步：其次时间同步系统测试仪以 1 次/s 的频率向被测设备发送带 TSSM 标志位 NTP 乒乓报文，测试被测设备是否回应带有 TSSM 标志的报文，且记录测量的对时偏差结果。

图 4-12　被测设备的对时状态测量功能测试原理图

第三步：利用时间同步系统测试仪将对时信号偏差调整为 Δt，重复第二步。

第四步：时间同步系统测试仪以 1 次/s 的频率向被测设备发送不带 TSSM 标志位 NTP 乒乓报文，测试被测设备是否无报文回应。

（十一）运行状态监测及管理功能检测

1. 应满足要求

（1）具备装置检修状态功能；

（2）具备自检功能，自检信息包括装置异常信号、装置电源故障信息、通信异常等，自检信息能够浏览和上传；

（3）具备提供设备基本信息功能，包括装置的软件版本号、校验码等；

（4）应具备间隔主接线图显示和控制功能，装置上电后显示主接线图，告警记录应主动弹出，确认后返回主接线图；

（5）应支持装置遥测参数、同期参数的远方配置；

（6）应实时监视装置内部温度、内部电源电压、过程层光口功率监视等，并通过建模上送监测数据；

（7）应具备参数配置文件、模型配置文件导出备份功能，支持装置同型号插件的直接升级与更换；

（8）应具备零序电压越限告警功能，越限定值可设置。

2. 具体检测过程

第一步：设置装置为检修状态，检查状态的正确性；

第二步：模拟被测装置出现电源故障、网络异常、板卡故障等异常时，检查装置自检报告上送的正确性，调阅装置自检报告，检查诊断报告的正确性；

第三步：通过进入被测装置面板查看装置的软件版本号、校验码等信息并记录；

第四步：装置设置就地状态，通过在主接线图上进行控制操作，并查看告警记录的正确性；

第五步：在模拟监测后台上远方修改遥测参数和同期参数；

第六步：在模拟监测后台上查看上送的装置内部温度、内部电源电压、过程层光口功率等数据正确性；

第七步：在线导出参数配置文件和模型配置文件并备份，在同型号的装置上拔下板卡插件直接更换在被测装置上，被测装置应能正常工作；

第八步：数字化仿真测试仪或三相交流标准源发送三相不平衡电气量，当超过零序电压越限告警定值时，装置应显示告警信息并上送，越限定值可设置。

第三节 性 能 检 测

测控装置的性能检测主要包括量测量性能、状态量性能、遥控性能、对时性能、通讯性能、装置功耗、可靠性等。

（一）量测量性能检测

1. 应满足要求

（1）在额定频率时，电压、电流输入在 0～1.2 倍额定值范围内，电压、电流输入在额定范围内误差应不大于 0.2%；

（2）额定频率时，有功功率、无功功率误差应不大于 0.5%；

（3）在 45～55Hz 范围内，频率测量误差不大于 0.005Hz；

（4）输入频率在 45～55Hz 时，电压电流有效值误差改变量应不大于额定频率时测量误差极限值的 100%；

（5）叠加 20% 的 2～13 次数的谐波电压、电流，电压、电流有效值误差改变量应不大于额定频率时测量误差极限值的 200%；

（6）装置直流信号采集误差应不大于 0.2%；

（7）装置量测量时标准确度应不大于 ±10ms，标定在量测量范围的中间时刻；

（8）遥测量数据窗时间应不大于 200ms；

（9）遥测量应具有超越定值（死区值）传输功能，定值可设置。

2. 具体检测过程

第一步：测试交流电压量、电流量测量准确性。在额定频率时，将标准三相交流信号源的电压、电流输出调整为 0%、20%、40%、60%、80%、100%、120% 倍额定值时，检测装置上的电压、电流值，误差应不大于 0.2%；同时在功率因数 $\cos\varphi=0.5$（滞后）～1～0.5（超前）计算的有功功率，$\sin\varphi=0.5$（滞后）～1～0.5（超前）计算的无功功率测量误差应不大于 0.5%，如式（4-1）所示。

$$E_i = \frac{I_1 - I_2}{\text{额定值}} \times 100\% \tag{4-1}$$

式中：E_i 为误差；I_1 为标准表显示值；I_2 为装置显示值。

第二步：将标准三相交流信号源输出信号的频率调整为 45、47、50、53、55Hz 时，记录装置上的显示值。频率测量误差不大于 0.005Hz。

第三步：频率影响检测。将输入信号频率调整为 45、55Hz 时，检测装置的电压、电流、有功功率、无功功率的有效值误差改变量，应不大于额定频率时测量误差极限值的 100%。

第四步：谐波影响检测。用标准三相交流信号源输出在基波信号分别叠加 20% 的 2、3、8、13 次的谐波电压、电流，电压、电流、有功功率和无功功率的有效值误差改变量应不大于额定频率时测量误差极限值的 200%。

第五步：直流信号量测量准确性。装置的直流信号采集范围为：4~20mA，或 0~5V；将标准直流信号发生器的输出信号调整为 4、8、12、16、20mA，或 0、+1、+2、+3、+4、+5V 时，记录装置显示值，直流信号采集误差应不大于 0.2%。

第六步：装置量测量时标准确度应不大于 ±10ms，标定在量测量范围的中间时刻。

第七步：用高精度继保测试仪输出 50Hz 的正弦波，输出电压、额电流为额定值，持续时间 240ms，检测装置的遥测量准确性，误差应不大于 0.2%。

第八步：设置遥测量的定值（死区值），调整标准源输出量，当超越定值时，在模拟监控后台读取遥测量数据，检测遥测量应及时上送，数值应准确。并且检测定值应可设置。

（二）状态量性能检测

1. 应满足要求

（1）遥信状态正确性检测；

（2）SOE 分辨率检测：SOE 分辨率应不大于 1ms；

（3）雪崩处理能力检测：当装置上 100% 的遥信同时动作，不应误发、丢失遥信，SOE 记录正确；

（4）单路遥信防抖时间可独立设置，步长 1ms，范围为 10~100ms，装置不应出现漏报、误报；

（5）当遥信变位时，应优先传输。

2. 具体检测过程

第一步：检测遥信状态正确性。遥信电压额定值为 DC110V 或 DC220V 时，调整开入电压为 70% 额定值时，检测遥信状态为逻辑"1"，开入电压为 50% 额定值时，检测遥信状态为逻辑"0"。

第二步：检测 SOE 分辨率正确性。将 SOE 信号发生器的两路（或多路）信号输出端与装置的任意两路（或多路）遥信输入端（具有 SOE 功能）相连，设置两路（或多路）的时间延时为 1ms，启动信号发生器发出 SOE 信号，检测装置记录的遥信动作时间，是否正确分辨出遥信变位顺序；试验重复 5 次以上。

第三步：雪崩处理能力检测。同时改变装置上 100% 遥信输入端的状态，检查装置遥信状态的正确性，不应有误发、丢失遥信现象，SOE 记录应为同一时刻，时间误差应小于 1ms。试验重复 5 次以上。

第四步：单路遥信设置防抖时间，步长 1ms，范围为 10~100ms；设置防抖时间为 10、50、100ms，在装置的遥信输入端施加脉宽为 11、51、101ms 的脉冲信号，装置不应出现漏报；装置的遥信输入端施加脉宽为 9、49、99ms 的脉冲信号，装置不应出现误报。

第五步：施加遥测量，同时产生遥测越限和遥信变位，检查装置的传输数据，遥信变位应优先于遥测数据传输。

（三）遥控性能检测

1. 应满足要求

（1）遥控动作正确率应为100％；

（2）遥控执行命令从接收到遥控输出的时间不大于1s；

（3）遥控输出接点容量应为220V AC/DC，连续载流能力5A。

2. 具体检测过程

第一步：检测遥控动作正确率。在模拟监控后台进行遥控操作，检查遥控过程中选择、返校、执行各步骤的正确性。上述过程重复100次，要求遥控动作正确率为100％。

第二步：检测遥控执行时间。检测装置接收遥控执行命令到遥控动作输出时间，该时间不大于1s。

第三步：检测遥控输出接点容量。检查输出继电器接点容量，应为220V AC/DC，连续载流能力5A。

（四）对时性能检测

1. 应满足要求

（1）对时准确度应小于±0.5ms；

（2）守时要求在失去同步时钟信号60min以内，时钟误差应小于1ms。

2. 具体检测过程

第一步：检测对时准确度。检测接线如图4-13所示，当装置完成对时后，时间精度测试仪接收标准时间源和测控装置发出的秒脉冲信号进行比较，检测出测控装置的对时准确度，应小于±0.5ms。

第二步：检测守时准确度。在装置完成对时后，断开授时电缆，装置进入守时状态，在守时60min时，检测时钟误差应小于1ms。

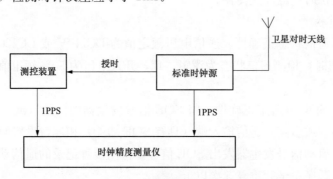

图4-13　对时性能检测拓扑图

（五）通信性能检测

1. 应满足要求

（1）站控层网络接口在线速30％的背景流量或广播流量下，各项应用功能正常，数据传输正确，性能不下降；

（2）过程层网络接口在线速50％的广播流量或组播流量下，各项应用功能正常，数据传输正确，性能不下降；

（3）检测在发生网络风暴及网络异常攻击情况下，装置抵御网络突发流量和网络异常攻击的能力。

2. 具体检测过程

测控装置的通信性能的检测拓扑图如图 4-14 所示，上面是站控层的设备连接结构，下面是过程层的设备连接结构。

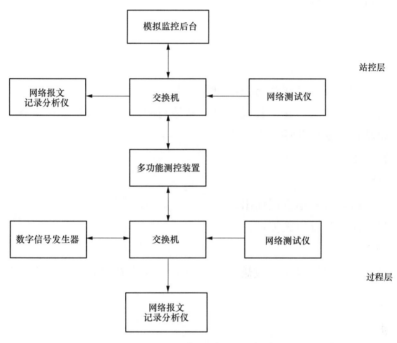

图 4-14 通信性能检测拓扑图

第一步：背景流量通信性能检测。通过网络测试仪向站控层网络接口施加线速 30％的背景流量或广播流量；通过网络测试仪向过程层网络接口施加线速 50％的背景流量或广播流量，同时产生 100％遥信变位和 50％遥测越限，检测装置记录的遥信、遥测数据的正确性。

第二步：具有错误帧报文流通信性能检测。根据 MMS 报文格式编辑具有错误帧的 MMS 报文，并通过网络测试仪向站控层网络接口发送线速 10％的具有错误帧 MMS 报文流量；根据 GOOSE 报文和 SMV 报文格式编辑具有错误帧的 GOOSE 报文和 SMV 报文，并通过网络测试仪向站控层网络接口发送线速 20％的具有错误帧 GOOSE 报文和 SMV 报文流量。同时产生 100％遥信变位和 50％遥测越限，检测装置记录的遥信、遥测数据的正确性。

第三步：正确报文流量通信性能检测。根据 MMS 报文格式编辑正确的 MMS 报文，并通过网络测试仪向站控层网络接口发送线速 5％的 MMS 报文流量；根据 GOOSE 报文和 SMV 报文格式编辑 GOOSE 报文和 SMV 报文，并通过网络测试仪向站控层网络接口发送线速 10％的 GOOSE 报文和 SMV 报文流量。同时产生 100％遥信变位和 50％遥测越限，检测装置记录的遥信、遥测数据的正确性。

（六）装置功耗检测

1. 应满足要求

（1）当采用工频交流模拟量时，每一额定电流输入回路的功率消耗小于 0.75VA，每一额定电压输入回路的功率消耗小于 0.5VA。

（2）装置整机正常运行功率应小于 45W。

2. 具体检测过程

第一步：检测信号输入回路功耗。当装置的模拟量输入采用工频交流模拟量时，采用伏安法，在每一电流输入回路输入额定电流测量回路功耗，功耗应小于 0.75VA，在每一电压输入回路输入额定电压测量回路功耗，功耗应小于 0.5VA。

第二步：检测装置整机功耗。装置整机正常运行时，使用功率表在装置的电源输入端测试装置的整机功耗，整机功耗应小于 45W。

（七）可靠性检测

1. 应满足要求

（1）电源异常时，装置不应误输出；

（2）电源异常时，装置应无损坏。

2. 具体检测过程

第一步：拉合直流电源以及插拔熔丝发生重复击穿火花时，检查装置输出正确，无误输出。

第二步：将输入直流电源的正负极性颠倒，检查装置应无损坏。将电源正负极性恢复正常后，检查装置的工况，能自动恢复正常运行判定为合格。

第四节 检 测 实 例

测控装置的检测环境如图 4-15 所示。

（一）测试设备

试验环境中测试设备由上至下分别为时间同步装置、交换机、数字继保测试仪、搭载测控装置自动化检测平台的模拟主机、智能配电终端自动化检定装置。数字继保测试仪输出数字量信号，智能配电终端自动化检定装置为输出模拟量信号。

测控装置自动化检测平台实现对测控装置测试用例进行编辑、存储和执行，使用数据库系统对测试用例、测试参数、测试结果等数据进行存储和管理。

1. 测试集

平台采用测试集为作为基本操作单元。双击进入后显示出该测试集节点下所有测试组、测试项节点。选中已打开的测试集节点，可在操作界面显示出该测试集的各属性项，测控装置自动化检测平台如图 4-16 所示。

（1）测试项目列表：以表格形式列出该测试集下的所有测试组分类。表中首列为编号，

图 4-15　测控装置检测环境

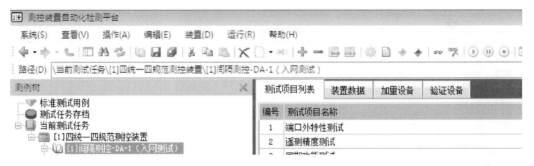

图 4-16　测控装置自动化检测平台

可在此处进行复制、粘贴测试项目，测试项目列表如图 4-17 所示。

（2）装置数据：显示待测装置的基本信息，包括编号、装置名称、连接状态、描述、版本号、制造商、AB 网 IP 等，具体如图 4-18 所示。

（3）加量设备：显示加量设备列表。包括 18 组 SV 输出、20 组 GOOSE 开出、1 组硬接点开出。可对模拟量加量设备、状态量加量设备进行设置名称、变比和初始值整定，加量设备总界面如图 4-19 所示，不同加量设备界面分别如图 4-20～图 4-22 所示。

（4）验证设备：以表格形式列出状态量验证设备的验证量信号通道即继保测试仪硬接点开入与 GOOSE 开入通道。可以进行修改设备名称操作，如图 4-23 所示。

编号	测试项目名称	建立时间	建立人	修改时间	修改人
1	端口外特性测试	2018-01-31 14:31:31	admin	2018-01-31 14:32:34	admin
2	遥测精度测试	2018-02-03 10:38:50	admin	2018-02-03 10:40:37	admin
3	同期功能测试	2018-02-03 15:18:07	admin	2018-02-03 15:18:52	admin
4	通信接口特性测试	2018-02-03 15:28:38	admin	2018-02-03 15:28:48	admin
5	巡检界面显示测试	2018-02-03 15:32:40	admin	2018-02-03 15:32:49	admin
6	唯一性代码测试	2018-02-03 15:33:40	admin	2018-02-03 15:33:48	admin
7	运行状态监测及管理测试	2018-02-03 15:35:35	admin	2018-02-03 15:35:43	admin
8	软压板功能测试	2018-02-03 15:36:31	admin	2018-02-03 15:37:04	admin
9	定值操作功能测试	2018-02-03 15:37:57	admin	2018-02-03 15:38:06	admin
10	各项记录功能测试	2018-02-03 15:43:23	admin	2018-02-03 15:43:30	admin
11	测控装置菜单专项测试	2018-02-03 15:46:49	admin	2018-02-03 15:46:58	admin
12	人机交互功能测试	2018-02-03 15:55:06	admin	2018-02-03 15:55:14	admin
13	数字化间隔层测试	2018-02-03 16:02:41	admin	2018-02-03 16:02:43	admin
14	测控及通信功能测试	2018-02-03 16:16:01	admin	2018-02-03 16:16:22	admin
15	打印功能测试	2018-02-05 10:28:08	admin	2018-02-05 10:27:38	admin
16	网络压力专项测试	2018-02-05 10:32:09	admin	2018-02-05 10:32:10	admin
17	时间同步管理测试	2018-02-05 10:41:00	admin	2018-02-05 10:41:01	admin
18	装置间隔层五防功能测试	2018-02-05 10:57:17	admin	2018-02-05 10:57:18	admin
19	装置稳定性测试	2018-02-05 11:14:59	admin	2018-02-05 11:15:00	admin

图 4-17　测试项目列表

装置列表

编号	装置名称	连接状态	描述	版本号	制造商	A网IP	B网IP
1	TEMPLATE	已连接	TEMPLATE	V2.00	SFJB	192.168.1.1	192.168.2.1

图 4-18　装置数据界面

图 4-19　加量设备界面

模拟量加量设备：SV输出1

通道号	类型	定义名称	设置名称	变比
1	交流电流	Ia1		1000
2	交流电流	Ib1		1000
3	交流电流	Ic1		1000
4	交流电流	Ia2	3I0	1000
5	交流电流	Ib2		1000
6	交流电流	Ic2		1000
7	交流电压	Ua		110
8	交流电压	Ub		110
9	交流电压	Uc		110
10	交流电压	Ux	Usa	110
11	交流电压	Uy	3U0	110
12	交流电压	Uz		110

图 4-20　模拟量加量设备：SV 输出 1

状态量加量设备：硬接点开出

通道号	类型	定义名称	设置名称
1	单点	K001	
2	单点	K002	检修
3	单点	K003	就地
4	单点	K004	解锁
5	单点	K005	硬开入04

图 4-21　状态量加量设备：硬接点开出

状态量加量设备：GOOSE开出1

通道号	类型	定义名称	设置名称	初始值
1	单点	GooseK001		0
2	单点	GooseK002		0
3	单点	GooseK003	GOOSE手合	0
4	单点	GooseK004	过程层检修1	0
5	单点	GooseK005	过程层检修2	0
6	单点	GooseK006	过程层检修3	0
7	单点	GooseK007	GOOSE单点010	0
8	单点	GooseK008	GOOSE单点011	0
9	单点	GooseK009	GOOSE单点012	0
10	单点	GooseK010	对时测量接收时间1	0
11	单点	GooseK011	对时测量接收时间2	0
12	单点	GooseK012	对时测量接收时间3	0

图 4-22　状态量加量设备：GOOSE 开出 1

2. 测试项

在测试树中选中已打开测试集下的测试项节点，则在窗体右部显示出该测试项的各属性页，测试项的属性菜单如图 4-24 所示。

（1）测试项信息：显示该测试项的基本信息，包括测试项名称、技术要求、测试方法、测试说明、附图等，具体如图 4-25 所示。

（2）测例编辑：以表格形式分别列出模拟量加量、状态量加量及模拟量验证、状态量验证、SOE 时标验证的通道号、通道名称、启动时间（或校验时间）及加量数据（或校验数据）等信息，具体如图 4-26 所示。

（3）测例定值：以表格形式列出该测试项定义的装置定值编号、名称、类型与设定值，测例定值界面如图 4-27 所示。

（4）测试结果：以表格形式列出该测试项各测例的测试结果状态。本属性页仅在"当

图 4-23　验证设备界面

图 4-24　测试项的属性菜单

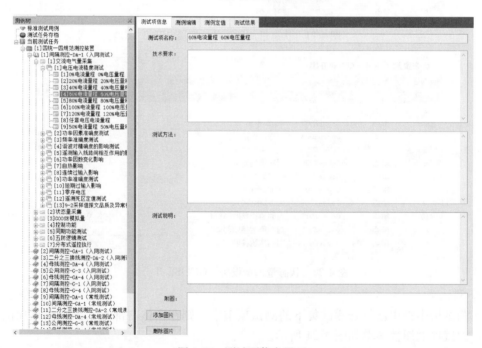

图 4-25　测试项信息界面

前测试任务"下的测试项可见，测试结果界面如图 4-28 所示。

（二）测试过程

检测人员基于测控装置自动化检测平台，双击运行相应测试集节点下的测试用例开始检测。以交流电气采集中电压、电流精度测试为例：

测试运行界面如图 4-29 所示，检测平台的测试集为模拟测控装置交流电气量采集过程中可能发生的种种情况，预制的测试用例，检测。

测试完成后测试集可查看各测试用例的测试结果及测试时的测例信息。如图 4-30 中

		Ia1 11_1						Ib1 11_2						频率
序号	启动加间	频率	幅值	相位	谐波次数	谐波含量	谐波相位	频率	幅值	相位	谐波次数	谐波含量	谐波相位	
1	1000	50.000	0.000	0.000				50.000	0.000	240.000				50.
2	11000	50.000	0.000	0.000				50.000	0.000	0.000				50.

模拟量加量 / 状态量加量（左侧标签）

TEMPLATE

		Ua 1_34		Ub 1_35		Uc 1_36		Ia 1_38		Ib 1_39		Ic 1_40	
序号	验证时间	验证值	允许误差	验证值	允许误差	验证值	允许误差	验证值	允许误差	验证值	允许误差	验证值	允许误差
1	1000	0.000	0.200	0.000	0.200	0.000	0.200	0.000	0.200	0.000	0.200	0.000	0.200

模拟量验证 / 状态量验证 / SOE时标验证（左侧标签）

图 4-26 测试编辑界面

测试项信息　测例编辑　测例定值　测试结果

装置列表 | 装置：TEMPLATE

| 1 | TEMPLATE |

定值编号	定值名称	定值类型	设定值
22	同期抽取电压	整数型	0
23	测量侧额定电压	浮点型	57.7400
24	抽取侧额定电压	浮点型	57.7400
25	同期有压定值	浮点型	34.0000
26	同期无压定值	浮点型	17.0000
27	滑差定值	浮点型	1.0000
28	频差定值	浮点型	1.0000
29	压差定值	浮点型	10.0000
30	角差定值	浮点型	10.0000
31	导前时间	整数型	200
32	固有相角差	浮点型	2.0000

图 4-27 测例定值界面

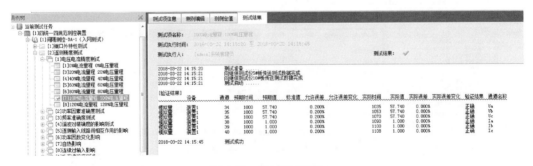

图 4-28 测试结果界面

120%电流量程、120%电压量程测试项结果标志为失败，测试结果页可见其失败原因为被测装置误差超标。

同时测列编辑页面中可手动编辑加量数据、控制信号等改变测试用例，如图4-31、图4-32所示。

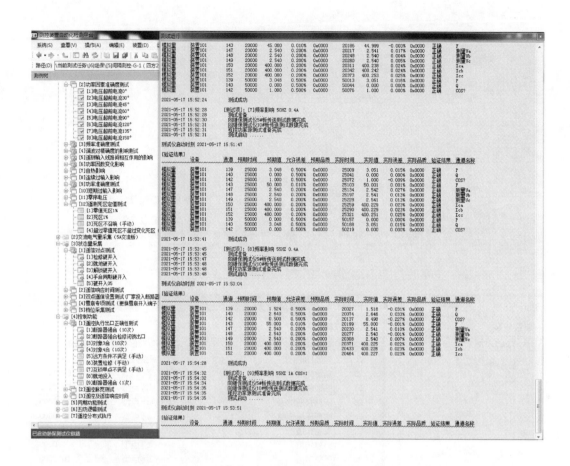

图 4-29　电压、电流精度检测运行界面

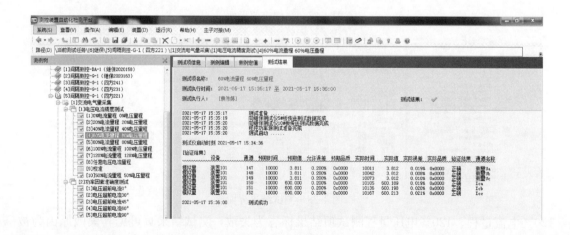

图 4-30　电压、电流精度测试结果界面

序号	启动时间	Ia1						Ib1						频率
		11_1						11_2						
		频率	幅值	相位	谐波次数	谐波含量	谐波相位	频率	幅值	相位	谐波次数	谐波含量	谐波相位	
1	1000	50.000	0.000	0.000				50.000	0.000	240.000				50.00
2	11000	50.000	0.000	0.000				50.000	0.000	0.000				50.00

图 4-31　状态量采集中的遥信对点测试的测试运行界面

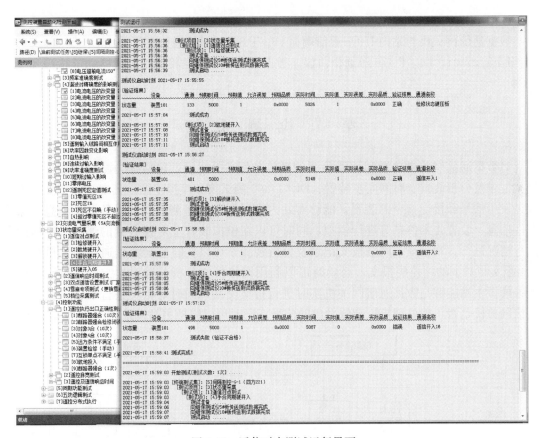

图 4-32　遥信对点测试运行界面

数据通信网关机检测

数据通信网关机与站内 IEDs 通信遵循 DL/T 860，对外通信主要采用 DL/T 634.5104、DL/T 634.5101、DL/T 476 等通信协议。数据通信网关机的检测内容包括功能检测和性能检测。

第一节 检 测 系 统

对数据通信网关机功能和性能检测的系统如图 5-1 所示，包括综合测试仪装置、网络报文记录及分析装置、时间同步装置、DL/T 860 测试仪和模拟主站。其中，综合测试仪装置是发生信号和接受指令的装置，能够对站内实时遥信、遥测信息、设备动作信息、保护事件信息、装置告警信息等进行模拟，同时可以在模拟装置上对接收到的遥控、遥调命令执行情况进行直观验证；网络报文记录及分析装置，可以实时监测数据通信网关机对上的104 报文与对下的站控层报文，必要时可以利用网络报文分析装置对报文的一致性进行检查；模拟主站能够与数据通信网关机实时进行报文交互，同时对报文进行解析，验证数据通信网关机是否正确处理模拟装置发出的信号，同时可以模拟主站发送遥控、遥调命令。

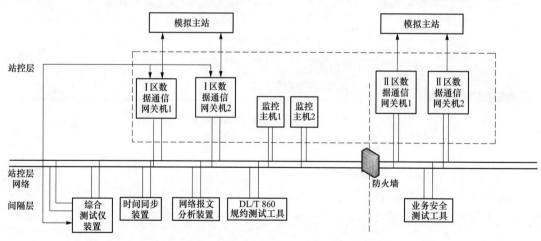

图 5-1　数据通信网关机检测系统架构图

第二节 功 能 检 测

数据通信网关机的功能检测主要包括数据采集功能、数据处理功能、数据远传功能、

148

控制功能、告警直传功能、远程浏览功能、冗余管理功能、运行维护功能、用户管理功能、日志功能、参数配置功能、时间同步功能等。

（一）数据采集功能

1. 数据采集内容和上送方式检测

（1）应满足要求。

1）实现模拟电网运行的稳态及保护录波等数据的采集；

2）实现模拟一、二次设备和辅助设备等运行状态数据的采集；

3）采集数据的时标应取自数据源，数据源未带时标时，采用数据通信网关机接收到数据的时间作为时标；

4）支持设置周期性上送、数据变化上送、品质变化上送及总召等方式。

（2）具体检测过程。

第一步：模拟装置发出模拟遥信或者遥测量等数据至数据通信网关机，通过模拟主站查看数据是否正确上送。

第二步：分别采用带时标和未带时标数据源上送数据至网关机，通过网络报文记录及分析装置查看数据通信网关机数据引用的时标是否与信号发生时间或通讯网关机时间一致。

第三步：通过 DL/T 860 传输规约测试系统分别设置周期性上送、数据变化上送、品质变化上送及总召时间，查看设置是否生效。

2. 装置双网冗余数据处理功能检测

（1）应满足要求。

1）数据通信网关机站控层双网使用同一个报告实例号；

2）冗余连接组中只有一个网的 TCP 连接处于工作状态，可以进行应用数据和命令的传输；另一个网的 TCP 连接应保持在关联状态，只能进行读数据操作；

3）双网切换时数据不重发、不漏发。

（2）具体检测过程。

第一步：采用双网冗余连接方式，通过 DL/T 860 传输规约测试系统查看双网是否共用一个报告实例号。

第二步：用网络报文记录及分析装置查看双网报文传输情况。

第三步：在双网切换过程中，触发遥信变化，查看数据是否漏发或重发。

（二）数据处理功能检测

1. 数据运算功能检测

（1）应满足要求。

1）装置应支持遥信信号的逻辑运算；

2）装置应支持遥测信号的算数运算；

3）装置运算模式包括周期和触发两种方式，可根据需要配置；

4）装置运算的数据源可重复使用，运算结果可作为其他运算的数据源；

5）装置合成信号的时标应为触发变化的信息点所带的时标。

（2）具体检测过程：

第一步：对遥信信号进行与、或和非等逻辑运算，通过模拟主站查看运算结果。

第二步：对遥测量进行加、减、乘和除等算数运算，通过模拟主站查看运算结果。

第三步：检查装置运算模式是否可配置，并分别验证周期和触发运算方式的正确性。

第四步：将同一数据源分别用于不同的逻辑运算或算数运算中，通过模拟主站查看运算结果，验证同一个数据源是否可以重复使用。

第五步：通过模拟主站查看合成信号时标是否与触发变化的信息点所带的时标一致。

2. 双点遥信合成计算处理功能检测

（1）应满足要求。

1）断路器、隔离开关位置类双点遥信正确采集、处理分合位置，参与量为 10 或 01，合成结果为位置信息的合或分。

2）断路器、隔离开关位置类双点遥信参与合成计算时，参与量采集结果为 00 或 11，合成结果为不定态。

（2）具体检测过程。

第一步：在数据通信网关机上，采用多个双点遥信子信号合成某一信号。

第二步：通过模拟装置，模拟参与量均为 10 或 01 并送至通讯网关机，通过模拟主站查看该合成信号所代表的位置信息是否相应的表示为合闸或分闸。

第三步：通过模拟装置，模拟参与量采集结果均为 00 或 11 并送至数据通信网关机，通过模拟主站查看该合成信号是否为不定态。

3. DL/T 860 品质与 DL/T 634.5104 品质映射功能检测

（1）应满足要求。

1）具备将 DL/T 860 品质转换成 DL/T 634.5104 规约品质。

2）映射规则满足 Q/GDW 11627—2016 的要求，具体如表 5-1 所示。

表 5-1   Q/GDW 11627—2016

项目	DL/T 860	DL/T 634.5104
遥信、SOE	Quality 的 validity-值［good］（好）	品质位 IV 值［valid］
	Quality 的 validity-值［invalid］（非法）	品质位 IV 值［invalid］
	Quality 的 validity-值［questionable］（可疑）	品质位 NT 值［1］
	Quality 的 source 值［substituted］（取代）	品质位 SB 值［substituted］
	Quality 的 test 值为［test］时（测试）	品质位 IV 值［invalid］
	Quality 的 operatorBlocked 值［blocked］（闭锁）	品质位 BL 值［blocked］
遥测量	Quality 的 validity-值［good］（好）	品质位 IV 值［valid］
	Quality 的 validity-值［invalid］（无效）	品质位 IV 值［invalid］
	Quality 的 validity-值［questionable］（可疑）	品质位 NT 值［1］
	Quality 的 dctailQual-值［overflow］（溢出）	品质位 OV 值［overflow］
	Quality 的 detailQual -值［out of Range］（超量程）	品质位 OV 值［overflow］
	Quality 的 source 值［substituted］（取代）	品质位 SB 值［substituted］
	Quality 的 test 值为［test］时（测试）	品质位 IV 值［invalid］
	Quality 的 operatorBlocked 值［blocked］（闭锁）	品质位 BL 值［blocked］

（2）具体检测过程。通过模拟装置设置遥信与遥测的品质位变化，并通过模拟主站查看 104 报文中信息的品质位变化是否符合表 5-1 中的映射关系。

4. DL/T 860 品质合成规则功能检测

（1）应满足要求。

1）合成信号的品质应按照输入信号品质进行运算。

2）合成规则应满足 Q/GDW 11627—2016 的要求，具体要求如下：

根据 DL/T 860.7-3 标准对品质位的规定，validity，source，test 和 operatorBlocked 是独立的品质位，运算时应分别运算，独立置位后输出信号总品质结果。其中 validity 包括 good（00）、invalid（01）及 questionable（11）三态，source、test 和 operatorBlocked 为两态即 0 与 1。

两态品质运算原则如下：①算术运算：值正常参与计算，品质位采用"或"逻辑计算。②或逻辑，值正常参与计算，品质位计算原则：当计算结果值为 1 时，取输入信号值为 1 的品质位采用"与"逻辑计算；当计算结果值为 0 时，品质位采用"或"逻辑计算。③与逻辑，值正常参与计算，品质位计算原则：当计算结果值为 1 时，品质位采用"或"逻辑计算；当计算结果值为 0 时，取输入信号值为 0 的品质位采用"与"逻辑计算。

三态品质运算原则如下：①validity 三态品质位的优先级从高至低分别为 invalid. questionable，good。②算术运算：值正常参与计算，品质位采用优先级最高的。③或逻辑，值正常参与计算，品质位计算原则：当计算结果值为 1 时，取输入信号值为 1 的品质位优先级最低的为合成信号的品质位；当计算结果值为 0 时，输出信号品质位取输入信号品质位优先级最高的。④与逻辑，首先值正常参与计算，品质位计算原则：当计算结果值为 1 时，输出信号品质位取输入信号品质位优先级最高的；计算结果值为 0 时，取输入信号值为 0 的品质位优先级最低的为合成信号的品质位。

（2）具体检测过程。

第一步：通过模拟装置设置遥信与遥测的值及品质位变化，在通讯网关机上配置合成信号逻辑以及数据变化及品质变化上送，查看 DL/T 860 报文中数据的品质位。

第二步：查看映射规则是否符合表 4-1 要求。

5. 事故总处理机制功能检测

（1）应满足要求：

1）事故总触发采用"或"逻辑；

2）支持自动延时复归与触发复归两种方式。

复归方式的具体介绍：①事故总复归方式：事故总支持自动延时复归和触发复归两种方式，两种方式可以同时使用，相互配合。②自动延时复归方式：当事故总信号动作，且保持时间超过了设置的延时复归时间，则系统自动将事故总信号复归，复归时标取触发信号时标加上复归延时时间；在事故总自动延时复归周期内，再次发生参与量由 0 到 1 的变位，事故总不响应，延时复归周期以最新的变位时间为基准；当有多个参与事故总的分量动作时，应以最新上送的信息分量时间为基准，只有当延时复归时间到或全部分量信息复归，事故总才复归；自动延时复归后，触发事故总的源信号复归，事故总不作响应。③触发复归方式：当事故总动作，且延时复归时间未到，则在延时复归倒计时的过程中，若引起事故总合的参与量复归，则事故总触发复归，复归时间取源信号的时标，同时取消自动延时复归流程。

（2）具体检测过程：

第一步：模拟主站与数据通信网关机建立连接。

第二步：新增事故总，合成至少含三个间隔事故总。

第三步：设置自动延时复归时间 10s。

第四步：在模拟装置上，设置模拟遥信，触发参与事故总的分量动作并设置好持续时间，查看新增事故总的值及复归情况。

6. 初始化过程检测

（1）应满足要求：

1）采用 DL/T 634.5104 规约对上通信时，装置开机/重启后，应在完成站内全部正常连接的间隔层设备信息总召唤后，方可响应主站总召唤请求。

2）装置初始化过程通信中断时，应将该装置直采的数据点品质位置为 invalid（无效）。

（2）具体检测过程：

第一步：装置重启，模拟主站发总召命令；

第二步：用网络报文记录及分析装置查看对间隔层设备总召结束时间 T1，及对模拟主站总召响应时间 T2，比较 T1 与 T2 的时间，T2 应该晚于 T1，且 T2−T1<5s；

第三步：装置重启过程中模拟通信中断，检查装置直采的数据点品质位是否为 invalid（无效）。

7. 通信中断处理功能检测

（1）应满足要求：

1）当与系统中其他装置通信中断后，应将该装置直采的数据点品质置 questionable（可疑）。

2）通信恢复后，应对该装置进行全总召。

（2）具体检测过程：

第一步：中断装置双网通信，查看该装置信息品质位；

第二步：恢复双网通信，检查通信网关机在通讯恢复后是否向改装置发起总召命令，同时查看品质位是否恢复。

（三）数据远传功能检测

1. 数据远传基本功能检测

（1）应满足要求：

1）应支持向主站传输站内调控数据，保护信息，一、二次设备状态监测信息，图模信息，转发点表等各类数据；

2）应支持周期、突发（自发）或者响应总召的方式上送主站。

（2）具体检测过程：

第一步：通过模拟主站查看装置是否能传输站内调控数据，保护信息，一、二次设备状态监测信息，图模信息和转发点表等各类数据；

第二步：通过 DL/T 634.5104 传输规约测试系统查看被测装置数据上送是否支持周期、突发（自发）或者响应总召的方式。

2. 同一网口多通信链接功能检测

（1）应满足要求：

1）应支持同一网口同时建立不少于 32 个主站通信链接；

2）支持对多通道分别进行状态监视。

（2）具体检测过程：

第一步：模拟主站开启 32 个不同 IP 客户端与网关机的同一网口建立 32 个通信链路。

第二步：查看 32 个客户端通信情况，连续通信时间持续 30min 以上，查看有无异常通信情况。

第三步：中断任意一路通信，查看是否有相应报警。

3. 数据转发独立性功能检测

（1）应满足要求：应支持与不同主站通信时实时转发库的独立性。

（2）具体检测过程：

第一步：数据通信网关机可以同时对多个主站建立连接通道并转发数据，每条连接通道的转发点表应可独立进行配置。

第二步：在转发点表配置完成后，分别模拟每个转发表内特有信号，从而验证数据实时转发独立性，检测功能。

4. 同一 IP 地址重复发起链接功能检测

（1）应满足要求：

1）对于 DL/T 634.5104 服务端同一端口号，当同一 IP 地址的客户端发起新的链接请求时，应能正确关闭原有链路；

2）对于 DL/T 634.5104 服务端同一端口号，当同一 IP 地址的客户端发起新的链接请求时，释放相关 Socket 链接资源，重新响应新的链接请求。

（2）具体检测过程：

第一步：模拟主站与数据通信网关机建立通信链接，以相同 IP 地址发起新的链接。

第二步：检查数据通信网关机是否能正确关闭原有链路，释放相关 Socket 链接资源，重新响应新的链接请求。

5. 主站合法性功能检测

（1）应满足要求：

1）应支持配置主站 IP 地址；

2）对于未配置 IP 地址的主站连接请求，数据通信网关机应拒绝响应。

（2）具体检测过程：

第一步：模拟主站用合法 IP 地址与数据通信网关机链接，数据通信网关机应予以响应；

第二步：模拟主站用非法 IP 地址与数据通信网关机链接，数据通信网关机应拒绝响应。

6. 上送主站信息正确功能检测

（1）应满足要求：

1）应采用双点遥信上送开关、刀闸等位置信息到主站，且能正确反映中间状态；

2）应采用一次值上送电气遥测量，数据类型为浮点数；

3）应支持带时标上送遥测量与遥信量。

（2）具体检测过程：

第一步：通过在模拟装置触发遥测及遥信带时标上送至数据通信网关机，并由通信网网关机转发至模拟主站；

第二步：通过模拟主站查看遥测及遥信时标，检查上送数据类型与时标。

7. 远传日志及报文存储功能检测

（1）应满足要求：数据远传功能处理正确。

（2）具体检测过程：检查数据通信网关机是否能查询远传通信中断日志及通信重连报文。

（四）控制功能正确性检测

1. 远方控制功能检测

（1）应满足要求：

1）应支持主站遥控、遥调和设点、定值操作等远方控制，实现开关刀闸分合、保护信号复归、软压板投退、变压器挡位调节、保护定值区切换、修改定值等功能。

2）应支持单点遥控、双点遥控、直接遥控、选择遥控等遥控方式。

3）应具备远方控制操作全过程的日志记录功能；应具备远方控制报文全过程记录功能。

4）同一时间应只支持一个遥控操作任务，对另外的操作指令应作失败应答。

5）对于来自调控主站遥控操作，应将其下发的遥控选择命令转发至相应间隔层设备，返回确认信息源应来自该间隔层 IED 装置。

（2）具体检测过程：

第一步：在模拟主站上进行遥控、遥调和设点、定值操作等远方控制操作，检查数据通信网关机能否正确下发操作命令并上送返校信息给主站，并将操作命令正确传送至模拟装置。

第二步：验证单点遥控、双点遥控、直接遥控、选择遥控等遥控方式。

第三步：检查数据通信网关机远方控制操作全过程日志信息。

第四步：同一时间进行多个遥控操作，检查数据通信网关机响应。

第五步：验证来自调控主站遥控操作，其下发的遥控选择命令是否转发至相应间隔层设备，返回确认信息源是否来自该间隔层 IED 装置。

2. 顺序控制功能检测

（1）应满足要求：

1）具备远方顺序控制命令转发、操作票调阅传输及异常信息传输功能；

2）遵循 Q/GDW 11489 的要求。

（2）具体检测过程：

第一步：在模拟主站上进行远方顺序控制操作，模拟生成操作票，检查数据通信网关机能否按操作票正确下发控制命令，上送返校信息，并将控制命令正确传送至模拟装置。

第二步：模拟异常信息传输，检查数据通信网关机响应，检测功能。

（五）告警直传功能检测

1. 应满足要求

（1）应能将监控系统的告警信息以告警直传的方式上送主站；

（2）应满足 Q/GDW 11207 要求。

2. 具体检测过程

第一步：模拟监控系统告警信息上送至数据通信网关机；

第二步：通过模拟主站查看是否收到通信网关机转发的告警直传信息，同时检查信息格式是否满足要求。

（六）远程浏览功能检测

1. 应满足要求

（1）应能将监控系统的画面通过通信转发方式上送主站；

（2）应满足 Q/GDW 11208 要求。

2. 具体检测过程

第一步：模拟遥测变化及遥信变位传输至数据通信网关机；

第二步：通过模拟主站远程调阅数据查看是否正确，数据是否实时刷新。

（七）冗余管理功能检测

1. 应满足要求

（1）应支持双主机工作模式和主备机热备工作模式；

（2）宜实现双主机和主备机热备的自适应工作模式；

（3）主备机热备工作模式运行时应具备双机数据同步措施，保证上送主站数据不漏发，已确认的数据不重发；

（4）在主备机热备工作方式时，主备机状态应能正确上送，并且不能出现抢主机的现象。

2. 具体检测过程

第一步：由双主机工作模式切换至主备模式，模拟装置触发遥信变位，查看数据传输是否正确；

第二步：模拟主机故障（断电、复位、断开对下双网），导致被动进行主备切换，触发遥信变位和遥测越限，检查遥信和遥测越限是否正确上送。

（八）运行维护功能检测

1. 应满足要求

（1）应具备自诊断功能，至少包括进程异常、通信异常、硬件异常、CPU 占用率过高、存储空间剩余容量过低、内存占用率过高等；

（2）检测到异常时应提示告警；

（3）诊断结果应按标准格式记录日志。

2. 具体检测过程

第一步：人为设置进程异常、通信异常、硬件异常、CPU 占用率过高、存储空间剩余容量过低、内存占用率过高等异常，查看是否有异常告警；

第二步：查看异常告警是否有日志记录；

第三步：查看日志记录格式是否满足要求。

（九）用户管理功能检测

1. 应满足要求

（1）应具备用户管理功能，可对不同的角色分配不同的权限；

（2）具备分配以下角色的功能：管理员、维护人员、操作员和浏览人员等；

（3）分配权限至少包含：用户角色管理、权限分配、配置更改、进程管理、控制操作、数据置数、数据封锁、数据查询和解除闭锁功能等。

2. 具体检测过程

第一步：利用运维工具进行用户管理设置，可以在新建用户时分配角色；

第二步：用新建的用户登录，查看是否有相应的权限。

（十）日志功能检测

1. 应满足要求

（1）应具备日志功能，日志类型至少包括运行日志、操作日志、维护日志等；

（2）所有日志的格式应统一，日志格式满足以下要求：

日志文件支持CIM/E格式查询和导出，采用横表式结构，其中＜类名∷实体名＞为＜日志文件∷运行＞、＜日志文件∷操作＞、＜日志文件∷维护＞数据块头定义格式为：@ ID Timestamp Sponsor Behavior Target BehaviorResult AttachInfo。

2. 具体检测过程

第一步：分别触发运行日志、操作日志及维护日志记录；

第二步：查看日志格式是否满足要求。

（十一）参数配置功能检测

1. 系统参数配置功能检测

（1）应满足要求：

1）系统配置的参数包括物理网卡参数、路由配置参数和NTP对时参数；

2）各参数配置项应满足表5-2～表5-4要求，其中路由参数配置为可选。

表 5-2   网卡参数配置表

序号	参数项	描述	默认值
1	网卡1以太网IP地址	物理网卡1以太网IP地址	0.0.0.0
2	网卡1子网掩码	物理网卡1子网掩码	0.0.0.0
3	网卡1网关地址	物理网卡1网关地址	0.0.0.0
4	网卡2以太网IP地址	物理网卡2以太网IP地址	0.0.0.0
5	网卡2子网掩码	物理网卡2子网掩码	0.0.0.0
6	网卡2网关地址	物理网卡2网关地址	0.0.0.0

表 5-3   路由参数配置表

序号	参数项	描述	默认值
1	路由 1 本侧网关	路由 1 本侧网关	0.0.0.0
2	路由 1 对侧网段	路由 1 对侧网段	0.0.0.0
3	路由 1 对侧掩码	路由 1 对侧掩码	0.0.0.0
4	路由 2 本侧网关	路由 2 本侧网关	0.0.0.0
5	路由 2 对侧网段	路由 2 对侧网段	0.0.0.0
6	路由 2 对侧掩码	路由 2 对侧掩码	0.0.0.0

表 5-4   NTP 对时参数配置表

序号	参数项	描述	默认值
1	主时钟主网 IP 地址	主时钟 A 网 IP 地址	0.0.0.0
2	主时钟备网 IP 地址	主时钟 B 网 IP 地址	0.0.0.0
3	备时钟主网 IP 地址	备时钟 A 网 IP 地址	0.0.0.0
4	备时钟备网 IP 地址	备时钟 B 网 IP 地址	0.0.0.0
5	端口号	NTP 端口号	123
6	对时周期	NIP 对时周期，单位为 s	30
7	是否采用广播	采用广播/点对点	广播

（2）具体检测过程：

第一步：在网关机配置工具配置系统参数；

第二步：查看系统配置参数命名及默认值是否满足要求；

第三步：修改默认参数，查看相应功能是否生效。

2. DL/T 860 接入参数检测

（1）应满足要求：

1）DL/T 860 接入配置的参数包括 DL/T 860 接入全局参数和 DL/T 860 接入单 IED 参数，后者优先级高于前者。

2）应支持对间隔层装置按设备类型的遥测报告控制块进行批量操作处理，各参数配置项应满足表 5-5 及表 5-6 要求。

表 5-5   DL/T 860 接入全局参数配置表

序号	参数项	描述	默认值
1	报告控制块实例号	报告控制块的实例号	空
2	URCB IntgPd	非缓存报告控制块上送周期，单位为 ms	60 000

序号	参数项	描述	默认值
3	BRCB IntgPd	缓存报告控制块上送周期,单位为 ms	0
4	BRCB OptFlds	缓存报告控制块的传输可选项	0111111111
5	URCB OptFlds	非缓存报告控制块的传输可选项	0111110011(除溢出标志、条目标识 EntryID 外全置 1)
6	BRCB TrgOps	缓存报告控制块的触发选项	011001(变位、品质、总召)
7	测控装置 URCB TrgOps	测控装置非缓存报告控制块的触发选项	011011(数据变化、品质、周期、总召)
8	保护装置 URCB TrgOps	保护装置非缓存报告控制块的触发选项	000001(总召)
9	总召周期	对所有装置总召唤的循环周期,单位为 min	15

表 5-6　　　　　　　　　　　DL/T 860 接入单 IED 参数配置表

序号	参数项	描述	默认值
1	装置 lEDName	IED 名称	从 SCD 获取
2	A 网 IP 地址	装置站控层 A 网 IP 地址	从 SCD 获取
3	B 网 IP 地址	装置站控层 B 网 IP 地址	从 SCD 获取
4	URCB 上送周期	非缓存报告控制块上送周期,单位为 ms	空
5	BRCB 上送周期	缓存报告控制块上送周期,单位为 ms	空
6	BRCB OptFlds	缓存报告控制块的传输可选项	空
7	URCB OptFlds	非缓存报告控制块的传输可选项	空
8	BRCB TrgOps	缓存报告控制块的触发选项	空
9	URCB TrgOps	非缓存报告控制块的触发选项	空

(2) 具体检测过程:

第一步:在网关机配置工具配置 DL/T 860 接入全局参数和 DL/T 860 接入单 IED 参数;

第二步:查看 DL/T 860 接入参数命名及默认值是否满足要求。

3. DL/T 634.5104 通信规约参数检测

(1) 应满足要求:

1) DL/T 634.5104 配置的参数包括通信参数、通道参数和远动转发表参数;

2) 各参数配置项应满足表 5-7 要求。

(2) 具体检测过程:

第一步:在网关机配置工具配置 DL/T 634.5104 参数;

表 5-7　　　　　　　　　　　DL/T 634.5104 规约参数配置表

序号	参数项	描述	默认值
1	初始化结束报文优先级别	初始化结束报文优先级别	默认为 1
2	重链后第一次总召优先级别	重链后第一次总召优先级别	默认为 2
3	遥控返校优先级别	遥控返校优先级别	默认为 3
4	变化遥信优先级别	变化遥信优先级别	默认为 4
5	SOE 优先级别	SOE 优先级别	默认为 5
6	对时报文优先级别	对时报文优先级别	默认为 6
7	组召唤/非第一次总召唤优先级别	组召唤/非第一次总召唤优先级别	默认为 7
8	变化遥测优先级别	变化遥测优先级别	默认为 8
9	遥信起始地址	遥信起始地址	默认为 1H
10	遥测起始地址	遥测起始地址	默认为 4001H
11	遥控起始地址	遥控起始地址	默认为 6001H
12	遥调起始地址	遥调起始地址	默认为 6201H
13	遥脉起始地址	遥脉起始地址	默认为 6401H
14	ASDU 公共地址	对应主站 RTU 地址	默认为 1
15	信息体地址字节数	信息体地址字节数	3
16	遥信品质变化是否推送	遥信品质变化是否触发数据上送	推送
17	遥测品质变化是否推送	遥测品质变化是否触发数据上送	推送
18	是否允许主站对时	是否允许主站对时	不允许
19	事故总自复归时间	事故总自动延时复归时间，单位 s	10

第二步：查看 DL/T 634.5104 参数命名及默认值是否满足要求；

第三步：修改默认参数，查看相应功能是否生效。

4. Q/GDW 273 通信规约参数检测

（1）应满足要求：

1）Q/GDW 273 配置的参数即通信参数；

2）各参数配置项应满足表 5-8 要求。

表 5-8　　　　　　　　　　　Q/GDW 273 通信参数配置表

序号	参数项	描述	默认值
1	子站描述	子站描述	空
2	服务端 IP 地址/网卡	子站服务端 IP/网卡	0.0.0.0/eth1
3	本地网关	子站本地网关（若用网卡，则无该参数项）	0.0.0.0
4	端口号	端口号	2404
5	主站 IP	主站 IP 地址	0.0.0.0
6	T1 参数	发送成测试 APDU 的超时，单位为 s	15
7	T2 参数	无数据报文 T2<T1 时确认的超时，单位为 s	10
8	T3 参数	长期空闲 T3>T1 状态下发送测试帧的超时，单位为 s	20

（2）具体检测过程：

第一步：在网关机配置工具配置 Q/GDW 273 参数；

第二步：查看 Q/GDW 273 参数命名及默认值是否满足要求；

第三步：修改默认参数，查看相应功能是否生效。

5. Q/GDW 476 通信规约参数检测

（1）应满足要求：

1）DL/T 476 配置的参数包括通信参数和通道参数；

2）各参数配置项应满足 Q/GDW 11627—2016 要求，如表 5-9 和表 5-10 所示。

表 5-9 DL/T 476 通信参数配置表

序号	参数项	描述	默认值
1	子站描述	子站描述	空
2	本地 IP	子站本地 IP	0.0.0.0
3	端口号	端口号	告警直传：3000；远程浏览：3001
4	主站 IP 地址	主站 IP 地址，可配置一对多	0.0.0.0
5	T1	联系等待确认定时器，单位为 s	10
6	T2	释放等待确认定时器，单位为 s	10
7	T3	复位等待确认定时器，单位为 s	10
8	T4	数据等待确认定时器，单位为 s	15
9	T5	探询等待确认定时器，单位为 s	10
10	T6	发送等待确认定时器，单位为 s	10
11	T7	控制等待确认定时器，单位为 s	10
12	W	窗口尺寸，最迟确认数据帧的最大数目	10

表 5-10 DL/T 476 通道参数配置表

序号	参数项	描述	默认值
1	主站单个 IP 最大连接数	主站单个 IP 最大连接数	4
2	数据包最大长度	数据包最大长度	1024
3	变化遥测帧最大长度	变化遥测帧最大长度	1024
4	变化遥信帧最大长度	变化遥信帧最大长度	1024
5	全遥测上送周期	全遥测上送周期，单位为 min	2
6	全遥信上送周期	全遥信上送周期，单位为 min	3
7	变化遥测上送周期	变化遥测上送周期，单位为 s	3
8	变化遥信上送周期	变化遥信上送周期，单位为 s	3
9	重发次数	重发次数，未确认报文重发次数	3
10	告警信号缓存时间	告警信号缓存时间，单位为 s	600

（2）具体检测过程：

第一步：数据通信网关机双机运行时，更改其中任一数据通信网关机的参数配置，至少五处配置，导出配置参数备份文件；

第二步：另一台数据通信网关机导入备份的配置参数文件；

第三步：用数据通信网关机配置工具查看更改的参数配置；

第四步：开展更改参数配置功能测试，验证是否生效。

第三节　性　能　检　测

数据通信网关机的性能检测主要包括接入性能、装置基本性能、遥测处理时间性能、遥信处理时间性能、遥控处理性能、事件顺序记录（SOE）缓存能力、遥控报文记录性能、日志记录性能、雪崩性能、网络通信接口处理能力、告警直传性能、远程浏览时间性能、远程浏览处理性能、装置功耗、可靠性等检测。

（一）装置基本配置能力检测

1. 应满足要求

（1）应具备不少于 6 个网口；

（2）单网口应支持至少同时建立 32 个对上通信链接；

（3）内存不小于 1GB；

（4）存储空间不小于 128GB。

2. 具体检测过程

第一步：查看记录网口数；

第二步：模拟主站开启 32 个不同 IP 客户端与数据通信网关机的同一网口建立 32 个通信链路，检查通讯连接应无异常；

第三步：查看记录内存大小；

第四步：查看记录存储空间大小。

（二）接入性能检测

1. 应满足要求

（1）应满足接入不少于 255 台装置时正常工作；

（2）接入间隔层装置小于 255 台时初始化过程应小于 5min。

2. 具体检测过程

第一步：综合测试仪装置系统导入测试用例 SCD 文件，模拟 255 台保护测控装置与数据通信网关机建立 DL/T 860 通信；

第二步：查看接入数据通信网关机的通信状态，查看实时数据刷新情况；光查看不行，要有数据指标；

第三步：模拟 254 台保护测控装置与数据通信网关机建立 DL/T 860 通信，通过网络报文记录及分析装置查看初始化过程，记录初始化时间，时间为链接开始到第一次总召结束。

（三）遥测处理时间性能检测

1. 应满足要求

遥测信息响应时间（数据通信网关机对遥测数据的处理时间，也就是进、出的时间差）不大于 500ms。

2. 具体检测过程

第一步：将数字信号发生器与数据通信网关机采用同时钟源对时；

第二步：改变数字信号发生器模拟遥测量输入；

第三步：用网络记录及分析装置查看通讯报文时标，比较数字信号发生器送出模拟量的 MMS 报文时标与数据通信网关机上送主站模拟量报文时标，计算时间差是否不大于 500ms。

（四）遥信处理时间性能检测

1. 应满足要求

遥信变化响应时间（数据通信网关机出口时间）不大于 200ms。

2. 具体检测过程

第一步：将数字信号发生器与数据通信网关机同时钟源对时；

第二步：改变数字信号发生器模拟状态量输入；

第三步：用网络记录及分析装置查看通信报文时标，比较数字信号发生器送出模拟量的 MMS 报文时标与数据通信网关机上送主站模拟量报文时标，计算时间差是否不大于 200ms。

（五）遥控处理性能检测

1. 应满足要求

（1）遥控处理时间不大于 200ms；

（2）控制操作正确率 100%。

2. 具体检测过程

第一步：将模拟主站与数据通信网关机同时钟源对时；

第二步：在模拟主站下发遥控选择及遥控执行命令；

第三步：用网络记录及分析装置查看主站下发报文时间与数据通信网关机命令出口时间，计算时间差是否小于或等于 200ms；

第四步：查看主站下发遥控指令后数据通信网关机是否能够正确响应控制操作。

（六）事件顺序记录（SOE）缓存能力检测

1. 应满足要求

SOE 缓存能力大于 8000 条。

2. 具体检测过程

第一步：将数据通信网关机与模拟主站断开连接；

第二步：多台数字信号发生器状态量经信号发生器并接，模拟多次状态量变位，变位数量总计 8000 个；

第三步：数据通信网关机与模拟主站恢复正常通信，在模拟主站上查看接收 SOE 信息的个数是否一致。

（七）遥控报文记录性能检测

1. 应满足要求

远方遥控的报文记录条数不小于 1000 条。

2. 具体检测过程

第一步：在模拟主站发起遥控命令，遥控次数大于 1000 次；

第二步：查看数据通信网关机存储的遥控报文记录条数是否不小于 1000 条，检测功能。

（八）日志记录性能检测

1. 应满足要求

运行日志、操作日志与维护日志各记录条数不小于 10 000 条。

2. 具体检测过程

第一步：拷贝复制处理运行日志、操作日志与维护日志到 10 000 条以上；

第二步：查看数据通信网关机存储的日志记录条数是否不小于 10 000 条。

（九）雪崩性能检测

1. 应满足要求

（1）在 200 点遥信每秒变化一次；

（2）连续变化 40 次的情况下，变位信息记录完整，时间顺序记录时间正确。

2. 具体检测过程

第一步：正常通信状态下，观测遥信是否满足 200 点每秒变化一次；

第二步：模拟装置批量 200 个遥信每秒变化一次，连接变化 40 次；

第三步：利用网络报文记录及分析装置记录分析变位信息，查看数据通信网关机变位信息记录和时间顺序记录时间是否正确。

（十）网络通信接口处理能力检测

1. 应满足要求

站控层网络接口在线速 30％的背景流量或广播流量下，装置未出现死机、重启等异常，各项应用功能正常，数据传输正确，性能不下降。

2. 具体检测过程

第一步：按照图 5-2 搭建检测环境，通过网络测试仪向站控层网络接口施加线速 30％的背景流量或广播流量；

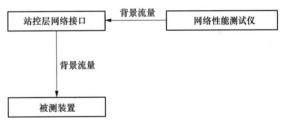

第二步：产生遥信变位和遥测越限，下发遥控命令，检测装置记录的遥信、遥测数据的正确性以及执行遥控命令正确性，检测功能。

图 5-2　通信性能检测拓扑图

（十一）告警直传性能检测

1. 应满足要求

告警直传处理时间不大于 500ms。

2. 具体检测过程

第一步：使用模拟装置模拟某个遥信变位上送，多次记录数据通信网关机告警直传处理时间；

第二步：计算告警直传处理时间的平均值是否满足不大于 500ms。

（十二）远程浏览时间性能检测

1. 应满足要求

远程浏览处理时间不大于 500ms。

2. 具体检测过程

第一步：模拟主站按照 DL 476 或 DL/T 634.5104 请求文件，多次记录数据通信网关机远程浏览处理时间；

第二步：计算远程浏览处理时间的平均值是否满足不大于 500ms。

（十三）远程浏览处理性能检测

1. 应满足要求

（1）支持远程浏览连接数不小于 16 个；

（2）每个连接支持远程浏览画面数不小于 16 个；

（3）支持远程浏览同一主站 IP 连接数不小于 4 个。

2. 具体检测过程

第一步：模拟主站向数据通信网关机发起 16 个远程浏览连接，检查连接是否能够正确建立；

第二步：在调控主站画面上打开 16 幅画面，检查画面是否均可被远程浏览；

第三步：在四个调控主站工作站上调阅远程浏览画面，检查各主站是否可以成功调阅。

（十四）功耗检测

1. 应满足要求

数据通信网关机整机正常运行功率应小于 50W。

2. 具体检测过程

第一步：令数据通信网关机整机正常运行，使用功率表在电源输入端测试被测设备的工作电压、电流；

第二步：利用测试值计算被测设备的整机功耗，计算被测设备的功耗是否小于 50W。

（十五）可靠性检测

1. 应满足要求

（1）在拉合直流电源以及插拔熔丝发生重复击穿火花时，数据通信网关机不应误输出；

（2）在输入直流电源的正负极性颠倒时，数据通信网关机应无损坏；

（3）当电源恢复正常后，装置应自动恢复正常运行。

2. 具体检测过程

第一步：模拟拉合直流电源以及插拔熔丝，出现重复击穿火花的现象，检查数据通信网关机是否正确无误输出；

第二步：将输入直流电源的正负极性颠倒，检查数据通信网关机是否没有损坏；

第三步：将电源正负极性恢复正常后，查看被测数据通信网关机的工况，检查其是否自动恢复正常运行。

第四节 检 测 实 例

随着检测技术的发展，为提高检测效率、减少人为操作误差，一种自动检测设备应运而生，即数据通信网关机综合测试装置，主要特点是支持多台数据通信网关机并行自动测试，操作简便，智能分析，测试过程数据自动存档。

下面介绍基于数据通信网关机综合测试装置（以下称综合测试装置）的检测方法。

综合测试装置包含配置信息校核模块、远动信息自动触发模块、闭环验证模块、远动模型一致性动态校核模块、合成信号测试验证模块、远动功能自动测试模块等功能模块。

综合测试装置系统连接图如图 5-3 所示，将数据通信网关机的站控层网络接口直连（多台并行测试需通过交换机）到综合测试装置的站控层 AB 网络接口，将数据通信网关机的远动通道网络接口直连（多台并行测试需通过交换机）到综合测试装置的远动通道网络接口，形成一个闭环；一键触发对实遥信、通信中断虚遥信、遥信合成信号、遥测信号进行闭环测试，验证数据通信网关机的工程组态配置正确性，并对数据通信网关机功能及性能进行自动测试。

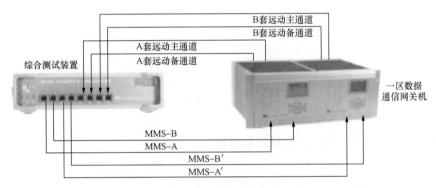

图 5-3　数据通信网关机检测系统连接图

（一）人机交互视图框架

检测系统分为两个功能区：工具导航视图、数据监测视图，见图 5-4。

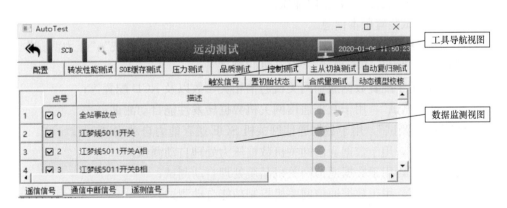

图 5-4　综合测试装置人机交互主界面

1. 工具导航视图分为三层

（1）第一层工具栏包括"返回"按钮、"SCD"按钮、"报文监视"按钮、"快捷菜单"按钮。

1）"返回"按钮 ，用于返回软件主页面。

2)"SCD"按钮，用于进入 SCD 配置页面。

3)"报文监视"按钮 ，用于进入报文实时监测分析工具页面。

4)"快捷菜单"按钮 ，点击进入下拉显示菜单项，如图 5-5 所示。

图 5-5　快捷菜单项

RCB 使能状态查看：查看远动使能报告控制块状态；

更新主机时间：通过客户端同步综合测试状装置时间；

激活当前工程：启动综合测试装置分析仿真服务；

远方总召远动：主动向远动发出总召命令；

远方复位服务：综合测试装置内部软件初始化；

远方重启主机：综合测试装置软重启；

更新程序：升级综合测试装置内部软件；

关于：综合测试装置版本信息。

(2) 第二层工具栏包括"配置""转发性能测试""SOE 缓存测试""压力测试""品质测试""控制测试""主从切换测试""自动复归测试"。

1)"配置"，用于配置数据通信网关机通信相关参数以及 RCD 配置等；

2)"转发性能测试"，用于数据通信网关机数据转发性能自动测试；

3)"SOE 缓存测试"，用于数据通信网关机 SOE 缓存能力自动测试；

4)"压力测试"，用于数据通信网关机数据压力处理自动测试；

5)"品质测试"，用于数据通信网关机品质处理自动测试；

6)"控制测试"，用于数据通信网关机控制功能自动测试；

7)"主从切换测试"，用于数据通信网关机主从模式切换自动测试；

8)"自动复归测试"，用于数据通信网关机事故总自动延时复归自动测试。

(3) 第三层工具栏包括"触发信号""置初始状态""合成量测试""动态模型校核"。

1)"触发信号"：发送仿真信号命令给综合测试装置，进行批量信号模拟触发；

2)"置初始状态"：遥信信号全部置为复归信号，遥测信号值全部置为 0；

3)"合成量测试"：合成信号逻辑表达式正确性测试；

4)"动态模型校核"：检查 RCD 配置文件是否和数据通信网关机的配置一致。

2. 数据监测视图包含信号类型分页，测试不同类型信号

(1) 信号按照类型分为：遥信信号、通信中断信号、遥测信号；

(2) 每一种信号类型视图都包含属性列：点号、描述、触发值、选项（合成信号子信号列表）、状态、转发值（每个数据通信网关机的远动通道转发值）；

(3) 改变触发值后，仿真信号立刻改变值经过报告发送；远动配置经过模型一致性校核通过的，其转发值应与触发值一致；

(4) 状态列下的控制按钮"T1""T2"用于控制数据触发策略，按钮"T1"触发当前设置的值，按钮"T2"控制遥信信号按照先"动作"、后"复归"进行变化触发。

（二）配置测试用例

1. 测试用例方案配置

(1) 启动软件，连接综合自动测试装置（见图 5-6）。

图 5-6　人机交互连接综合自动测试装置

(2) 选择客户端连接的对应网口通道（见图 5-7）：运行软件的电脑 IP 地址需和下图中选择的网络接口地址在同一网段。

图 5-7　选择通过指定网络接口连接综合自动测试装置

(3) 导入 SCD 模型文件。导入 SCD，依据 IEC 61850-6，对 SCD 进行模型有效性校核；提取模型数据，IEC 61850 仿真模块根据提取的模型数据仿真 SCD 中所有的 IED 服务，见图 5-8。

(4) 远动通信配置，见图 5-9。

1) 通道 1～通道 4：表示综合测试装置可以配置 4 台数据通信网关机进行测试，分别对应综合测试装置的前 4 个网口。

2) 通道名称：根据实际情况命名对应数据通信网关机测试名称。

3) TCD 端口号：一般采用 2404 默认设置。

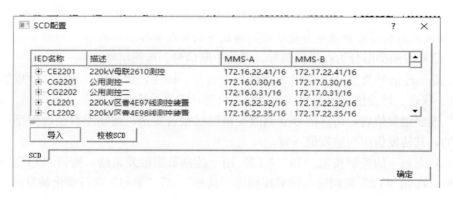

图 5-8 SCD 导入解析视图

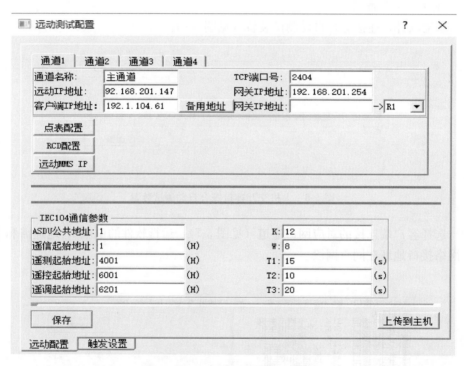

图 5-9 远动通信配置

4) 远动 IP 地址、网关 IP 地址和客户端 IP 地址：根据数据通信网关机实际配置更改。

5) R1～R4，连接数据通信网关机 IEC 104 网口，为综合测试装置的后 4 个网口。

6) 点表配置：无点表时采用数据通信网关机导出的 RCD 中的描述。

7) RCD 配置：远动配置描述（remote configuration description，RCD）文件依据变电站数据通信网关机技术规范及相关标准配置并导出相应文件。综合测试装置具备自动检测 RCD 文件功能，对配置错误及不合理部分提供文件说明。

8) 远动 MMS IP：多台数据通信网关机转发性能测试时，用于区分通信链路。

9) IEC 104 通信参数：数据通信网关机通信参数配置。

（5）信号模拟触发配置，见图 5-10。触发设置页面根据需要修改，一般情况下，采用默认配置即可。

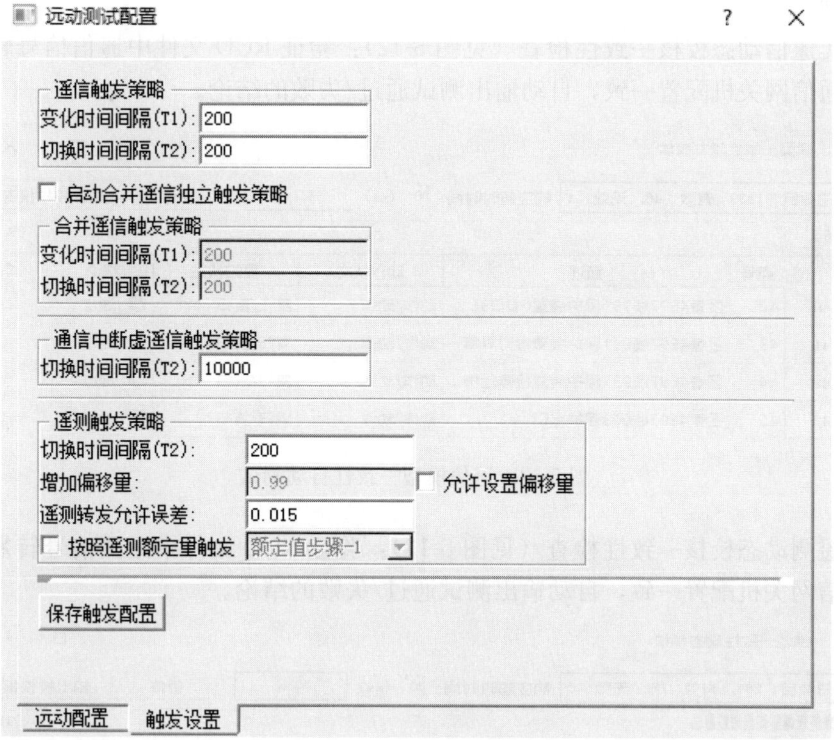

图 5-10 信号模拟触发配置

1）遥信触发策略：满足遥信处理时间不大于 200ms；

2）通信中断虚遥信触发策略：站控层网络通信状态变化能在 1min 内正确反应；

3）遥测触发策略：满足遥测处理时间不大于 500ms。

2. 测试准备就绪

等待初始化完成，检查连接状态："控制"列全部显示 T1/T2 表示初始化正常，可以进行数据触发测试；通道名称项背景色绿色表示模拟主站和数据通信网关机连接正常并且总召成功，见图 5-11。

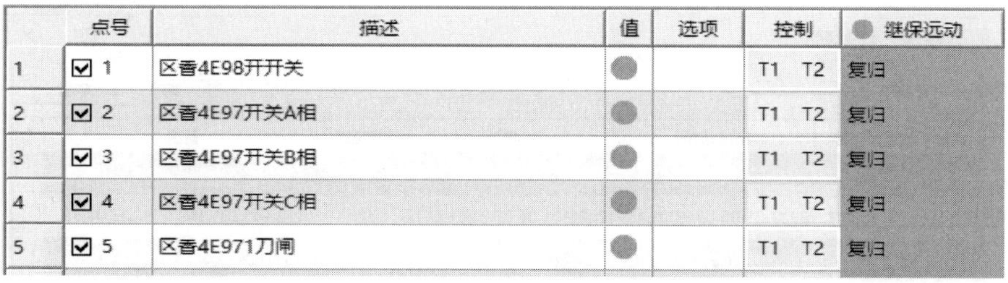

	点号	描述	值	选项	控制	● 继保远动
1	☑ 1	区香4E98开开关	●		T1 T2	复归
2	☑ 2	区香4E97开关A相	●		T1 T2	复归
3	☑ 3	区香4E97开关B相	●		T1 T2	复归
4	☑ 4	区香4E97开关C相	●		T1 T2	复归
5	☑ 5	区香4E971刀闸	●		T1 T2	复归

图 5-11 测试准备就绪

（三）功能及性能自动测试

1. 数据通信网关机数据模型一致性自动测试

数据模型一致性自动测试，测试 RCD 模型和数据通信网关机内部配置是否完全一致，只有通过一致性测试的 RCD，才能进一步进行后续功能测试，模型一致性测试是整个自动测试的基础。

（1）实遥信动态校核一致性检查（见图 5-12）：验证 RCD 文件中遥信信号转发配置是否和数据通信网关机配置一致，自动输出测试通过/失败的结论。

	点号	描述	动作状态	复归状态	结论
40	42	区香4E97线931保护装置GOOSE...	动作/动作	复归/复归	通过
41	43	区香4E97线931保护装置对时异常	动作/动作	复归/复归	通过
42	44	区香4E97线931保护装置检修压板...	动作/动作	复归/复归	通过
43	45	区香4E97线603保护出口	动作/动作	复归/复归	通过

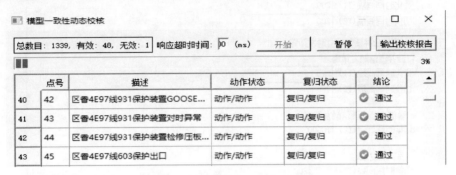

图 5-12　遥信模型一致性自动测试

（2）遥测动态校核一致性检查（见图 5-13）：验证 RCD 文件中遥测信号转发配置是否和数据通信网关机配置一致，自动输出测试通过/失败的结论。

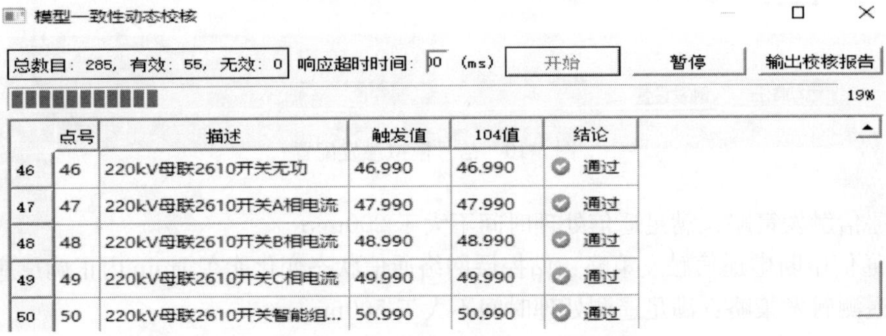

	点号	描述	触发值	104值	结论
46	46	220kV母联2610开关无功	46.990	46.990	通过
47	47	220kV母联2610开关A相电流	47.990	47.990	通过
48	48	220kV母联2610开关B相电流	48.990	48.990	通过
49	49	220kV母联2610开关C相电流	49.990	49.990	通过
50	50	220kV母联2610开关智能组...	50.990	50.990	通过

图 5-13　遥测模型一致性自动测试

2. 数据通信网关机数据转发性能自动测试

检测数据通信网关机能否在标准要求的时间内处理接收的信号并转发，见图 5-14。

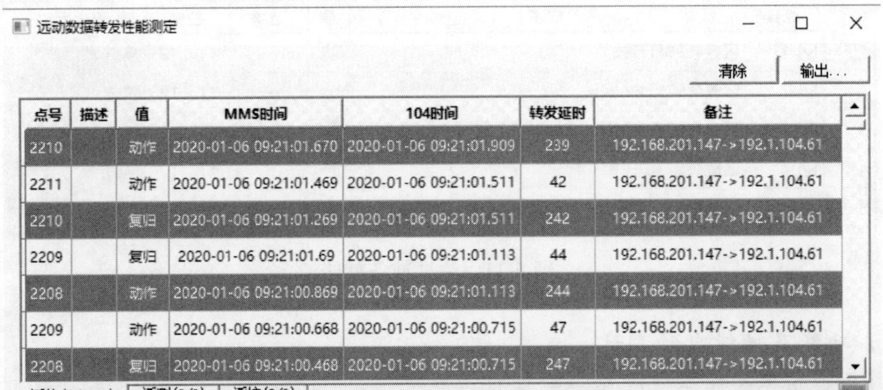

点号	描述	值	MMS时间	104时间	转发延时	备注
2210		动作	2020-01-06 09:21:01.670	2020-01-06 09:21:01.909	239	192.168.201.147->192.1.104.61
2211		动作	2020-01-06 09:21:01.469	2020-01-06 09:21:01.511	42	192.168.201.147->192.1.104.61
2210		复归	2020-01-06 09:21:01.269	2020-01-06 09:21:01.511	242	192.168.201.147->192.1.104.61
2209		复归	2020-01-06 09:21:01.69	2020-01-06 09:21:01.113	44	192.168.201.147->192.1.104.61
2208		动作	2020-01-06 09:21:00.869	2020-01-06 09:21:01.113	244	192.168.201.147->192.1.104.61
2209		动作	2020-01-06 09:21:00.668	2020-01-06 09:21:00.715	47	192.168.201.147->192.1.104.61
2208		复归	2020-01-06 09:21:00.468	2020-01-06 09:21:00.715	247	192.168.201.147->192.1.104.61

图 5-14　数据转发性能自动测试

（1）点击转发性能测试按钮，打开远动数据转发性能测定界面，可实时显示参与测试的每个数据通信网关机的数据收发时间和转发延时等信息，自动统计数据转发延时超过标准规定数值并显示超标数据，并以红色字体高亮显示告警，测试记录可通过"输出"输出功能保存为 Excel 文件，便于验收结果备份和查阅。

（2）数据转发性能自动测试，支持一键启动、停止，中间过程不需要人工介入，完全自动化。支持对多台数据通信网关机并行测试。

3. 数据通信网关机 SOE 缓存能力自动测试

检测数据通信网关机的 SOE 缓存能力能否达到标准要求，见图 5-15。

依据检测要求配置起始点号，总点数，遥信数据变化时间间隔和变化次数；开始测试之前模拟主站自动断开和数据通信网关机连接，驱动数据通信网关机在收到遥信数据变化后进行 SOE 缓存；SOE 缓存能力测试模块根据配置的参数，自动触发遥信变化，直至达到测试结束条件，信号仿真完成后模拟主站主动恢复和数据通信网关机连接，并接收数据通信网关机缓存的 SOE 事件，SOE 缓存能力测试模块自动判定触发的信号和接收的信号是否一致，包括数据变化数目、值、时间戳，并对不一致的条目以红色字体进行告警提示。整个测试过程为一键触发，测试过程中无需人工介入。支持对多台数据通信网关机并行测试。

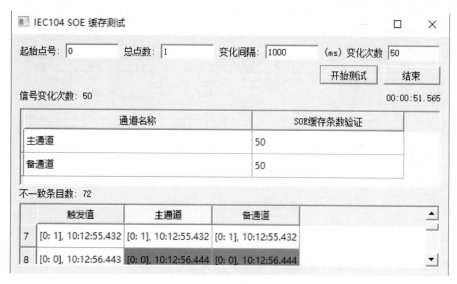

图 5-15　SOE 缓存能力自动测试

4. 数据通信网关机压力自动测试

检测数据通信网关机的数据持续处理能力能否达到标准要求，见图 5-16。

依据检测要求配置起始点号，总点数，遥信数据变化时间间隔和变化次数，数据通信网关机持续接收并转发信号，综合测试装置自动统计接收的信号总数是否和仿真的数目一致。数据压力测试模块自动判定触发的信号和接收的信号是否一致，整个测试过程为一键触发，测试过程中无需人工介入。支持对多台数据通信网关机并行测试。

5. 数据通信网关机品质处理自动测试

检测数据通信网关机能否接收并转发设定的信号品质数据，是否符合标准要求。支持合成信号和非合成信号的品质处理测试，见图 5-17。

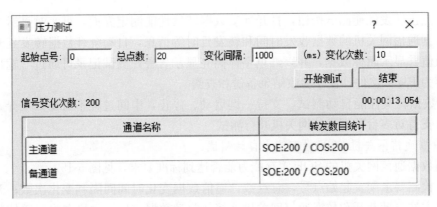

图 5-16　数据压力自动测试

选择要测试的数据信号进入品质测试页面，"品质"列为信号触发设置的品质输入，"期望品质"为按照标准规定的进行运算的输出品质，当"期望品质"和数据通信网关机转发数据的品质不一致时自动告警指示。

整个测试过程为一键触发，测试过程中无需人工介入。支持对多台数据通信网关机并行测试。

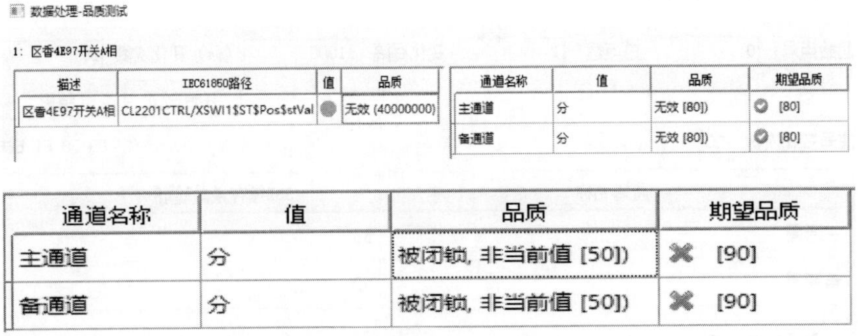

图 5-17　品质处理自动测试

6. 数据通信网关机控制功能自动测试

检测数据通信网关机控制功能是否满足标准要求，见图 5-18。

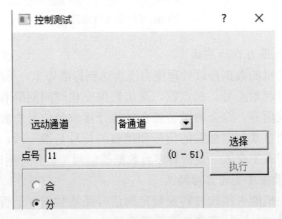

图 5-18　控制功能自动测试

可配置遥控点号、值、操作类型，一键式启动控制功能测试。

7. 数据通信网关机主从模式切换自动测试

检测数据通信网关机的主从模式下的数据转发有效性和正确性，测试双机切换时数据不漏发，模拟主站已确认的数据不重发，见图 5-19。

测试起始点号可设置，测试信号总数目可设置，主从模式切换条件可设置（如切换前已经测试的信号数目），自动分析主从模式切换数据转发正确性，包括数据转发数目。

图 5-19　数据通信网关机主从模式切换自动测试

8. 数据通信网关机事故总自动延时复归自动测试

检测数据通信网关机能否在设定的时间内自动复归全站事故总信号，且自动延时复归时间可配置，见图 5-20。

自动复归测试页面依据检测要求设置分信号触发时间间隔、测试分信号数目和复归延时定值，未通过测试则"复归延时时间"列以 X 号告警提示。

整个测试过程为一键触发，测试过程中无需人工介入。支持对多台数据通信网关机并行测试。

图 5-20　数据通信网关机事故总自动延时复归自动测试

第六章

工业以太网交换机检测

工业以太网交换机遵照 DL/T 1241《电力工业以太网交换机技术规范》、Q/GDW 10429《智能变电站网络交换机技术规范》、Q/GDW 11202.4《智能变电站一体化监控系统测试规范 第4部分：工业以太网交换机》及 RFC 2544 中规定的要求，已被广泛的应用于智能化变电站工业以太网交换机的研发、生产、调试及检测等领域。工业以太网交换机的检测内容包括接口检测、功能检测和性能检测。

第一节 检 测 系 统

对工业以太网交换机功能和性能检测的系统如图 6-1 所示，网络测试仪模拟发送变电站里的数据报文，如 GOOSE、SV、MMS 等报文，工业以太网交换机应能正确转发这些报文；时间同步系统测试仪模拟发送变电站里的对时信号，交换机应能正确对时，并正确回应时间同步管理；网络管理测试工具模拟变电站里的管理主机，通过 DL/T 860 规约或 SNMP 协议，对交换机进行维护管理，并采集交换机的状态信息。

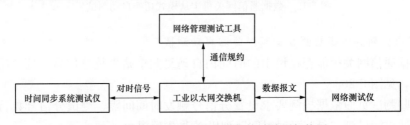

图 6-1 智能变电站电能量采集终端检测架构图

第二节 接口检测方法

本节所涉及的工业以太网交换机的接口检测具体包括电接口功能、光接口功能、主备电源冗余功能、MMS 通信端口功能、硬接点输出功能等检测。

（一）电接口检测

1. 应满足要求

电接口应统一采用 RJ-45 接口。

2. 具体检测过程

第一步：按图 6-2 搭建测试环境，使用直通线进行连接；

第二步：配置网络测试仪端口分别工作在 100/1000Mbps 强制半双工模式下，测试端口 A 向测试端口 B 发送数据，持续时间 60s；

第三步：使用交叉网线（568A）代替直通网线（568B）进行连接，重复第二步；

第四步：配置网络测试仪端口分别工作在 100/1000Mbps 自动协商模式下，测试端口 A 向测试端口 B 发送数据，持续时间 60s。

图 6-2　电接口测试

（二）光接口检测

1. 光功率检测

（1）应满足要求：

1）百兆光接口发光功率：−14～−20dBm；

2）千兆光接口发光功率：0～−9.5dBm。

（2）具体检测过程：

第一步：使用光功率计，接到交换机任一光口输出端进行测量；

第二步：查看光口发光功率是否满足规范要求。

2. 接收灵敏度检测

（1）应满足要求：

1）百兆光接口：≤−31dBm；

2）千兆光接口：≤−17dBm。

（2）具体检测过程：

第一步：如图 6-3 所示连接交换机和测试仪，将光功率计设置到相应波长挡位；

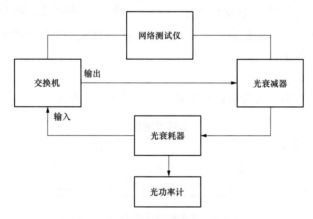

图 6-3　光接口接收灵敏度检测连接图

第二步：调整光衰减器，使交换机处于丢帧和正常通信的临界状态；

第三步：在 A 点处断开，接上光功率计测量光功率，记录光功率计读数，读数即为交换机接收灵敏度。

3. 工作波长检测

（1）应满足要求：

1）百兆光口波长范围为 1270～1380nm；

2）千兆光口波长范围为 770～860nm。

（2）具体检测过程：

第一步：如图 6-4 所示连接交换机和测试仪，将光谱仪量测范围设置适当波长挡位；

图 6-4　工作波长检测连接图

第二步：把交换机光输出端口与光谱仪连接，检测工作波长。

（三）主备电源冗余检测

1. 应满足要求

（1）主备电源能够可靠地自动切换；

（2）交换机在单双电源切换的过程中不应数据丢失。

2. 具体检测过程

第一步：按图 6-1 所示，两个端口同时以最大负荷互相发送数据，检测帧长为 64 字节，检测时间 60s；

第二步：任意一路电源供电，交换机应能正常工作，查看数据丢包率是否为 0；

第三步：主备电源切换检测过程中，实现单电源→双电源→单电源的切换，记录数据丢包率，查看是否为 0。

（四）MMS 通信端口检测

1. 应满足要求

（1）具备对时和状态信息上送功能；

（2）MMS 通信端口与交换机通信接口应相互独立。

2. 具体检测过程

第一步：如图 6-5 所示将网络管理测试工具与交换机的 MMS 通信端口相连；

图 6-5　MMS 通信端口检测连接图

第二步：发送对时信号查看交换机的时间信息，接收交换机的状态信息查看正确性，同时监视交换机的其他通信端口。

（五）硬接点输出检测

1. 应满足要求

支持交换机发生故障、告警时，应满足表 6-1 及表 6-2 要求。

表 6-1　　　　　　　　　　　　　硬接点输出

序号	名称	接点类型	描　　述
1	装置故障	常闭	装置失电或主要进程异常时闭合，装置正常时打开
2	装置告警	常开	装置告警时闭合，装置正常时打开。告警信息定义见表 2 的自检告警项

表 6-2　　　　　　　　　　　　　交换机自检信息

序号	信息类型	信息名称	是否强制（M 为强制/O 为可选）
1	台账信息	装置型号	M
2		装置描述	M
3		生产厂商	M
4		软件版本	M
5		软件版本校验码	M
6		设备识别代码	O
7		出厂时间	O
8		投运时间	O

续表

序号	信息类型	信息名称	是否强制（M 为强制/O 为可选）
9	通信状态	端口＊状态	M
10	管理信息	装置配置变更（包括登录成功、退出登录、登录失败、修改用户密码、用户操作信息）	M
11	自检告警	装置告警	M
12		电源 1 失电告警	M
13		电源 2 失电告警	M
14		MAC 地址端口配置变更	M
15		通信端口流量超过阈值（阈值默认 80％）	M
16		通信端口异常中断	M
17		接收非法源 MAC 地址数据报文	O
18		接收非法目的 APPID 或非法组播 MAC 地址数据报文	O
19	设备资源	CPU 负载率	O
20		CPU 负载率预警	O
21		CPU 负载率告警	O
22	内部环境	工作电压	O
23		工作电压预警	O
24		工作电压告警	O
25		内部温度	O
26		内部温度预警	O
27		内部温度告警	O

2. 具体检测过程

第一步：交换机开机启动过程中，使用万用表查看故障接点是否闭合，开机启动结束后，使用万用表查看故障接点是否打开；

第二步：交换机正常启动后，断开电源，使用万用表查看故障接点是否闭合；

第三步：交换机正常启动后，模拟交换机主要进程异常，使用万用表查看故障接点是否闭合；

第四步：交换机正常启动后，模拟交换机产生告警信息，使用万用表查看告警接点是否闭合。

第三节 功能检测方法

工业以太网交换机的功能检测具体包括数据帧过滤功能、组网功能、网络管理功能、日志测试功能、维护界面功能、网络风暴抑制、VLAN 功能、优先级检测、端口镜像功能、链路聚合功能、基础环网、时间同步功能、运行状态监测及管理功能、流量控制功能、交换延时累加等检测。

（一）数据帧过滤检测

1. 应满足要求

工业以太网交换机应实现基于 MAC 地址的数据帧过滤功能。

2. 具体检测过程

图 6-6　数据帧过滤测试

第一步：如图 6-6 所示连接网络测试仪和交换机。网络测试仪测试口 A 向测试口 B 和测试口 C 线速发送数据帧，测试口 B 和测试口 C 都接收到数据且不丢失数据帧。

第二步：网络测试仪测试口 A 向测试口 B 线速发送数据流量，其中包括正常背景流量及非法数据流量（如 FCS 帧校验错误、超短帧、超长帧等），测试口 B 无法收到非法数据流。

第三步：配置交换机端口 1 的 MAC 地址绑定功能，测试口 A 发送两条数据流到测试口 B，其中数据流 1 的 MAC 地址已经绑定测试口 B 应能够收到，数据流 2 的 MAC 地址没有绑定测试口 B 不应收到。

（二）组网功能检测

1. 应满足要求

工业以太网交换机应支持单环组网、单星组网及双星组网。

2. 具体检测过程

检测交换机在各种组网情况（单环组网、单星组网及双星组网）下，是否处于正常工作状态，传输数据是否正确。

（三）网络管理检测

1. 网络管理功能检测

（1）应满足要求：

1）应支持 DL/T 860 通信服务；

2）应支持 SNMP V2C 及以上版本的网络管理能力；

3）应支持配置文件自动导入导出。

（2）具体检测过程：

第一步：按图 6-7 搭建测试环境，交换机开启 LLDP；

第二步：交换机开启 DL/T 860 通信服务，通过交换机 MMS 通信接口，使用 DL/T 860 协议对交换机进行网络管理，同时，交换机非 MMS 通信接口应不能进行 DL/T 860 通信服务；

图 6-7　网络管理功能测试

第三步：交换机开启 SNMP 通信服务，通过交换机网络管理接口，分别使用 SNMP V2C、V3 版本协议对交换机进行网络管理，同时，交换机非网络管理接口应不能进行 SNMP 通信服务；

第四步：更改交换机配置信息（如 VLAN、IP 等），并导出配置；

第五步：交换机恢复出厂设置，查看并确认配置信息已恢复，导入第四步的配置文件。

2. 网管协议检测

（1）应满足要求：

1）支持 SNMP V2C 和 V3 协议；

2）交换机支持 SNMP 的 Trap（主动信息上送，SNMP 规定的一种通信方式，用于被管理的设备主动向充当管理者的设备报告异常信息）功能，MIB 库定义见表 6-3～表 6-10。

表 6-3　　　　　　　　　　　　　　配置变更（私有 MIB 库）

MIB 节点	OID	参数范围
sysUpTime	1.3.6.1.2.1.1.3.0	TimeTicks
snmpTrapOID	1.3.6.1.6.3.1.1.4.1.0	1.3.6.1.4.1.49763.1.2.1（ucMacChangeTrap）
ucMacChange	1.3.6.1.4.1.49763.1.1.1	port _ id＜space＞macAddress1&macAddress2&...＜space＞vlan _ id1　＜space＞macAddress3&macAddress4&...＜space＞vlan id2...

表 6-4　　　　　　　　　　　　　　网口状态（公有 MIB 库）

MIB 节点	OID	参数范围
ifOperStatus	1.3.6.1.2.1.2.2.1.8	1-up，2-down

表 6-5　　　　　　　　　　　　　　网口 up（公有 MIB 库）

MIB 节点	OID	参数范围
sysUpTime	1.3.6.1.2.1.1.3.0	TimeTicks
snmpTrapOID	1.3.6.1.6.3.1.1.4.1.0	1.3.6.1.6.3.1.1.5.4（linkUp）
ifIndex	1.3.6.1.2.1.2.2.1.1	端口号 1-26
ifAdminStatus	1.3.6.1.2.1.2.2.1.7	1-up，2-down（端口的配置状态，使能为 up，禁止为 down）
ifOperStatus	1.3.6.1.2.1.2.2.1.8	1-up，2-down（端口的实际状态）
snmpTrapAddress	1.3.6.1.6.3.18.1.3.0	交换机 IP

表 6-6　　　　　　　　　　　　　　网口 down（公有 MIB 库）

MIB 节点	OID	参数范围
sysUpTime	1.3.6.1.2.1.1.3.0	TimeTicks
snmpTrapOID	1.3.6.1.6.3.1.1.4.1.0	1.3.6.1.6.3.1.1.5.3（linkDown）
ifIndex	1.3.6.1.2.1.2.2.1.1	端口号 1-26
ifAdminStatus	1.3.6.1.2.1.2.2.1.7	1-up，2-down（端口的配置状态，使能为 up，禁止为 down）
ifOperStatus	1.3.6.1.2.1.2.2.1.8	1-up，2-down（端口的实际状态）
snmpTrapAddress	1.3.6.1.6.3.18.1.3.0	交换机 IP

表 6-7   网口流量超过阈值（公有 MIB 库）

MIB 节点	OID	参数范围
sysUpTime	1.3.6.1.2.1.1.3.0	TimeTicks
snmpTrapOID	1.3.6.1.6.3.1.1.4.1.0	1.3.6.1.2.1.16.0.1.0.0
alarmRisingThreshold	1.3.6.1.2.1.16.3.1.1.7	value = xxx 字节 (int32)
alarmValue	1.3.6.1.2.1.16.3.1.1.5	value = xxx 字节 (int32)
alarmSampleType	1.3.6.1.2.1.16.3.1.1.4	2-deltaValue, 1-Absolute (int32)
alarmVariable	1.3.6.1.2.1.16.3.1.1.3 （端口索引和流量方向）	value = 1.3.6.1.2.1.2.2.1.10.7（7 端口入方向） value = 1.3.6.1.2.1.2.2.1.16.7（7 端口出方向）
alarmIndex	1.3.6.1.2.1.16.3.1.1.1	告警序号 (int32)

表 6-8   用户信息（私有 MIB 库）

MIB 节点	OID	参数范围
sysUpTime		TimeTicks
snmpTrapOID	1.3.6.1.6.3.1.1.4.1.0	1.3.6.1.4.1.49763.1.2.2（userTrap）
userIndex	1.3.6.1.4.1.49763.1.1.2.1.1	SYNTAX INTEGER, Index of userTable
userName	1.3.6.1.4.1.49763.1.1.2.1.2	SYNTAX DisplayString (SIZE (0..64)), Device user name
userType	1.3.6.1.4.1.49763.1.1.2.1.3	SYNTAX INTEGER { http (1), https (2), snmp (3), telnet (4), ssh (5), cli (6), iec61850 (7), console (8) }
userStatus	1.3.6.1.4.1.49763.1.1.2.1.4	SYNTAX INTEGER { logIn (1), logOut (2), changePassword (3), loginFail (4) }
userModified	1.3.6.1.4.1.49763.1.1.2.1.5	changePassword: Username who's password was modified. other operation: None
userIP	1.3.6.1.4.1.49763.1.1.2.1.6	Device user IP. If no IP, use 0.0.0.0.

表 6-9   用户操作信息（私有 MIB 库）

MIB 节点	OID	参数范围
sysUpTime		TimeTicks
snmpTrapOID	1.3.6.1.6.3.1.1.4.1.0	1.3.6.1.4.1.49763.1.2.3（userOperTrap）
userOperIndex	1.3.6.1.4.1.49763.1.1.3.1.1	SYNTAX INTEGER, Index of userTable
userOperName	1.3.6.1.4.1.49763.1.1.3.1.2	SYNTAX DisplayString (SIZE (0..64)), Device user name
userOperIP	1.3.6.1.4.1.49763.1.1.3.1.3	Device user IP. If no IP, use 0.0.0.0.
userOperCommand	1.3.6.1.4.1.49763.1.1.3.1.4	SYNTAX DisplayString (SIZE (0..256)), Device user Command.

表 6-10 MAC 地址绑定关系（私有 MIB 库）

MIB 节点	OID	参数范围
ucMacChange	1.3.6.1.4.1.49763.1.1.1	port _ id＜space＞macAddress1&-macAddress2&…＜space＞vlan _ id1 ＜space＞macAddress3&-macAddress4&…＜space＞vlan _ id2…

（2）具体检测过程：

1）SNMP V2C 功能检测方法。

第一步：如图 6-6 所示连接交换机和网络管理测试工具；

第二步：配置交换机，如表 6-11 所示，模拟不同的信息产生，验证交换机向网管发送的信息是否正确。

表 6-11 交换机上送信息表

序号	上送信息	信息上送方式	信息产生场景
1	配置变更	触发	SNMP Trap，当交换机修改静态 MAC 地址表时产生
2	网口状态	周期	SNMP 轮询（默认 5s，可配置），交换机应能够提供所有网口的 up/down 状态
3	网口 up	触发	SNMP Trap，当交换机网口有设备接入时产生
4	网口 down	触发	SNMP Trap，当交换机网口有设备拔出时产生
5	网口流量超过阈值	触发	SNMP Trap，各网口流量阈值为 80%，流量超限应通过 TRAP 主动上报。 交换机应支持 RMON 协议告警组和事件组
6	登录成功	触发	SNMP Trap，当有用户成功登录交换机时产生
7	退出登录	触发	SNMP Trap，当有用户退出登录交换机时产生
8	登录失败	触发	SNMP Trap，当有用户登录交换机失败时产生
9	修改用户密码	触发	SNMP Trap，当有用户成功修改交换机登录密码时产生
10	用户操作信息	触发	SNMP Trap，当有登录的用户对交换机进行任何操作时，需要产生命令行形式的操作信息。 对于 web 登录的用户操作，交换机需要自行转换成命令行形式的操作信息
11	MAC 地址绑定关系	周期	SNMP 轮询（默认 60min，可配置），交换机应能够提供所有网口的 MAC 地址绑定关系。 交换机应绑定 MAC 地址，并关闭自动学习功能

2）SNMP V3 功能检测方法：

第一步：如图 6-8 所示连接交换机和网络管理测试工具。

第二步：配置交换机，如表 6-11 所示，模拟不同的信息产生，验证交换机向网管发送的信息是否正确。

图 6-8 SNMP 功能检测连接图

第三步：配置交换机，使其在设备鉴权失败时向网管工作站发送 Trap（AuthenticationFailure），并用错误的用户名，密码登录设备。

第四步：在交换机上配置 SNMPv3 工作在 noAuthnoPriv 方式，使其 SNMPv3 客户端以明文方式对交换机进行 SNMP 操作。

第五步：在交换机上配置 SNMPv3 工作在 AuthnoPriv 方式，SNMPv3 客户端使用 HMAC-MD5（HMAC-MD5 为可选）认证算法与交换机进行认证，并进行 SNMP 协议。

第六步：在交换机上配置 SNMPv3 工作在 AuthPriv 方式，SNMPv3 客户端使用 HMAC-MD5（HMAC-MD5 为可选）认证算法与交换机进行认证，使用 DES-CBC 加密算法对数据进行加密，并进行 SNMP 协议。

第七步：在交换机上配置 SNMPv3 管理工作站地址为 X. X. X. X。

第八步：在交换机上配置与管理工作站（PC）间的地址为 Y. Y. Y. Y，配置管理工作站地址为 Y. Y. Y. Y+1。

第九步：在第一步中应得到正确的上送信息；在第四到六步中应能正常进行 SNMP 操作；在第八步中，管理工作站对交换机无法进行 SNMP 操作。

3. 错误源地址过滤功能检测

（1）应满足要求：

接收到错误源地址的数据流时，不应转发。

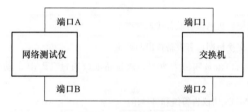

图 6-9　检测连接图

（2）具体检测过程：

第一步：如图 6-9 所示将交换机与测试仪相连接，测试仪端口 A 向端口 B 发送错误的源地址数据流；

第二步：检查端口 B 的接收情况，是否收不到数据流；停止发送错误流，重新发送正常数据流，端口 B 是否能正常收包且无丢包。

4. CRC 校验错误过滤功能检测

（1）应满足要求：在接收到 CRC 校验错误的数据流时，不应转发。

（2）具体检测过程：

第一步：如图 6-9 所示将交换机与测试仪相连接，测试仪端口 A 向端口 B 打入 CRC 校验错误的数据流。

第二步：检查端口 B 的接收情况，是否收不到数据流；停止发送错误流，重新发送正常数据流，端口 B 是否能正常收包且无丢包。

5. MAC 地址冲突功能检测

（1）应满足要求：在接收到 MAC 地址冲突的数据流时，不应转发。

（2）具体检测过程：

第一步：如图 6-9 所示将交换机与测试仪相连接，测试仪端口 A 向端口 B 打入 MAC 地址冲突的数据流。

第二步：观察端口 B 的接收情况，是否收不到数据流；一段时间后，除冲突端口外，不出现死机、重启、功能丢失或丢包；停止发送错误流，重新发送正常数据流，端口 B 是否能正常收包且无丢包。

6. MAC 地址绑定功能检测

（1）应满足要求：

1）MAC 地址分别绑定交换机的端口、VLAN；

2）检测端口可以接收到 MAC 地址已绑定的数据流，不接收 MAC 地址无绑定的数据流。

（2）具体检测过程：

第一步：如图 6-8 将交换机与测试仪相连接，配置交换机的 MAC 地址分别绑定端口、VLAN；

第二步：测试仪端口 A 发送两个数据流，其中数据流 1 的 MAC 地址为已经绑定的 MAC 地址，数据流 2 的 MAC 地址为未绑定的 MAC 地址；

第三步：观察端口 B 的接收情况，端口 B 是否可以收到端口 A 发送的数据流 1，不能收到数据流 2。

（四）日志测试

1. 应满足要求

（1）应以文本格式记录日志信息，分为系统日志和告警日志；

（2）系统日志文件命名为 systemlog.log，记录配置管理等操作信息，至少应包括登录成功、退出登录、登录失败、修改用户密码、用户操作信息等；

（3）告警日志文件命名为 alarmlog.log，记录重启、告警等事件；

（4）日志至少应能存储 2000 条信息，且能自动循环覆盖；

（5）应支持日志文件本地查阅和上传功能；

（6）日志格式为：＜％＞日志级别＜｜＞时间＜｜＞ IED Name ＜｜＞设备型号＜｜＞内容描述。其格式说明见表 6-12。

表 6-12　　　　　　　　　　　　　　　　日志格式

字段	字段含义	说　　明
日志级别	日志的级别	参见日志级别说明
时间	时间戳，信息输出的时间	format-date 型：按照年、月、日、时、分、秒的格式显示：YYYY-MM-DD hh：mm：ss
IED Name	IED 名称	SCD 文件中的交换机 IED 名称，如：SWL2208A（L-线路，22-220kV 电压，08-线路编号，A-SV/GOOSE A 网）
设备型号	设备的厂家型号信息	设备厂家及设备型号信息，标识该日志信息由哪个厂家设备记录
内容描述	日志内容信息	详细描述该日志的具体内容

2. 具体检测过程

第一步：按图 6-10 搭建测试环境，通过网络管理测试工具查看交换机上的日志，是否分为系统日志和告警日志；

图 6-10　日志功能检测连接图

第二步：对交换机进行操作，查看日志条数是否满足要求，查看日志格式是否满足要求，按照事件的重要性，分为不同的日志级别。

（五）维护界面检测

1. 应满足要求

应具备本机维护界面管理功能。

2. 具体检测过程

第一步：检查各检测项中涉及的相关配置是否都可通过维护界面进行配置；

第二步：装置基本信息、MAC 地址表项、日志等参数及告警信息是否可以在维护界面上查询。

（六）网络风暴抑制检测

1. 应满足要求

（1）开启广播、组播、未知单播报文的风暴抑制功能，并设置抑制比；

（2）当交换机接收到的广播、组播、未知单播报文的流量高于设定抑制比时，相关类型帧将被丢弃。

2. 具体检测过程

第一步：如图 6-8 所示将交换机与测试仪相连接，分别配置交换机广播阈值、组播阈值、未知单播阈值。

第二步：测试仪端口 A 向端口 B 分别发送广播、组播、未知单播数据流；查看测试仪端口 B 的数据流接收情况，高于抑制比的类型帧将被丢弃。

（七）VLAN 功能检测

1. 应满足要求

（1）网络测试仪发送到交换机的数据流，若 VLAN ID 不同，则丢弃该数据流（入口不透传）或转发至相应 VLAN 端口（入口透传）；

（2）若相同则转发至相同 VLAN 的端口；

（3）广播风暴仅可在 VLAN 内广播。

2. 具体检测过程

（1）VLAN 功能检测方法。

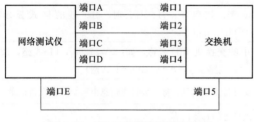

图 6-11　VLAN 功能检测连接图

第一步：如图 6-11 所示连接交换机和测试仪。检测帧长为 256 字节，检测时间为 30s，负载为 100%。交换机端口 1 和端口 2 在同一 VLAN，和端口 3 在不同 VLAN，测试仪端口 A、B、C 分别与交换机端口 1、2、3 连接。

第二步：测试仪发送 4 个数据流到交换机端口检测 VLAN。4 个数据流同时由测试仪端口 A 发出，测试仪端口 B、C 作为接收端口，分析接收端数据流情况。4 个检测流分别如下：

stream1：普通以太网报文；

stream2：广播报文；

stream3：组播报文；

stream4：未知单播报文。

第三步：若 VLAN 不同，则交换机丢弃该数据流；若相同，转发至相同 VLAN 的端口。

（2）VLAN Trunk 功能检测方法。

第一步：如图 6-11 所示连接交换机和测试仪；检测帧长为 256 字节，检测时间为 30秒，负载为 100%。测试仪 A 端口连接交换机端口 1，交换机端口 1 为聚合端口，测试仪端口 B、C、D、E 分别连接交换机端口 2、3、4、5。

第二步：配置交换机端口 2 为聚合端口，交换机端口 3 的 VLAN ID 为 10，交换机端口 4 的 VLAN ID 为 20，交换机端口 5 的 VLAN ID 为 30。

第三步：测试仪发送 4 个数据流到交换机端口检测 VLAN。4 个数据流由测试仪端口 A 发出，测试仪端口 B、C、D、E 作为接收端口，分析接收端数据流情况。4 个检测流分别如下：

stream1：GOOSE 报文，VID 为 0；

stream2：普通 IP 报文，VID 为 10；

stream3：普通 IP 报文，VID 为 20；

stream4：普通 IP 报文，VID 为 30。

第四步：测试仪发送到交换机端口 1 的数据流，若 VLAN ID 号不同，则交换机丢弃该数据流；若相同，可转发至相同 VLAN 的端口。

（八）优先级检测

1. 应满足要求

（1）应至少支持 4 个优先级队列，具有绝对优先级功能，应能够确保关键应用和时间要求高的信息流优先进行传输；

（2）数据按照设定的优先级正常转发数据。

2. 具体检测过程

第一步：如图 6-10 所示连接交换机与测试仪，在测试仪的 A、B、C、D 的每个端口建立 1 条数据流，帧长为 256 字节，检测时间为 30s，端口发送负载均为 55%，同时向 E 端口发出，交换机接收到的流量超过端口带宽会造成拥塞。

第二步：观察接收端口 E 的各种数据流的通过情况。

第三步：绝对优先级条件下，高优先级的数据流通过，低优先级的数据流将有丢失；相对优先级条件下，低优先级的数据流通过率小于高优先级的数据流。

（九）端口镜像检测

1. 单端口镜像检测

（1）应满足要求。

1）应具有一对一端口镜像功能；

2）镜像过程中不应丢失数据。

（2）具体检测过程。

第一步：如图 6-12 所示连接交换机和测试仪，配置交换机的端口 3 为镜像端口，监听被镜像端口 1 的双向数据；

第二步：测试仪端口 A 与被镜像端口 1

图 6-12 单端口镜像测试连接图

185

相连，测试仪端口 B 与交换机的端口 2（除镜像端口与被镜像端口外）相连，测试仪端口 C 与镜像端口 3 相连；

第三步：测试仪端口 A、B 之间互发数据，端口 C 监听；

第四步：检测帧长为 256 字节，检测时间为 10s，发送端口负载为 10%；

第五步：记录测试仪端口 C 收帧数、端口 A 收发帧数。端口 C 收帧数应等于端口 A 收发帧数之和。

2. 多端口镜像检测

（1）应满足要求。

1）具有多对一端口镜像功能；

2）镜像过程中不应丢失数据。

（2）具体检测过程：

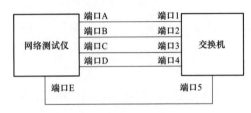

图 6-13　多端口镜像测试连接图

第一步：如图 6-13 所示连接交换机和测试仪，配置交换机的镜像端口监听被镜像端口双向数据；测试仪端口 A 与被镜像端口相连，测试仪端口 B 与交换机的任一端口（除镜像端口与被镜像端口外）相连，测试仪端口 C 与被镜像端口相连，测试仪端口 D 与交换机的任一端口（除镜像端口与被镜像端口外）相连，测试仪端口 E 与镜像端口相连。

第二步：测试仪端口 A、B 之间互发数据，测试仪端口 C、D 之间互发数据，测试仪端口 E 监听。

第三步：检测帧长为 256 字节，检测时间为 10s，发送端口负载为 10%。

第四步：记录测试仪端口 E 收帧数以及端口 A、C 收发帧数。端口 E 收帧数应等于端口 A、C 收发帧数之和。

3. 多镜像端口检测

（1）应满足要求：

1）具有多对多端口镜像功能；

2）镜像过程中不应丢失数据。

（2）具体检测过程：

第一步：如图 6-14 所示连接交换机和测试仪，配置交换机的 2 个镜像端口同时监听被镜像端口双向数据；测试仪端口 A 与被镜像端口相连，测试仪端口 B 与交换机的任一端口（除镜像端口与被镜像端口外）相连，测试仪端口 C 与被镜像端口相连，测试仪端口 D 与交换机的任一端口（除镜像端口与被镜像端口外）相连，测试仪端口 E、F 与镜像端口相连。

图 6-14　多镜像端口测试连接图

第二步：测试仪端口 A、B 之间互发数据，测试仪端口 C、D 之间互发数据，测试仪端口 E、F 监听。

第三步：检测帧长为 256 字节，检测时间为 10s，发送端口负载为 10%。

第四步：记录测试仪端口 E、F 的收帧数以及端口 A、C 收发帧数。端口 E、F 收帧数应与端口 A、C 收发帧数之和保持一致。

（十）链路聚合检测

1. 应满足要求

链路聚合时不应丢失数据。

2. 具体检测过程

第一步：如图 6-15 所示连接交换机和测试仪，配置两台交换机之间的聚合链路；

第二步：将每台交换机任两个端口（除链路聚合端口外）分别与测试仪端口 A、B 和 C、D 连接，测试仪端口 A、B 作为一个逻辑整体和 C、D 作为一个逻辑整体之间互发数据，流量为单端口带宽的 2 倍；

第三步：查看数据丢包率，是否为 0。

（十一）基础环网检测

1. 应满足要求

环网中不应出现风暴流量。

2. 具体检测过程

第一步：将 4 台交换机如图 6-16 所示连接，在测试仪端口建立三条流：

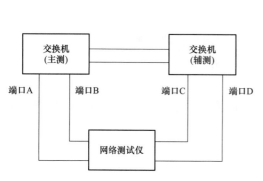

图 6-15 链路聚合检测连接图

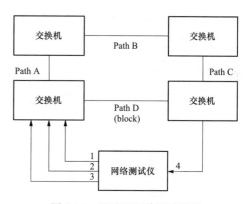

图 6-16 基础环网检测连接图

Stream1：IPv4 报文，VLAN ID 为 1，优先级为 1；

Stream2：GOOSE 报文，VLAN ID 为 1，优先级为 4；

Stream3：1 Mbits/s 广播报文。

测试仪端口 4 接收数据。

第二步：每次试验改变端口 1、端口 2、端口 3 总负荷，分别为 5% 和 95%。

第三步：查看接收端口 4 的各种数据流的通过情况。

第四步：分别拔插 A、B、C 三条路径，检测环网恢复时间。

第五步：环网恢复时间计算方法为

$$环网恢复时间（ms）= \frac{帧丢失数}{总发送帧数} \times 检测时间（ms）$$

（十二）时间同步检测

1. SNTP 对时准确度检测

（1）应满足要求：

1）应支持通过 NTP 乒乓协议测量对时偏差；

2）只应响应带 TSSM 标志位的 NTP 乒乓报文，SNTP 时间同步准确度应优于 10ms。

（2）具体检测过程：

图 6-17　NTP 时间同步测试

第一步：按图 6-17 搭建检测环境，时间同步系统测试仪为交换机提供 SNTP 对时信号，时间同步系统测试仪配置为 NTP 乒乓协议的客户端，并与交换机（服务器端）建立通信连接；

第二步：时间同步系统测试仪以 1 次/s 的频率向交换机发送带 TSSM 标志位 NTP 乒乓报文，测试交换机是否回应带有 TSSM 标志的报文，且记录测量的对时偏差结果；

第三步：利用时间同步系统测试仪将对时信号偏差调整，重复第二步，记录测量的对时偏差结果；

第四步：时间同步系统测试仪以 1 次/s 的频率向交换机发送不带 TSSM 标志位 NTP 乒乓报文，测试交换机是否无报文回应。

2. 时间同步管理检测

（1）应满足要求：

1）应支持基于 NTP 协议的服务器模式，实现时间同步管理功能；

2）应支持时间同步管理状态自检信息主动上送功能。

（2）具体检测过程：

如图 6-17 所示将交换机与时间同步系统测试仪连接，通过时间同步系统测试仪查看交换机输出的时间同步信号及状态自检信息。

（十三）运行状态监测及管理功能检测

1. 应满足要求

（1）应具备提供基本信息功能，包括交换机的装置型号、装置描述、生产厂商、软件版本等；应具备通信端口状态监测及上送功能；

（2）应具备自检功能，自检信息包括装置电源故障信息、通信异常等，自检信息能够浏览和上传；

（3）应实时监视装置内部温度、通信接口光功率、主板工作电压、CPU 负载率等，并主动上送诊断数据；

（4）应具备配置文件导出备份功能。

2. 具体检测过程

如图 6-18 所示将网络管理测试工具与交换机连接，通过网络管理测试工具查看运行状态监测信息。

（十四）流量控制检测

1. 应满足要求

（1）应用于变电站过程层，宜支持组播流量控制功能，根据组播 MAC 地址自动识别不同的组播组并按设定的阈值进行流量控制，避免异常组播对变电站网络产生有害影响；

图 6-18　运行状态监测测试

（2）流量控制阈值的取值范围在 0～100Mbit/s 之间可选，最小设置单位不大于64Kbit/s，单路 GOOSE 报文的默认控制阈值为 2Mbit/s，单路 SV 报文的默认控制阈值为15Mbit/s。

2. 具体检测过程

第一步：按图 6-19 搭建测试环境；配置交换机为基于组播 MAC 地址的流量控制，根据要求，分别设置 GOOSE、SV 报文的阈值，全局配置；

图 6-19　流量控制测试

第二步：网络测试仪测试口 A 向测试口 B 发送多路 GOOSE 报文，测试口 B 向测试口 C 发送多路 SV 报文，负载均不超过 50%，且每路 GOOSE/SV 流量应超过设置的阈值；

第三步：网络测试仪测试口 C 收到的每路 GOOSE/SV 流量应与配置的阈值一致。

（十五）交换延时累加检测

1. 应满足要求

如用于变电站过程层，宜支持 SV 数据帧的交换延时累加功能。

2. 具体检测过程

第一步：按图 6-20 搭建测试环境；

第二步：网络测试仪自环，测试口 A 向测试口 B 发送随机帧长的 SV 报文，测得自环固有时延 t_1；

第三步：选取并配置测试端口 A 和测试端口 B 工作在百兆模式；

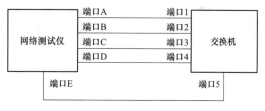

图 6-20　SV 交换延时累加测试

第四步：配置测试口 A 的 SV 报文的延时字段为 0x00；

第五步：配置网络测试仪测试口 A 经交换机向测试口 B 发送 SV 数据流量，测试端口C、D、E 向端口 B 发送背景流量，背景流量的报文长度为 1500 字节，配置背景流量报文优先级高于 SV 报文优先级；

第六步：配置测试端口 A、C、D、F 的流量总和为端口线速；

第七步：测得 SV 报文经交换机转发后的报文时延 t_2，解析收到的 SV 测试报文中保留字段中的 ART 得到 SV 交换延时 t_3，交换机的交换延时累加精度 $t = |t_3 - (t_2 - t_1)|$，交换延时累加的准确度应优于 200ns；

第八步：配置测试口 A 的 SV 报文的延时字段为 0x001FFFFF，重复第四～第六步，观察网络测试仪测试口 B 接收到 SV 报文的保留字段值，交换延时累加的准确度应优于 200ns；

第九步：配置测试口 A 的 SV 报文的延时字段为 0x00FFFFF0，重复第四～第六步，观察网络测试仪测试口 B 接收到 SV 报文的保留字段值，ART 应为 0x40FFFFFF，且 OVF 为 1；

第十步：配置测试口 A 的 SV 报文的延时字段为 0x40FFFFFF，重复第四～第六步，观察网络测试仪测试口 B 接收到 SV 报文的保留字段值，ART 应为 0x40FFFFFF，且 OVF 为 1；

第十一步：配置测试口 A 的 SV 报文的 CRC 错误，观察网络测试仪测试口 B 是否能够接收到 SV 报文；

第十二步：选取并配置测试端口 A 和测试端口 B 工作在千兆模式，重复第四～第十步；

第十三步：选取并配置测试端口 A 工作在百兆模式，测试端口 E 工作在千兆模式，重复第四～第十步。

第四节　性能检测方法

工业以太网交换机的接口检测具体包括整机吞吐量功能、存储转发速率、地址缓存能力、地址学习能力、存储转发时延功能、时延抖动功能、帧丢失率检测、背靠背功能、队头阻塞功能、网络风暴抑制功能、组播功能、QoS 性能、功耗等检测。

（一）整机吞吐量检测

1. 应满足要求

整机吞吐量应达到 100%。

2. 具体检测过程

第一步：按照 RFC 2544 中规定，将交换机所有端口与网络测试仪相连接，使用不同帧长进行检测；

第二步：配置网络测试仪的吞吐量模式为 mesh 方式，检测整机吞吐量是否满足规范要求。

（二）存储转发速率检测

1. 应满足要求

在满负荷下，交换机任意两端口可以正确转发帧的速率，存储转发速率等于端口线速。

2. 具体检测过程

第一步：按照 RFC 2544 中规定，将交换机任意两个端口与网络测试仪相连接；

第二步：两个端口同时以最大负荷互相发送数据；记录不同帧长在不丢帧的情况下的最大转发速率，检测是否满足规范的要求。

（三）地址缓存能力检测

1. 应满足要求

能够缓存的不同 MAC 地址的数量。

2. 具体检测过程

第一步：如图 6-21 所示将交换机三个端口与测试仪连接，端口 A 为监视端口；

第二步：配置网络测试仪，端口 B 不断增大向端口 C 发送带有不同 MAC 地址的数据帧数，直到端口 A 接收到数据帧；

第三步：使端口 A 刚好收不到数据帧时，端口 B 发送的数据帧数即为地址缓存能力。

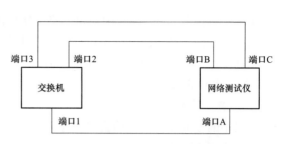

图 6-21 地址缓存能力测试连接图

（四）地址学习能力检测

1. 应满足要求

地址学习速率应大于 1000 帧/s。

2. 具体检测过程

第一步：将学习的地址数目等于地址缓存能力；

第二步：如图 6-21 将交换机三个端口与测试仪连接，端口 A 为监视端口；

第三步：配置网络测试仪，端口 B 以一定速率向端口 C 发送带有不同 MAC 地址的数据帧数，直到端口 A 接收到数据帧；

第四步：使端口 A 刚好收不到数据帧时，端口 B 发送的数据帧的速率即为地址学习速率。

（五）存储转发时延检测

1. 应满足要求

传输各种帧长数据时，时延（平均）应小于 10μs。

2. 具体检测过程

第一步：检测不同类型的帧长度字节，检测按轻载 10% 和重载 95% 分别检测；

第二步：将交换机任意两个端口与测试仪相连接；

第三步：两个端口同时以相应负荷互相发送数据；

第四步：记录不同帧长的转发时延，记录时延应包含最大时延、最小时延和平均时延。

（六）时延抖动检测

1. 应满足要求

传输各种帧长数据时，时延抖动应小于 1μs。

2. 具体检测过程

第一步：检测不同类型帧长度字节，检测负载 100%；

第二步：将交换机任意两个端口与测试仪相连接；

第三步：两个端口同时以 100% 负载互相发送数据；

第四步：记录不同帧长的时延抖动，记录时延应包含最大时延抖动、最小时延抖动和平均时延抖动。

（七）帧丢失率检测

1. 应满足要求

帧丢失率应为 0。

2. 具体检测过程

第一步：检测不同类型帧长度字节，端口线速检测；

第二步：按照 RFC 2544 中规定，将交换机任意两个端口与网络测试仪相连接；

第三步：两个端口同时以端口存储转发速率互相发送数据；

第四步：记录不同帧长时的帧丢失率。

（八）背靠背检测

1. 应满足要求

以最小的帧间隔传输，帧丢失率应为 0。

2. 具体检测过程

第一步：检测不同类型帧长度字节，检测时间为 2s，重复次数为 50 次；

第二步：将交换机任意两个端口与测试仪相连接；

第三步：两个端口同时以最大负荷互相发送数据；

第四步：记录丢帧数。

（九）队头阻塞检测

1. 应满足要求

不拥塞端口的帧丢失率应为 0。

2. 具体检测过程

第一步：图 6-22 测试仪端口 A、B、C、D 与交换机端口连接；

图 6-22 队头阻塞测试

第二步：测试仪端口 A 与端口 B 满负载双向发送数据帧；

第三步：端口 C 分别以 50％的负载流量向端口 B 和端口 D 发送数据帧；

第四步：检测帧长度分别为 64 字节，检测时间为 30s；

第五步：记录端口 C 向端口 D 发送数据帧丢失率及存储转发时延。

（十）网络风暴抑制检测

1. 应满足要求

网络风暴实际抑制结果不应超过抑制设定值的 110％。

2. 具体检测过程

第一步：按图 6-23 搭建测试环境，交换机端口 1 分别开启广播风暴抑制、组播风暴抑制和未知单播风暴抑制功能；

第二步：网络测试仪测试口 A 构建 4 条数据流，分别为数据流 1（广播帧）、数据流 2（组播帧）、数据流 3（未知单播帧）、数据流 4（IPv4 帧）；

图 6-23 网络风暴抑制测试

第三步：网络测试仪测试口 A 按线速向测试口 B 发送上述 4 条测试流，测试时间 30s；

第四步：记录不同数据流的接收情况，根据交换机设置的抑制值计算实际的网络风暴抑制比率。

（十一）组播检测

1. 静态组播检测

（1）应满足要求：

1）交换机支持的静态组播组数量不应少于 512 个；

2）交换机应支持组播 MAC 地址、VLAN 号和端口方式配置静态组播。

（2）具体检测过程：

第一步：按图 6-24 搭建测试环境，按交换机支持的最大容量配置静态组播地址表；

图 6-24　静态组播测试

第二步：网络测试仪测试口 A 按上述静态组播地址表建立组播组 1 和静态组播地址表之外的组播组 2，并向测试口 B 发送包含组播组 1 与组播组 2 的数据流，测试口 C 作为监视端口；

第三步：记录测试口 C 数据流的接收情况。

2. GMRP 检测

（1）应满足要求：

1）支持 GMRP 动态 MAC 地址的配置组播功能，能够接收来自其他设备的多播注册信息，并动态更新本地的多播注册信息；

2）本地的多播注册信息向其他设备传播，以便使同一交换网内所有支持 GMRP 特性的设备的多播信息达成一致。

（2）具体检测过程：

图 6-25　GMRP 功能检测连接图

第一步：如图 6-25 所示测试仪端口 A、B、C 与交换机对应的三个端口连接，端口 A 作为组播源端口，端口 C 作为监视端口。

第二步：交换机与测试仪连接端口开启 GMRP 功能。

第三步：测试仪端口 A 构造组播流：

数据流 1：组播流报文 1，速率设置为端口满载速率 1%；

数据流 2：组播流报文 2，速率设置为端口满载速率 1%。

第四步：测试仪端口 B 构造组播流 1 加入报文和离开报文：

数据流 3：Join1 加入报文；

数据流 4：Leave1 离开报文。

第五步：测试仪端口 B 发送数据流 3：Join1 加入报文，测试仪端口 1 发送数据流 1：组播流报文 1，端口 2 可以接收到组播 1 流量。

第六步：测试仪端口 B 发送数据流 3：Join1 加入报文，测试仪端口 1 发送数据流 2：组播流报文 2，端口 B 无法接收到组播 2 流量。

第七步：发送 Leave 报文后，端口 B 应无法收到组播流量。

（十二）QoS 性能检测

1. 应满足要求

在流量较大的情况下，应保证高优先级的流量的时延抖动小于 10μs。

2. 具体检测过程

第一步：如图 6-26 所示连接交换机和测试仪，测试仪端口 1～5 分别连接交换机的五个端口。

第二步：测试仪端口 A 按如下方式构建流量：2％的 GOOSE 流量；25％的未知单播流量。

第三步：测试仪端口 B 按如下方式构建流量：2％的 SV 流量；25％的未知单播流量。

图 6-26　QoS 性能检测连接图

第四步：测试仪端口 C、D 按构建 30％的广播流量；其中，GOOSE 和 SV 流量的优先级值为 7，其余流量优先级值为 0。

第五步：在交换机上配置基于绝对优先级的 QoS 功能，并配置 GOOSE 和 SV 流量的优先级为最高。

第六步：端口 1～4 发送步骤 2 配置的流量，端口 5 接收。

第七步：检查端口 E 上 GOOSE 流量和 SV 流量的时延值。如图 6-26 所示连接交换机和测试仪，测试仪端口 1～5 分别连接交换机的五个端口。

（十三）功耗检测

1. 应满足要求

在满载时整机功耗宜不大于（10＋1×电接口数量＋2×光接口数量）W。

2. 具体检测过程

在交换机供电回路中串入一个高精度电流表，利用伏安法测量交换机满负荷工作下的整机功耗，检测功率是否满足规范要求。

第五节　检　测　用　例

（一）吞吐量测试

吞吐量是指设备或者系统在不丢包的情况下，单位时间内能够转发的最大数据速率。测试吞吐量时网络测试仪的配置界面如图 6-27 所示。

启动测试仪开始测试，测试结束后查看测试结果。查看结果界面如图 6-28 所示。

（二）时延测试

时延是指一个数据报文从到达交换机输入端口到离开交换机输出端口的时间间隔。对于像交换机这样的存储转发设备来说：当输入帧的最后一位到达输入端口时，时间间隔开始计算；当输出帧的第一位在输出端口上可见时，时间间隔计算结束。

启动测试仪开始测试，测试结束后查看测试结果。查看结果界面如图 6-29 所示。

（三）丢包率测试

丢包率是指交换机在不同的速率下的丢包情况。

启动测试仪开始测试，测试结束后查看测试结果。查看结果界面如图 6-30 所示。

（四）背靠背测试

背靠背主要是测试交换机的缓存能力。

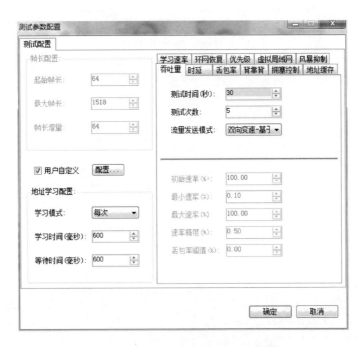

图 6-27　测试吞吐量时网络测试仪的配置界面

pps: Tx Packet Per Second			Throughput Test			
	Trial Duration(HH:MM:SS):	'000:00:10			Number Of Trials	'1
	Minimum Frame Size (Byte):	'Custom			Initial Rate(%):	'Custom
	Maximum Frame Fize (Bytes):	'Custom			Minimum Rate(%):	'Custom
	Frame Size Step (Bytes):	'Custom			Maximum Rate(%):	'Custom
	Transmit Type:	'Bidirectional			Rate Resolution(%):	'Custom
'Frame size	'Tx Port	'Rx Port	'Tx Tput(pps(Mbps))	'Tx Tput(%)		
'64	'[1,1,1]	'[1,1,2]	'1488096 (1000.00)	'100.00%		
'64	'[1,1,2]	'[1,1,1]	'1488096 (1000.00)	'100.00%		
'128	'[1,1,1]	'[1,1,2]	'844595 (1000.00)	'100.00%		
'128	'[1,1,2]	'[1,1,1]	'844595 (1000.00)	'100.00%		
'256	'[1,1,1]	'[1,1,2]	'452899 (1000.00)	'100.00%		
'256	'[1,1,2]	'[1,1,1]	'452899 (1000.00)	'100.00%		
'512	'[1,1,1]	'[1,1,2]	'234963 (1000.00)	'100.00%		
'512	'[1,1,2]	'[1,1,1]	'234963 (1000.00)	'100.00%		
'1024	'[1,1,1]	'[1,1,2]	'119732 (1000.00)	'100.00%		
'1024	'[1,1,2]	'[1,1,1]	'119732 (1000.00)	'100.00%		
'1280	'[1,1,1]	'[1,1,2]	'96154 (1000.00)	'100.00%		
'1280	'[1,1,2]	'[1,1,1]	'96154 (1000.00)	'100.00%		
'1518	'[1,1,1]	'[1,1,2]	'81275 (1000.00)	'100.00%		
'1518	'[1,1,2]	'[1,1,1]	'81275 (1000.00)	'100.00%		

图 6-28　吞吐量测试结果界面

启动测试仪开始测试，测试结束后查看测试结果。查看结果界面如图 6-31 所示。

（五）队头阻塞测试

队头阻塞测试是为了确定一个交换机如何处理拥塞，是否能够执行拥塞控制，一个拥

Latency unit is microsecond (us), 1 microsecond = 0.000001 second

Latency Test

CT: Cut Through Latency	Trial Duration(HH:MM:SS):	'000:00:04	Number Of Trials	'1
S&F: Store And Forward Latency	Minimum Frame Size (Byte):	'Custom	Initial Rate(%):	'Custom
	Maximum Frame Fize (Bytes):	'Custom	Minimum Rate(%):	'Custom
	Frame Size Step (Bytes):	'Custom	Maximum Rate(%):	'Custom
	Transmit Type:	'Bidirectional		

Frame size	'Rate(%)	'Tx Port	'Rx Port	'Latency(S&F)
'64	'100%	'[1,1,1]	'[1,1,2]	'3.660
'64	'100%	'[1,1,2]	'[1,1,1]	'3.190
'128	'100%	'[1,1,1]	'[1,1,2]	'3.640
'128	'100%	'[1,1,2]	'[1,1,1]	'3.190
'256	'100%	'[1,1,1]	'[1,1,2]	'3.630
'256	'100%	'[1,1,2]	'[1,1,1]	'3.190
'512	'100%	'[1,1,1]	'[1,1,2]	'3.620
'512	'100%	'[1,1,2]	'[1,1,1]	'3.190
'1024	'100%	'[1,1,1]	'[1,1,2]	'3.590
'1024	'100%	'[1,1,2]	'[1,1,1]	'3.190
'1280	'100%	'[1,1,1]	'[1,1,2]	'3.580
'1280	'100%	'[1,1,2]	'[1,1,1]	'3.190
'1518	'100%	'[1,1,1]	'[1,1,2]	'3.630
'1518	'100%	'[1,1,2]	'[1,1,1]	'3.210

图 6-29　时延测试界面

Packet Loss Rate Test

Trial Duration(HH:MM:SS):	'000:00:10		Number Of Trials	'1
Minimum Frame Size (Byte):	'Custom		Initial Rate(%):	'Custom
Maximum Frame Fize (Bytes):	'Custom		Minimum Rate(%):	'Custom
Frame Size Step (Bytes):	'Custom		Maximum Rate(%):	'Custom
Transmit Type:	'Bidirectional			

'Frame size	'Rate(%)	'Tx Port	'Rx Port	'Loss Rate(%)
'64	'100%	'[1,1,1]	'[1,1,4]	'98.994%
'64	'100%	'[1,1,4]	'[1,1,1]	'0%
'128	'100%	'[1,1,1]	'[1,1,4]	'98.99%
'128	'100%	'[1,1,4]	'[1,1,1]	'0%
'256	'100%	'[1,1,1]	'[1,1,4]	'98.98%
'256	'100%	'[1,1,4]	'[1,1,1]	'0%
'512	'100%	'[1,1,1]	'[1,1,4]	'98.969%
'512	'100%	'[1,1,4]	'[1,1,1]	'0%
'1024	'100%	'[1,1,1]	'[1,1,4]	'98.97%
'1024	'100%	'[1,1,4]	'[1,1,1]	'0%
'1280	'100%	'[1,1,1]	'[1,1,4]	'98.972%
'1280	'100%	'[1,1,4]	'[1,1,1]	'0%
'1518	'100%	'[1,1,1]	'[1,1,4]	'98.972%
'1518	'100%	'[1,1,4]	'[1,1,1]	'0%

图 6-30　丢包率测试结果界面

塞的端口是否会影响到一个没有拥塞的端口。

网络测试仪配置时，需要将测试的端口添加到右边测试端口 Test Pairs 区域中，如图 6-32 所示。

还需要配置数据流和端口，选择一个需要发送两条不同目的 MAC 的流的端口，点击确定，如图 6-33 所示。

启动测试仪开始测试，测试结束后查看测试结果，非拥塞端口不丢包，查看结果界面如图 6-34 所示。

		Back To Back Test				
	'Trial Duration(HH:MM:SS):	'000:00:02			'Number Of Trials	'1
	'Minimum Frame Size (Byte):	'Custom			'Initial Rate(%):	'Custom
	'Maximum Frame Fize (Bytes):	'Custom			'Minimum Rate(%):	'Custom
	'Frame Size Step (Bytes):	'Custom			'Maximum Rate(%):	'Custom
	'Transmit Type:	'Bidirectional				
'Frame size	'Rate(%)	'Tx Port	'Rx Port	'Packets		
'64	'100%	'[1,1,5]	'[1,1,6]	'2976192		
'64	'100%	'[1,1,6]	'[1,1,5]	'2976192		
'128	'100%	'[1,1,5]	'[1,1,6]	'1689190		
'128	'100%	'[1,1,6]	'[1,1,5]	'1689190		
'256	'100%	'[1,1,5]	'[1,1,6]	'905798		
'256	'100%	'[1,1,6]	'[1,1,5]	'905798		
'512	'100%	'[1,1,5]	'[1,1,6]	'469926		
'512	'100%	'[1,1,6]	'[1,1,5]	'469926		
'1024	'100%	'[1,1,5]	'[1,1,6]	'239464		
'1024	'100%	'[1,1,6]	'[1,1,5]	'239464		
'1280	'100%	'[1,1,5]	'[1,1,6]	'192308		
'1280	'100%	'[1,1,6]	'[1,1,5]	'192308		
'1518	'100%	'[1,1,5]	'[1,1,6]	'162550		
'1518	'100%	'[1,1,6]	'[1,1,5]	'162550		

图 6-31　背靠背测试结果界面

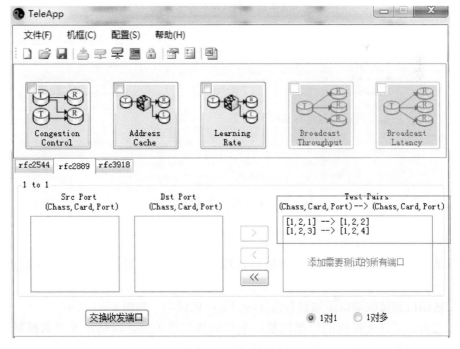

图 6-32　队头阻塞测试配置设置界面（一）

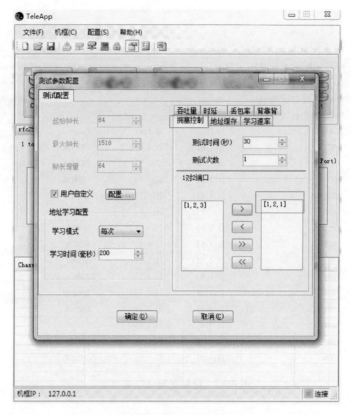

图 6-33　队头阻塞测试配置设置界面（二）

		Congestion Control Test			
	Trial Durati...	'000:00:30		Number Of Tr...	'1
	Minimum Fram...	'512		Initial Rate...	'100
	Maximum Fram...	'512		Minimum Rate...	'10
	Frame Size S...	'64		Maximum Rate...	'100
	Transmit Type:	'Unidirectional			
'Frame size	'Rate(%)	'Tx Port	'Rx Port	'Loss Rate(%)	
'512	'100%	'[1,1,1]	'[1,1,2]	'0%	
		'[1,1,1]	'[1,1,4]	'---	
		'[1,1,3]	'[1,1,4]	'33.324%	

图 6-34　队头阻塞测试结果界面

（六）地址缓存能力测试

地址缓存能力测试是为了确定交换设备地址缓冲能力。地址缓存配置界面如图 6-35 所示。

将发送端口和接收端口添加到右边 Test Pairs 区域中，如图 6-36 所示。

测试之前需要将交换机的广播风暴，生成树协议等关掉，以防止无关数据帧的干扰。启动测试仪开始测试，测试结束后查看测试结果，查看结果界面如图 6-37 所示。

（七）风暴抑制测试

风暴抑制测试是为了确定交换机对风暴抑制的设置是否生效，主要分为广播风暴抑制，

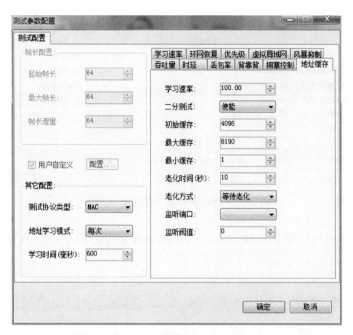

图 6-35　地址缓存配置界面

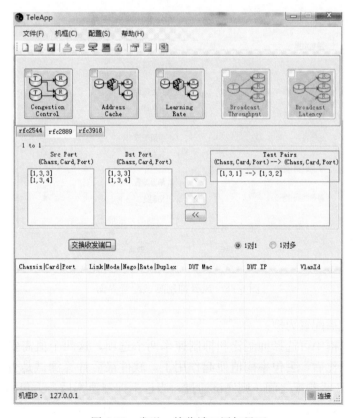

图 6-36　发送、接收端口添加界面

			地址缓存				
	测试周期(秒):	′100				测试次数:	′1
	最小帧长(字节):	′Custom				初始速率(%):	′Custom
	最大帧长(字节):	′Custom				速率增量(%):	′Custom
	帧长增量(字节):	′Custom				最大速率(%):	′Custom
	发送模式:	′Undirectional					
帧长	′Rate(%)	′[1,3,1](TX)	′[1,3,2](RX)	′[1,3,3](Listen)			
		′1000M	′1000M	′10M			
′64	′100	′8190	′8190	′0			

图 6-37　地址缓存能力测试结果界面

组播风暴抑制，单播风暴抑制三种选项，三种风暴抑制可以同时进行测试，配置界面如图 6-38 所示。

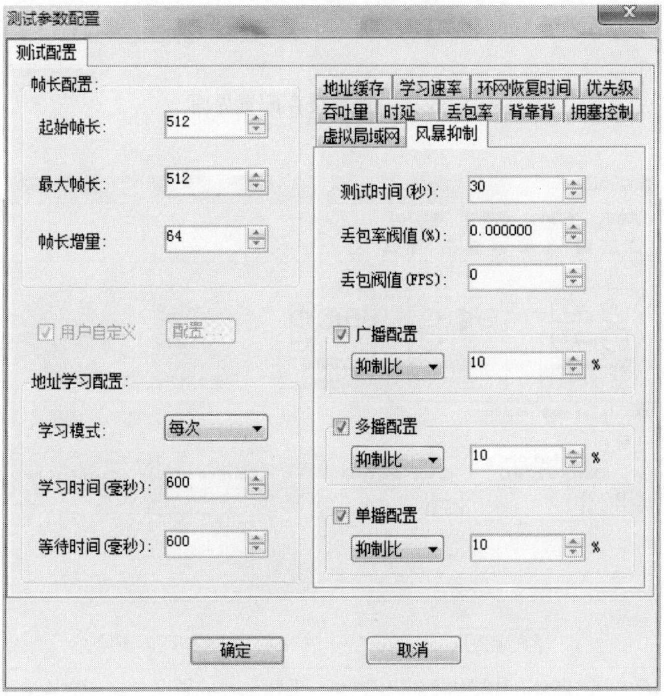

图 6-38　风暴抑制测试配置界面

以下内容以广播配置为例：

广播配置复选框中可选择抑制比和抑制速率两个选项，这两个值需要与交换机的配置一致。当选中抑制比后，丢包率阈值便起作用了，软件最后计算测试是否通过时，如果丢包率在抑制比＋/－丢包率之间，则测试通过；当选中抑制速率后，丢包阈值起作用，软件计算是否通过时，如果丢包个数在抑制速率＋/－丢包阈值之间，则测试通过。

测试完成后，测试结果界面如图 6-39 所示。

		Storm Control Test								
Trial Durati	'000:00:30				Number Of Trials		'1			
Minimum Fram.	'512				Initial Rate(%)		'100			
Maximum Fram.	'512				Minimum Rate(%)		'10			
Frame Size S.	'512				Maximum Rate(%)		'100			
Transmit Type:	Unidirectional									
'Frame size	'Rate(%)	'Tx Port	'Rx Port	'BroadcastSuppression Ratio	'BroadcastPass/Fail	'MulticastSuppression Ratio	'MulticastPass/Fail	'UnicastSuppression Ratio	'UnicastPass/Fail
'512	'100%	'[1,1,3]	'[1,1,4]	'9% ~ 11%	'Pass	'9% ~ 11%	'Pass	'9% ~ 11%	'Pass

图 6-39　广播配置测试结果界面

（八）环网恢复时间测试

环网恢复时间测试配置界面如图 6-40 所示。

图 6-40　环网恢复时间测试配置界面

开始测试，测试结果界面如图 6-41 所示。

			Ring Network Recovery Test			
	Trial Durati...	'000:00:30			Number Of Tr...	'1
	Minimum Fram...	'256			Initial Rate...	'100
	Maximum Fram...	'256			Minimum Rate...	'10
	Frame Size S...	'64			Maximum Rate...	'100
	Transmit Type:	'Unidirectional				
'Frame size	'Rate (%)	'Tx Port	'Rx Port	'Recovery Time		
'256	'100%	'[1,1,3]	'[1,1,2]	'3.223878 s		

图 6-41　环网恢复时间测试结果界面

测试结果显示的即为环网恢复时间。

（九）优先级测试

优先级测试主要测试报文 VLAN tag 中携带不同的优先级时，交换机能否按照优先级高低进行合理转发。其配置界面如图 6-42 所示。

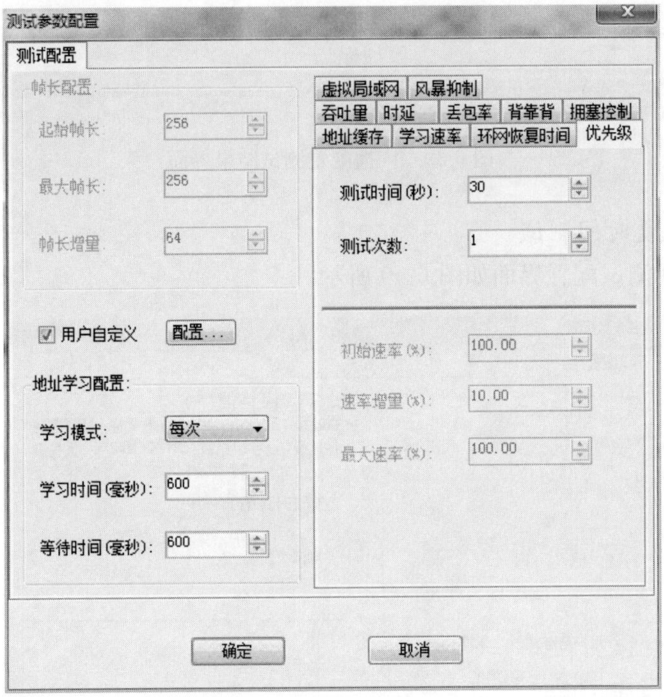

图 6-42　优先级测试配置界面

数据流配置中，使能 VLAN，并填写相对应优先级，开始测试，测试结果界面如图 6-43所示。

			Precedence Test				
	Trial Durati...	'000:00:30			Number Of Tr...	'1	
	Minimum Fram...	'256			Initial Rate...	'100	
	Maximum Fram...	'256			Minimum Rate...	'10	
	Frame Size S...	'64			Maximum Rate...	'100	
	Transmit Type:	'Unidirectional					
'Frame size	'Rate(%)	'Tx Port	'Rx Port	'Priority	'Loss Rate(%)	'Pass/Fail	
'256	'100%	'[1,1,3]	'[1,1,2]	'0	'100%	'Pass	
'256	'100%	'[1,1,4]	'[1,1,2]	'1	'0%	'---	

图 6-43　优先级测试结果界面

测试结果中显示每个端口的丢包率，如果优先级高的端口丢包率小于优先级低的端口的丢包率，则显示测试通过；否则，显示测试失败。

（十）VLAN 测试

VLAN 测试配置界面如图 6-44 所示。

在数据流配置中，使能 VLAN，并填写相对应 VLAN ID，开始测试，测试结果界面如图 6-45 所示。

如果丢包率为 100％，则表示这两个端口不能互通。

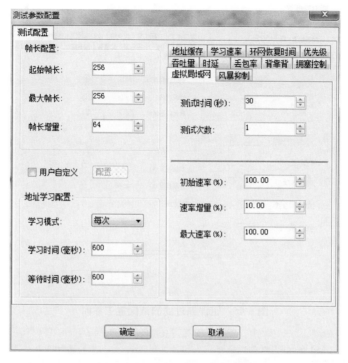

图 6-44　VLAN 测试配置界面

		VLAN Test			
	Trial Durati...	'000:00:10		Number Of Tr...	'1
	Minimum Fram...	'256		Initial Rate...	'100
	Maximum Fram...	'256		Minimum Rate...	'10
	Frame Size S...	'256		Maximum Rate...	'100
	Transmit Type:	'Unidirectional			
'Frame size	'Rate(%)	'Tx Port	'Rx Port	'VID	'Loss Rate(%)
'256	'100%	'[1,1,3]	'[1,1,2]	'300	'100%
'256	'100%	'[1,1,4]	'[1,1,2]	'500	'0%

图 6-45　VLAN 测试结果界面

（十一）错误帧过滤测试

错误帧过滤主要测试交换机对错误报文的过滤能力，交换机在收到错误报文后，应该将其丢弃。配置主界面如图 6-46 所示。

共有 3 种错误类型：超长帧，超短帧，CRC 错误帧。CRC 错误帧帧长范围 64～1518B；超短帧帧长范围 60～63B；超长帧帧长范围 1519B～16KB。

开始测试，测试结果如图 6-47 所示。

（十二）组播容量测试

组播容量用来测试交换机支持的最大组播组数量，其配置界面如图 6-48 所示。

待测试结束后，查看测试结果，界面如图 6-49 所示。

203

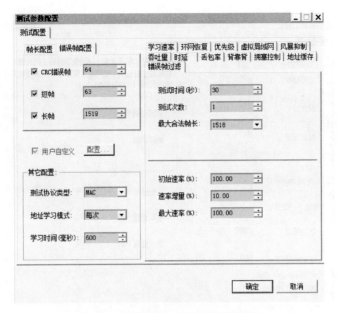

图 6-46　错误帧过滤测试配置主界面

		Errored Frame Filtering Test				
	Trial Durati...	'000:00:30			Number Of Tr...	'1
	Minimum Fram...	'64			Initial Rate...	'100
	Maximum Fram...	'64			Minimum Rate...	'10
	Frame Size S...	'64			Maximum Rate...	'100
	Transmit Type:	'Unidirectional				
'Frame size	'Rate(%)	'Tx Port	'Rx Port	'Pass/Fail		
'64	'100%	'[1,1,2]	'[1,1,3]	'Pass		
'CRC Error:64	'100%	'[1,1,2]	'[1,1,3]	'Pass		
'Under Size:63	'100%	'[1,1,2]	'[1,1,3]	'Pass		
'Over Size:1519	'100%	'[1,1,2]	'[1,1,3]	'Fail		

图 6-47　错误帧过滤测试结果界面

图 6-48　组播容量测试配置界面

			多播组容量测试			
	测试周期(时:...	'000:00:10		测试次数	'1	
	最小帧长(字节):	'Custom		初始速率(%):	'Custom	
	最大帧长(字节):	'Custom		最小速率(%):	'Custom	
	帧长增量(字节):	'Custom		最大速率(%):	'Custom	
	发送模式:	'Unidirectional				
出端口数	'3　测试参数					
'帧长	'[1,4,2]速率(%)	组播容量				
'64	'100%	160	测试得出的组播容量			

图 6-49　组播容量测试结果界面

第七章

同步相量测量装置检测

同步相量测量装置遵照 GB/T 26862《电力系统同步相量测量装置检测规范》、DL/T 280《电力系统同步相量测量装置通用技术条件》、Q/GDW 10131《电力系统实时动态监测系统技术规范》、Q/GDW 11202.6《智能变电站自动化设备检测规范 第 6 部分：同步相量测量装置》等规范，已被广泛应用于电力系统的动态监测、状态估计、系统保护、区域稳定控制、系统分析和预测等领域，是保障电网安全运行的重要设备。同步相量测量装置的检测内容包括功能检测和性能检测。

第一节 检 测 系 统

对同步相量测量装置功能和性能检测的系统如图 7-1 和图 7-2 所示，包括标准源、时钟装置、交换机、同步相量测量装置测试仪、GB/T 26865.2 传输规约测试系统和 DL/T 860 传输规约测试系统。其中，数字化采样同步相量测量装置与相量数据集中器检测系统如图 7-1 所示，模拟量采样同步相量测量装置与相量数据集中器检测系统如图 7-2 所示。

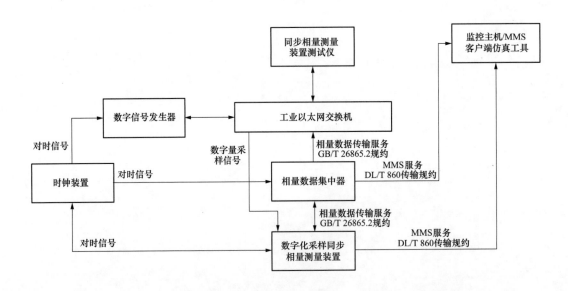

图 7-1　数字化采样同步相量测量装置与相量数据集中器检测系统

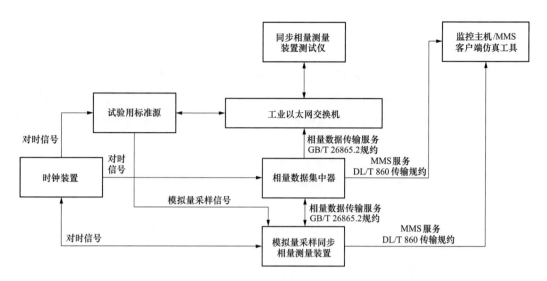

图 7-2　模拟量采样同步相量测量装置与相量数据集中器检测系统

第二节　功　能　检　测

同步相量测量装置的功能检测内容主要包括自检功能检测、数据存储与记录功能检测、低频振荡告警功能检测、时间同步监测功能检测、实时监测功能检测、实时通信功能检测、采样要求检测、液晶显示控制功能检测、次/超同步振荡监测功能检测、离线数据召唤功能、冗余组网检测、网络压力检测等。

（一）自检功能检测

自检功能检测内容为检测装置在硬件故障、元件运行异常、软件运行异常时，装置对自身异常情况的监测功能是否正确；根据应满足的技术要求共分为两个步骤，分别为装置自检能力检测和自检信息上送功能检测，以下介绍本项检测技术要求和检测方法。

1. 应具备功能

（1）实现装置自检；

（2）实现将装置本身的自检信息上送到监控后台。

2. 检测方法

第一步：模拟同步相量测量装置、相量数据集中器硬件故障、元件运行、软件运行异常，检验装置的自检能力；

第二步：查看与装置经由传输规约相连接的监控主机页面，判定装置的自检信息上送功能是否完善。

（二）数据存储与记录功能检测

1. 数据存储功能检测

数据存储功能检测内容为检测装置对动态数据记录文件、连续录波文件存储功能是否正确；根据应满足的技术要求，分别对主站离线提取功能、存储文件的正确性、动态数据记录速率、动态数据记录保存时间进行检测，以下介绍本项检测技术要求和检测方法。

（1）应满足要求：

具备动态数据记录文件、连续录波文件等离线数据的数据存储功能。

（2）检测方法：

第一步：通过客户端工具登录装置或远方进行离线数据提取操作；

第二步：查看动态数据记录文件及连续录波文件，从而检测装置是否具备存储功能。

第三步：装置按照 GB/T 26865.2 的格式存储动态数据，装置运行 1min 后应能正确记录动态数据；

第四步：动态数据的最高记录速率不应低于 100 次/s。

第五步：装置动态数据保存时间不应少于 14 天。

2. 动态数据记录功能检测

在动态数据记录功能检测中，涉及数据记录功能检测、数据记录的安全性检测及越限事件记录功能检测。

（1）数据记录功能检测。

数据记录功能检测内容为检测装置对实时监测数据的记录存储功能、对电力系统扰动的事件标识和告警功能是否正确；根据应满足的技术要求，分别对数据记录功能、事件标识功能、事件告警功能进行检测，以下介绍本项检测技术要求和检测方法。

1）应满足要求：①具有存储三相基波电压相量、三相基波电流相量、电压电流的基波正序相量、频率、频率变化率、功率和开关量信号等实时监测数据的功能；②当装置监测到电力系统发生扰动时，同步相量测量装置应具备建立事件标识并向相量数据集中器发送告警信息的功能。

2）具体检测过程。

第一步：建立同步相量测量装置与相量数据集中器之间的通信连接；

第二步：查看相量数据集中器是否能够正确记录子站的动态数据；

第三步：由主机向被测设备发送模拟量信号，查看被测设备监测到扰动信号时，是否能够建立事件标识，并上送告警信息。

（2）数据记录的安全性检测。

数据记录安全性检测内容为检测装置对电源扰动、外部访问、人工修改和删除、时钟同步失步切换时动态数据记录的正确性与可靠性；以下介绍本项检测技术要求和检测方法。

1）应满足要求：①同步相量测量装置不因直流电源中断、快速或缓慢波动及跌落丢失已记录的动态数据；②同步相量测量装置不因外部访问而删除动态记录数据；③同步相量测量装置无人工删除和修改动态记录数据的功能；④同步相量测量装置在时间同步、失步切换时，能可靠记录动态数据，并保证记录数据时标的正确性。

2）具体检测过程：

第一步：模拟不同的场景，在不同场景下进行检测；

第二步：检查同步相量测量装置和相量数据集中器中的离线数据存储情况，进而检查其记录数据是否安全。

（3）越限事件记录功能检测。

越限事件记录功能检测内容为检测在频率越限、频率变化率越限、幅值越限、相角差越限、继电保护或安全自动装置跳闸信号、人工启动记录命令、低频振荡发生、次/超同步振荡发生时，装置对事件进行标识和记录的功能是否正确；以下介绍本项检测技术要求和检测方法。

1）应满足要求：①当出现频率越限（高频率越限整定为 50.5Hz，低频率越限整定为 49.5Hz）、频率变化率越限（频率变化率越限整定值为 0.2Hz/s）时，被测装置会对以上事件进行记录；②当出现幅值越上限，包括正序电压、正序电流、负序电压、负序电流、零序电压、零序电流、相电压、相电流越上限时（正序电压、电流启动的整定值为 110%U_n/110%I_n，负序电压、电流启动的整定值为 3%U_n/10%I_n，零序电压、电流启动的整定值为 2%U_n/10%I_n，相电压越限、相电流越限启动的整定值 110%U_n/110%I_n），被测装置会对以上事件进行记录；③当出现幅值越下限，包括正序电压、相电压越下限时（正序电压、相电压越下限的整定值均为 90%U_n），被测装置会对以上事件进行记录；④当出现相角差越限（设置能够触发相角差越限事件的发电机功角越限整定值）时，被测装置会对以上事件进行记录；⑤当收到继电保护或安全自动装置跳闸输出信号、人工启动记录命令时，被测装置会对以上事件进行记录；⑥当系统发生低频振荡、次/超同步振荡时，被测装置会对以上事件进行记录。

2）具体检测过程：

第一步：建立标准源与同步相量测量装置之间的连接；

第二步：通过标准源向被测设备发送信号（依次设定整定值或发送相应命令），进而检测同步相量测量装置的越线事件记录功能是否完善。

3. 连续录波记录功能检测

连续记录功能检测内容为检测装置连续录波记录的格式、保存时间和离线提取协议是否正确；以下介绍本项检测技术要求和检测方法。

（1）应满足要求：

1）每分钟形成一个文件，文件格式应能兼容 GB/T 22386 的要求；

2）录波的采样率不应低于 1000 点/s，保存时间不少于 3 天。

3）连续录波文件召取协议应满足 Q/GDW 10131—2017 附录 F 的要求。

（2）具体检测过程：

第一步：向同步相量测量装置持续输入三相信号并计时 72h；

第二步：在计时结束后检查装置连续录波文件夹内部生成的 COMTRADE 格式录波文件数量及完整性是否符合要求；

第三步：使用录波分析软件抽取录波文件，进而分析其格式是否满足要求。

（三）低频振荡告警功能检测

低频振荡告警功能检测内容为检测在低频振荡发生时，装置对低频振荡的频率监测范围、低频振荡的功率阈值、低频振荡事件进行标识和记录、低频振荡告警上送的功能是否正确；以下介绍本项检测技术要求和检测方法。

1. 应满足要求

（1）同步相量测量装置的低频振荡频率监视范围：0.1～2.5Hz；

（2）低频振荡判据：功率振荡峰峰值超过预设门槛 Posc 并持续 X 个周波（Posc 与 X 数值可整定）。

（3）具备低频振荡告警功能。

2. 具体检测过程

第一步：先按照幅值调制的测试要求向同步相量测量装置输入三相调制信号（调制频率为 2Hz，调制深度为 10% 额定幅值，输出信号至少持续 $X+2$ 个低频振荡周波（X 数值可整定，例如：$X=5$），装置的功率振荡峰峰值预设门槛 Psso 整定为 5% 额定幅值；

第二步：检验同步相量测量装置是否能发出低频振荡告警事件，检查动态记录数据文件是否有低频振荡标识符。

（四）时间同步监测功能检测

时间同步监测功能检测内容包括时间同步状态在线监测协议配置检测、对时状态测量功能检测及时间监测状态自检功能检测。

1. 时间同步状态在线监测协议配置检测

时间同步状态在线监测协议配置检测内容为检测装置基于 NTP 协议的对时状态测量功能和采用 DL/T 860 通信规约上送状态信息的功能是否正确；以下介绍本项检测技术要求和检测方法。

（1）应满足要求：

1）具备基于 NTP 协议的对时状态测量功能；

2）协议可配置，并采用 DL/T 860 通信规约传输状态信息。

（2）具体检测过程：

第一步：将同步相量测量装置与报文通信协议检测装置建立物理连接；

第二步：通过具备 NTP 协议和 DL/T 860 标准协议的客户端向同步相量测量装置建立通信连接；

第三步：查看装置是否能够正确响应，进而判断装置的规约是否正确。

2. 对时状态测量功能检测

对时状态测量功能检测内容为检测装置在对时精度偏差较大时，对时状态信息上送的功能是否正确；根据应满足的技术要求，分别对对时精度和告警上送功能进行检测；以下介绍本项检测技术要求和检测方法。

（1）应满足要求：

1）在时间同步对时偏差 $-3\sim3\text{ms}$ 范围内，不产生告警；

2）对时状态测量功能合格判据见表 7-1。

表 7-1   对时状态测量功能合格判据

模拟偏差	合格判据
0ms	偏差测量值的 30 次平均值小于 ±3ms，测试持续期间无告警
3ms	偏差测量值的 30 次平均值大于 +3ms，产生告警
−3ms	偏差测量值的 30 次平均值小于 −3ms，产生告警

（2）具体检测过程：

第一步：模拟多组时间信号偏差；

第二步：将同步相量测量装置 PPS 输出信号反馈至时间同步系统测试仪进行数据比对；

第三步：判断装置是否满足合格判据。

3. 时间监测状态自检功能

时间监测状态自检功能检测内容为检测在对时信号变化、对时服务状态变化和时间跳变帧状态变化时装置的时间监测状态自检功能是否正确；以下介绍本项检测技术要求和检测方法。

（1）应满足要求：应具有时间监测状态自检功能，具体应满足表 7-2～表 7-4 要求。

表 7-2　　　　　　　　　被测设备对时信号自检功能检测场景及要求

检测场景	检测要求
拔下或不连接对时电缆/光纤	产生对时接口状态告警
对时信号质量标志无效	产生对时接口状态告警
对时信号校验错	产生对时接口状态告警
插入或连接对时电缆/光纤且对时信号质量标志有效且校验正确	对时接口状态告警返回

表 7-3　　　　　　　　被测设备时间跳变侦测状态自检功能检测场景及要求

检测场景	检测要求
对时信号年跳变增加 1	产生时间跳变侦测状态告警，装置守时
对时信号年跳变减少 1	产生时间跳变侦测状态告警，装置守时
对时信号月跳变增加 1	产生时间跳变侦测状态告警，装置守时
对时信号月跳变减少 1	产生时间跳变侦测状态告警，装置守时
对时信号日跳变增加 1	产生时间跳变侦测状态告警，装置守时
对时信号日跳变减少 1	产生时间跳变侦测状态告警，装置守时
对时信号时跳变增加 1	产生时间跳变侦测状态告警，装置守时
对时信号时跳变减少 1	产生时间跳变侦测状态告警，装置守时
对时信号分跳变增加 1	产生时间跳变侦测状态告警，装置守时
对时信号分跳变减少 1	产生时间跳变侦测状态告警，装置守时
对时信号秒跳变增加 1	产生时间跳变侦测状态告警，装置守时
对时信号秒跳变减少 1	产生时间跳变侦测状态告警，装置守时
闰秒	不产生时间跳变侦测状态告警，装置正常同步
恢复变化前正常信号	时间跳变侦测状态告警返回，装置正常同步

表 7-4　　　　　　　　被测设备对时服务状态自检功能检测场景及要求

检测场景	检测要求
对时信号告警测试场景	产生对时服务状态告警
时间跳变侦测状态告警测试场景	产生对时服务状态告警
对时进程异常	产生对时服务状态告警
当被测装置处于守时状态，恢复外部对时信号，若外部对时信号与本地时间偏差大于 Ta 时	产生对时服务状态告警，装置守时
其余正常状态	对时服务状态告警返回
守时恢复时，外部信号与本地时间最大允许偏差阈值应可设置，默认为 3600s	

（2）具体检测过程：

图 7-3　同步相量测量装置的设备状态自检功能检测原理图

第一步：按图 7-3 搭建检测系统，建立被测装置与时间同步系统测试仪的通信连接，时间同步管理测试仪配置为 DL/T 860 服务的客户端。

第二步：对同步相量测量装置的对时信号自检功能进行检测，设置时间同步系统测试仪的输出信号，模拟表 7-2 所示场景，监测对时信号状态上送信息是否正确；测试时，设置每个产生告警的场景前应先使告警信号复归。

第三步：对同步相量测量装置的时间跳变侦测状态自检功能进行检测，设置时间同步系统测试仪的输出信号，模拟表 7-3 所示场景，监测时间跳变侦测状态上送信息是否正确；测试时，设置每个产生告警的场景前应先使告警信号复归。

第四步：对同步相量测量装置的对时服务状态自检功能进行检测，设置时间同步系统测试仪的输出信号，模拟表 7-4 所示场景，监测对时服务状态上送信息是否正确；测试时，设置每个产生告警的场景前应先使告警信号复归。

（五）实时监测功能检测

实时监测功能检测内容为检测装置对电气量的监测功能是否正确；根据应满足的技术要求，分别对三相基波电压相量、三相基波电流相量、电压电流的基波正序相量、频率、频率变化率、功率和开关量信号进行检测，以下介绍本项检测技术要求和检测方法。

1. 应满足要求

应具有监测同步测量安装点的三相基波电压相量、三相基波电流相量、电压电流的基波正序相量、频率、频率变化率、功率和开关量信号的功能。

2. 具体检测过程

第一步：按照图 7-2（数字化装置按图 7-1）模拟搭建同步相量测量装置的工作环境；

第二步：通过标准源向同步相量测量装置模拟输入不同三相信号；

第三步：检测同步相量测量装置是否具有对电压/电流相量、基波频率等量值的监测功能。

（六）实时通信功能检测

实时通信功能检测内容为检测同步相量测量装置与相量数据集中器、厂站监控系统的通信功能是否正确；根据应满足的技术要求，分别对装置进行 GB/T 26865.2 数据传输协议一致性测试和 DL/T 860 数据传输协议一致性测试。以下介绍本项检测技术要求和检测方法。

1. 应满足要求

（1）同步相量测量装置应能够向相量数据集中器上传配置信息和状态信息，并根据相量数据集中器下发的配置信息将所需的动态数据实时上传；

（2）同步相量测量装置应具有向相量数据集中器传送动态数据记录文件、连续录波文件的功能，传输协议采用 GB/T 26865.2；

（3）同步相量测量装置应具有向当地厂站监控系统传送装置的状态及事件信息的功能，传输协议采用 DL/T 860 标准。

2. 具体检测过程

第一步：将相量数据集中器与同步相量测量装置建立通信连接；

第二步：使用具备 GB/T 26865.2 协议的主站报文通信协议客户端与相量数据集中器建立通信连接；

第三步：测试同步相量测量装置是否能够实现实时、离线数据上送、动态数据记录文件传送、向主站传送装置状态等多种场景，并对装置搭载规约的一致性进行检测。

（七）采样要求检测

采样要求检测内容为检测装置测采样率是否符合标准要求；以下介绍本项检测技术要求和检测方法。

1. 应满足要求

（1）模拟式采样装置采样频率标准如表 7-5 所示。

表 7-5　　　　　　　　　　　　模拟式采样频率标准

每周期采样点数	采样频率（Hz） 电网额定频率 50Hz	每周期采样点数	采样频率（Hz） 电网额定频率 50Hz
24	1200	96	4800
32	1600	128	6400
48	2400	192	9600
64	3200	384	19 200

（2）数字式采样装置采样标准如表 7-6 所示。

2. 具体检测过程

第一步：向同步相量测量装置持续输入三相额定电压电流信号；

第二步：检查装置的暂态录波文件夹内部生成的 COMTRADE 格式录波文件，最后对照采样标准检测其采样频率是否符合要求。

表 7-6   数字式采样频率标准

每周期采样点数	采样频率（Hz） 电网额定频率 50Hz	每周期采样点数	采样频率（Hz） 电网额定频率 50Hz
20	1000	160	8000
32	1600	200	10 000
40	2000	320	16 000
50	2500	400	20 000
64	3200	640	32 000
80	4000	800	40 000
100	5000	1600	80 000
128	6400	3200	160 000

（八）液晶显示控制功能检测

液晶显示控制功能检测内容为检测装置液晶屏幕的自动休眠功能是否符合标准要求；以下介绍本项检测技术要求和检测方法。

1. 应满足要求

装置的液晶显示屏支持自动休眠功能，若装置在 10min 内无按键操作或告警信息，会自动进入屏幕休眠状态。

2. 具体检测过程

第一步：将同步相量测量装置置于 10min 无按键操作场景下；

第二步：检测装置液晶是否自动进入休眠。

（九）次/超同步振荡监测功能检测

次/超同步振荡监测功能检测内容为检测在次/超同步振荡发生时，装置对次/超同步振荡频率监测范围、次/超同步振荡的功率阈值、次/超同步振荡事件进行标识和记录、次/超同步振荡告警上送的功能是否正确；以下介绍本项检测技术要求和检测方法。

1. 应满足要求

（1）装置宜具备基于原始采样数据的次/超同步振荡监测功能（次/超同步振荡频率监视范围：采用瞬时功率计算时，频率监视范围：10～40Hz；采用电流计算时，频率监视范围：10～40Hz 和 60～90Hz；频率分辨率要求为 1Hz），应能将次/超同步振荡主导分量的幅值、频率上送调度主站；

（2）当电力系统发生次/超同步振荡时（次/超同步振荡判据：瞬时功率次/超同步振荡分量超过预设门槛 P_{sso} 并持续 X 秒，P_{sso} 与 X 数值可整定），装置应在数据帧的状态字中设置触发标志和原因，发出相应事件告警。

2. 具体检测过程

第一步：设置同步相量测量装置的次/超同步振荡启动门槛值 $P_{sso} = 10\% P_n$，持续时间为 $X = 10s$；

第二步：利用软件产生包含间谐波的三相测试信号文件，令功率信号中包含的次/超同步振荡功率达到 $11\% P_n$，功率信号中包含的间谐波频率在次/超同步振荡频率监视范围内；

第三步：通过测试仪依次进行 Comtrade 数据回放，当次/超同步振荡信号持续时间达到 10s 后，检查装置是否产生事件告警与连续录波文件，并查看动态记录数据文件是否具有数据帧状态字中的触发标志和原因。

（十）离线数据召唤功能

离线数据召唤功能检测内容为检测主站对装置存储的动态数据记录、连续录波记录进行离线数据召唤时，装置是否正确响应召唤命令的功能；以下介绍本项检测技术要求和检测方法。

1. 应满足要求

相量数据集中器应具备动态数据记录，连续录波记录的离线数据召唤功能。

2. 具体检测过程

利用测试仪离线召唤被测装置的动态数据文件及连续录波文件，检查装置离线数据格式的正确性。

（十一）冗余组网检测

冗余组网检测内容为检测相量数据集中器冗余组网工作模式下，同步相量测量装置与调度主站的通信功能是否正确；依据应满足的技术要求，分别对同步相量测量装置与相量数据集中器通信功能、相量数据集中器与调度主站之间通信功能以及两台冗余相量数据集中器同时刻记录的动态数据记录进行检测；以下介绍本项检测技术要求和检测方法。

1. 应满足要求

（1）在冗余组网模式下，两台 PDC 记录的动态数据应一致；

（2）站内组网应支持双相量数据集中器和双交换机冗余组网工作模式；

（3）相量数据集中器宜通过电力调度数据网双平面通道与调度主站进行数据通信；

（4）一般厂站宜采用冗余组网工作模式 1，如图 7-4 所示，重要厂站宜采用冗余组网工作模式 2，如图 7-5 所示。

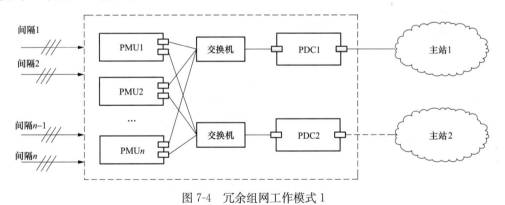

图 7-4　冗余组网工作模式 1

2. 具体检测过程

第一步：按照冗余组网工作模式下的拓扑连接方式接入 2 台交换机与 2 台相量数据集中器；

第二步：模拟主站与相量数据集中器进行实时与离线数据通信，检查 2 台相量数据集中器记录的动态数据记录是否一致，进而检测 2 台相量数据集中器与调度主站的数据通信是否正常。

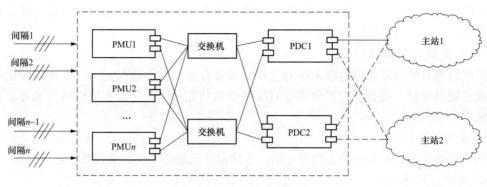

图 7-5　冗余组网工作模式 2

（十二）网络压力检测

网络压力检测内容为将同步相量测量装置、相量数据集中器施加线速不同的广播或组播报文、正常采样值报文、异常采样值报文的网络环境下进行测试，检测装置的功能和性能是否满足标准要求。以下介绍本项检测技术要求和检测方法。

1. 应满足要求

（1）被测装置在线速 50％的广播流量或组播流量下，各项应用功能正常，数据传输正确，性能未下降；

（2）同步相量测量装置在异常采样值报文网络压力下：被测装置在线速 20％的异常报文流量下，各项应用功能正常，数据传输正确，性能未下降；

（3）同步相量测量装置在采样值报文网络压力下：被测装置在线速 10％的正常报文流量下，各项应用功能正常，数据传输正确，性能未下降。

2. 具体检测过程

第一步：将装置上电，并与报文发生器组网，使用网络测试仪生成广播流；

第二步：将同步相量测量装置、相量数据集中器置于广播报文网络压力下，检查装置运行是否正常，性能是否满足要求；

第三步：使用网络测试仪生成线速 20％的异常报文，即同步相量测量装置处在异常采样值报文网络压力下，检查装置运行是否正常，性能是否满足要求；

第四步：使用网络测试仪生成线速 10％的正常报文，即同步相量测量装置处在采样值报文网络压力下，检查装置运行是否正常，性能是否满足要求。

第三节　性　能　检　测

同步相量测量装置的性能检测主要包括时间同步性能检测、实时通信性能检测、动态数据记录性能检测、零漂性能检测、基波电压/电流相量测量准确度检测、频率偏移测量准确度检测、三相不平衡测量准确度检测、谐波影响检测、有功、无功功率测量准确度检测、带外频率检测、阶跃响应检测、幅值调制检测、相角调制检测、幅值相角同时调制检测、频率斜坡检测及双通道双频率检测等性能检测。

（一）时间同步性能检测

时间同步性能检测内容为检测装置基于 IRIG-B 时钟信号的对时性能和守时的性能是否

满足标准要求；以下介绍本项检测技术要求和检测方法。

1. 应满足要求

（1）对时误差不大于±1μs；

（2）当同步时间信号丢失或异常时，装置守时性能应优于 55μs/h（测量持续至少 2h）。

2. 具体检测过程

第一步：将同步相量测量装置与 IRIG-B 同步，检测连续测试时间同步装置输出时间准确度是否满足要求；

第二步：被测装置与 IRIG-B 同步 2h 后，断开时间同步输入，连续运行至少 2h，检测装置每小时时间改变量（或相角测量误差改变量）是否符合要求。

（二）实时通信性能检测

实时通信性能检测内容为检测同步相量测量装置与相量数据集中器、厂站监控系统的通信性能是否满足标准要求；根据应满足的技术要求，对装置基于 GB/T 26865.2 数据传输协议的传输方式、实时传送速率、数据传送时延进行测试。以下介绍本项检测技术要求和检测方法。

1. 应满足要求

（1）传输方式要求：装置应按时间顺序逐次、均匀、实时传送动态数据，传送的动态数据中应包含整秒时刻的数据。

（2）实时传送速率：

1）装置动态数据的实时传送速率可以整定，至少具有 25、50、100 次/s 的可选速率；

2）执行主站的召唤历史数据命令时，不影响实时帧传送速率。

（3）时延要求：

1）上传速率为 25 次/s 的同步相量测量装置的时延不应大于 600ms；

2）上传速率为 50、100 次/s 时，同步相量测量装置的时延不应大于 300ms。

2. 具体检测过程

第一步：将同步相量测量装置与 IRIG-B 同步后，测试同步相量测量装置输出报文时间戳是否顺序实时、逐次、均匀传送数据帧；

第二步：通过主站模拟通信软件改变 CFG-2 文件的"传送周期"字段，检查被检测装置能否按照要求速率传输实时数据报文；

第三步：通过主站模拟通信软件执行召唤历史数据命令，验证实时数据通信流程与报文格式的正确性；

第四步：抓取实时数据传送报文，验证实时传送的动态数据时标与数据输出时刻的时间差满足时延要求。

（三）动态数据记录性能检测

动态数据记录性能检测内容为检测同步相量测量装置、相量数据集中器存储动态数据记录文件是否满足标准要求；根据应满足的技术要求，对装置基于 GB/T 26865.2 数据传输协议的动态数据记录存储格式、动态数据记录存储记录速率、动态数据记录文件保存时间进行测试。以下介绍本项检测技术要求和检测方法。

1. 应满足要求

（1）同步相量测量装置应具备数据记录功能，动态数据能准确可靠地进行本地储存，能按照 GB/T 26865.2 的格式存储动态数据，装置运行 1min 后能正确记录动态数据；

（2）相量数据集中器应连续记录子站的动态数据；

（3）同步相量测量装置和相量数据集中器动态数据的最高记录速率不应低于 100 次/s；

（4）同步相量测量装置和相量数据集中器动态数据的保存时间不少于 14 天。

2. 具体检测过程

第一步：将同步相量测量装置运行 1min，比较同一时间装置记录的数据与往主站传送的数据的一致性；

第二步：运行同步相量测量装置，查看相量数据集中器是否正确记录子站的动态数据；

第三步：设置同步相量测量装置，使其运行在最大接入容量情况下，查看同步相量测量装置与相量数据集中器是否正确存储相应文件。

（四）零漂要求检测

零漂要求检测内容为检测同步相量测量装置在交流回路不施加任何激励量时装置的零漂值是否满足标准要求。以下介绍本项检测技术要求和检测方法。

1. 应满足要求

（1）装置交流二次电压回路的零漂值应小于 0.05V；

（2）交流二次电流回路的零漂值应小于 0.05A。

2. 具体检测过程

第一步：对同步相量测量装置的各交流回路不施加任何激励量，人工启动采样录波；

第二步：检查交流二次电压回路与交流二次电流回路的零漂值是否满足要求。

（五）基波电压、电流相量测量准确度检测

基波电压、电流相量测量准确度检测内容为检测同步相量测量装置在额定频率条件下装置的幅值测量准确度、相角测量准确度、频率测量准确度和频率变化率测量准确度是否满足标准要求。以下介绍本项检测技术要求和检测方法。

1. 应满足要求

（1）在额定频率时基波电压、电流相量幅值测量准确度极限应满足表 7-7 及表 7-8 的规定，幅值测量误差计算式为

$$A_d = \left| \frac{A_m - A_r}{A_b} \right| \times 100\% \tag{7-1}$$

式中：A_d 为幅值测量误差；A_m 为幅值测量值；A_r 为幅值实际值；A_b 为幅值基准值。

注：相电压幅值的基准值为 70，电流幅值的基准值为 1A 或 5A 的 1.2 倍。

（2）在额定频率时基波电压、电流相量相角、频率及频率变化率测量准确度应满足表 7-7、表 7-8 的规定，相角、频率和频率变化率的测量误差计算式为

$$V_d = |V_m - V_r| \times 100\% \tag{7-2}$$

式中：V_d 为测量误差；V_m 为测量量；V_r 为际值。

表 7-7 基波电压相量测量准确度要求

输入电压	$0.1U_n \leqslant U < 0.5U_n$	$0.5U_n \leqslant U < 1.2U_n$	$1.2U_n \leqslant U < 2U_n$
幅值测量误差极限	0.2%	0.2%	0.2%
相角测量误差极限	0.5°	0.2°	0.5°
频率误差极限	0.002Hz	0.002Hz	0.002Hz
频率变化率误差极限	0.01Hz/s	0.01Hz/s	0.01Hz/s

注　U 为电压相量幅值，U_n 为电压的额定值。

表 7-8 基波电流相量测量准确度要求

输入电流	$0.1I_n \leqslant I < 0.2I_n$	$0.5I_n \leqslant I < 2I_n$
幅值测量误差极限	0.2%	0.2%
相角测量误差极限	1°	0.5°

2. 具体检测过程

第一步：向同步相量测量装置施加交流电压幅值 $0.1U_n \sim 2.0U_n$、电流回路 $0.1I_n \sim 2.0I_n$ 范围内的三相对称测试信号；

第二步：记录装置输出的三相电压、电流相量，正序电压、电流相量和电压频率、频率变化率的误差最大值；

第三步：检查是否满足误差要求。

（六）频率偏移测量准确度检测

频率偏移测量准确度检测内容为检测同步相量测量装置在频率偏移条件下装置的幅值测量准确度、相角测量准确度、频率测量准确度和频率变化率测量准确度是否满足标准要求。以下介绍本项检测技术要求和检测方法。

1. 应满足要求

同步相量测量装置的频率偏移测量准确度应满足基波频率偏离额定值时，基波电压、电流相量相角、频率及频率变化率测量的准确度应符合表 7-9 的规定。

表 7-9 频率偏移测量准确度要求

频率偏移量	≥49Hz 且 <51Hz	≥45Hz 且 <49Hz，>51Hz 且 ≤55Hz
电压、电流幅值测量误差极限	0.2%	0.2%
电压相角测量误差极限	0.2°	0.5°
电流相角测量误差极限	0.5°	1°
频率误差极限	0.002Hz	0.002Hz
频率变化率误差极限	0.01Hz/s	0.01Hz/s

2. 具体检测过程

第一步：向装置的交流电压、电流回路施加基波频率 45~55Hz 范围内的三相对称测试信号；

第二步：记录装置输出的三相电压、电流相量，正序电压、电流相量和电压频率、频率变化率的误差最大值；

第三步：检查装置是否满足误差要求。

（七）三相不平衡测量准确度检测

三相不平衡测量准确度检测内容为检测同步相量测量装置在幅值不平衡、相角不平衡条件下装置的幅值测量准确度、相角测量准确度、频率测量准确度和频率变化率测量准确度是否满足标准要求。以下介绍本项检测技术要求和检测方法。

1. 应满足要求

（1）幅值不平衡下的测量准确度检测要求：装置在幅值不平衡情况下输出的三相电压、电流相量，正序电压、电流相量和电压频率、频率变化率的测量准确度应满足表 7-10要求。

表 7-10　　　　　　　　　　三相幅值不平衡测量准确度要求

检测范围	幅值误差极限（%）	相角误差极限（°）	频率误差极限（Hz）	频率变化率误差极限（Hz/s）
$0.1U_n \leqslant U < 0.5U_n$		0.5		
$0.5U_n \leqslant U < 1.2U_n$	0.2	0.2	0.002	0.01
$1.2U_n \leqslant U < 2.0U_n$		0.5		
$0.1I_n \leqslant I < 0.2I_n$	0.2	1	—	
$0.2I_n \leqslant I < 2.0I_n$		0.5		

（2）相角不平衡下的测量准确度检测要求：装置在相角不平衡情况下输出的三相电压、电流相量，正序电压、电流相量和电压频率、频率变化率的测量准确度应满足表 7-11要求。

表 7-11　　　　　　　　　　三相相角不平衡测量准确度要求

三相相角不平衡	$0° \leqslant \varphi < 180°$
电压、电流幅值测量误差极限	0.2%
电压相角误差测量极限	0.2°
电流相角误差测量极限	0.5°
频率变化误差极限	0.002Hz
频率变化率误差极限	0.01Hz/s

2. 具体检测过程

第一步：对同步相量测量装置的交流电压、电流回路施加三相相角平衡、额定频率、平衡相额定幅值、非平衡相电压幅值$0.0 \sim 1.2U_n$、电流幅值在$0.0 \sim 1.2I_n$范围内的三相测试信号；

第二步：记录装置输出的三相电压、电流相量，正序电压、电流相量和电压频率、频率变化率的测量准确度的误差最大值；

第三步：检查是否满足三相幅值不平衡测量准确度要求；

第四步：在同步相量测量装置的交流电压、电流回路施加三相对称基础上，施加任一相相角变化 0°~180°范围内的三相测试信号；

第五步：记录装置输出的三相电压、电流相量，正序电压、电流相量和电压频率、频率变化率的测量准确度的误差最大值；

第六步：检查是否满足三相相角不平衡测量准确度要求。

（八）谐波影响测试检测

谐波影响测试检测内容为检测同步相量测量装置在叠加 2～25 次谐波影响条件下装置的幅值测量准确度、相角测量准确度、频率测量准确度和频率变化率测量准确度是否满足标准要求。以下介绍本项检测技术要求和检测方法。

1. 应满足要求

同步相量测量装置的谐波影响应满足在谐波影响下输出的三相电压相量、正序电压相量和电压频率、频率变化率的测量准确度的误差要求应满足表 7-12。

表 7-12　　　　　　　　　　　　谐波影响下的测量准确度的误差要求

谐波含量	幅值误差极限 （%）	相角误差极限 （°）	频率误差极限 （Hz）	频率变化率误差极限 （Hz/s）
10%THD 2～25 次	0.4	0.4	0.004	0.02

2. 具体检测过程

第一步：向装置的交流电压回路施加基波频率为 49.5、50Hz 和 50.5Hz 的三相测试信号；

第二步：对任意一相回路叠加 2～25 次、1%THD～10%THD 的谐波分量，记录装置输出的三相电压相量，正序电压相量和电压频率、频率变化率的测量准确度的误差最大值；

第三步：检查是否满足误差要求。

（九）有功、无功功率测量准确度检测

有功、无功功率测量准确度检测内容为检测同步相量测量装置基波频率在基波 49～51Hz 之间，功率因数角在 0°～90°范围内的功率测量准确度是否满足标准要求。以下介绍本项检测技术要求和检测方法。

1. 应满足要求

在额定频率范围内，有功功率和无功功率的测量误差极限为 0.5%，功率测量的误差计算式为

$$功率测量误差 = \left| \frac{功率测量值 - 实际功率值}{基准值} \right| \times 100\% \qquad (7-3)$$

注：功率的基准值为 3 倍的电压的基准值乘以电流的基准值。

2. 具体检测过程

第一步：向装置的交流电压、电流回路施加基波频率在 49～51Hz 之间，功率因数角在 0°～90°范围内的三相对称测试信号；

第二步：记录装置输出的有功功率和无功功率的测量准确度的误差最大值；

第三步：检查是否满足误差要求。

（十）带外频率检测

带外频率检测内容为检测同步相量测量装置在基波叠加带外频率的间谐波影响条件下装置的幅值测量准确度、相角测量准确度和频率测量准确度是否满足标准要求。以下介绍本项检测技术要求和检测方法。

1. 应满足要求

同步相量测量装置在带外频率影响下输出的三相电压相量、正序电压相量和电压频率、频率变化率的测量准确度应满足表 7-13。

表 7-13　　　　　　　带外频率影响下的测量准确度的误差要求

传输速率	带外频率范围	幅值误差极限	相角误差极限	频率误差极限
100 次/s	100～150Hz	0.5%	1°	0.025Hz

2. 具体检测过程

第一步：向同步相量测量装置的交流电压回路分别施加频率为 49.5、50.0Hz 和 50.5Hz 的基波、任一相叠加与同步相量测量装置实时传输速率相关的幅值 $10\%U_n$、带外频率范围为 100～150Hz 的三相测试信号；

第二步：记录装置输出的三相电压相量，正序电压相量和电压频率、频率变化率的测量准确度的误差最大值；

第三步：检查是否满足误差要求。

（十一）阶跃响应检测

阶跃响应检测内容为检测同步相量测量装置在幅值阶跃、相角阶跃条件下装置的幅值响应时间、相角响应时间、频率响应时间和频率变化率响应时间是否满足标准要求。以下介绍本项检测技术要求和检测方法。

1. 应满足要求

（1）幅值阶跃响应时间检测要求：装置输出的相量测量结果的响应时间应符合表 7-14 中的要求。

表 7-14　　　　　　　　　幅值阶跃响应时间要求

阶跃类型	传输速率（次/s）	响应时间极限（ms）			
		幅值响应时间极限	相角响应时间极限	频率响应时间极限	频率变化率响应时间极限
幅值阶跃	25	280	280	560	560
幅值阶跃	50	140	140	280	280
幅值阶跃	100	70	70	280	280

（2）相角阶跃响应时间检测要求：检测装置输出的相量测量结果的响应时间应符合表 7-15 中的要求。

表 7-15　　　　　　　　　相角阶跃响应时间要求

阶跃类型	传输速率（次/s）	响应时间极限（ms）			
		幅值响应时间极限	相角响应时间极限	频率响应时间极限	频率变化率响应时间极限
相角阶跃	25	280	280	560	560
相角阶跃	50	140	140	280	280
相角阶跃	100	70	70	280	280

2. 具体检测过程

第一步：对同步相量测量装置的交流电压、电流回路施加 $10\%U_n$（或 $10\%I_n$）的幅值阶跃变化，并保持变化前后相角一致的三相对称测试信号。

第二步：记录装置输出的各相量测量结果的阶跃响应时间，检查是否满足幅值阶跃响应时间要求（各测量量的阶跃响应时间从其测量准确度误差超过允许的最大误差要求时刻开始计算，即：从幅值误差大于0.2%，相角误差大于0.2°，频率误差大于0.025Hz，频率变化率误差大于0.1Hz/s，到其测量准确度误差再次满足允许的最大误差要求时刻结束计算）。

第三步：对同步相量测量装置的交流电压、电流回路施加10°相角阶跃变化，并保持变化前后幅值一致的测试信号。

第四步：记录装置输出的各相量测量结果的阶跃响应时间，检查是否满足相角阶跃响应时间要求（各测量量的阶跃响应时间从其测量准确度误差超过允许的最大误差要求时刻开始计算，即：从幅值误差大于0.2%，相角误差大于0.2°，频率误差大于0.025Hz，频率变化率误差大于0.1Hz/s，到其测量准确度误差再次满足允许的最大误差要求时刻结束计算）。

（十二）幅值调制检测

幅值调制检测内容为检测同步相量测量装置在基波幅值调制条件下装置的幅值测量准确度、相角测量准确度、频率测量准确度和频率变化率测量准确度是否满足标准要求。以下介绍本项检测技术要求和检测方法。

1. 应满足要求

同步相量测量装置的幅值调制影响测量的误差要求应满足表7-16。其中，测试波形计算式为

$$x(t) = \sqrt{2}\left[X_m + X_d\cos(2\pi f_a t + \varphi_a)\right]\cos(2\pi f t + \varphi_0) \tag{7-4}$$

式中：X_m为相量幅值；X_d为幅值调制深度；f_a为调制频率；φ_a为调制部分初相角；f为基波频率；φ_0为相量初相角。

表7-16 幅值调制影响测量的误差要求

调制频率 f_a	幅值误差极限	相角误差极限	频率误差极限	频率变化率误差极限
0.1Hz≤f_a≤5.0Hz	0.2%	0.3°	0.025Hz	0.1Hz/s

2. 具体检测过程

第一步：向同步相量测量装置的交流电压回路施加基波频率为49.5、50Hz和50.5Hz，电压幅值按照式（7-4）调制（调制深度10%U_n），调制频率在0.1~5.0Hz范围内三相对称测试信号；

第二步：记录装置输出的三相电压相量，正序电压相量和电压频率、频率变化率的测量准确度的误差最大值；

第三步：检查是否满足误差要求。

（十三）相角调制检测

相角调制检测内容为检测同步相量测量装置在基波相角调制条件下装置的幅值测量准确度、相角测量准确度、频率测量准确度和频率变化率测量准确度是否满足标准要求。以下介绍本项检测技术要求和检测方法。

1. 应满足要求

同步相量测量装置的相角调制影响测量的误差要求应满足表 7-17。

其中，测试波形计算式为

$$x(t) = \sqrt{2}\, X_m \cos[2\pi ft + X_k \cos(2\pi f_a t + \varphi_a) + \varphi_0] \qquad (7\text{-}5)$$

式中：X_m 为相量幅值；f 为基波频率；X_k 为相角调制深度；f_a 为调制频率；φ_a 为调制部分初相角；φ_0 为相量初相角。

表 7-17　　　　　　　　　　　相角调制影响测量的误差要求

调制频率 f_a	幅值误差极限	相角误差极限	频率误差极限	频率变化率误差极限
0.1Hz≤f_a≤5.0Hz	0.2%	0.5°	0.3Hz	3Hz/s

2. 具体检测过程

第一步：向同步相量测量装置的交流电压回路施加基波频率 49.5、50Hz 和 50.5Hz，电压相角按照式（7-5）调制［相角调制深度为 5.7°(0.1rad)］，调制频率在 0.1～5.0Hz 范围内的三相对称测试信号；

第二步：记录装置输出的三相电压相量，正序电压相量和电压频率、频率变化率的测量准确度的误差最大值；

第三步：检查是否满足误差要求。

（十四）幅值相角同时调制检测

幅值相角同时调制检测内容为检测同步相量测量装置在基波幅值相角同时调制条件下装置的幅值测量准确度、相角测量准确度、频率测量准确度和频率变化率测量准确度是否满足标准要求。以下介绍本项检测技术要求和检测方法。

1. 应满足要求

同步相量测量装置的幅值与相角同时调制影响测量的误差要求应满足表 7-18。

其中，测试波形计算方法见式（7-6）：

$$x(t) = \sqrt{2}\,[X_m + X_d \cos(2\pi f_a t + \varphi_a)]\cos[2\pi ft + X_k \cos(2\pi f_a t + \varphi_a + \pi) + \varphi_0] \quad (7\text{-}6)$$

式中：X_m 为相量幅值；X_d 为幅值调制深度；f_a 为调制频率；φ_a 为调制部分初相角；f 为基波频率；X_k 为相角调制深度；φ_0 为相量初相角。

表 7-18　　　　　　　　　　幅值与相角同时调制影响测量的误差要求

调制频率 f_a	幅值误差极限	相角误差极限	频率误差极限	频率变化率误差极限
0.1Hz≤f_a≤5.0Hz	≤0.2%	≤0.5°	≤0.3Hz	≤3Hz/s

2. 具体检测过程

第一步：向同步相量测量装置的交流电压回路施加基波频率 49.5、50、50.5Hz，电压信号按照式（7-6）调制［幅值调制深度 10%U_n，相角调制深度为 5.7°(0.1rad)］，调制频率在 0.1～5.0Hz、幅值调制与相角调制初相角相差 180° 范围内的三相对称测试信号；

第二步：记录装置输出的三相电压相量，正序电压相量和电压频率、频率变化率的测量准确度的误差最大值；

第三步：检查是否满足误差要求。

（十五）频率斜坡检测

频率斜坡检测内容为检测同步相量测量装置在频率斜坡条件下装置的幅值测量准确度、相角测量准确度、频率测量准确度和频率变化率测量准确度是否满足标准要求。以下介绍本项检测技术要求和检测方法。

1. 应满足要求

同步相量测量装置的频率斜坡影响测量的误差要求应满足表 7-19。其中，测试波形计算方法见式（7-7）：

$$x(t)=\sqrt{2}X_{\mathrm{m}}\cos\left[2\pi ft+\pi\frac{\mathrm{d}f}{\mathrm{d}t}t^{2}+\varphi_{0}\right] \tag{7-7}$$

式中：X_{m} 为相量幅值；f 为基波频率；$\mathrm{d}f/\mathrm{d}t$ 为频率变化率；φ_{0} 为相量初相角。

表 7-19　　　　　　　　　　　　频率斜坡影响测量的误差要求

频率变化范围	幅值误差极限	相角误差极限	频率误差极限	频率变化率误差极限
45～55Hz	0.2%	0.5°	0.01Hz	0.2Hz/s

2. 具体检测过程

第一步：向同步相量测量装置的交流电压回路施加基波频率在 45～55Hz 之间，频率变化率为 1.0Hz/s，按照式（7-7）所示数学模型进行线性变化的三相对称测试信号；

第二步：记录装置输出的三相电压相量，正序电压相量和电压频率、频率变化率的测量准确度的误差最大值；

第三步：检查是否满足误差要求。

（十六）双通道双频率检测

双通道双频率检测内容为将同步相量测量装置分别在双通道输入不同频率的三相交流相量信号进行测试，检测装置的幅值测量准确度、相角测量准确度、频率测量准确度和频率变化率测量准确度是否满足标准要求。以下介绍本项检测技术要求和检测方法。

1. 应满足要求

同步相量测量装置的双通道双频率性能应满足表 7-20 中的误差要求。

表 7-20　　　　　　　　　　　　额定频率时测量的误差要求

检测范围	幅值误差极限（%）	相角误差极限（°）	频率误差极限（Hz）	频率变化率误差极限（Hz/s）
$0.1U_{\mathrm{n}}\leqslant U<0.5U_{\mathrm{n}}$		0.5		
$0.5U_{\mathrm{n}}\leqslant U<1.2U_{\mathrm{n}}$	0.2	0.2	0.002	0.01
$1.2U_{\mathrm{n}}\leqslant U<2.0U_{\mathrm{n}}$		0.5		
$0.1I_{\mathrm{n}}\leqslant I<0.2I_{\mathrm{n}}$	0.2	1	—	
$0.2I_{\mathrm{n}}\leqslant I<2.0I_{\mathrm{n}}$		0.5		

2. 具体检测过程

第一步：将同步相量测量装置的一组三相电压回路加入 $1.0U_{\mathrm{n}}$、49Hz 的电压信号，另一组三相电压回路加入 $1.0U_{\mathrm{n}}$、51Hz 的电压信号；

第二步：记录装置输出的三相电压相量，正序电压相量和电压频率、频率变化率的测量准确度的误差最大值；

第三步：检查是否满足误差要求。

第四节 检 测 实 例

（一）检测设备

试验环境中测试设备包括同步相量测量自动测试系统主站（见图 7-6）、数字式三相标准信号源（见图 7-7）、时钟装置（见图 7-8）、同步相量测量自动测试系统（见图 7-9）。

图 7-6　同步相量测量装置自动测试主站

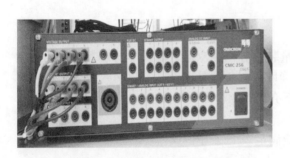

图 7-7　数字式三相标准信号源

图 7-8　时钟装置

图 7-9　同步相量测量装置自动测试系统

（二）同步相量测量装置性能检测实例

同步相量测量装置性能测试中对于装置的动静态性能通常是评价装置性能的重点，本节以幅值调制测试为例对检测过程进行详细实例介绍，其余测试项目可做类比参考。

检测流程如下：

第一步，依据图 7-1、图 7-2 搭建检测环境，将同步相量测量自动测试系统及被测装置上电并确认对时信号、装置通信和被测装置运行状态正常。

第二步，同步相量测量自动测试系统实现对测试用例进行编辑、存储和执行；测试系统编辑生成标准信号后，将施加的标准信号数据传输至数字式三相标准信号源输出。

（1）对测试系统进行基本配置：如图 7-10 所示，同步相量测量装置自动测试系统基本工程配置包括被测装置的额定电压、额定电流、变比参数、通道参数配置、通信配置和信号采样率等；基本配置内容与搭建环境的需求相符合。

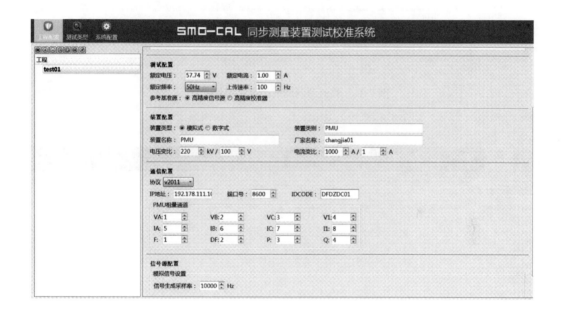

图 7-10 同步相量装置自动测试系统基本配置界面

（2）对幅值调制测试用例进行编辑：如图 7-11 所示，左侧为动静态测试项目的列表，选择幅值调制测试后，右侧测试用例内可依据本章第三节（十二）中内容进行配置；调制深度、调制频率、基波幅值、基波初相角、基波频率均可灵活配置；通过勾选可确定测试用例。

（3）对幅值调制测试的误差要求进行配置：如图 7-12 所示，选择幅值调制测试内误差要求选项卡，内容可依据本章第三节（十二）中内容对误差要求进行配置；测试系统在完成误差精度计算后可直接对测试结果做出判定。

（4）幅值调制信号的生成：如图 7-13 所示是基频为 50Hz、调制深度为 $10\%U_n$、初相角为 0°、调制频率分别为 0.1、2、5Hz 条件下的幅值调制波形；自动测试系统将标准信号

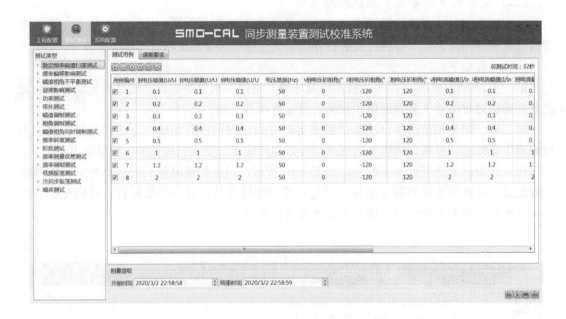

图 7-11　幅值调制测试的测试用例配置

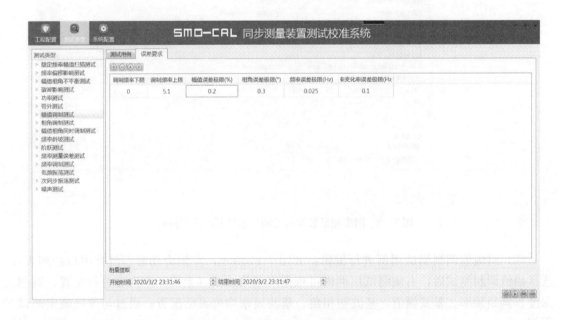

图 7-12　幅值调制测试的误差要求配置

数据传输至数字式三相标准信号源输出。通信参数配置如图 7-14 所示。

第三步，通过 GB/T 26865.2 标准传输协议将相量数据集中器内数据传输至同步相量测量自动测试系统，形成数据流闭环；采样数据传输速率 25、50、100 帧/s 可灵活设置。

第四步，同步相量测量自动测试系统将回采的数据与标准数据进行比对分析，生成误

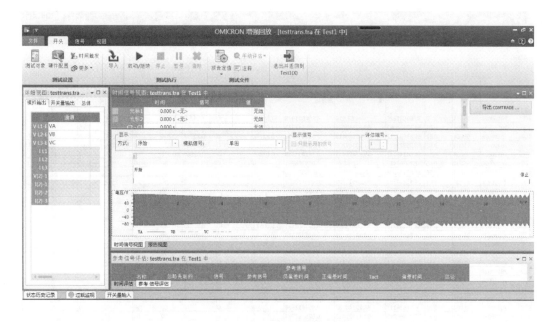

图 7-13 幅值调制测试信号实例图

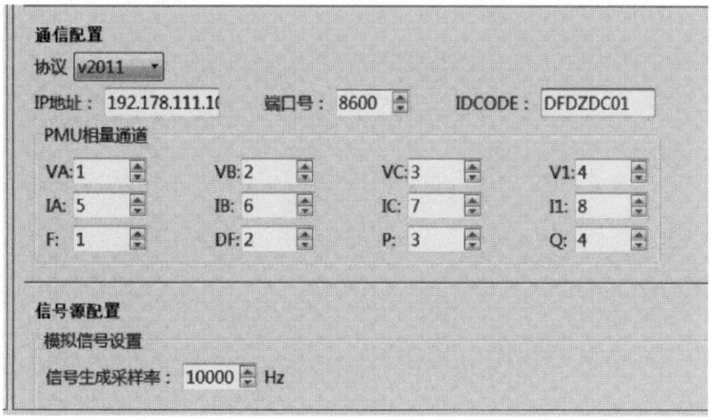

图 7-14 通信参数配置

差精度计算结果，同时对测试结果等数据进行存储和管理。

　　如图 7-15 所示，本例测试选择了 100 帧/s 的上送频率进行传输，因此每 0.01s 装置生成一组测试结果，图中仅截取部分测试结果示例；自动测试系统对每一组数据均进行误差精度计算，最终筛选出误差精度误差最大值保存为测试结果进行存储和管理。

2019-9-26-9-50-59.xls [兼容模式] - Excel

文件　开始　插入　页面布局　公式　数据　审阅　视图　帮助　操作说明搜索

AM414 | fx | 0

	A	B	C	D	E	G	H	I	J	AJ	AK	AL	AM	AN	AO
1	日期	时间	秒(s)	A相电压幅值	A相电压幅值理论值	A相电压幅值误差百分比	A相电压相角	A相电压相角理论值	A相电压相角误差	频率	频率理论值	频率误差	频率变化率	频率变化率理论值	频率变化率误差
402	20190926	95004	0	30.60831825	63.514	47.00811678	-7.84379	0	7.84379	51.614	50	1.614	-209.5	0	209.5
403	20190926	95004	0.01	54.58824063	63.23140033	12.347371	-2.65852	0	2.65852	50.85	50	0.85	-76.5	0	76.5
404	20190926	95004	0.02	64.21897212	62.41126413	2.582439996	-0.21772	0	0.21772	50.264	50	0.264	-58.5	0	58.5
405	20190926	95004	0.03	62.55923025	61.13387205	2.036226005	0.20054	0	0.20054	49.978	50	0.022	-28.6	0	28.6
406	20190926	95004	0.04	59.64146747	59.52426413	0.167433353	0.02865	0	0.02865	49.976	50	0.024	0	0	0
407	20190926	95004	0.05	57.75267417	57.74	0.018105961	0	0	0	50	50	0	2.35	0	2.35
408	20190926	95004	0.06	56.01188334	55.95573587	0.08021066	0	0	0	50	50	0	0	0	0
409	20190926	95004	0.07	54.41204722	54.34612795	0.094170385	0	0	0	50	50	0	0	0	0
410	20190926	95004	0.08	53.13993084	53.06873587	0.101707095	0	0	0	50	50	0	0	0	0
411	20190926	95004	0.09	52.31886957	52.24859967	0.100385568	0	0	0	50	50	0	0	0	0
412	20190926	95004	0.1	52.02991239	51.966	0.091303416	0	0	0	50	50	0	0	0	0
413	20190926	95004	0.11	52.30125023	52.24859967	0.075215081	0.00573	0	0.00573	50	50	0	0	0	0
414	20190926	95004	0.12	53.10469216	53.06873587	0.051366121	0.00573	0	0.00573	50	50	0	0	0	0
415	20190926	95004	0.13	54.36623694	54.34612795	0.028727119	0.00573	0	0.00573	50	50	0	0	0	0
416	20190926	95004	0.14	55.95550145	55.95573587	0.000334899	0.00573	0	0.00573	50	50	0	0	0	0
417	20190926	95004	0.15	57.72095936	57.74	0.027200916	0	0	0	50	50	0	0	0	0
418	20190926	95004	0.16	59.48994114	59.52426413	0.049032835	0	0	0	50	50	0	0	0	0
419	20190926	95004	0.17	61.08977725	61.13387205	0.06299256	0	0	0	50	50	0	0	0	0
420	20190926	95004	0.18	62.35836977	62.41126413	0.075563368	0	0	0	50	50	0	0	0	0
421	20190926	95004	0.19	63.17943104	63.23140033	0.074241841	0	0	0	50	50	0	0	0	0
422	20190926	95004	0.2	63.46838822	63.514	0.065159688	0	0	0	50	50	0	0	0	0
423	20190926	95004	0.21	63.1618117	63.23140033	0.099412328	0	0	0	50	50	0	0	0	0
424	20190926	95004	0.22	62.39360845	62.41126413	0.025222394	0	0	0	50	50	0	0	0	0
425	20190926	95004	0.23	61.13558754	61.13387205	0.002450706	0	0	0	50	50	0	0	0	0
426	20190926	95004	0.24	59.54632303	59.52426413	0.031512723	0	0	0	50	50	0	0	0	0
427	20190926	95004	0.25	57.78086512	57.74	0.05837874	0	0	0	50	50	0	0	0	0

图 7-15　幅值调制测试误差精度计算结果

第八章

电能量采集终端检测

　　电能量采集终端遵照 DL/T 743《电能量远方终端》、DL/T 719《远动设备和系统　第 5 部分：传输规约　第 102 篇：电力系统电能累计量传输配套标准》、DL/T 860.10《变电站通信网络和系统　第 10 部分：一致性测试》、Q/GDW 11202.8《智能变电站自动化设备检测规范　第 8 部分：电能量采集终端》等规范，广泛应用于智能化变电站，是联系智能变电站一、二次设备的重要支撑和纽带。电能量采集终端的检测内容包括功能检测和性能检测。

第一节　检 测 系 统

　　对电能量采集终端功能和性能检测的系统如图 8-1 所示，采集终端可采集电能表的串行数据及脉冲输出模拟器输出的脉冲数据（只对具有脉冲采集功能的采集终端进行脉冲计数检测），也可以通过网络通道采集电能量数据，从而完成对数据采集的测试。除此之外，电能量采集终端也可通过通信规约将采集到的数据传送到模拟主站中。

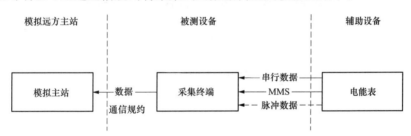

图 8-1　智能变电站电能量采集终端检测架构图

第二节　功 能 检 测

　　电能量采集终端的功能检测主要包括对时、时间同步监测管理、数据采集、自动补抄、多费率数据采集、当地人工读取数据、与多主站通信、记录并报告信息、显示功能、热插拔功能、自诊断功能、自恢复功能、适应通道功能、当地或远方参数设置、软件功能、具有冗余热备电源模块、密码设置和权限管理、自身信息安全防护、电力调度数据网通信安全等检测。

　　（一）对时功能检测

　　1. 应满足要求

　　（1）能够支持 NTP 对时、B 码对时；

　　（2）接收电能量主站下发对时报文；

（3）向电能表发送对时。

2. 具体检测过程

第一步：将时间信号测试仪与电能量采集终端相连，用时间信号测试仪模拟 NTP 服务器发送对时报文给采集终端，测试采集终端对时结果是否准确；

第二步：用时间信号测试仪输出 B 码对时信号为采集终端授时，测试采集终端对时结果是否准确；

第三步：将模拟主站与电能量采集终端相连，模拟主站下发对时报文给采集终端，测试采集终端对时是否准确；

第四步：通过采集终端向电能表发送对时信号，检查电能表是否能够准确接收。

（二）时间同步监测管理功能检测

在时间同步监测管理功能检测中，涉及时间同步状态在线监测协议配置检查、时间同步在线监测功能的通信规约检测、对时状态检测功能的检测及设备状态自检功能检测。

1. 时间同步状态在线监测协议配置检查

（1）应满足要求：

1）对时间同步状态在线监测的设备状态自检协议应采用 61850-MMS 协议；

2）对时状态监测应采用 NTP 协议。

（2）具体检测过程：

第一步：将协议模拟收发仪器与电能量采集终端相连；

第二步：对电能量采集终端支持的协议进行测试，记录设备支持的协议配置和功能；

第三步：判断其是否符合规范要求，方可进行后续项目的检测。

2. 时间同步在线监测功能的通信规约检测

（1）应满足要求。规约传输信息应满足表 8-1 中的要求。

表 8-1   规约传输的对时状态信息

设备类型	对象类型	状态名
采集终端	对时状态	对时信号状态
		对时服务状态
		时间跳变侦测状态

（2）具体检测过程：

第一步：按图 8-2 的连接方式与被测采集终端相连；

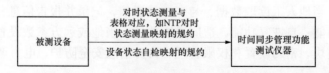

图 8-2 时间同步在线监测的协议测试

第二步：将时间同步管理功能测试仪器配置为电能量采集终端应支持的规约类型，测试被测采集终端的对时状态信息是否能够正确产生和上送。

3. 对时状态检测功能的检测

（1）应满足要求。对时状态测量功能应满足表 8-2 要求。

表 8-2　　　　　　　　　被测设备的对时状态测量功能的测试点及测试合格判据

模拟偏差（ms）	合格判据
0	偏差测量值在（−3ms，＋3ms）之间，测试持续期间无告警
4	偏差测量值不小于＋3ms，时间同步管理端产生告警
−4	偏差测量值不大于−3ms，时间同步管理端产生告警

（2）具体检测过程：

第一步：先按照图 8-3 搭建好检测环境；

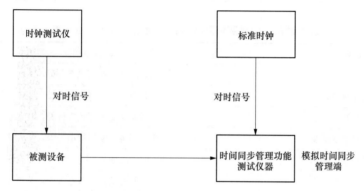

图 8-3　被测设备的对时状态测量功能测试原理图

第二步：时间同步管理功能测试仪器模拟与被测采集终端对应的时间同步管理端，时间同步的偏差告警阈值整定为±3ms；

第三步：设置时钟测试仪的输出，使其模拟产生表 8-3 中所示的偏差点；

第四步：建立时间同步管理功能测试仪与被测设备的连接，模拟被测设备对不同偏差出现的场景；

第五步：启动被测设备，使被测设备与对时信号同步，每个偏差量测试点测试时间持续 30min，记录测试仪显示的偏差值，检测所得结果是否满足设备检测合格要求；

第六步：当关闭被测设备，设置下一个偏差量测量时，再开启被测设备应能够重新同步并进行检测（输出突变被测设备不会同步）。

4. 设备状态自检功能的检测

（1）应满足要求。

设备状态自检功能应满足表 8-3～表 8-5 中不同情况下的要求。

表 8-3　　　　　　　　　被测设备对时接口自检功能检测及合格判据

测试场景	合格判据
拔下或不连接对时电缆/光纤	产生对时接口状态告警
对时信号质量标志无效	产生对时接口状态告警

续表

测试场景	合格判据
对时信号校验错	产生对时接口状态告警
插入或连接对时电缆/光纤且对时信号质量标志有效且校验正确	对时接口状态告警返回

表 8-4 　　　　　被测设备对时服务状态自检功能检测及合格判据

测试场景	合格判据
启动装置，不接入对时信号	对时服务状态告警，被授时测量角度误差大于 0.5°
接入正确对时信号	对时服务状态返回，被授时测量角度误差小于 0.5°
撤除正确对时信号	对时服务状态告警，被授时测量角度误差小于 0.5°
撤除正确对时信号 1h	对时服务状态告警，被授时测量角度误差小于 1.5°

表 8-5 　　　　　被测设备时间跳变侦测状态自检功能检测及合格判据

测试场景	合格判据
对时信号年跳变增加 1	产生时间跳变侦测状态告警，装置守时
对时信号年跳变减少 1	产生时间跳变侦测状态告警，装置守时
对时信号月跳变增加 1	产生时间跳变侦测状态告警，装置守时
对时信号月跳变减少 1	产生时间跳变侦测状态告警，装置守时
对时信号日跳变增加 1	产生时间跳变侦测状态告警，装置守时
对时信号日跳变减少 1	产生时间跳变侦测状态告警，装置守时
对时信号时跳变增加 1	产生时间跳变侦测状态告警，装置守时
对时信号时跳变减少 1	产生时间跳变侦测状态告警，装置守时
对时信号分跳变增加 1	产生时间跳变侦测状态告警，装置守时
对时信号分跳变减少 1	产生时间跳变侦测状态告警，装置守时
对时信号秒跳变增加 1	产生时间跳变侦测状态告警，装置守时
对时信号秒跳变减少 1	产生时间跳变侦测状态告警，装置守时
闰秒	不产生时间跳变侦测状态告警，装置正常同步
恢复变化前正常信号	时间跳变侦测状态告警返回，装置正常同步

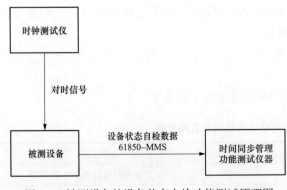

图 8-4　被测设备的设备状态自检功能测试原理图

（2）具体检测过程：

第一步：先按照图 8-4 搭建好检测环境；

第二步：将时间同步管理功能测试仪设置在接收被测设备状态告警信号的模式；

第三步：设置时钟测试仪的输出模拟表 8-5 所示场景，监测对时接口状态的行为，看其是否满足要求（测试时，设置每个产生告警的场景前应先使告警

返回);

第四步:同理模拟表8-4、表8-5所示场景,监测对时接口状态的行为,判断其是否满足要求。

(三)数据采集功能检测

在数据采集功能检测中,涉及串行数据采集检测、数字量数据采集检测及脉冲量数据采集检测。

1. 串行数据采集检测

(1)应满足要求:

1)必配接口应具备至少8路RS-485接口;

2)能够采集到电能表的串行数据。

(2)具体检测过程:

第一步:将电能表、采集终端、模拟主站依据检测系统架构图连接在一起;

第二步:设置采集终端采集周期为15min,查看采集终端最多连接的电表数量,进而依据检测要求判断采集终端是否能够采集到串行数据。

2. 数字量数据采集检测

(1)应满足要求:能够采集到电能表的数字量数据。

(2)具体检测过程:

第一步:将电能表、采集终端、模拟主站依据检测系统架构连接在一起;

第二步:检测采集终端是否能够采集到数字量数据。

3. 脉冲量数据采集检测

(1)应满足要求:能够采集到电能表的脉冲数据。

(2)具体检测过程:

第一步:将电能表、采集终端、模拟主站依据检测系统架构连接在一起;

第二步:检测采集终端是否能够采集到脉冲量数据。

(四)自动补抄功能检测

1. 应满足要求

(1)具备自动补抄功能,当在30min内未抄读到电能表数据时,被测采集终端应能自动补抄;

(2)补抄失败时,应生成事件记录。

2. 具体检测过程

第一步:依照系统架构搭建好检测环境;

第二步:断掉电能量采集终端供电电源30min后恢复供电,查询采集终端内部记录,判断其是否能够准确自动召唤缺失的30min的数据并存储;

第三步:若补抄失败,查询被测电能量采集终端,看其是否生成事件记录。

(五)多费率数据采集功能检测

1. 应满足要求

能够正确采集电能表的至少4个不同费率的电能量数据。

2. 具体检测过程

第一步:依据检测系统架构搭建好检测环境;

第二步：将电能表划分成至少 4 个费率时段，检查采集终端采集的电能表总费率和各个费率时段的数据是否准确。

（六）当地人工读取数据功能检测

1. 应满足要求

能够在当地人工读取到数据。

2. 具体检测过程

第一步：依据检测系统架构搭建好检测环境；

第二步：调试电能量采集终端查询其是否可以在当地准确读取电能量数据。

（七）与多主站通信功能检测

1. 应满足要求

（1）能够通过任意网口同时与多主站（至少 4 个）正常通信；

（2）上传数据正确，并能够适应与不同主站不同点表的通信。

2. 具体检测过程

第一步：依据检测系统架构搭建好检测环境；

第二步：模拟多主站与电能量采集终端的任意网口进行通信，每个主站点表不同，在模拟主站设置采集周期（宜设置为 5、15、60min）；

第三步：记录各个模拟主站采集到的数据，通过与电能量采集终端原始采集数据进行比对，判断上传数据是否正确。

（八）记录并报告信息功能检测

1. 应满足要求

（1）能够正确记录开机时间、电能表故障信息等；

（2）信息能够上送到模拟主站。

2. 具体检测过程

第一步：依据检测系统架构搭建好检测环境；

第二步：模拟表 8-6 中的故障，测试采集终端记录报告信息是否正确；

第三步：查询主站相应界面，判断采集终端是否上送相关故障信息。

表 8-6　　　　　　　故障记录

序号	数据项	数据源	序号	数据项	数据源
1	电源故障	终端	9	B 相 TV 失压开始	电能表
2	系统校时	终端	10	B 相 TV 失压结束	电能表
3	人工校时	终端	11	C 相 TV 失压开始	电能表
4	重新启动	终端	12	C 相 TV 失压结束	电能表
5	参数改变	终端	13	A 相 TA 断线开始	电能表
6	终端与电能表通信中断	终端	14	A 相 TA 断线结束	电能表
7	终端与电能表通信恢复	终端	15	B 相 TA 断线开始	电能表
8	A 相 TV 失压结束	电能表	16	B 相 TA 断线结束	电能表

续表

序号	数据项	数据源	序号	数据项	数据源
17	C相TA断线开始	电能表	27	B相TV过载	电能表
18	C相TA断线结束	电能表	28	B相TV过载恢复	电能表
19	A相TA反相开始	电能表	29	C相TV过载	电能表
20	A相TA反相结束	电能表	30	C相TV过载恢复	电能表
21	B相TA反相开始	电能表	31	TA不平衡	电能表
22	B相TA反相结束	电能表	32	相序异常	电能表
23	C相TA反相开始	电能表	33	电池告警	电能表
24	C相TA反相结束	电能表	34	电池恢复	电能表
25	A相TV过载	电能表	35	电能表时钟超差	电能表
26	A相TV过载恢复	电能表			

（九）显示功能检测

1. 应满足要求

具备显示功能，支持终端设备参数和数据的显示。

2. 具体检测过程

查看采集终端面板，查看其是否可以显示设备参数和采集到的数据等信息。

（十）热插拔功能检测

1. 应满足要求

采用模块化结构，支持热插拔。

2. 具体检测过程

通过拔掉被测采集终端的通信板卡或者采集板卡，再将板卡插回原位，检测被测电能量采集终端是否能够正常工作。

（十一）自诊断功能检测

1. 应满足要求

（1）能自动诊断设备的运行状态及故障；

（2）能够正确记录状态及故障。

2. 具体检测过程

通过模拟采集终端的软件故障或者硬件故障，查看电能量采集终端是否能够准确诊断出故障原因并记录。

（十二）自恢复功能检测

1. 应满足要求

能够在设备发生故障时自行恢复到正常工作的状态。

2. 具体检测过程

通过模拟采集终端的软件故障或者硬件故障，致使采集终端无法正常工作，在没有人工干预的情况下，测试被测采集终端是否能够恢复到正常工作时的状态。

（十三）适应通道功能检测

1. 应满足要求

能够适应网络通道和拨号通道（可选）。

2. 具体检测过程

第一步：依照检测架构搭建好检测环境；

第二步：电能量采集终端分别通过网络通道和拨号通道（可选）向模拟主站传送数据；

第三步：查询主站相关界面，检查采集终端是否能够准确上送数据。

（十四）当地或远方参数设置功能检测

1. 应满足要求

能够分别能在当地和远方设置相应的参数。

2. 具体检测过程

通过分别在当地和远方对采集终端的参数进行调试，检测采集终端的参数是否能在当地和远方进行设置和修改。

（十五）软件功能检测

1. 应满足要求

软件功能应满足表 8-7～表 8-10 的要求。

表 8-7 采集终端的功能配置

序号	项目		必备	选配
1	数据采集	电能表数据采集功能	√	—
		状态量采集功能	—	√
2	数据管理和存储	实时和当前数据	√	—
		历史日数据	√	—
		历史月数据	√	—
		电能表运行状况监测	√	—
3	参数设置和查询	时钟召唤和对时	√	—
		终端参数	√	—
		抄表参数	√	—
		其他（限值等）参数	√	—
4	事件记录	终端事件记录	√	—
		电能表事件记录	√	—
5	数据传输	与远方主站通信	√	—
		与站内监控设备通信	√	—
6	本地功能	运行状态指示	√	—
		本地人机界面查询和设置	√	—
		本地维护接口	√	—
		本地扩展接口	—	√
7	终端维护	自检自恢复	√	—
		终端初始化	√	—

表 8-8   采集数据

序号	数据类型	数据项	必选	可选	数据源
1	电能示值/增量	当前正向有功电能示值/增量（总、各费率）	√	—	电能表
2		当前正向无功电能示值/增量（总、各费率）	√	—	电能表
3	电能示值/增量	当前反向有功电能示值/增量（总、各费率）	√	—	电能表
4		当前反向无功电能示值/增量（总、各费率）	√	—	电能表
5		当前一～四象限无功电能示值/增量（总、各费率）	—	√	电能表
6	需量	当月正向有功最大需量及发生时间（总、各费率）	√	—	电能表
7		当月正向无功最大需量及发生时间（总、各费率）	√	—	电能表
8		当月反向有功最大需量及发生时间（总、各费率）	√	—	电能表
9		当月反向无功最大需量及发生时间（总、各费率）	√	—	电能表
10	瞬时量数据	当前三相电压	—	√	电能表
11		当前三相电流	—	√	电能表
12		当前有功功率（总、分相）	—	√	电能表
13		当前无功功率（总、分相）	—	√	电能表
14		当前功率因数（总、分相）	—	√	电能表
15	状态信息	电能表日历时钟	√	—	电能表
16		终端日历时钟	√	—	终端

表 8-9   采集终端采集历史数据项

序号	数据类型	数据项	必选	可选	数据源
1	日电能示值	日正向有功电能示值（总、各费率）	√	—	电能表
2		日正向无功电能示值（总、各费率）	√	—	电能表
3		日反向有功电能示值（总、各费率）	√	—	电能表
4		日反向无功电能示值（总、各费率）	√	—	电能表
5		日一～四象限无功电能示值（总、各费率）	—	√	电能表
6	月电能示值	月正向有功电能示值（总、各费率）	√	—	电能表
7		月正向无功电能示值（总、各费率）	√	—	电能表
8		月反向有功电能示值（总、各费率）	√	—	电能表
9		月反向无功电能示值（总、各费率）	√	—	电能表
10		月一～四象限无功电能示值（总、各费率）	—	√	电能表
11	需量	月正向有功最大需量及发生时间（总）	√	—	电能表
12		月正向无功最大需量及发生时间（总）	√	—	电能表
13		月反向有功最大需量及发生时间（总）	√	—	电能表
14		月反向无功最大需量及发生时间（总）	√	—	电能表

表 8-10   采集终端采集曲线冻结数据项

序号	数据类型	数据项	必选	可选	数据源
1	电能示值	正向有功电能示值/增量（总）	√	—	电能表
2		正向无功电能示值/增量（总）	√	—	电能表
3		反向有功电能示值/增量（总）	√	—	电能表
4		反向无功电能示值/增量（总）	√	—	电能表
5		一～四象限无功电能示值/增量（总）	—	√	电能表
6	瞬时量数据	三相电压	—	√	电能表
7		三相电流	—	√	电能表
8		有功功率（总、分相）	—	√	电能表
9		无功功率（总、分相）	—	√	电能表
10		功率因数（总、分相）	—	√	电能表

2. 具体检测过程

第一步：依照检测系统架构搭建好检测环境；

第二步：按照上述表中的列举项，逐一测试并查看电能量采集终端是否具有表 8-8～表 8-11 中的软件功能。

（十六）具有冗余热备电源模块功能检测

1. 应满足要求

具备后备电源，在主电源模块工作异常时，冗余热备电源模块能够保证采集终端正常工作。

2. 具体检测过程

在采集终端正常工作的时候，断掉采集终端的主电源模块，测试采集终端冗余热备电源模块是否能够保证设备的正常工作。

（十七）密码设置和权限管理功能检测

1. 应满足要求

（1）具有密码设置和权限管理功能；

（2）在对采集终端进行重要操作的时候应有密码确认；

（3）能够对用户权限进行分配。

2. 具体检测过程

第一步：对电能量采集终端的用户设置进行操作，检测采集终端是否能够设置用户操作密码；

第二步：查看是否能够对不同的用户设置不同的权限，并对采集终端进行重要操作查看是否需要进行密码确认。

（十八）自身信息安全防护功能检测

1. 应满足要求

（1）不包含严重的系统漏洞；

（2）对其他设备或系统不应有除正常操作之外的恶意操作（如 DDOS 攻击等）。

2. 具体检测过程

第一步：利用漏洞软件检测采集终端的各个网口，检查其是否出现严重的系统漏洞及不明用途的异常网络端口；

第二步：对采集终端的各个通信接口进行监听，检测是否存在除正常操作之外的恶意行为。

（十九）电力调度数据网通信安全防护功能检测

1. 应满足要求

（1）应部署在生产控制大区的安全Ⅱ区；

（2）投运前必须采用纵向加密认证装置进行安全防护；

（3）采集终端的正常功能不受这些措施的影响。

2. 具体检测过程

通过向采集终端与模拟主站间的通信加装纵向加密认证装置，测试采集终端的功能是否正常。

第三节　性　能　检　测

电能量采集终端的性能检测主要包括数据采集准确性、当地/远方读取数据准确性、失电情况已保存数据和参数准确性、存贮电能量容量、存贮周期、守时、电源模块切换、网络压力测试及整机功耗等检测。

（一）数据采集准确性

1. 应满足要求

（1）在采集终端对时正常时，采集终端采集的电能量数据应和电能表对应时段数据一致；

（2）采集终端对时异常时，采集终端采集到的数据应连续，当时间恢复正常后，采集终端应能正确采集电能表数据。

2. 具体检测过程

第一步：将电能量采集终端按照检测系统架构搭建好检测环境，同时将时间同步测试仪与电能量采集装置相连；

第二步：通过时钟为采集终端授时，当采集终端对时正常后，测试采集终端采集的电能表数据是否和电能表读数一致；

第三步：调整采集终端装置的时间，使采集终端对时异常，测试采集终端能够继续工作，采集的数据是否连续，恢复采集终端对时后，测试采集终端采集的数据是否准确无误。

（二）当地、远方读取数据准确性

1. 应满足要求

（1）当地和远方读取数据保持一致；

（2）至少能够读取 7 日前保存的数据。

2. 具体检测过程

记录采集终端装置面板读数和模拟主站读数，查看采集终端是否能够准确读取 7 日前的数据。

（三）失电情况已保存数据和参数准确性

1. 应满足要求

在失电情况下，电能量数据和参数能准确保存至少 10 年。

2. 具体检测过程

第一步：记录某一天某一时刻采集终端采集到的电能量数据和相关参数；

第二步：在间断失电 7 天后，查看装置内保存的数据和参数与之前记录的数据和参数是否保持一致。

（四）存贮电能量容量

1. 应满足要求

（1）应能满足至少 256 块电能表 30 天电能量曲线数据（15min 采集周期）、30 天日冻结数据和 12 个月月冻结数据的连续存储，以及最近 500 条事件记录的存储需要。

（2）支持容量扩展。

2. 具体检测过程

测试采集终端存贮容量大小，记录存储容量。

（五）存贮周期

1. 应满足要求

存贮周期应在 1～60min 内可调。

2. 具体检测过程

将采集终端的存贮周期设置在 1～60min 内，查看采集终端是否按照存贮周期对数据进行存贮。

（六）守时

1. 应满足要求

在失去同步时间源后，日守时误差应在 [−1s，+1s] 内。

2. 具体检测过程

第一步：在采集终端正确对时后，记录采集终端与标准时间源的时间误差，切断采集终端的同步时间源；

第二步：24h 后查看采集终端与标准时间源的时间误差，测试日守时误差是否在区间 [−1s，+1s] 内。

（七）电源模块切换

1. 应满足要求

（1）在主电源、后备电源模块同时工作或者单一电源工作时，应能正确采集电能表数据并上送主站；

（2）在电源切换过程中通信无中断。

2. 具体检测过程

第一步：开启主电源，测试电能量采集终端采集的数据是否正确；

第二步：开启备用电源，使主备电源同时供电，测试电能量采集终端采集的数据是否正确；

第三步：关闭主电源，使用备用电源供电，测试采集终端采集数据是否正确，并查看在主备电源切换过程中是否存在通信中断情况。

（八）网络压力测试

1. 应满足要求

（1）在线速 50％的广播流量或组播流量下，各项应用功能应正常；

（2）数据采集正确，性能未下降。

2.具体检测过程

通过在采集终端的通信网络（采集数据以太网）注入 50％ 网络带宽的广播流量或组播流量，检测采集终端是否能够正常工作，通信是否有中断，数字采集性能是否有变化。

（九）整机功耗

1.应满足要求

在正常工作时，整机功耗不大于 30W。

2.具体检测过程

第一步：在采集终端正常工作时，通过微型电力检测仪测量被测采集终端的电流值；

第二步：将电流值结果与供电电压值相乘，得到整机功耗值；

第三步：判断其是否满足整机功耗要求。

第四节　检　测　用　例

（一）数据采集功能

1.实时数据（串行数据）显示（见图 8-5）

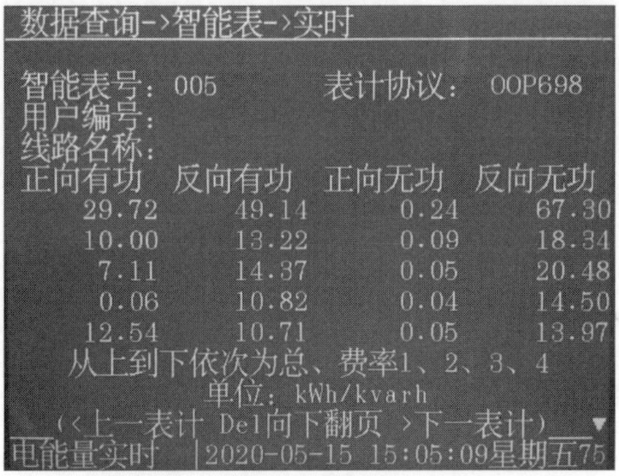

图 8-5　电能量实时数据展示界面

2.历史数据（串行数据）显示（见图 8-6 和图 8-7）

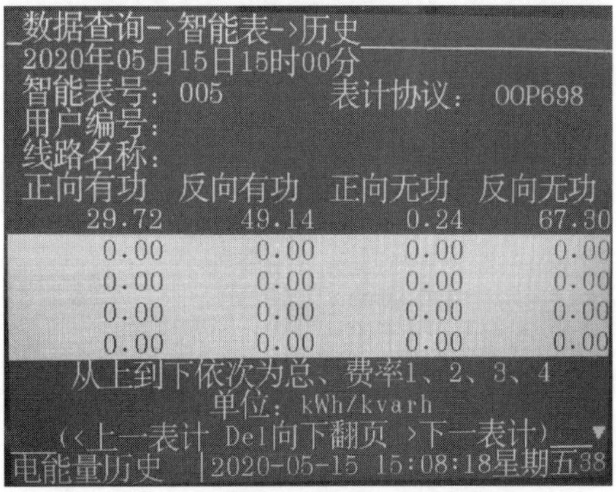

图 8-6　电能量历史数据展示界面

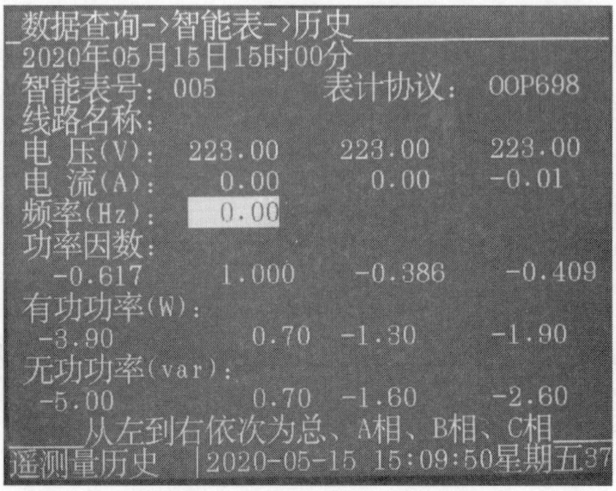

图 8-7　遥测量历史数据展示界面

3. 多费率数据采集功能（见图 8-8）

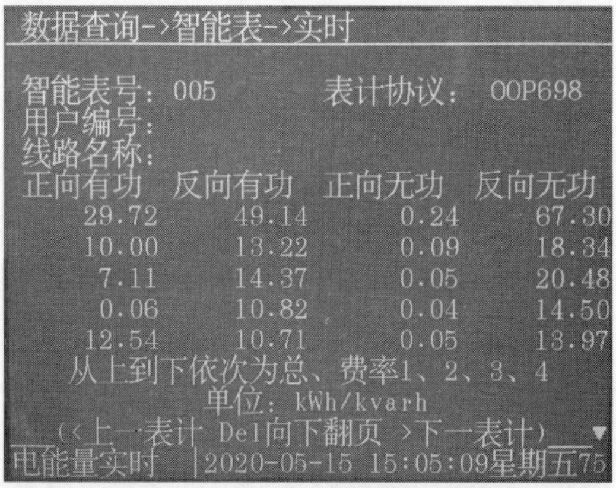

图 8-8　电能量实时数据采集功能展示

4. 当地人工读取数据（见图 8-9 和图 8-10）

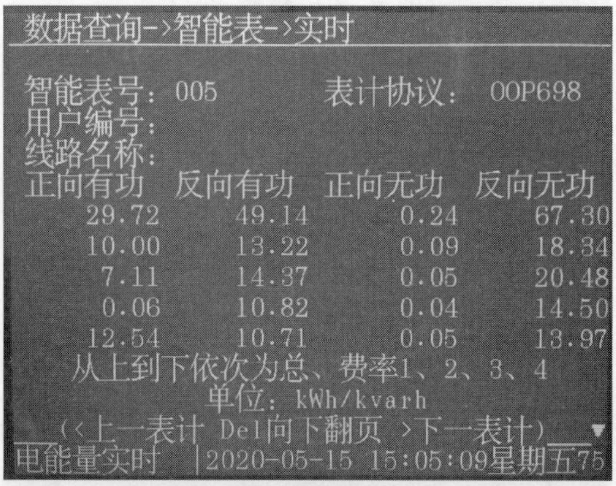

图 8-9　数据查询界面（一）

数据查询->智能表->实时
智能表号： 005　　　　　表计协议： OOP698
用户编号：
线路名称：
电　压(V)： 222.90　　223.00　　223.00
电　流(A)： 0.00　　　0.00　　-0.01
频率(Hz)： 50.01
功率因数：
　　-0.621　　0.308　　-0.392　　-0.426
有功功率(W)：
　　-4.10　　　0.70　-1.30　　-2.00
无功功率(var)：
　　-5.20　　　0.80　-1.60　　-2.70
从左到右依次为总、A相、B相、C相
遥测量实时│2020-05-15 15:10:55星期五77

图 8-10　数据查询界面（二）

（二）与多主站通信功能（见图 8-11）

终端管理->网络连接

网口1
请选择连接：
　　　　连接类型　　　　规约　　　功能
连接1　TCP服务器8000　　P102　　　通信
连接2　TCP服务器9000　　内蒙719　　通信
连接3　TCP服务器7000　　陕西719　　通信
连接4　TCP服务器1000　　DLT719-19 通信
连接5　TCP服务器6000　　广东中调　通信
连接6　TCP客户端　　　　P376XHJY　通信
连接7　TCP服务器5000　　冀北102　　通信
连接8　TCP客户端　　　　安全监测　通信

方向键选择│2020-05-15 15:19:55星期五38

图 8-11　网络连接界面

（三）记录并报告信息功能（见图 8-12）

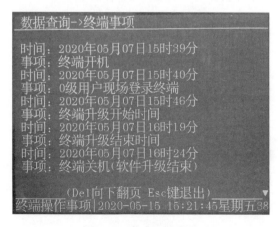

数据查询->终端事项

时间：2020年05月07日15时39分
事项：终端开机
时间：2020年05月07日15时40分
事项：0级用户现场登录终端
时间：2020年05月07日15时46分
事项：终端升级开始时间
时间：2020年05月07日16时19分
事项：终端升级结束时间
时间：2020年05月07日16时24分
事项：终端关机（软件升级结束）

（Del向下翻页 Esc键退出）▼
终端操作事项│2020-05-15 15:21:45星期五38

图 8-12　信息查询界面

（四）显示功能（见图 8-13）

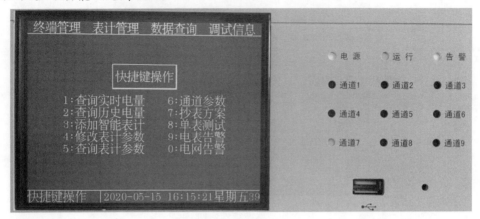

图 8-13　显示功能展示

（五）自诊断（见图 8-14）

（六）自恢复（见图 8-15）

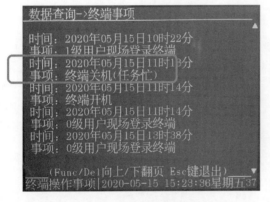

图 8-14　自诊断功能展示

图 8-15　自恢复功能展示

（七）当地或远方参数设置功能（见图 8-16 和图 8-17）

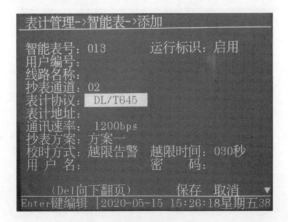

图 8-16　参数添加界面

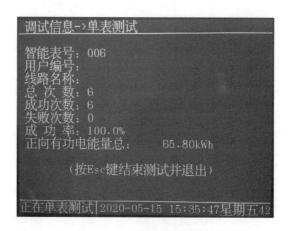

图 8-17　参数设置界面

（八）软件功能检测（见图 8-18）

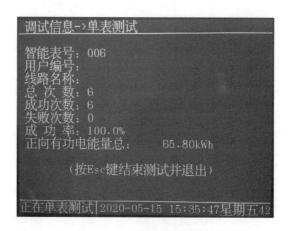

图 8-18　单表测试界面

（九）数据采集准确性（见图 8-19 和图 8-20）

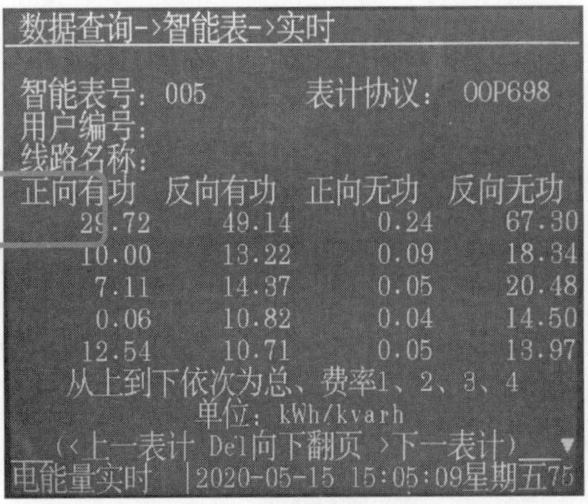

图 8-19　电能量实时数据　　　　　　图 8-20　电能表采集数据

（十）当地、远方读取数据准确性（见图 8-21 和图 8-22）

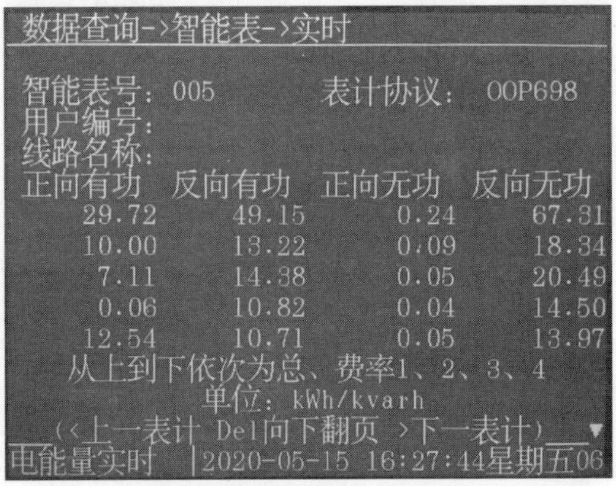

图 8-21　当地实时数据读取

表号	数据类型	值（kWh/kvarh）
5	正向有功电能量--总	29.720
5	正向有功电能量--尖	10.000
5	正向有功电能量--峰	7.110
5	正向有功电能量--平	0.060
5	正向有功电能量--谷	12.540
5	反向有功电能量--总	49.150
5	反向有功电能量--尖	13.220
5	反向有功电能量--峰	14.380
5	反向有功电能量--平	10.820
5	反向有功电能量--谷	10.710
5	正向无功电能量--总	0.240
5	正向无功电能量--尖	0.090
5	正向无功电能量--峰	0.050
5	正向无功电能量--平	0.040
5	正向无功电能量--谷	0.050
5	反向无功电能量--总	67.310
5	反向无功电能量--尖	18.340
5	反向无功电能量--峰	20.490
5	反向无功电能量--平	14.500
5	反向无功电能量--谷	13.970

图 8-22　远方实时数据读取

（十一）失电情况已保存数据和参数准确性（见图8-23和图8-24）

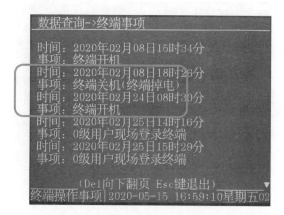

图 8-23 失电情况记录

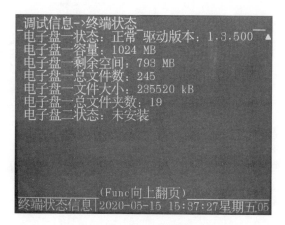

图 8-24 失电数据保存

（十二）存贮电能量容量（见图8-25）

图 8-25 存贮电能量查询

（十三）存贮周期（同采集间隔）（见图 8-26）

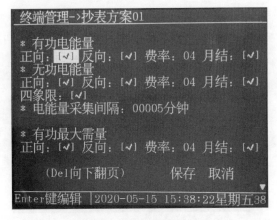

图 8-26 采集方案展示界面

第九章

采集执行单元检测

采集执行单元集成了合并单元设备与智能终端设备的功能，通过光纤与测控装置、网络报文记录分析装置等间隔层设备进行组网，可实现多路模拟量数据采集输出 DL/T 860.92 数据；上送采集到的一次设备状态信息，接收测控装置的控制命令，实现对断路器、隔离开关、接地刀闸等一次设备的分合操作。采集执行单元根据不同的应用场合，可以分为间隔采集执行单元和母线采集执行单元，其具体分类信息见表 9-1。采集执行单元检测包含功能检测与性能检测。

表 9-1　　　　　　　　　　　　　采集执行单元分类

序号	类型	应用分类	应用型号	适用场合
1	采集执行	间隔	IMC-DA-1	主要应用于线路、断路器等间隔
2	单元	母线	IMC-DA-4	主要应用于母线分段等间隔

第一节　检　测　系　统

采集执行单元检测使用的主要仪器设备有合并单元测试仪（施加交流模拟量、接收和发送 GOOSE 报文、接收 SV 采样值）、工业以太网交换机、网络报文记录分析仪、规约测试仪、时钟装置、精确时间测试仪与网络压力测试仪等，采集执行单元检测系统构成如图 9-1 所示。

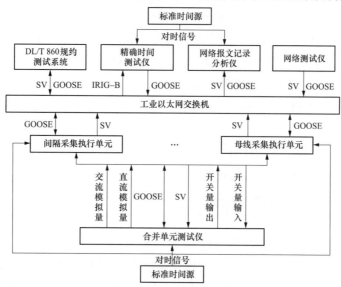

图 9-1　采集执行单元检测系统图

第二节 功能检测

本节所涉及的采集执行单元的功能检测具体包括地址编码功能、GOOSE 规范性配置、SV 规范性配置、上电初始化、自检功能、告警功能、失去电源功能、光口发射/接收功率、光纤通道光强监视功能、日志功能、辅助电源极性颠倒、检修压板功能、GOOSE 接口独立性、GOOSE 发布/订阅能力、GOOSE 单帧遥控功能、遥控（开出）功能、采样频率功能、交流模拟量采集功能、虚端子与 GOOSE/SV 报文顺序一致性、开关量（遥信）采集功能等检测。

（一）地址编码功能检测

根据《110kV～220kV 智能变电站采集执行单元技术规范》的要求，为了减少工程应用中采集执行单元配置内容，采用最大化的发送和接收配置。除了 MAC 地址和 APPID 外，GOOSE 与 SV 控制块的其他参数均固定。MAC 地址和 APPID 的最后两位应通过定值"地址编码"项进行整定，以下分别介绍本项检测的技术要求和检测过程。

1. 应满足要求

（1）地址码设置完成后应自动关联至 MAC 地址及 APPID 标识的最后两位，即发送报文的 MAC 地址及 APPID 标识最后两位与采集执行单元定值项中的地址码保持一致；

（2）根据规范要求，采集执行单元共包括三个 GOOSE 发送数据集，发送位置及报警信号的数据集的 APPID 为 0x00＋地址码，发送温湿度直流模拟量的数据集的 APPID 为 0x01＋地址码，发送时间管理信息的数据集的 APPID 为 0x02＋地址码；

（3）根据规范要求，采集执行单元只含有一个 SV 发送数据集，其 APPID 标识为 0x40＋地址码。

2. 具体检测过程

第一步：利用网络报文记录分析装置抓取采集执行单元的发送报文，检查发送报文中的 MAC 地址及 APPID 标识最后两位是否与地址码相关联，与地址码是否一致；

第二步：检查发送报文中三个 GOOSE 发送数据集的 APPID 是否与地址码相关联，三个发送数据集的 APPID 是否符合规范要求；

第三步：检查发送报文中 SV 发送数据集的 APPID 是否与地址码相关联，发送的 APPID 是否为 0x40＋地址码。

（二）GOOSE 规范性配置检测

GOOSE 规范性配置检测内容为检测 MAC 地址和 APPID 整定功能、其余参数部分的正确性，以下分别介绍本项检测的技术要求和检测过程。

1. 应满足要求

（1）应具备正确的 MAC 地址和 APPID 整定功能；

（2）采集执行单元 GOOSE 发送控制块参数中除了 MAC 地址和 APPID 标识的最后两位以外，其余参数均应固定，表 9-2 以发送位置及报警信号控制块为例进行展示。

表 9-2 　　　　　　　　　　　　　**发送位置及报警信号控制块参数**

GoCBRef = IMCRPIT/LLN0 $ GO $ gocb0
GoID = IMCRPIT/LLN0. gocb0
DatSet = IMCRPIT/LLN0 $ dsGOOSE1
ConfRev = 1
numDatSetEntries = 母线采集执行单元/间隔采集执行单元（根据实际应用情况确定）
Addr = 01－0C－CD－01－00－XX（后二位通过定值整定）
Priority = 4
VID = 000
APPID = 00XX（和 MAC 地址后二位一致）
MinTime = 2
MaxTime = 5000

2. 具体检测过程

第一步：检查装置定值整定功能，是否可以正确整定 GOOSE 控制块的 MAC 地址和 Appid 的最后两位，其检测方法同地址编码功能检测方法。

第二步：利用网络报文记录分析装置，分别抓取更改采集执行单元地址编码前后 GOOSE 发送报文，对比报文中关于控制块的内容，控制块中除 MAC 地址及 APPID 标识外，其余参数均不应随地址编码的修改而发生改变，且参数符合规范要求。

第三步：使用网络报文记录分析装置抓取采集执行单元的发送报文，查看无 GOOSE 变位时的 GOOSE 心跳报文时间间隔（即 MaxTime），检测 MaxTime 是否为 5000ms；当发生 GOOSE 变位时，查看其第一次的补发间隔时间（即 MinTime），检测 MinTime 是否为 2ms。

（三）SV 规范性配置检测

SV 规范性配置检测内容为检测 MAC 地址和 APPID 整定功能、其余参数部分的正确性，以下分别介绍本项检测的技术要求和检测过程。

1. 应满足要求

（1）应具备正确的 MAC 地址和 APPID 整定功能；

（2）采集执行单元 SV 发送控制块参数中除了 MAC 地址和 APPID 标识的最后两位以外，其余参数均应固定，具体如表 9-3 所示。

表 9-3 　　　　　　　　　　　　**采集执行单元 SV 发送控制块参数**

SvID = IMCMUSV/LLN0. smvcb0
ConfRev = 1
NoASDU = 1
NumofSmpdata = 母线采集执行单元/间隔采集执行单元（根据实际应用情况确定）
Addr = 01－0C－CD－04－40－XX（后二位通过定值整定）
Priority = 4
VID = 000
APPID = 40XX（和 MAC 地址后二位一致）

2. 具体检测过程

第一步：检查装置定值整定功能，是否可以正确整定 SV 发送控制块中 MAC 地址和

APPID 的最后两位，其检测方法同 GOOSE 发送控制块配置规范性检测方法相同；

第二步：检测 SV 发送控制块其余参数是否不随地址编码的整定而被修改，且参数符合规范要求，其检测方法亦同于 GOOSE 发送控制块配置规范性检测方法。

（四）上电初始化检测

上电初始化检测内容为检测装置复位过程中是否上送与外部开入不一致的信息、模拟量采样准确度是否符合要求，以下分别介绍本项检测的技术要求和检测过程。

1. 应满足要求

（1）在复位启动过程中不应输出与外部开入不一致的信息；

（2）模拟量采样准确度应满足规范要求。

2. 具体检测过程

第一步：向采集执行单元施加数值为额定值的电压、电流模拟量，在正常运行过程中，关闭采集执行单元电源后改变采集执行单元的某一开入状态，然后重启；

第二步：装置启动后，利用网络记录分析装置查看采集执行单元的输出报文，从第一帧 GOOSE 报文开始，其报文中开入量状态应实际开入状态一致，即装置断电后改变的开入状态应与第一帧报文相应开入点位的值相一致；检查 SV 报文中模拟量的幅值误差和相位误差的准确度是否满足规范要求。

（五）自检功能检测

自检功能检测内容为检测装置是否具备完善的自诊断功能，以下分别介绍本项检测的技术要求和检测过程。

1. 应满足要求

采集执行单元应具有完善的自诊断功能，检测项目应包括：继电器线圈自检、开入光耦自检、定值自检、程序 CRC 自检等。

2. 具体检测过程

第一步：根据厂家出具的可测试的自检项目和测试方法，模拟不同自检项目对应的故障；

第二步：检查采集执行单元是否能够准确定位故障并输出自检信息，其自检信息的输出应包括硬接点和报文输出两种方式。

（六）告警功能检测

告警功能检测内容为检测装置闭锁、告警功能是否正确，告警信息是否支持硬接点和报文两种输出方式上送，以下分别介绍本项检测的技术要求和检测过程。

1. 应满足要求

（1）装置应具有闭锁、告警功能，包括电源中断、通信中断、通信异常、GOOSE 断链、装置内部异常等告警信号；

（2）告警信息的输出应支持硬接点和报文两种输出方式。

2. 具体检测过程

第一步：模拟电源中断、通信中断、通信异常、GOOSE 断链、装置内部异常等异常，使用网络记录分析装置检查被测采集执行单元是否上送相应告警信息；

第二步：在模拟上述各类异常时，使用万用表检查采集执行单元的闭锁、告警继电器接点是否有信号输出。

（七）光口发射/接收功率检测

光口发射/接收功率检测内容为检测装置光口发射/接收功率是否正确，以下分别介绍本项检测的技术要求和检测过程。

1. 应满足要求

（1）光波长 1310nm 的光接口光发送功率应满足－20～－14dBm，光接收灵敏度满足－31～－14dBm；

（2）光波长 850nm 的光接口光发送功率应满足－19～－10dBm，光接收灵敏度满足－24～ －10dBm。

2. 具体检测过程

第一步：将光功率计接入采集执行单元的光纤输出口，测量光纤输出口的光发送功率是否满足规范要求；

第二步：利用合并单元测试仪模拟 GOOSE 遥控信号，并将光衰耗计串接在合并单元测试仪与采集执行单元输入端口之间，从 0 开始缓慢增大光衰耗计的衰耗，直到采集执行单元不能正确接收到 GOOSE 信号，此时通过光功率计测量并检查装置的接收功率（即合并单元测试仪经光衰耗计衰减后的发送功率）是否符合规范要求。

第三步：记录光纤接口类型与光模块型号。

（八）光纤通道光强监视功能检测

光纤通道光强监视功能检测内容为检测装置能否实时监视光纤通道接收到的光信号强度，并根据光强度信息进行告警，以下分别介绍本项检测的技术要求和检测过程。

1. 应满足要求

（1）应具备光纤通道光强监视功能，实时监视光纤通道接收到的光信号强度；

（2）能够根据检测到的光强度信息进行告警。

2. 具体检测过程

第一步：调节光衰耗计，改变光纤输入通道的光信号强度；

第二步：检查被测采集执行单元是否可监视光强信息并根据设置的告警限值进行报警。

（九）日志功能检测

日志功能检测内容为检测日志记录是否正确，以下分别介绍本项检测的技术要求和检测过程。

1. 应满足要求

（1）装置应以时间顺序记录运行过程中的重要信息；

（2）日志信息应包括收到 GOOSE 命令的时刻、GOOSE 命令的内容、开入变位时刻、开入变位内容、装置自检信息、装置告警信息、装置重启等内容；

（3）日志记录条数应不少于 500 条；

（4）记录的信息能够按时间循环覆盖；

（5）在失去电源的情况下不能丢失其记录所有的信息。

2. 具体检测过程

第一步：模拟采集执行单元日常运行场景，检查被测采集执行单元日志信息是否以时间顺序记录运行过程中的重要信息；

第二步：检查日志信息是否可以记录 GOOSE 命令的时刻、GOOSE 命令的内容、开入变位时刻、开入变位内容、装置自检信息、装置告警信息、装置重启等内容；

第三步：检查日志记录的最大数量是否符合规范要求；

第四部：检查日志记录是否按时间循环覆盖；

第五步：模拟被测采集执行单元失电场景，重启装置待其稳定后，检查装置记录的所有信息在失去电源的情况下是否丢失。

（十）直流工作电源极性颠倒检测

直流工作电源极性颠倒检测内容为检测在直流电源反接情况下装置功能与性能是否正确，以下分别介绍本项检测的技术要求和检测过程。

1. 应满足要求

采集执行单元直流工作电源正、负极性反接时，采集执行单元应无损坏，能正常工作。

2. 具体检测过程

第一步：按正确极性将直流电源连接被测采集执行单元，调节直流电源输出，直至采集执行单元能够正常工作；

第二步：停止直流电源输出，将直流电源正、负极性对调，开启直流电源，调节至额定电压值，检查装置是否无损坏，能否继续正常工作。

（十一）检修压板功能检测

检修压板功能检测内容为检测检修压板功能是否正确，以下分别介绍本项检测的技术要求和检测过程。

1. 应满足要求

（1）应具备装置检修压板功能。当检修压板投入时，所有发送的数据通道均应带检修标记，当采集执行单元的检修状态与遥控方的检修状态不一致时，采集执行单元不应动作；

（2）当采集执行单元的检修状态与遥控方的检修状态一致时，采集执行单元应能正确动作。

2. 具体检测过程

第一步：装置检修压板功能检测。投入装置检修压板，检测 DL/T 860.92 采样值数据品质中的检修品质和 GOOSE 报文的检修标志是否置位。

第二步：检修不一致功能检测。分别修改发送方 GOOSE 数据品质的检修位和装置检修压板状态，检测装置与测试仪遥控端检修状态一致时，装置应可靠动作；双方检修状态不一致时，装置应可靠不动作。

（十二）GOOSE 接口独立性检测

GOOSE 接口独立性检测内容为检测 GOOSE 接口能否独立工作，以下分别介绍本项检测的技术要求和检测过程。

1. 应满足要求

采集执行单元的多个 GOOSE 接口应完全独立。

2. 具体检测过程

第一步：向被测装置端口发送其未订阅的控制命令，检测装置是否无出口动作；

第二步：向被测装置端口发送其订阅的控制命令，检测装置是否执行出口动作；

第三步：给被测装置的某个光口通入一定流量的 GOOSE 报文，然后重启装置，在整个重启过程中，检测装置其余光口应无数据报文转发。

（十三）GOOSE 发布/订阅能力检测

GOOSE 发布/订阅能力检测内容为检测 GOOSE 发布与订阅数据集数量是否符合要求，以下分别介绍本项检测的技术要求和检测过程。

1. 应满足要求

（1）应按规范发布 GOOSE 报文。GOOSE 可发送三个数据集：一个用来发送位置及报警信号，一个用来发送温湿度模拟量，一个用来发送时间管理的信息。

（2）具备订阅 GOOSE 的能力。GOOSE 可接收两个数据集：一个用来接收遥控命令，一个用来接收时间管理的 GOOSE 输入。

2. 具体检测过程

第一步：使用网络记录分析仪检查装置发送的 GOOSE 报文是否满足规范要求；

第二步：使用合并单元测试仪向装置发送订阅数据集的遥控命令，检查装置是否出口动作；在发送遥控命令的同时，发送订阅数据集的时间同步管理 GOOSE 报文，检查装置 GOOSE 异常灯是否由亮转灭。

（十四）GOOSE 单帧遥控功能检测

GOOSE 单帧遥控功能检测内容为检测装置能否通过单帧 GOOSE 实现遥控功能，以下分别介绍本项检测的技术要求和检测过程。

1. 应满足要求

采集执行单元应可以通过 GOOSE 单帧实现遥控功能。

2. 具体检测过程

第一步：使用合并单元测试仪给被测装置发送一帧遥控任意开关的 GOOSE 报文；

第二步：用万用表蜂鸣器挡检查装置相应出口继电器是否动作。

（十五）遥控（开出）功能检测

遥控（开出）功能检测内容为检测装置遥控功能是否正确，以下分别介绍本项检测的技术要求和检测过程。

1. 应满足要求

采集执行单元应具备遥控断路器、刀闸的功能。

2. 具体检测过程

使用合并单元测试仪对装置进行遥控操作，检查被测装置能否正常遥控模拟断路器，并记录遥控时间。

（十六）采样频率功能检测

采样频率功能检测内容为检测采样频率是否符合要求，以下分别介绍本项检测的技术要求和检测过程。

1. 应满足要求

采集执行单元输出的采样数据频率应不小于 4kHz。

2. 具体检测过程

模拟采集执行单元日常采样的工作场景，使用网络记录分析装置检查被测装置 SV 报文采样率是否为 4kHz。

（十七）交流模拟量采集功能检测

交流模拟量采集功能检测内容为检测装置交流模拟量采样功能是否正确、是否以 DL/T

860.92 格式上送采样数据、SV 采样报文无效品质是否正确，以下分别介绍本项检测的技术要求和检测过程。

1. 应满足要求

(1) 需要接入交流模拟量的采集执行单元应具备交流模拟量采集的功能，可采集传统电压互感器、电流互感器输出的模拟信号；

(2) 应采用 DL/T 860.92 规定的数据格式输出数据；

(3) 应具备 SV 采样值报文无效品质位，且品质能够正确变化。

2. 具体检测过程

第一步：给被测采集执行单元各电流、电压回路依次加入数值为额定值的电流、电压信号，使用合并单元测试仪分析所有模拟量通道，检查各通道是否具有采样值信息；

第二步：使用网络记录分析装置检查上送采样报文的格式是否符合规范规定，检查 SV 采样值报文无效品质是否正确变化。

(十八) 虚端子与 GOOSE/SV 报文顺序一致性检测

虚端子与 GOOSE/SV 报文顺序一致性检测内容为检测装置上送 GOOSE/SV 报文虚端子顺序是否与《110kV～220kV 智能变电站采集执行单元技术规范》一致，以下分别介绍本项检测的技术要求和检测过程。

1. 应满足要求

采集执行单元的 GOOSE/SV 报文各数据集数据状态及顺序应与规范一致。

2. 具体检测过程

第一步：根据规范的虚端子表触发变位，通过网络记录分析装置检查相应位置 GOOSE 报文是否进行正确值变化；

第二步：根据规范的虚端子表对装置施加模拟量，通过网络记录分析装置检查相应通道 SV 报文是否进行正确值变化。

(十九) 开关量 (遥信) 采集功能检测

开关量 (遥信) 采集功能检测内容为检测装置正确采集开关量信号与直流模拟量、开关量时间品质与开入电压是否正确，以下分别介绍本项检测的技术要求和检测过程。

1. 应满足要求

(1) 应具备如断路器、隔离开关等位置信号的开关量 (DI) 采集功能，断路器、隔离开关位置信号的传送均应采用双点信息传送；

(2) 应具有直流模拟量采集功能，能够接收 4～20mA 电流量与 0～5V 电压量；

(3) 开关量外部输入信号宜选用 DC 220/110V；

(4) 应具备开关量时间品质，且时间品质应正确变化。

2. 具体检测过程

第一步：使用网络记录分析装置检测被测装置是否具备开关量采集功能，是否为双点信息传送；

第二步：使用网络记录分析装置检查装置发送温湿度模拟量的 GOOSE 控制块，核对通道、数值与实际加量是否一致；

第三步：检查开关量输入是否能够采用 DC 220V 或 DC 110V 直流方式；

第四步：使用网络记录分析装置检查装置接收或未接收外部时源的开关量时间品质是

否正确变化。

第三节 性 能 检 测

本节所涉及的采集执行单元的性能检测具体包括基本性能检测、模拟量采样性能检测、开关量性能检测三大项检测内容。其中整体性能检测具体包括对时误差检测、守时误差检测、功耗检测、网络压力检测；模拟量采样性能检测具体包括失步再同步性能检测、采样值发布离散值检测、采样响应时间检测、SV 报文完整性检测、模拟量采样准确度检测、采样同步精度检测、频率对准确度的影响检测、谐波对准确度的影响检测、不平衡电流和电压对准确度的影响检测、过量输入检测；开关量性能检测具体包括开入回路动作时间检测、开入回路动作可靠性检测、开入接点分辨率检测、直流信号采样精度检测。

（一）整体性能检测

1. 对时误差检测

对时误差检测内容为检测装置对时精度是否符合要求，以下分别介绍本项检测的技术要求和检测过程。

（1）应满足要求：采集执行单元对时误差应小于±1μs。

（2）具体检测过程：

第一步：使用参考时钟源分别给被测装置和时间测试仪授时，待装置对时稳定后，利用时间测试仪以每秒测量 1 次的频率，测量装置和参考时钟源各自输出的 PPS 信号有效沿之间的时间差的绝对值 Δt；

第二步：取测试过程中所有测得的 Δt 的最大值作为最终测试结果判定是否符合规范要求。要求测试时间持续 10min 以上。

2. 守时误差检测

守时误差检测内容为检测装置 10min 内守时精度是否符合要求，以下分别介绍本项检测的技术要求和检测过程。

（1）应满足要求：

1）在失去外部同步信号 10min 内守时误差应小于±4μs；

2）在失去同步时钟信号且超出守时范围的情况下，应产生数据同步无效标志（SmpSynch＝FALSE）。

（2）具体检测过程：

通过比较采集执行单元输出的 PPS 信号与参考时钟源 PPS 的有效沿时间差的绝对值获取守时误差，对采集执行单元的守时误差性能进行检测。

第一步：使用参考时钟源给装置授时，待装置对时稳定后，撤销参考时钟源的授时。检测撤销授时 10min 后，采集执行单元的守时误差是否符合规范的规定；

第二步：使用网络记录分析装置查看采集执行单元在超出守时范围的情况下发出的 SV 采样值报文中是否产生数据同步无效标志（SmpSynch＝FALSE）。

3. 功耗检测

功耗检测内容为检测整机功耗、交流电压输入回路功耗与交流电流输入回路功耗是否符合要求，以下分别介绍本项检测的技术要求和检测过程。

（1）应满足要求：

1）当正常工作（至少 32 路开入全部闭合，某路开出正常动作）时，装置功率消耗不大于 35W；

2）当电压为额定电压 U_N 时，交流电压输入回路中每相应不大于 0.5VA；

3）交流测量电流输入回路中每相不大于 0.75VA。

（2）具体检测过程：

第一步：使用短接线实现装置 32 路开入，将数字万用表直流电压挡并联至装置电源的正、负接线端子上，同时将数字万用表的直流电流挡串联进装置的电源回路当中，利用伏安法对装置的整体功耗进行测量，判断是否满足规范要求；

第二步：使用合并单元测试仪施加额定电压至被测装置，同时将回路内串联接入数字万用表用以测量回路电流，从而判断各相功耗是否满足要求；

第三步：使用合并单元测试仪施加额定电流至被测装置，同时将回路内并联接入数字万用表用以测量回路电压，从而判断各相功耗是否满足要求。

4. 网络压力检测

网络压力检测内容为检测网络压力下装置功能与性能是否符合要求，以下分别介绍本项检测的技术要求和检测过程。

（1）应满足要求：

1）在任何网络运行工况流量冲击下，采集执行单元不应死机或重启，不发出错误报文；

2）在网络异常消失之后，采集执行单元应能恢复正常工作。

（2）具体检测过程：

在三种不同的网络运行流量冲击场景下分别对采集执行单元的网络压力性能进行检测。

第一步：在下述三种网络运行流量冲击，检查被测采集执行单元是否出现死机、重启现象，是否出现发出采样波形异常、采样准确度异常、采样值发布离散值异常、丢失报文、位置信息不一致等错误报文的现象；

第二步：待网络异常消失后，检查装置是否恢复正常工作，包括遥控功能、开关量采集功能、开入响应时间、采样准确度等。

使用网络测试仪分别模拟三种不同的网络运行流量冲击场景：①对所有组网口施加 100％ARP（128 字节）广播流量，持续 2min；②对所有组网口施加 100％GOOSE（1518 字节，MAC 为非订阅，APPID 为非订阅）流量，持续 2min；③对所有组网口施加 100％订阅的 GOOSE 时间同步管理（stNum 每帧变化一次，sqNum 为 0，数据每帧变化一次）流量，持续 2min。

（二）模拟量采样性能检测

1. 失步再同步性能检测

失步再同步性能检测内容为检测装置在失步条件下的对时同步能力是否符合要求，以下分别介绍本项检测的技术要求和检测过程。

（1）应满足要求。

1）在采集执行单元处于失步状态的情况下，连续接收到 10 个有效时钟授时同步信号（时间均匀性误差小于 $10\mu s$）后，应进入跟随状态，采样值报文同步标示位置位；

2）在采集执行单元外部时钟信号从无到有变化过程中，允许在 PPS 边沿时刻采样序号跳变一次，且采样间隔离散不超过 $10\mu s$（采样频率为 4000Hz），同时采集执行单元输出的数据帧同步位由失步转为同步状态。

（2）具体检测过程：

第一步：将装置上电重启后接入对时信号，通过网络记录分析装置查看采样序号跳变时刻，与对时信号触发时刻进行比较，检查是否连续接收到 10 个有效时钟授时同步信号（时间均匀性误差小于 $10\mu s$）后进入跟随状态；

第二步：通过网络记录分析装置查看装置失步再同步过程中采样序号跳变次数与采样间隔离散值是否符合规范要求。

2. 采样值发布离散值检测

采样值发布离散值检测内容为检测装置上送 SV 报文帧间隔是否符合要求，以下分别介绍本项检测的技术要求和检测过程。

（1）应满足要求：采集执行单元采样值发布离散值应不大于 $10\mu s$。

（2）具体检测过程：

第一步：使用网络记录分析装置持续统计 10min 内采样值报文的间隔时间与标准间隔时间之差，得到采样值发布离散值的分布范围；

第二步：对所有输出接口的采样报文进行记录，统计各接口同一采样计数报文到达网络记录分析装置的时间差，检测其是否符合规范要求。

3. 采样响应时间检测

采样响应时间检测内容为检测采样值自装置接收端口输入至输出端口输出的延时是否符合要求，以下分别介绍本项检测的技术要求和检测过程。

（1）应满足要求：采集执行单元采样响应时间应不大于 1ms。

（2）具体检测过程：

第一步：将采样值自采接收端口输入至输出端口输出的延时作为装置采样值报文响应时间，对采集执行单元的采样响应时间性能进行检测。

第二步：在采集执行单元接入外部时间同步信号条件下，使用合并单元测试仪测试从模拟量输入到采样值输出的绝对时延，检测其是否符合规范规定。

4. SV 报文完整性检测

SV 报文完整性检测内容为检测装置上送 SV 采样值报文时是否出现丢帧、样本计数器重复或错序的现象，以下分别介绍本项检测的技术要求和检测过程。

（1）应满足要求：

1）正常运行 48h 情况下，采集执行单元发送的采样值报文应不出现丢帧、样本计数器重复或错序；

2）采样值发布离散值保持正常，样本计数在（0，采样频率－1）的范围内正常翻转。

（2）具体检测过程：令被测装置连续运行 48h，使用网络记录分析装置持续对 SV 采样值报文中的丢帧、错序和采样值发布离散值以及样本计数器翻转情况进行统计，监视 SV 报文完整性。

5. 模拟量采样准确度检测

模拟量采样准确度检测内容为检测装置交流模拟量采样准确度是否符合要求，以下分别介绍本项检测的技术要求和检测过程。

（1）应满足要求：采集执行单元测量的交流模拟量幅值误差和相位误差应符合规范中的相应规定。

（2）具体检测过程：

第一步，给采集执行单元的测量电流通道分别施加持续 1min 的数值为 5%、20%、100%、120% 的额定交流电流，给测量电压通道分别施加持续 1min 的、数值为 80%、100%、120% 的额定交流电压；

第二步，施加模拟量期间，在合并单元测试仪中检查最大幅值误差和相位误差是否符合规范要求。

6. 采样同步精度检测

采样同步精度检测内容为检测不同模拟量通道的采样同步精度是否符合要求，以下分别介绍本项检测的技术要求和检测过程。

（1）应满足要求：采集执行单元不同模拟量通道的采样同步误差不超过相应模拟量的相位误差。

（2）具体检测过程：使用合并单元测试仪检查同时刻装置不同输出通道间电压、电流相位误差之差是否符合规范要求。

7. 频率对准确度的影响检测

频率对准确度的影响检测内容为，向装置施加不同频率的电流、电压，检测交流模拟量采样精度是否符合要求，以下分别介绍本项检测的技术要求和检测过程。

（1）应满足要求：采集执行单元输入量频率变化范围为 45～55Hz 时，测量用电流互感器和测量用电压互感器由频率改变引起的基波幅值误差和相位误差改变量应不大于准确等级指数的 100%。

（2）具体检测过程：

第一步，使用合并单元测试仪分别给装置输入持续时间为 1min，频率分别为 45、48、49、50、51、52、55Hz 的电压，电流信号（三相平衡、初始相位角任意）；

第二步，查看并记录合并单元测试仪上显示的幅值误差和相位误差，计算误差改变量，将误差改变量的最大值作为检测结果，检查检测结果是否满足规范要求。

8. 谐波对准确度的影响检测

谐波对准确度的影响检测内容为，向装置施加不同谐波含量的电流、电压，检测交流模拟量采样精度是否符合要求，以下分别介绍本项检测的技术要求和检测过程。

（1）应满足要求：在向采集执行单元输入额定电压、电流的同时，依次叠加幅值为

20%基波幅值的 2～13 次谐波，在含有谐波的情况下的基波幅值和相位误差改变量应不大于准确等级指数的 200%。谐波含量应满足表 9-4。

表 9-4 采集执行单元谐波含量允许误差表

等级	被测量	条件	允许误差
A	电压	$U_h \geqslant 1\%U_N$ $U_h < 1\%U_N$	$5\%U_h$ $0.05\%U_N$
	电流	$I_h \geqslant 3\%I_N$ $I_h < 3\%I_N$	$5\%I_h$ $0.15\%I_N$
B	电压	$U_h \geqslant 3\%U_N$ $U_h < 3\%U_N$	$5\%U_h$ $0.15\%U_N$
	电流	$I_h \geqslant 10\%I_N$ $I_h < 10\%I_N$	$\pm 5\%I_h$ $0.5\%I_N$

注 U_N为标称电压；I_N为标称电流；U_h为谐波电压；I_h为谐波电流。

（2）具体检测过程：

第一步：使用合并单元测试仪向采集执行单元输入额定电压、电流的同时，依次叠加幅值为 20%基波幅值的 2～13 次谐波，每次持续时间为 1min。

第二步：查看并记录合并单元测试仪上显示的基波幅值误差和相位误差，计算误差改变量，将误差改变量的最大值作为检测结果，检查检测结果是否满足规范要求。

第三步：通过网络记录分析装置查看并记录相应谐波幅值，计算谐波幅值误差，将幅值误差最大值作为检测结果，检查检测结果是否满足规范要求。

9. 不平衡电流和电压对准确度的影响检测

不平衡电流和电压对准确度的影响检测内容为，在施加三相不平衡电流、电压情况下，检测交流模拟量采样精度是否符合要求，以下分别介绍本项检测的技术要求和检测过程。

（1）应满足要求：

在三相电流和电压不平衡及缺相的条件下，采集执行单元各电流和电压模拟量通道的相位差的精度应不超过相应模拟量的相位误差要求。

（2）具体检测过程：

第一步：在三相电流平衡的情况下，调整输入的三相电流均为数值为 0.5 倍的额定电流。使用网络记录分析装置分析三相电流之间的相位差，计算其与输入三相电流之间相位差的偏离值，该值应不超过模拟量准确度的相位误差；

第二步：将任意一相电流输出值设置为 0，调整其他相电流的数值为 0.75 倍的额定电流，使用网络记录分析装置分析其他两相电流之间的相位差，计算其与施加相位差之间的差值，应不超过模拟量准确度的相位误差；

第三步：在三相电压平衡的情况下，调整输入三相电压均为数值为 0.5 倍的额定电压。使用网络记录分析装置分析三相电压之间的相位差，计算其与输入三相电流之间相位差的偏离值，应不超过模拟量准确度的相位误差；

第四步：将任意一相电压断开，调整其他相电压的数值为 0.75 倍的额定电压。使用网络记录分析装置分析其他两相电压之间的相位差，计算其与输入三相电压之间相位差的偏离值，应不超过模拟量准确度的相位误差。

10. 过量输入检测

过量输入检测内容为，在施加大于额定电流、电压情况下，检测交流模拟量采样精度是否符合要求，以下分别介绍本项检测的技术要求和检测过程。

（1）应满足要求：采集执行单元经受过电流或过电压后，仍应满足技术规定的相关性能要求。

（2）具体检测过程：

第一步：模拟以下几种过电压/过电流场景：

1）过电压场景：在 1.2 倍额定电压下运行 2h；在 1.4 倍额定电压下运行 10s；在 2 倍额定电压下运行 1s。

2）过电流场景：在 1.2 倍额定电流下运行 2h；在 20 倍额定电流下运行 1s。

第二步：使用合并单元测试仪对被测装置按照上述过电压/过电流场景施加模拟量后，检查采集执行单元采集模拟量的准确度；

第三步：使用网络记录分析装置，检查采集执行单元输出采样波形、采样值发布离散值与 SV 丢包率。

（三）开关量性能检测

1. 开入回路动作时间检测

开入回路动作时间检测内容为检测开关量输入至 GOOSE 报文上送的时间间隔是否符合要求，以下分别介绍本项检测的技术要求和检测过程。

（1）应满足要求：

1）采集执行单元在收到硬接点开入后，转换成 GOOSE 报文的时间（不包括防抖时间）应不大于 5ms；

2）应具有开关量输入防抖功能，断路器位置、隔离开关位置防抖时间宜设置为 5ms；

3）开入时标应是防抖前的时标。

（2）具体检测过程：

第一步：将合并单元测试仪的开出测试端子连接至采集执行单元开入，采集执行单元 GOOSE 报文输出端口与合并单元测试仪相连接。

第二步：利用合并单元测试仪计算从开出空接点动作时刻至装置上送 GOOSE 变位报文的时间间隔，该时间间隔应不大于 5ms。

第三步：使用合并单元测试仪模拟采集执行单元开入变位，设置大于被测装置防抖设置时间的开入时间，检查装置应正确上送 GOOSE 变位信息；设置小于被测装置防抖设置时间的开入时间，检查装置应无法上送 GOOSE 变位信息。

第四步：使用合并单元测试仪进行定时开入，通过网络记录分析装置检查相应虚端子开入时间是否与定时开入时间一致。

2. 开入回路动作可靠性检测

开入回路动作可靠性检测内容为检测在不同开入电压范围时，开入回路是否可靠动作或不动作，以下分别介绍本项检测的技术要求和检测过程。

（1）应满足要求：采集执行单元强电开入回路的启动电压值不应大于 0.7 倍额定电压

值，且不应小于 0.55 倍额定电压值。

（2）具体检测过程：

第一步：使用可调电源从 0V 逐渐升高装置开入电压，通过网络记录分析装置检查当电压值小于 55％的额定开入电压时，应无 GOOSE 变位报文上送；继续升高电压达到额定开入电压的 70％时，检查装置应正确上送 GOOSE 变位报文；

第二步：将 100％额定开入电压逐渐减小，当开入电压小于 55％时，通过网络报文分析装置检查被测装置应上送相应 GOOSE 变位。

3. 开入接点分辨率检测

开入接点分辨率检测内容为检测开入接点的最大分辨能力是否符合要求，以下分别介绍本项检测的技术要求和检测过程。

（1）应满足要求：采集执行单元的多个开入接点的时间分辨率应不大于 1ms。

（2）具体检测过程：

第一步：选取 1ms 作为不同开入间的时间间隔，使用合并单元测试仪同时给采集执行单元开入多个不同的开关量信号，且持续时间大于防抖时间；

第二步：通过网络报文分析装置检查被测装置应上送相应 GOOSE 变位时标的差是否为 1ms。

4. 直流信号采样精度检测

直流信号采样精度检测内容为检测直流模拟量采样精度是否符合要求，以下分别介绍本项检测的技术要求和检测过程。

（1）应满足要求：

1）采集 4～20mA 电流直流模拟量信号时，精度误差应不大于额定值的 0.5％；

2）采集 0～5V 电压直流模拟量信号时，精度误差应不大于额定值的 0.5％。

（2）具体检测过程：

第一步：随机选取采集执行单元的 1 个 4～20mA 和 1 个 0～5V 通道，选择满量程的 10％、15％、20％、25％、40％、60％、80％、100％八个点测量；

第二步：使用电压电流源加给采集执行单元施加输入量，记录采集执行单元的测量结果，计算精度误差是否满足检查要求。

第四节　检　测　实　例

本节以采集执行单元的遥控、遥信、遥测功能检测中的基本项为例，具体阐述了实际检测过程。

（一）检测设备

检测时使用如下设备：多功能通用可调测试源（见图 9-2）、网络报文与暂态故障记录分析装置（见图 9-3）、合并单元测试仪（见图 9-4）、时间同步系统测试仪（见图 9-5）、万用表（见图 9-6）。

（二）遥控功能检测

（1）依照检测规范规定的要求，使用合并单元测试仪模拟装置订阅的 GOOSE 遥控数据集向被测装置发送遥控指令，图 9-7 所示的模拟采集执行单元的遥控数据集。

图 9-2　多功能通用可调测试源

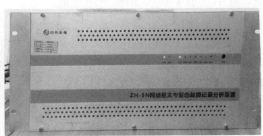

图 9-3　网络报文与暂态故障记录分析装置

图 9-4　合并单元测试仪

图 9-5　时间同步系统测试仪

图 9-6　万用表

（2）本测试实例中，具体发送的为数据集 2（装置订阅的 GOOSE 遥控数据集）中的第 10 个遥控点位，具体映射为隔离开关 1 的分闸命令，此时合并单元测试仪界面如图 9-8 所示。

（3）根据步骤 2 中发送的遥控命令，在合并单元测试仪界面左下角控制板块（见图 9-9 框内位置内），对遥控点位进行分合模拟操作。

（4）使用万用表检测被测装置出口继电器的出口状态。

在进行上述隔离开关 1 遥控分闸操作时，将万用表打至蜂鸣挡并把两根测试表笔接入隔离开关 1 分闸继电器出口接点，如万用表的蜂鸣器发出声响，证明采集执行单元的隔离开关 1 分闸出口继电器能够被正确驱动，遥控功能正确；蜂鸣器未动作，遥控功能存在问题。采用同样的测试方法对其余所有的分、合闸出口继电器进行校验。

（三）遥信功能检测

（1）使用多功能通用可调测试源，将其输出端口的正电端连接装置隔离开关 1 开入接点，将负电端连接装置隔离开关 1 开入公共端，以实现隔离开关 1 分闸开入。

（2）通过分析网络报文与暂态故障记录分析装置采集到的 GOOSE 报文，对被测装置上送的隔离开关位置报文是否正确进行检测。若 GOOSE 报文中隔离开关 1 双位置信息为 01，则隔离开关 1 处于分闸位置，与实际情况相符。

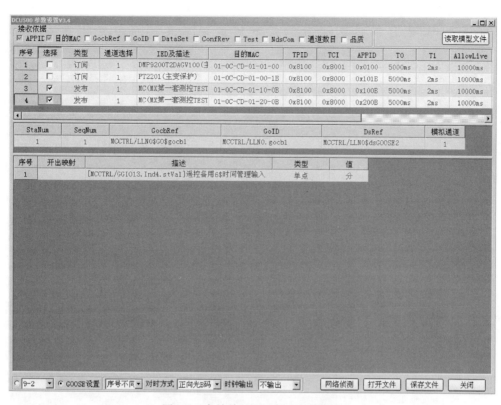

图 9-7　合并单元测试仪内置数据集

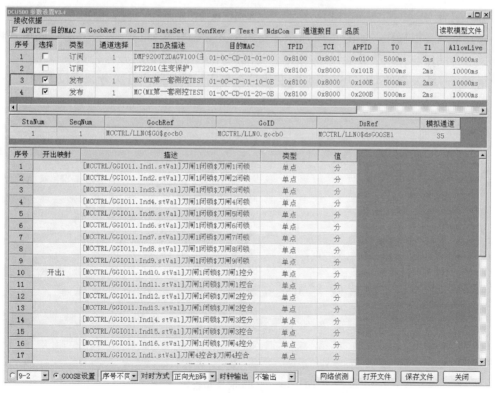

图 9-8　合并单元测试仪内置遥控数据集

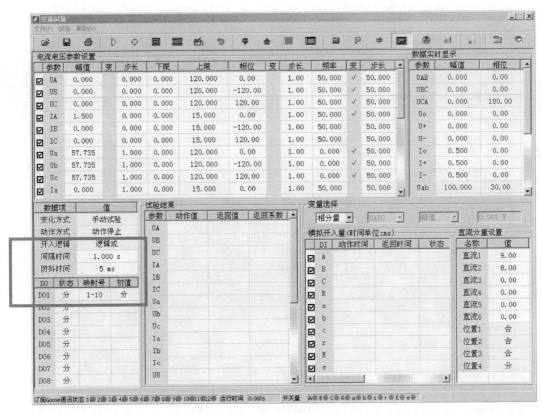

图 9-9　合并单元测试仪操作界面

（3）采取类似操作，如图 9-10 所示，将隔离开关一分端口与开入公共端口断电、将隔离开关二合端口与开入公共端口通/断电、将隔离开关一分端口与开入公共端口再通电，检查采集执行单元发送的 GOOSE 报文的变化是否与实际模拟隔离开关分、合位置相符。

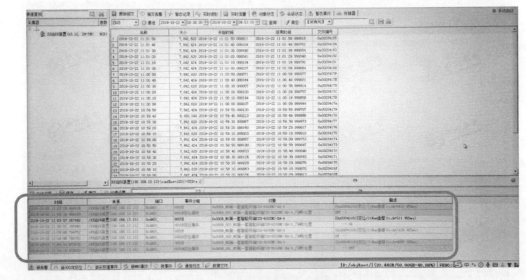

图 9-10　GOOSE 变位报警

（四）遥测功能检测

首先利用合并单元测试仪向采集执行单元输出三相正序额定电压，如图 9-11 左侧框 1 所示。

随后检查合并单元测试仪接收被测装置上送 SV 报文后计算比差（幅值误差），检查精度是否满足±0.2％；角差（相位误差），精度是否满足±10′，如图 9-11 右侧框 2 所示。采集执行单元检测系统图如图 9-1 所示。

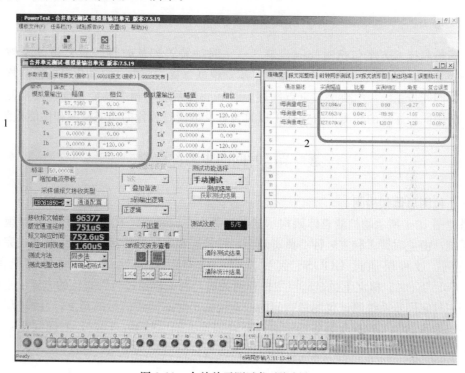

图 9-11 合并单元测试仪-测试界面

第十章

时间同步系统检测

本章检测技术方案包括时间同步装置（主时钟装置和从时钟装置）检测及被授时装置（测控装置、PMU 和网关机等）检测。本章根据《智能变电站自动化设备检测规范 第 5 部分：时间同步系统》中要求，重点阐述了时间同步系统的相关功能、性能的检测要求及方法。时间同步系统的检测内容包括了授时装置及被授时装置的功能检测和性能检测。

第一节　时间同步装置检测

一、检测总体架构图

搭建图 10-1 所示的检测总体架构示意图，其中主时钟 1、主时钟 2 和从时钟组成时间同步系统，由主时钟 1 和主时钟 2 负责监测，站控层和间隔层通过 NTP 乒乓方式完成对时偏差监测，过程层通过 GOOSE 乒乓方式完成对时偏差监测，主时钟监测值通过 MMS（DL/T 860）报文上送至监控主机和网关机，网关机通过告警直传的方式上送调度主站。利用时间同步系统测试仪测量时间同步系统输出时间同步信号的精度，并模拟 NTP 乒乓服务器端和 GOOSE 乒乓服务器端进行对时偏差准确度检测。同时，时间同步系统测试仪可模拟 DL/T 860 协议客户端，对主时钟上送的自检信息及监测信息进行检测。

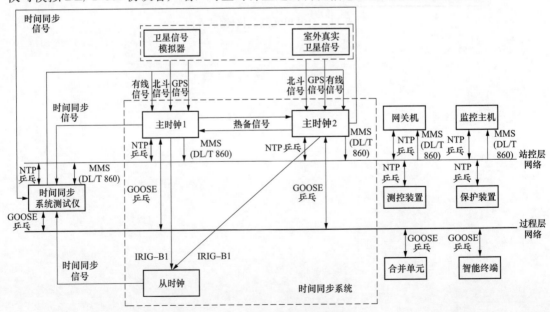

图 10-1　检测总体架构示意图

二、功能检测方法

（一）告警输出功能检测

告警输出功能主要指时间同步系统在识别到装置电源等故障时，产生的相应告警信号。以下分别介绍本项检测的技术要求和检测过程。

1. 应满足要求

（1）断开装置任一电源，检测装置是否能正确告警。

（2）装置发生故障时，检测装置是否能正确告警。表 10-1 和表 10-2 分别为装置故障及告警触发条件。

表 10-1 时间同步装置故障触发条件表

触发条件	主时钟单元	从时钟单元	判断触发条件
北斗卫星接收模块状态异常	触发故障告警	不支持该故障告警	输出异常持续 60s 以上
GPS卫星接收模块状态异常	触发故障告警	不支持该故障告警	输出异常持续 60s 以上
北斗天线故障	触发故障告警	不支持该故障告警	天线短路或开路
GPS天线故障	触发故障告警	不支持该故障告警	天线短路或开路
CPU等核心板卡异常	触发故障告警	触发故障告警	板卡异常或故障，板卡初始化失败
晶振驯服状态异常	触发故障告警	触发故障告警	晶振无法驯服或晶振失去控制持续 60s 以上
所有独立时源均不可用（装置首次同步）	触发故障告警	触发故障告警	所有独立时源均不可用超过 30min 以上
所有独立时源均不可用（装置曾经同步过）	触发故障告警	触发故障告警	所有独立时源均不可用超过 24h 以上
其它的不可恢复或严重影响装置正常运行的故障	触发故障告警	触发故障告警	

注 晶振未驯服前装置不触发"晶振驯服状态异常"故障；以上触发条件应闭合装置故障告警接点。

表 10-2 时间同步装置告警触发条件表

触发条件	主时钟单元	从时钟单元	判断触发条件
任何一路电源失电	告警	告警	任何一路电源失电
北斗卫星失锁	告警	不支持该告警	北斗卫星失锁
GPS卫星失锁	告警	不支持该告警	GPS卫星失锁
IRIG-B码输入质量低于本机	告警	告警	任何一路 IRIG-B 码输入质量低于装置本身
时间连续性异常	告警	告警	任何一路时间源出现连续异常
任何一路时间源不可用	告警	告警	任何一路时间源不可用
所有独立时源均不可用（装置首次同步）	告警	告警	所有独立时源均不可用，但不超过 30min
所有独立时源均不可用（装置曾经同步过）	告警	告警	所有独立时源均不可用，但不超过 24h
其他的可恢复或不影响装置正常运行的故障	告警	告警	无

注 除"任何一路电源失电"外不应闭合装置故障告警接点。

2. 具体检测过程

第一步：分别断开单个电源，利用万用表测试告警接点输出，具体选择逻辑见表 10-1 所示；

第二步：分别通过断开天线、利用卫星信号模拟器模拟 2 颗可用星的同步场景等方式触发装置异常状态（失步、信号源断开等），利用万用表测试告警接点输出，具体选择逻辑见表 10-1 所示。

（二）时间同步信号输出类型检测

时间同步信号输出类型检测主要用于检测时间同步系统能输出的时间信号种类，如 IRIG-B 信号、脉冲信号、串口时间报文信号等，同时检查输出信号格式是否正确，以下分别介绍本项检测的技术要求和检测过程。

1. 应满足要求

应能输出 IRIG-B 码信号、脉冲信号、串口时间报文信号、网络时间报文信号。

2. 具体检测过程

第一步：将被测装置输出的 IRIG-B 码信号、脉冲信号、串口时间报文信号、网络时间报文等信号直接连接到测试仪上；

第二步：检查监测装置的输出信号格式是否正确。

（三）时间同步信号输出状态检测

时间同步信号输出状态检测主要验证时间同步系统上电后在初始化状态、跟踪锁定状态、守时保持状态等阶段的运行状态是否符合工作要求，以下分别介绍本项检测的技术要求和检测过程。

1. 应满足要求

（1）初始化状态（装置上电后，未与外部时间基准信号同步前）不应有输出；

（2）装置跟踪锁定状态（装置正与至少一路外部时间基准信号同步）应有输出；

（3）装置守时保持状态（装置原先处于跟踪锁定状态，工作过程中与所有外部时间基准信号失去同步）应有输出。

2. 具体检测过程

第一步：将时钟装置的信号输出直接连接到测试仪上，将时钟装置上电后并在与外部时间基准信号同步之前，查看测试仪是否能接收到时钟装置的输出信号；

第二步：将时钟装置的信号输出直接连接到测试仪上，当时钟装置与外部时间基准信号同步后，查看测试仪是否能接收到时钟装置的输出信号；

第三步：在第二步的基础上，断开外部所有的基准信号，使时钟装置进入守时状态，查看测试仪是否能接收到时钟装置的输出信号。

（四）守时功能检测

守时功能检测主要检测时间同步系统是否具备相应的守时功能，以下分别介绍本项检测的技术要求和检测过程。

1. 应满足要求

原先处于跟踪锁定状态，工作过程中与所有外部时间基准信号失去同步后应进入守时状态。

2. 具体检测过程

当装置同步并进入跟踪锁定状态后，断开外部所有时间基准信号，失去同步后，查看装置是否启用守时功能。

（五）输入延时/输出延迟补偿功能检测

输入延时/输出延迟补偿功能检测主要验证时间同步系统对信号的补偿能力，以下分别介绍本项检测的技术要求和检测过程。

1. 应满足要求

应具有输入延时/输出延迟补偿功能。

2. 具体检测过程

第一步：当时间同步装置完成时间同步后，将输出的时间信号（建议 IRIG-B 码信号）直接连接到测试仪上，记录当前输出时间信号的准确度 A1。

第二步：被测时间同步装置在同步状态下改变延时补偿整定值 Δt，测量被测时钟整定后的输出时间信号的准确度 A2；查看 A1 与 A2 的改变量是否约为 Δt。

（六）时源选择及切换功能检测

1. 主时钟多时源选择功能检测

主时钟多时源选择功能主要验证主时钟装置对各个外部独立时源、关联时源等逻辑选择是否正确，以下分别介绍本项检测的技术要求和检测过程。

（1）应满足要求：

1）主时钟应具有多时源选择功能，时钟多时源选择分为开机初始化及守时恢复多源选择逻辑、运行态多源选择逻辑；

2）仅有当外部时源信号为有效时方可进行多源判断。

时源有效性判断参见表 10-3。

表 10-3 时源有效性判断

信号源	判断依据	产生的状态量
北斗	北斗模块相关标志位正常为有效	外部时源信号状态
GPS	GPS 模块相关标志位正常为有效	
地面有线	IRIG-B 时间质量正常为有效；若为其他标准的信号，相关标志位报告正常为有效	
热备信号	IRIG-B 时间质量高于本钟	

主时钟开机初始化及守时恢复多源选择不考虑本地时钟，仅两两比较外部时源之间的时钟差，时钟差测量表示范围应覆盖年月日时分秒毫秒微秒纳秒，具体选择逻辑如表 10-4 所示。主时钟运行状态的多源选择逻辑应考虑本地时钟，两两比较各个时源之间的时钟差，时钟差测量表示范围应覆盖年月日时分秒毫秒微秒纳秒，具体选择逻辑如表 10-5 所示。

表 10-4 主时钟开机初始化及守时恢复多源选择逻辑表

北斗信号	GPS信号	有线时间基准信号	北斗信号与GPS信号的时间差	北斗信号与有线时间基准信号的时间差	GPS信号与有线时间基准信号的时间差	基准信号选择
有效	有效	有效	小于5μs	无要求	无要求	选择北斗信号
			大于5μs	小于5μs	无要求	选择北斗信号
			大于5μs	大于5μs	小于5μs	选择GPS信号
			大于5μs	大于5μs	大于5μs	连续进行不少于20min的有效性判断后，若保持当前条件不变则选择北斗信号
有效	有效	无效	小于5μs	—	—	选择北斗信号
			大于5μs	—	—	连续进行不少于20min的有效性判断后，若保持当前条件不变则选择北斗信号
有效	无效	有效	—	小于5μs	—	选择北斗信号
			—	大于5μs	—	连续进行不少于20min的有效性判断后，若保持当前条件不变则选择北斗信号
无效	有效	有效	—	—	小于5μs	选择GPS信号
			—	—	大于5μs	连续进行不少于20min的有效性判断后，若保持当前条件不变则选择GPS信号
有效	无效	无效	—	—	—	外部仅有一个时源的守时态，本地时源参与运算，若外部时源与本地时源偏差大于±5μs，则按照守时恢复逻辑进行20min判断后进行时源选择；若外部时源与本地时源偏差在±5μs之内，则直接跟踪该源
无效	有效	无效	—	—	—	外部仅有一个时源的守时态，本地时源参与运算，若外部时源与本地时源偏差大于±5μs，则按照守时恢复逻辑进行20min判断后进行时源选择；若外部时源与本地时源偏差在±5μs之内，则直接跟踪该源
无效	无效	有效	—	—	—	外部仅有一个时源的守时态，本地时源参与运算，若外部时源与本地时源偏差大于±5μs，则按照守时恢复逻辑进行20min判断后进行时源选择；若外部时源与本地时源偏差在±5μs之内，则直接跟踪该源
无效	无效	无效	—	—	—	保持初始化状态或守时

注 1. 连续进行不少于20min的有效性判断内，满足表中其他条件时，按照所满足条件的逻辑选择出基准时源。

2. 外部仅有一个时源的守时态，本地时源参与运算，若外部时源与本地时源偏差大于±5μs，则按照守时恢复逻辑进行20min判断后进行时源选择；若外部时源与本地时源偏差在±5μs之内，则直接跟踪该源，避免因外部时源信号短时中断，造成同步频繁异常的情况。

表 10-5　　　　　　　　　　　运行状态的多源选择逻辑表

有效独立外部时源路数	时源钟差区间分布比例（每 5μs 为一个区间）	热备信号	基准信号选择
3	4:0	无要求	从数量为 4 的区间中按照优先级选出基准信号
	3:1	无要求	从数量为 3 的区间中按照优先级选出基准信号
	2:2	无要求	选择北斗信号
	2:1:1	无要求	从数量为 2 的区间中按照优先级选出基准信号
	1:1:1:1	无要求	进入守时状态，按照守时恢复逻辑进行选择
2	3:0	无要求	从数量为 3 的区间中按照优先级选出基准信号
	2:1	无要求	从数量为 2 的区间中按照优先级选出基准信号
	1:1:1	无要求	进入守时状态，按照守时恢复逻辑进行选择
1	2:0	无要求	从数量为 2 的区间中按照优先级选出基准信号
	1:1	无要求	进入守时状态，按照守时恢复逻辑进行选择
0	—	有效	选择热备信号作为基准信号
	—	无效	无选择结果，进入守时

注　1. 本地时源计入时源总数。

　　2. 阈值区间为±5μs，即两两间钟差的差值都（与关系）小于±5μs 的时源，则认为这些时源在一个区间内。

　　3. 选择热备信号为基准信号时，本地时钟输出时间信号的时间质量码应在热备信号的时间源质量码基础上增加 2。

　　4. 在守时恢复锁定某一外部时源并向其跟进的过程中，应按照守时恢复逻辑进行判断，当本地时钟和外部时源同步后再进入到运行态，按照运行态进行逻辑判断，即在跟进过程中本地时源不参与运算。

（2）具体检测过程：按照图 10-2 搭建测试环境。

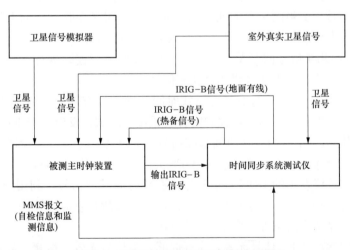

图 10-2　主时钟多时源选择功能检测环境

　　第一步：主时钟开机及守时恢复多源选择逻辑检测，利用卫星信号模拟器、时间同步系统测试仪分别模拟表 10-4 中北斗、GPS、有线时间基准信号之间的逻辑关系：

　　1）北斗信号有效，GPS 信号有效，有线时间基准信号有效。①被测装置和测试仪同时接收室外卫星信号，被测时钟装置接收测试仪发出的 IRIG-B 信号作为有线时间基准信号，使北斗信号与 GPS 信号的时间差小于 5μs，验证此时被测设备的时间源是否选择北斗信号；②被测装置的北斗天线和测试仪同时接收室外卫星信号，被测装置的 GPS 天线接收模拟器发出的 GPS 卫星信号，被测时钟装置接收测试仪发出的 IRIG-B 信号作为有线时间基准信号，使北斗信号与 GPS 信号的时间差大于 5μs，且北斗信号与有线时间基准信号的时间差小于 5μs，验证此时被测设备的时间源是否选择北斗信号；③被测装置的 GPS 天线和测试仪同时接收室外卫星信号，被测装置的北斗天线接收模拟器发出的北斗卫星信号，被测时钟装置接收测试仪发出的 IRIG-B 信号作为有线时间基准信号，使北斗信号与 GPS 信号的时间差大于 5μs、北斗信号与有线时间基准信号的时间差大于 5μs、GPS 信号与有线时间基准信号的时间差小于 5μs，验证此时被测设备的时间源是否选择 GPS 信号；④被测装置的北斗天线和测试仪同时接收室外卫星信号，被测装置的 GPS 天线接收模拟器发出的 GPS 卫星信号，被测时钟装置接收测试仪发出的 IRIG-B 信号作为有线时间基准信号，使北斗信号与 GPS 信号的时间差大于 5μs，且北斗信号与有线时间基准信号的时间差大于 5μs，GPS 信号与有线时间基准信号的时间差大于 5μs，验证此时被测装置应连续进行不少于 20min 的有效性判断后，若保持当前条件不变时是否选择北斗信号。

2）北斗信号有效，GPS 信号有效，有线时间基准信号无效。①被测装置和测试仪同时接受室外卫星信号，使北斗信号与 GPS 信号的时间差小于 5μs，验证此时被测设备的时间源是否选择北斗信号；②被测装置的北斗天线接收室外卫星信号，被测装置的 GPS 天线接收模拟器发出的 GPS 卫星信号，使北斗信号与 GPS 信号的时间差大于 5μs，验证在连续进行不少于 20min 的有效性判断后，若保持当前条件不变时是否选择北斗信号。

3）北斗信号有效，GPS 信号无效，有线时间基准信号有效。①被测装置的北斗天线和测试仪同时接收室外的卫星信号，被测时钟装置接收测试仪发出的 IRIG-B 信号作为有线时间基准信号，使北斗信号与有线时间基准信号的时间差小于 5μs，验证此时被测设备的时间源是否选择北斗信号；②被测装置的北斗天线和测试仪同时接收室外的卫星信号，被测时钟装置接收测试仪发出的 IRIG-B 信号作为有线时间基准信号，利用测试仪调整 IRIG-B 信号使 IRIG-B 信号和北斗信号偏差大于 5μs，验证被测装置应连续进行不少于 20min 的有效性判断后，若保持当前条件不变是否选择北斗信号。

4）北斗信号无效，GPS 信号有效，有线时间基准信号有效。①被测装置的 GPS 天线和测试仪同时接收室外的卫星信号，被测时钟装置接收测试仪发出的 IRIG-B 信号作为有线时间基准信号，使 GPS 信号与有线时间基准信号的时间差小于 5μs，验证此时被测设备的时间源是否选择 GPS 信号；②被测装置的 GPS 天线和测试仪同时接收室外的卫星信号，被测时钟装置接收测试仪发出的 IRIG-B 信号作为有线时间基准信号，利用测试仪调整 IRIG-B 信号使 IRIG-B 信号和 GPS 信号偏差大于 5μs，验证被测装置应连续进行不少于 20min 的有效性判断后，若保持当前条件不变是否选择 GPS 信号。

5）北斗信号有效，GPS 信号无效，有线时间基准信号无效。被测设备和测试仪接收室外的卫星信号，被测时钟装置接收测试仪输出的 IRIG-B 信号作为地面有线信号，在被测装置完成同步后，断开 GPS 天线和北斗天线，并分以下两种情况进行测试：①断开测试仪发出的 IRIG-B 信号，验证时钟装置是否进入守时状态；恢复北斗天线，使北斗信号与本地时源时间差小于 5μs，验证被测装置是否接收北斗信号。②利用测试仪将时钟装置的时间逐步进行拉偏，使时钟装置本地时间与北斗时间偏差大于 5μs，断开测试仪发出的 IRIG-B 信号，验证时钟装置是否进入守时状态。恢复北斗天线，验证被测装置是否接收北斗信号；在①条件下，验证装置是否选择北斗信号作为同步时源；在②条件下，验证装置是否按照守时恢复逻辑进行 20min 判断后选择北斗信号作为同步时源。

6）北斗信号无效，GPS 信号有效，有线时间基准信号无效。被测设备和测试仪接收室外的卫星信号，被测时钟装置接收测试仪输出的 IRIG-B 信号作为地面有线信号，在被测装置完成同步后，断开 GPS 天线和北斗天线，并分以下两种情况进行测试：①断开测试仪发出的 IRIG-B 信号，验证时钟装置是否进入守时状态；恢复 GPS 天线，使北斗信号与本地时源时间差小于 5μs，验证被测装置是否接收 GPS 信号；②利用测试仪将时钟装置的时间逐步进行拉偏，使时钟装置本地时间与 GPS 时间偏差大于 5μs，断开测试仪发出的 IRIG-B 信号，验证时钟装置是否进入守时状态。恢复 GPS 天线，验证被测装置是否接收 GPS 信号：在①条件下，验证装置是否选择 GPS 信号作为同步时源；在②条件下，验证装置是否按照守时恢复逻辑进行 20min 判断后选择 GPS 信号作为同步时源。

7）北斗信号无效，GPS 信号无效，有线时间基准信号有效。被测设备和测试仪接收室外的卫星信号，被测时钟装置接收测试仪输出的 IRIG-B 信号作为地面有线信号，在被测装置完成同步后，断开 GPS 天线和北斗天线和 IRIG-B 信号，使时钟进入守时状态，并分以下两种情况进行测试：①恢复时钟装置 IRIG-B 信号，并利用测试仪使 IRIG-B 信号与时钟本地时间偏差小于 5μs，验证时钟装置是否选择 IRIG-B 信号作为同步时源；②恢复时钟装置 IRIG-B 信号，并利用测试仪使 IRIG-B 信号与时钟本地时间偏差大于 5μs，验证时钟装置是否按照守时恢复逻辑进行 20min 判断后选择 IRIG-B 信号作为同步时源。

注：以上测试 1）～7）若需进行不少于 20min 的有效性判断，且在有效性判断时间内满足表中其他条件时，按照所满足条件的逻辑选择出基准时源。

8）北斗信号无效，GPS 信号无效，有线时间基准信号无效。被测设备放在室内无天线信号位置，断开测试仪，在北斗信号无效，GPS 信号无效，测试仪发出的 IRIG-B 有线时间基准信号无效的条件下，验证此时时钟是否保持初始化状态或守时。

第二步：主时钟运行态多时源选择逻辑检测，利用卫星信号模拟器、时间同步系统测试仪分别模拟表 10-5 中北斗、GPS、有线时间基准信号之间的逻辑关系：

.1）主时钟在 3 路有效独立外部时源的逻辑选择。①4：0 的检测方法：被测设备和测试仪接收室外卫星信号，测试仪发出的 IRIG-B 提供有线时间基准信号，在北斗时源，GPS 时源，有线时间基准信号源，本地时源，偏差都小于 5μs 的条件下，验证被测设备基准信号是否选择北斗信号。②3：1 的检测方法：被测设备和测试仪接收室外卫星信号，测试仪输出的 IRIG-B 提供有线时间基准信号，在被测设备在运行的条件下，拔掉被测设备的 GPS、北斗天线，用测试仪把本地时源以小于 5μs 的偏差把本地时源拉偏 10μs，然后插上 GPS、北斗天线，把测试仪输出的 IRIG-B 提供的有线时间基准信号的偏差拉回为 0μs，此时为3：1；验证被测设备时源基准信号是否选择北斗信号。③2：2 的检测方法：被测设备和测试仪接收室外卫星信号，测试仪输出的 IRIG-B 提供有线时间基准信号，在被测设备在运行的条件下，拔掉被测设备的 GPS、北斗天线，用测试仪把本地时源以小于 5μs 的偏差把本地时源拉偏 10μs，使 GPS 时源信号和北斗时源信号的偏差与本地时源和有线时源信号的偏差大于 5μs，然后插上 GPS、北斗天线，此时为 2：2，验证被测设备时源基准信号是否选择北斗信号。④2：1：1的检测方法：被测设备和测试仪接收室外卫星信号，测试仪输出的IRIG-B提供有线时间基准信号，在被测设备在运行的条件下，拔掉被测设备的GPS、北斗天线，用测试仪把本地时源以小于5μs的偏差把本地时源拉偏10μs，然后插上GPS、北斗天线，把测试仪输出的IRIG-B提供的有线时间基准信号的偏差拉回为20μs，使有线时间基准信号与本地时源的偏差大于5μs，此时为2：1：1；验证被测设备时源基准信号是否选择北斗信号。⑤1：1：1：1的检测方法：被测设备的北斗天线和测试仪接收室外的卫星信号，被测设备的GPS天线接收室内模拟器发出的GPS信号，测试仪输出的IRIG-B提供有线时间基准信号，被测设备运行后，拔掉北斗、GPS天线，用测试仪提供的有线时间基准信号把本地时源以小于5μs的阈值偏差拉偏到20μs，然后把测试仪提供的有线时源信号直接拉回到8μs，插上被测设备的GPS、北斗天线，使北斗时源信号、GPS时源信号、有线时源信号、本地时源信号的偏差均大于5μs，此时为1：1：1：1，验证被测设备应连续进行不少于20min的有效性判断后被测设备时源基准信号是否选择北斗信号。

2）主时钟在2路有效独立外部时源的逻辑选择。①3：0的检测方法：被测设备和测试仪接收室外接收卫星信号，在北斗时源，GPS时源，本地时源，偏差都小于5μs的条件下，验证被测设备基准信号是否选择北斗信号；②2：1的检测方法：被测设备和测试仪接收室外接收卫星信号，测试仪发出的IRIG-B提供有线时间基准信号，被测设备运行的条件下，断开GPS、北斗天线，用测试仪提供的有线时源基准信号把本地时源以不大于阈值±5μs逐渐拉偏到12μs。恢复GPS、北斗天线，断开测试仪提供的有线时源基准信号/恢复被测设备的北斗天线，将测试仪提供的IRIG-B有线时源基准信号通道偏差恢复为0，验证被测设备时源基准信号是否选择北斗信号。③1：1：1的检测方法：被测设备和测试仪接收室外的卫星信号，使被测设备同步，拔掉被测设备的GPS、北斗天线，用测试仪提供的IRIG-B有线时源基准信号，以小于5μs的阈值偏差把本地时源拉偏到20μs，然后把测试仪提供的IRIG-G有线时源基准信号的偏差直接恢复为8μs，插上被测设备的北斗天线，使北斗时源，有线时源与本地时源的偏差均大于5μs，验证被测装置应连续进行不少于20min的有效性判断后，被测设备的时源选择是否为北斗时源。

3）主时钟在1路有效独立外部时源的逻辑选择。①2：0的检测方法：被测设备天线和测试仪放到室外接收卫星信号，断开北斗天线，验证被测设备是否选择GPS信号；断开GPS天线，验证被测设备是否选择北斗信号；②1：1的检测方法：被测设备天线和测试仪放到室外接收卫星信号，测试仪输出IRIG-B提供有线时源基准信号的条件下，断开GPS、北斗天线，用测试仪提供的有线时源基准信号把本地时源以小于5μs阈值偏差把本地时源拉偏到10μs，断开测试提供的有线时源基准信号，恢复北斗天线，当外部仅有一个时源的守时态，本地时源参与运算，若外部时源与本地时源偏差大于5μs，被测装置应连续进行不少于20min的有效性判断后，验证被测设备的时源基准是否选择北斗时源。

4）主时钟在0路有效独立外部时源的逻辑选择。①热备信号有效：验证被测设备是否选择热备基准信号；②热备信号无效：验证时钟是否进入守时。

注：①本地时源计入时源总数；②阈值区间为±5μs，即两两间钟差的差值都（与关系）小于±5μs的时源，则认为这些时源在一个区间内；③选择热备信号为基准信号时，

本地时钟输出时间信号的时间质量码应在热备信号的时间源质量码基础上增加2；④在守时恢复锁定某一外部时源并向其跟进的过程中，应按照守时恢复逻辑进行判断，当本地时钟和外部时源同步后再进入到运行态，按照运行态进行逻辑判断，即在跟进过程中本地时源不参与运算。

2. 从时钟多时源选择功能检测

从时钟多时源选择功能检测主要验证从时钟对两个输入信号的逻辑选择，以下分别介绍本项检测的技术要求和检测过程。

（1）应满足要求：

1）从时钟时间源输入信号时源应连续无跳变。

2）从时钟外部输入 IRIG-B 码信号优先级应可设置，默认主时钟 1 信号优先级高于主时钟 2 信号，主时钟 1 的 IRIG-B 信号时间质量表示为 A，主时钟 2 的 IRIG-B 信号时间质量为 B。在两路输入时源时间质量相等的情况下选择高优先级的 IRIG-B 信号作为基准时源，其余情况选择时间质量数值较低的时源作为基准。具体时源选择逻辑如表 10-6 所示。

表 10-6 从时钟多时源选择测试场景及判决逻辑

测试场景序号	IRIG-B1 时间质量为 A；IRIG-B2 时间质量为 B	从钟时源选择判决逻辑	从钟输出信号的时间质量
1	A＝B	选择 A（高优先级 IRIG-B 信号）	A
2	A＜B	选择 A	A
3	A＞B	选择 B	B
4	无效	守时	＞2 根据守时性能增加

（2）具体检测过程：

第一步：搭建如图 10-3 所示的测试环境，时间同步系统测试仪 1 为被测装置提供 IRIG-B1 信号，时间同步系统测试仪 2 为被测设备提供 IRIG-B2 信号，并设置 IRIG-B1 优先级高于 IRIG-B2。

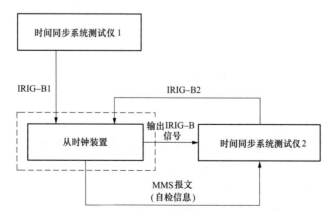

图 10-3 从时钟多时源选择功能检测环境

第二步：将被测装置 IRIG-B 码输出的光纤接口连接到时间同步系统测试仪 2 用于对 IRIG-B 码信号的测量，连接时间同步系统测试仪 2 和被测装置规约通信接口，并配置时间同步系统测试仪 2 为 IEC 61850 服务的客户端，被测从时钟为 IEC 61850 服务的服务器端；

第三步：通过时间同步系统测试仪 1 和测试仪 2 分别模拟不同质量位的 IRIG-B1 和 IRIG-B2 的测试场景，具体见表 10-6，检测被测设备 IRIG-B 输出信号及时间质量位信息是否正确，通过 DL/T 860 规约检测被测装置各个外部时源及时源选择状态是否符合检测要求；

第四步：通过时间同步系统测试 1 模拟 IRIG-B1 输入信号的时间跳变，通过 DL/T 860 规约检测被测装置 IRIG-B1 信号时源状态是否发生跳变，且时源选择是否符合检测要求。

3. 时间源切换功能检测

时间源切换功能检测主要验证时间同步系统在时源发生切换的过程中，工作状态是否符合要求，以下分别介绍本项检测的技术要求和检测过程。

（1）应满足要求：

1）在初始化阶段，上电后应禁止输出，当根据多源判断与选择逻辑得到要跟踪时源后，快速跟踪选定的时源，直至达到标称准确度指标后输出；

2）在正常工作阶段，当发生超过标称准确度范围的调整场景，从守时恢复锁定或时源切换时，不应采用瞬间跳变的方式跟踪，而应逐渐逼近要调整的值，滑动步进应可设置，默认设置为 $0.2\mu s/s$（标称准确度范围内需要的微调量可小于该值）。

（2）具体检测过程：

第一步：重启时间同步装置，检测被测装置在初始化完成之前是否无输出，且完成初始化后是否快速跟踪选定时源；

第二步：时间同步装置完成同步后断开外部所有时源使装置进入守时状态，设置时间同步系统测试仪 IRIG-B 输出信号与初始时间相差 $24\mu s$（模拟守时一天的最大积累误差）；

第三步：将时间同步系统测试仪 IRIG-B 信号连接到被测装置为其提供授时信号并开始计时，记录被测装置输出的信号及跟踪完成时间，时间源切换调整过程应均匀平滑，调整时间应在（120±5）s 内；检测调整过程中的时间质量位是否同步逐级收敛。

（七）闰秒处理功能检测

1. 主时钟闰秒处理功能检测

主时钟闰秒处理功能检测主要验证主时钟接收卫星信号闰秒信息的处理方式是否正确，以下分别介绍本项检测的技术要求和检测过程。

（1）应满足要求：

1）装置显示时间应与内部时间一致。

2）当闰秒发生时，装置应正常响应闰秒，且不应发生时间跳变等异常行为，闰秒预告位应在闰秒来临前最后 1min 内的 00s 置 1，在闰秒到来后的 00s 置 0，闰秒标志位置 0 表示正闰秒，置 1 表示负闰秒。闰秒处理方式如下：①正闰秒处理方式：… → 57s→ 58s → 59s → 60s → 00s → 01s → 02s → …；②负闰秒处理方式：… → 57s → 58s → 00s → 01s → 02s → …；③闰秒处理应在北京时间 1 月 1 日 7 时 59 分、7 月 1 日 7 时 59 分两个时间内完成调整。

（2）具体检测过程：

第一步：用模拟器分别模拟 GPS、北斗信号正闰秒和负闰秒发生的场景；

第二步：检测主时钟装置的装置面板显示时间处理是否正确；

第三步：检测主时钟装置的输出信号的闰秒信息是否正确。

2. 从时钟闰秒处理功能检测

从时钟闰秒处理功能检测主要验证从时钟接收 IRIG-B 信号闰秒信息处理是否正确，以下分别介绍本项检测的技术要求和检测过程。

（1）应满足要求：

1）装置显示时间应与内部时间一致；

2）当闰秒发生时，装置应正常响应闰秒，且不应发生时间跳变等异常行为，闰秒预告位应在闰秒来临前最后 1 分钟内置 1，在闰秒到来后的 00s 置 0，闰秒标志位置 0 表示正闰秒，置 1 表示负闰秒。闰秒处理方式如下：① 正闰秒处理方式：… → 57s → 58s → 59s → 60s → 00s → 01s → 02s → …；② 负闰秒处理方式：… → 57s → 58s → 00s → 01s → 02s → …；③ 闰秒处理应在北京时间 1 月 1 日 7 时 59 分、7 月 1 日 7 时 59 分两个时间内完成调整。

（2）具体检测过程：

第一步：用时间同步系统测试仪模拟有线时间信号的正闰秒和负闰秒发生的场景；

第二步：检测从时钟装置的装置面板显示时间处理是否正确；

第三步：检测从时钟装置的输出信号的闰秒信息是否正确。

（八）对时状态自检功能检测

1. 主时钟对时状态自检功能检测

主时钟对时状态自检功能检测主要验证主时钟对各个自检信息的识别和上送是否正确，以下分别介绍本项检测的技术要求和检测过程。

（1）应满足要求：

1）主时钟装置对时状态自检功能初始化状态、动作条件及返回条件见表 10-7 及表 10-8 中主时钟相关要求。

表 10-7　　　　　　　　　　　自检状态信息

自检状态信息	动作条件	返回条件	初始化状态	主/从
北斗信号状态	装置接收不到北斗信号时，北斗时源信号状态置 1	装置接收到北斗信号时，北斗时源信号状态置 0	北斗时源信号状态置 1，收到信号后状态置 0	主
GPS 信号状态	装置接收不到 GPS 信号时，GPS 时源信号状态置 1	装置接收到 GPS 信号时，GPS 时源信号状态置 0	GPS 时源信号状态置 1，收到信号后状态置 0	主
IRIG-B1 信号状态	装置接收不到地面有线信号时，地面有线时源信号状态置 1	装置接收到地面有线信号时，地面有线时源信号状态置 0	地面有线时源信号状态置 1，收到信号后状态置 0	主
IRIG-B2 信号状态	装置接收不到热备时源信号时，热备时源信号状态置 1	装置接收到热备时源信号时，热备时源信号状态置 0	热备时源信号状态置 1，收到信号后状态置 0	主

自检状态信息	动作条件	返回条件	初始化状态	主/从
IRIG-B1 信号状态	装置接收不到 IRIG-B1 信号或 IRIG-B1 时间质量无效或 IRIG-B1 校验位无效，IRIG-B1 信号状态置 1	装置接收到 IRIG-B1 时源信号或 IRIG-B1 时间质量有效或 IRIG-B1 校验位有效，IRIG-B1 信号状态置 0	IRIG-B1 信号状态置 1，收到信号后状态置 0	从
IRIG-B2 信号状态	装置接收不到 IRIG-B2 信号或 IRIG-B2 时间质量无效或 IRIG-B2 校验位无效，IRIG-B2 信号状态置 1	装置接收到 IRIG-B2 时源信号或 IRIG-B2 时间质量有效或 IRIG-B2 校验位有效，IRIG-B 2 信号状态置 0	IRIG-B2 信号状态置 1，收到信号后状态置 0	从
GPS 天线状态	装置 GPS 天线电气连接异常时，GPS 天线状态置 1	装置 GPS 天线电气连接正常时，GPS 天线状态置 0	有天线电气连接置 0，无天线电气连接置 1	主
北斗天线状态	装置北斗天线电气连接异常时，北斗天线状态置 1	装置北斗天线电气连接正常时，北斗天线状态置 0	有天线电气连接置 0，无天线电气连接置 1	主
GPS 卫星接收模块状态	装置 GPS 卫星接收模块工作异常时，GPS 卫星接收模块状态置 1	装置 GPS 卫星接收模块工作正常时，GPS 卫星接收模块状态置 0	卫星接收模块正常工作该状态置 0，若无法正常工作该状态置 1	主
北斗卫星接收模块状态	装置北斗卫星接收模块工作异常时，北斗卫星接收模块状态置 1	装置北斗卫星接收模块工作正常时，北斗卫星接收模块状态置 0	卫星接收模块正常工作该状态置 0，若无法正常工作该状态置 1	主
北斗时间跳变侦测状态	当北斗信号与本地时间偏差大于 5μs 时，时间跳变侦测状态信号置 1	当北斗信号与本地时间偏差小于 5μs 时，时间跳变侦测状态信号置 0	置 0	主
IRIG-B1 时间跳变侦测状态	当地面有线信号与本地时间偏差大于 5μs 时，时间跳变侦测状态信号置 1	当地面有线信号与本地时间偏差小于 5μs 时，时间跳变侦测状态信号置 0	置 0	主
IRIG-B2 时间跳变侦测状态	当热备信号与本地时间偏差大于 5μs 时，时间跳变侦测状态信号置 1	当热备信号与本地时间偏差小于 5μs 时，时间跳变侦测状态信号置 0	置 0	主
IRIG-B1 时间跳变侦测状态	当 IRIG-B 1 信号与本地时间偏差大于 5μs 时，时间跳变侦测状态信号置 1	当 IRIG-B 1 与本地时间偏差小于 5μs 时，时间跳变侦测状态信号置 0	置 0	从
IRIG-B2 时间跳变侦测状态	当 IRIG-B 2 信号与本地时间偏差大于 5μs 时，时间跳变侦测状态信号置 1	当 IRIG-B 2 与本地时间偏差小于 5μs 时，时间跳变侦测状态信号置 0	置 0	从
晶振驯服状态	主晶振未驯服，晶振驯服状态置 1	主晶振驯服状态完成时装置应具备守时能力，且晶振驯服状态置 0。	置 1	主从
初始化状态	复位或设备初始化，初始化状态置 1	设备正常工作，初始化状态置 0	置 1	主从
电源模块状态	装置双电源中任意一路电源模块故障时，电源模块状态置 1	装置双电源正常工作时，电源模块状态置 0	根据动作条件置相应状态	主从
CPU 等核心板卡异常状态	板卡异常或故障，板卡初始化失败置 1	板卡正常，板卡初始化完成置 0	置 0	主从

续表

自检状态信息	动作条件	返回条件	初始化状态	主/从
时间源选择状态	主时钟切换到北斗时源，时间源选择状态置0； 主时钟切换到GPS时源，时间源选择状态置1； 主时钟切换到IRIG-B1，时间源选择状态置2； 主时钟切换到IRIG-B2，时间源选择状态置3； 主时钟切换到本地时钟（守时），时间源选择状态置4		置4	主
	从时钟切换到IRIG-B 1时，时间源选择状态置5； 从时钟切换到IRIG-B 2时，时间源选择状态置6； 从时钟切换到本地时钟（守时），时间源选择状态置4			从

注 1. 对时信号表示可以解析出有效的信号状态，不表示跳变状态或可用状态；
   2. 对时信号状态动作条件：无信号输入或者IRIG-B信号为偶校验或者IRIG-B信号时间质量为0xf。

2）时间同步装置监测模块应将时钟装置的自检信息及对站内设备的监测信息通过DL/T 860规约上送至监控系统，主时钟装置的自检信息、监测信息补充定义如表10-8所示。

表10-8   基于DL/T 860的主时钟装置的自检信息、监测信息补充定义表

DO name	数据类型	表示意义	说　明
DevInfo	VString	被监测装置的描述信息	通过描述信息确定被监测装置
DevTimeDev	INT	被监测装置的对时偏差	单位：μs
DevTimeSynAlarm	SPS	被监测装置对时偏差越限状态	若对时偏差超过设定的告警门限值，则该状态置1，否则置0
HostMeasAlarm	SPS	对时测量服务状态	当在30s内没有收到被授时设备对时测量返回帧，则视此次通信异常，再连续询问3次，若始终没有收到对时测量返回帧，则该状态置1，否则置0
DevSelfAlarm	SPS	对时监测工作状态	若对时监测工作状态正常则置0，否则置1
WholeAlarm	SPS	所有被监测装置时间偏差状态总告警	若所有被监测装置对时偏差值都没有超过设定门限值，则该状态置0，否则置1

注 所有Alarm均为单点状态信息，0表示正常，1表示异常。

（2）具体检测过程：

第一步：按照表10-7及表10-8中主时钟要求，分别用卫星信号模拟器和测试仪模拟卫星信号状态、地面有线信号状态、热备时源信号状态、卫星天线状态、地面有线时间跳变侦测状态、热备时源时间跳变侦测状态、时间源选择状态动作及返回条件，检测主时钟装置状态信息上送是否正确；

第二步：查看初始化状态、晶振驯服状态在初始化及驯服前后是否满足要求、通过断开电源/恢复电源测试电源状态是否正确。

2. 从时钟对时状态自检功能检测

从时钟对时状态自检功能检测主要验证从时钟对各个自检信息的识别和上送是否正确，以下分别介绍本项检测的技术要求和检测过程。

283

（1）应满足要求：从时钟装置对时状态自检功能初始化状态、动作条件及返回条件见表 10-7 及表 10-8 中从时钟相关要求。

（2）具体检测过程：

第一步：按照表 10-7 及表 10-8 中从时钟要求，分别用测试仪模拟 IRIG-B 时源信号状态、IRIG-B 时源时间跳变侦测状态、时间源选择状态动作及返回条件，检测从时钟装置状态信息上送是否正确；

第二步：查看初始化状态、晶振驯服状态在初始化及驯服前后是否满足要求、通过断开电源/恢复电源测试电源状态是否正确。

（九）时间同步状态监测功能检测

1. 通过 NTP 报文方式监测的功能检测

通过 NTP 报文方式监测功能检测主要验证通过 NTP 报文实现监测的方式是否正确，以下分别介绍本项检测的技术要求和检测过程。

（1）应满足要求：

1）NTP 基本功能要求。①应具备 NTP 时间同步监测接口。网口数量应不少于 4 个，监测接口应能根据现场需要进行扩展；②应支持通过 NTP 方式获取被监测装置对时偏差的功能；③监测被授时设备对时偏差宜采用轮询方式，轮询周期可设，默认为 1h；监测间隔周期宜可设置，按照轮询周期定期轮询被监测设备的对时偏差；④应具备对时偏差监测告警门限设置及调整功能，默认告警门限值为 10ms；⑤应支持 DL/T 860 传输规约；⑥应具备数据召唤上传和超限自动上传功能；⑦应具备数据存储功能，数据至少保存半个月。

2）对时偏差的监测。通过 NTP 乒乓的方式实现对时间同步装置及被授时设备对时偏差的监测，采用客户端（管理端）和服务器（被监测端）问答方式实现对时偏差的计算。为了提高对时偏差的精度，采用时钟装置作为监测的管理端，监测从时钟和其他被授时设备，对时偏差精度为毫秒级别，具体过程如下：①T_0 为管理端发送"监测时钟请求"的时标；②T_1 为被监测端收到"监测时钟请求"的时标；③T_2 为被监测端返回"监测时钟请求的结果"的时标；④T_3 为管理端收到"监测时钟请求的结果"的时标；⑤Δt 为管理端时钟超前被监测装置内部时钟的钟差（正为相对超前，负代表相对滞后）；⑥$\Delta t = [(T_3 - T_2) + (T_0 - T_1)]/2$。

3）时间准确度监测。主时钟监测模块采用 NTP 方式按照设定的轮询周期定期轮询主时钟、从时钟及被授时设备的对时偏差，当轮询到某装置一次监测值越限时，应以 1s/次的周期连续监测 5 次，并对 5 次的结果去掉极值后取其平均值作为此次监测的结果，若平均值越限则产生越限告警信息。

4）告警信息上送。当时间同步装置监测模块发现被监测设备时间同步异常时应产生告警，并将告警信息上送给监控系统。若在监测过程中没有发现对时异常的装置，则按照设定的周期定时发送时钟装置时间同步监测工作状态正常和所有被监测装置时间偏差监测正常两个信号至监控系统，表示站内时间同步装置和被授时设备时间同步状态正常。

5）NTP 监测容错性测试。①当在 30s 内没有收到被监测设备对时测量返回报文，则视此次通信异常，再连续询问 3 次，若始终没有收到对时测量返回报文，则对时测量服务状态置 1。②检测被测装置发送 NTP 报文是否带有 TSSM 标志，分别设置返回报文携带

TSSM 标志和不携带 TSSM 标志，若返回报文不携带 TSSM，则视为异常通信，再连续访问三次，返回报文均无 TSSM 标识位，则对时测量服务状态置 1。

（2）具体检测过程：

第一步：按照图 10-4 连接测试仪器和设备，改变轮询周期、监测间隔周期、监测告警阈值参数，检测参数修改是否生效；

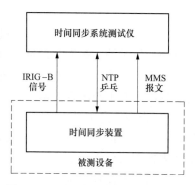

图 10-4　NTP 监测功能要求检测环境

第二步：检测配置时间同步系统测试仪为 NTP 乒乓服务端，被测装置为客户端；

第三步：调整时间同步系统测试仪本地时间使其与被测装置偏差 $+\Delta t$，且 Δt 大于告警阈值，检测被测装置是否按照检测要求连续进行 5 次监测后产生越限告警；

第四步：将时间同步系统测试仪恢复正常同步状态，检测告警动作是否复归；

第五步：调整时间同步系统测试仪本地时间使其与被测装置偏差 $-\Delta t$，且 Δt 大于告警阈值，检测被测装置是否按照检测要求连续进行 5 次监测后产生越限告警；

第六步：将时间同步系统测试仪恢复正常同步状态，检测告警动作是否复归；

第七步：设置所有被监测装置时间偏差状态上送周期为 1min，检测被测装置是否按照周期正确上送该状态；

第八步：模拟被监测设备中断，检测被测装置是否按照检测要求连续进行 3 次监测，并正确上送对时测量服务状态；

第九步：检测被测装置发送 NTP 报文是否带有 TSSM 标志，分别设置返回报文携带 TSSM 标志和不携带 TSSM 标志，若返回不携带 TSSM 标志报文，检测被测装置是否按照检测要求连续进行 3 次监测，并正确上送对时测量服务状态。

2. 通过 GOOSE 报文方式监测的功能检测

通过 GOOSE 报文方式监测功能检测主要验证通过 GOOSE 报文实现监测的方式是否正确，以下分别介绍本项检测的技术要求和检测过程。

（1）应满足要求：

1）GOOSE 基本功能要求。①应具备 GOOSE 时间同步监测接口。GOOSE（光纤）接口数量应不少于 2 个，监测接口应能根据现场需要进行扩展；②应支持通过 GOOSE 方式获取被监测装置对时偏差的功能；③监测被授时设备对时偏差宜采用轮询方式，轮询周期可设，默认为 1h；监测间隔周期宜可设置，按照轮询周期定期轮询被监测设备的对时偏差；④应具备对时偏差监测告警门限设置及调整功能，默认告警门限值为 10ms；⑤应支持 DL/T 860 传输规约；⑥应具备数据召唤上传和超限自动上传功能；⑦应具备数据存储功能，数据至少保存半个月。

2）对时偏差监测方式。通过 GOOSE 方式实现对时间同步装置及被授时设备对时偏差的监测，采用客户端（管理端）和服务器（被监测端）问答方式实现对时偏差的计算。为了提高对时偏差的精度，采用时钟装置作为监测的管理端，监测从时钟和其他被授时设备，对时偏差精度为毫秒级别，具体过程如下：① T_0 为管理端发送"监测时钟请求"的时标；② T_1 为被监测端收到"监测时钟请求"的时标；③ T_2 为被监测端返回"监测时钟请求的结果"的时标；④T_3为管理端收到"监测时钟请求的结果"的时标；⑤Δt为管理端时钟超前被监测装置内部时钟的钟差（正为相对超前，负代表相对滞后）；⑥$\Delta t = [(T_3 - T_2) + (T_0 - T_1)]/2$。

3）时间准确度监测。主时钟监测模块采用GOOSE方式按照设定的轮询周期定期轮询主时钟、从时钟及被授时设备的对时偏差，当轮询到某装置一次监测值越限时，应以1s/次的周期连续监测5次，并对5次的结果去掉极值后取其平均值作为此次监测的结果，若平均值越限则产生越限告警信息。

4）告警信息上送。当时间同步装置监测模块发现被监测设备时间同步异常时应产生告警，并将告警信息上送给监控系统。若在监测过程中没有发现对时异常的装置，则按照设定的周期定时发送时钟装置时间同步监测工作状态正常和所有被监测装置时间偏差监测正常两个信号至监控系统，表示站内时间同步装置和被授时设备时间同步状态正常。

5）NTP监测容错性测试。①当在30s内没有收到被监测设备对时测量返回报文，则视此次通信异常，再连续询问3次，若始终没有收到对时测量返回报文，则对时测量服务状态置1。②当收到监测设备对时测量返回报文中APPID/MAC地址异常时，则视此次通信异常，再连续询问3次，若始终收到对时测量返回报文APPID/MAC地址异常，则对时测量服务状态置1。

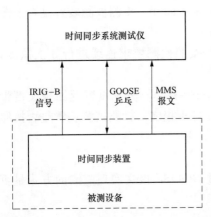

图10-5　GOOSE监测功能要求检测环境

（2）具体检测过程：

第一步：按照图10-5连接测试仪器和设备，改变轮询周期、监测间隔周期、监测告警阈值参数，检测参数修改是否生效；

第二步：配置时间同步系统测试仪为GOOSE乒乓服务端，被测装置为客户端；

第三步：检测被测装置发送GOOSE报文是否带有TSSM标志，分别设置返回报文携带TSSM标志和不携带TSSM标志，检测被测设备对GOOSE报文处理是否符合检测要求；

第四步：调整时间同步系统测试仪本地时间使其与被测装置偏差+Δt，且Δt大于告警阈值，检测被测装置是否按照检测要求连续进行5次监测后产生越限告警；

第五步：将时间同步系统测试仪恢复正常同步状态，检测告警动作是否复归；

第六步：调整时间同步系统测试仪本地时间使其与被测装置偏差-Δt，且Δt大于告警阈值，检测被测装置是否按照检测要求连续进行5次监测后产生越限告警；

第七步：将时间同步系统测试仪恢复正常同步状态，检测告警动作是否复归；

第八步：设置所有被监测装置时间偏差状态上送周期为1min，检测被测装置是否按照周期正确上送该状态；

第九步：模拟被监测设备中断，检测被测装置是否按照检测要求连续进行3次监测，并正确上送对时测量服务状态；

第十步：模拟被监测设备返回报文中APPID/MAC地址异常，检测被测装置是否按照检测要求连续进行3次监测，并正确上送对时测量服务状态。

（十）位置信息解析功能检测

位置信息解析功能检测主要验证时间同步系统对当前位置信息解析是否正确，以下分别介绍本项检测的技术要求和检测过程。

1. 应满足要求

（1）时间同步装置初始化完成之前，位置信息初始化应为 0。

（2）当时间同步装置至少锁定五颗星时，开始解析位置信息，若锁定卫星颗数不足 5 颗，不应进行位置信息解析。

（3）当时间同步装置连续解析位置信息 20min 后（保持锁定至少五颗星），按照时源选择的结果选择定位方式，即当时源选择结果为北斗时源时，采用北斗定位的位置信息作为当前位置的定位结果；当时源选择结果为 GPS 时源时，采用 GPS 定位的位置信息作为当前位置的定位结果。

（4）记录并存储定位结果的经度、维度、高度信息作为当前位置信息，同时记录并存储位置信息的定位方式，后续不再对存储的当前位置信息进行更改。

（5）每次装置重启后，装置应重新初始化位置信息。

（6）解析的位置信息应支持通过 DL/T 860 规约上送，且应支持报告控制块总召上送方式。

（7）报告控制块数据中品质描述使用有效性 validity 属性，应为 good（值为 00）或 invalid（值为 01）。

（8）装置启动未完成初始化时，通过定位获取的位置信息数据品质为无效；当时间同步装置进入守时状态，通过卫星定位获取的位置信息数据品质为无效；装置正常同步且完成位置信息解析时，通过定位获取的位置信息数据品质为有效。

2. 具体检测过程

第一步：通过卫星导航信号模拟器模拟北斗和 GPS 位置信息，且设置可见卫星颗数为 4，为被测装置提供供电电源并开机，检测时间同步装置在初始化完成前，位置初始信息是否为 0，且查看被测装置是否可解析位置信息。

第二步：调整模拟器使北斗可见星颗数为 5，检测被测装置是否在连续判断 20min 后解析出通过北斗定位的位置信息，且检测当前位置信息的获取方式是否为北斗。

第三步：重启被测装置，检测被测装置位置信息是否重新初始化。

第四步：调整模拟器使北斗可见星数小于 5，使 GPS 可见星数为 5，检测被测装置是否在连续判断 20min 后解析出通过 GPS 定位的位置信息，且检测当前位置信息的获取方式是否为 GPS；然后在被测装置工作状态条件下，调整模拟器使北斗和 GPS 卫星数量均大于 5 颗，检测被测装置位置信息解析是否准确。

第五步：断开被测装置北斗和 GPS 电气连接，使被测装置进入守时状态，查看被测装置记录的位置信息是否准确。

第六步：装置在完成位置信息解析之前，断开所有外部卫星信号，检测定位信息的品质位是否为无效（01）。

第七步：装置正常同步且完成位置信息解析后，检测定位信息的品质位是否为有效（值为 00）。

三、性能检测方法

(一) 时间同步信号输出检测

1. 脉冲信号宽度检测

检测时间同步系统脉冲信号宽度，以下分别介绍本项检测的技术要求和检测过程。

(1) 应满足要求：

脉冲信号宽度应在 10~200ms 范围内。

(2) 具体检测过程：

第一步：测试连接如图 10-6 所示；

第二步：利用示波器测量 1PPS 脉冲宽度。

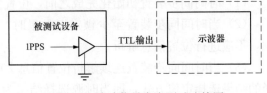

图 10-6 脉冲信号宽度测试连接图

注：PPS (pulse persecond)。

2. TTL 脉冲信号检测

检测时间同步系统 TTL 脉冲信号性能是否符合要求，以下分别介绍本项检测的技术要求和检测过程。

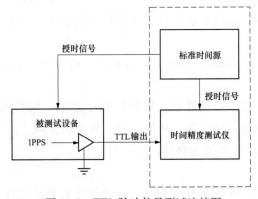

图 10-7 TTL 脉冲信号测试连接图

(1) 应满足要求：

1) TTL 脉冲信号准时沿上升时间应不大于 100ns；

2) 上升沿的时间准确度应优于 1μs。

(2) 具体检测过程：

第一步：测试连接如图 10-7 所示，利用时间精度测试仪测试上升沿的时间准确度；

第二步：用示波器测量 TTL 电平准时沿上升时间。

3. 静态空接点脉冲信号检测

检测时间同步系统静态空节点脉冲信号性能是否符合要求，以下分别介绍本项检测的技术要求和检测过程。

(1) 应满足要求：

1) 静态空接点准时沿上升时间应不大于 1μs；

2) 上升沿的时间准确度应优于 3μs。

(2) 具体检测过程：

第一步：测试连接如图 10-8 所示，空接点由打开到闭合的跳变对应准时沿，测试静态空接点上升沿的时间准确度；

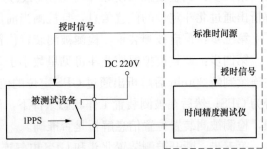

图 10-8 静态空接点脉冲信号测试连接图

第二步：将输出接口连接到示波器，测试准时沿上升时间。

4. RS-422/485 脉冲信号检测

检测时间同步系统 RS-422/485 脉冲信号性能是否符合要求，以下分别介绍本项检测的技术要求和检测过程。

（1）应满足要求：

1）RS-422/485 脉冲信号准时沿上升时间应不大于 100ns；

2）上升沿的时间准确度应优于 1μs。

（2）具体检测过程：

第一步：测试连接如图 10-9 所示，时间精度测试仪测量上升沿的时间准确度；

第二步：将输出接口连接到示波器，测量准时沿上升时间。

5. 光纤脉冲信号检测

检测时间同步系统光纤脉冲信号性能是否符合要求，以下分别介绍本项检测的技术要求和检测过程。

（1）应满足要求：光纤脉冲信号时间准确度应优于 1μs。

（2）具体检测过程：

第一步：测试连接如图 10-10 所示；

第二步：时间精度测试仪测量光纤脉冲的时间准确度。

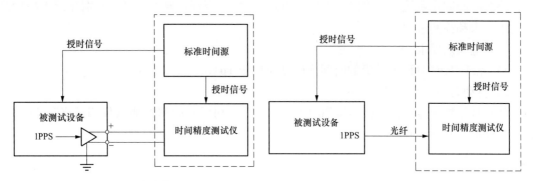

图 10-9　RS-422/485 脉冲信号测试连接图　　图 10-10　光纤脉冲信号测试连接图

6. IRIG-B 码元检测

检测时间同步系统输出 IRIG-B 信号的码元信息是否符合要求，以下分别介绍本项检测的技术要求和检测过程。

（1）应满足要求：

1）IRIG-B 码应为每秒 1 帧，每帧含 100 个码元，每个码元 10ms。

2）IRIG-B 码的码元信息应包含：时区信息、时间质量信息（应使待测时钟在锁定状态及守时保持状态之间切换，观察时间质量信息的变化）、闰秒标识信息；SBS 信息。

（2）具体检测过程：

第一步：测试连接如图 10-11 所示，利用示波器测量 IRIG-B 的码元宽度；

第二步：装置设置输出 IRIG-B 信号，连接到时间精度测试仪；

第三步：利用时间精度测试仪测试 IRIG-B 信号码元信息。

7. RS-485 IRIG-B 信号检测

检测时间同步系统 RS-485 接口输出的 IRIG-B 信号是否符合要求，以下分别介绍本项检测的技术要求和检测过程。

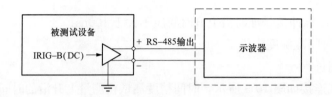

图 10-11　IRIG-B 码元测试连接图

（1）应满足要求：

1）RS-485 IRIG-B 码上升沿的时间准确度应优于 1μs；

2）抖动时间应小于 200ns。

（2）具体检测过程：

测试连接如图 10-12 所示，利用时间精度测试仪测试 RS-485 IRIG-B 信号上升沿时间准确度和抖动。

8. 光纤 IRIG-B 信号检测

检测时间同步系统光纤接口输出的 IRIG-B 信号是否符合要求，以下分别介绍本项检测的技术要求和检测过程。

（1）应满足要求：

1）光纤 IRIG-B 码上升沿的时间准确度应优于 1μs；

2）抖动时间应不大于 200ns。

（2）具体检测过程：测试连接如图 10-13 所示，利用时间精度测试仪测试光纤 IRIG-B 信号上升沿的时间准确度。

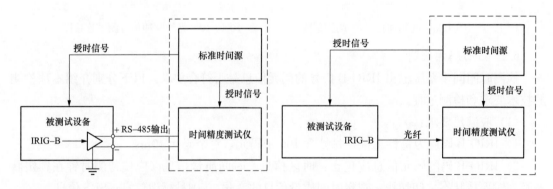

图 10-12　RS-485 IRIG-B 信号测试连接图　　　图 10-13　光纤 IRIG-B 信号测试连接图

9. 串行口时间报文检测

检测时间同步系统输出的串行口时间报文是否符合要求，以下分别介绍本项检测的技术要求和检测过程。

（1）应满足要求：

1）RS-232C 串行口时间报文对时的时间准确度应优于 5ms。

2）串口报文格式应包含时区信息、时间质量信息、闰秒标识信息和年、月、日、时、分、秒等时间信息。

（2）具体检测过程：利用时间精度测试仪测试 RS-232C 串行口时间报文格式及时间报文时间准确度，如图 10-14 所示。

10．NTP 信号检测

检测时间同步系统输出的网络时间报文是否符合要求，以下分别介绍本项检测的技术要求和检测过程。

（1）应满足要求：

1）网络时间同步应支持客户端/服务器模式。

2）网络对时报文对时的时间准确度优于 10ms。

（2）具体检测过程：检测时间同步装置的工作模式，利用时间精度测试仪测试 NTP/SNTP 网络时间报文时间准确度，测试连接如图 10-15 所示。

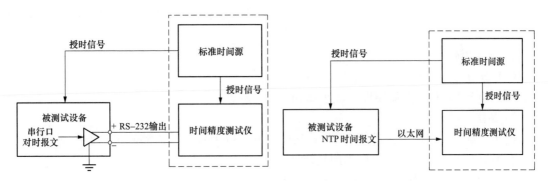

图 10-14　串行口时间报文测试拓扑图　　　　图 10-15　NTP 信号测试拓扑图

（二）主时钟捕获时间检测

检测主时钟捕获时间是否符合要求，以下分别介绍本项检测的技术要求和检测过程。

1．应满足要求

（1）冷启动启动时间应小于 1200s；

（2）热启动启动时间应小于 120s。

2．具体检测过程

在卫星可用星数不少于 4 颗星的前提下进行冷启动和热启动。

第一步：冷启动。

（1）对于 GPS，北斗模块上没有电池的主时钟装置，设备关机重新启动，让主时钟完成同步，记录主时钟装置从上电到完成同步的时间；

（2）对于 GPS，北斗模块上有电池的主时钟装置，设备关机不小于 4h 后重新启动，让主时钟装置完成同步，记录主时钟装置从上电到完成同步的时间；

第二步：热启动。

当主时钟装置完成同步后，保持同步状态至少 5min 后，断开外部所有输入信号源，使时钟进入失步状态维持至少 5min 后，重新连接外部输入信号源并开始计时，直至时钟装置重新同步，记录同步所用时间。

（三）守时性能检测

检测时间同步系统守时性能是否符合要求，以下分别介绍本项检测的技术要求和检测过程。

1. 应满足要求

（1）守时性能检测预热时间不应超过 2h；

（2）在守时 12h 状态下的时间准确度应优于 $1\mu s/h$。

2. 具体检测过程

第一步：从上电开机到达到标称守时精度的时间为预热时间，且预热时间不得超过 2h，记录预热时间；

第二步：到达预热时间后立即断开外部时间源，使被测时间同步装置进入守时状态，继续运行至少 12h，连续测试时间同步装置输出时间准确度。

（四）监测性能检测

检测时间同步系统监测性能是否符合要求，以下分别介绍本项检测的技术要求和检测过程。

1. 应满足要求

（1）NTP 乒乓监测精度应优于 2.5ms；

（2）GOOSE 乒乓监测精度应优于 2.5ms。

2. 具体检测过程

按照本章第二节的方法进行 NTP 乒乓监测和 GOOSE 乒乓监测测量，连续测量 3 次，将 3 次测量的误差计算平均值作为测量结果。

（五）广播/组播数据压力下的性能检测

检测时间同步系统在广播/组播数据压力下工作是否正常，以下分别介绍本项检测的技术要求和检测过程。

1. 应满足要求

（1）应具有网口的时间同步设备；

（2）在网络中有正常非对时的业务数据流共存时，设备工作的可靠性应不受影响。

2. 具体检测过程

第一步：用网络测试仪向被测网口分别施加端口速率 60%（带宽流量）的与对时和在线监测业务无关的广播，组播流量；

第二步：测试帧长 64~1518 字节，每组持续 60s，施加压力期间被测设备不能死机或复位，授时及监测功能性能应正常。

（六）负载性能检测

检测时间同步系统负载性能，以下分别介绍本项检测的技术要求和检测过程。

1. 应满足要求

（1）应能同时处理不少于 100 个 NTP 对时客户端的请求；

（2）应支持对不少于 32 个被监测对象的 NTP 及 GOOSE 乒乓监测。

2. 具体检测过程

第一步：模拟不少于 100 个 NTP 对时客户端向被测装置发送对时请求，测试仪测量 NTP 输出时间准确度；

第二步：测量被测装置 NTP 授时性能是否受到影响；

第三步：模拟不少于 32 个 NTP 监测对象，以 1s/次的轮询周期测量被测装置 NTP 监测功能处理能力；

第四步：模拟不少于 32 个 GOOSE 监测对象，以 1s/次的轮询周期测量被测装置 GOOSE 监测功能处理能力。

四、时间同步系统整组检测

（一）双主钟组网检测

在双主钟组网的条件下，检测各个主时钟工作是否正常，以下分别介绍本项检测的技术要求和检测过程。

1. 应满足要求

（1）整组动作逻辑和输出时间质量信息的逻辑关系正确；

（2）组网的时钟装置输出信号性能指标应符合规定的要求。

2. 具体检测过程

第一步：按照图 10-16 搭建整组时钟测试环境进行整组检测和兼容性检测，测试主时钟 1 和主时钟 2 的 IRIG-B 输出信号精度是否符合检测要求；

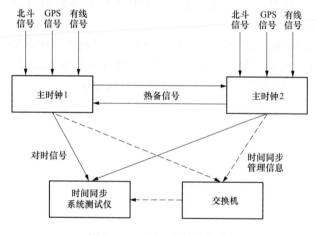

图 10-16　整组时钟测试环境

第二步：分别模拟表 10-9 中主时钟 1 外部时源有效、无效及时钟装置不同关系的时间质量位，检测被测装置时源选择逻辑是否符合检测要求，相关自检信息上送是否正确。

表 10-9　双主式时间同步系统整组动作逻辑和时间质量信息的关系

主时钟 1 独立外部 时间源有效性	主时钟 2 热备信号 时间质量	主时钟 1 时源选 择逻辑	主时钟 1 输出信号 的时间质量
有效	任何值 N	按照多源选择逻辑选择	0
无效	0	选择备钟	2
无效	非 0 值 N，且时间质量 优于主时钟 1	选择备钟	N＋2

续表

主时钟1独立外部 时间源有效性	主时钟2热备信号 时间质量	主时钟1时源选 择逻辑	主时钟1输出信号 的时间质量
无效	非0值 N，且时间质量 劣于主时钟1	守时	>2根据守时性能增加
无效	无效	守时	>2根据守时性能增加

（二）主从式组网检测

在主从组网的条件下，检测主时钟和从时钟各自工作是否正常，以下分别介绍本项检测的技术要求和检测过程。

1. 应满足要求

（1）各厂商输出接口及输入接口应具有兼容性；

（2）不同厂商之间应能满足主备及主从组网要求。

2. 具体检测过程

第一步：按图10-17构建测试拓扑，将各厂商主时钟和从时钟进行连接（以3个厂商连接为例，分别标记为A、B和C）；

第二步：利用卫星模拟器为A主时钟、B主时钟和C主时钟进行对时，对时完成后，检查各厂家工作状态；

第三步：利用时间同步测试仪检测时间同步输出信号的同步状态及时间质量；

第四步：保留A主时钟卫星信号，断开其他主时钟卫星输入信号，重复上一步利用时间同步测试仪检测时间同步输出信号的同步状态及时间质量。

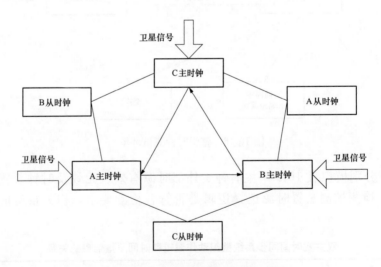

图10-17　主从式组网测试拓扑图

注：——→ 表示主时钟之间B码互备信号；

　　—— 表示主时钟与从时钟之间B码连接。

五、测试实例

随着检测技术的发展，时间同步系统测试仪的技术已经较为成熟，现阶段，可通过时间同步系统测试仪实现对时间同步系统主要功能、性能的便捷性检测，本节将结合当前主流的测试仪器介绍时间同步系统较为重要的测试项目。

（一）时间同步信号检测

时间同步信号检测作为时间同步系统的核心测试项，主要包括对被测时钟输出时间同步信号的、类型检测、信号格式检测、时间准确度等方面的检测，具体方式如下：

如图 10-18 所示将测试所需的信号按照要求接入测试仪相应的测试接口，主要包括 IRIG-B（AC）、空节点脉冲信号、RS-485 接口脉冲信号和 IRIG-B（DC）信号、RS-232 串口报文信号、TTL 接口脉冲信号和 IRIG-B（DC）信号，光纤接口脉冲信号和 IRIG-B（DC）信号，网络报文信号等。

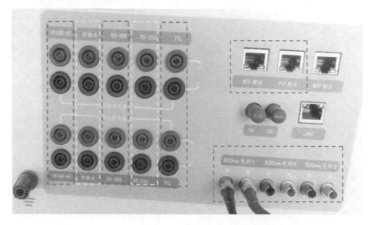

图 10-18　时间同步系统测试仪背面板示意图

在时间同步装置正常完成同步后，即可输出上述时间信号，利用时间同步系统测试仪可以同时测试上述一个或多个信号，信号类型可根据测试需要选择相应的脉冲信号、IRIG-B 信号或者通过禁止不查看该信号，界面如图 10-19 所示。利用测试仪可获取被测信号在测试时间内的最大值、最小值及平均值。

常规信号测试						
通道	信号类型	精度偏差(ns)	最大偏差(ns)	平均值(ns)	有效秒(s)	详细
TTL	禁止					查看
RS232	禁止					查看
RS485	禁止					查看
820光口1	正相IRIG-B	121	129	120	26	查看
820光口2	禁止					查看
820光口3	禁止					查看
空接点	禁止					查看
IRIG-B(AC)	禁止					查看
		开始　设置　拍照　返回				

图 10-19　时间同步信号测试界面

针对时间信号格式，我们可以通过点击测试界面的查看按钮查看某一个测试信号的详细信息，如图 10-20 所示。在界面解码结果显示部分将显示报文解析的详细信息，包括报文时间（年、月、日、时、分、秒）、一天中的秒数、当前时区、时间质量、闰秒预告值、闰秒标志、夏时制预告、夏时制标志、校验位及保留位等信息，同时，测试仪会侦测报文异常次数。通过与检测要求比对解码结果，从而判定报文格式是否符合检测要求。当然，串口报文格式、网络报文格式与 IRIG-B 报文格式有所不同，检测方法及原理相同。

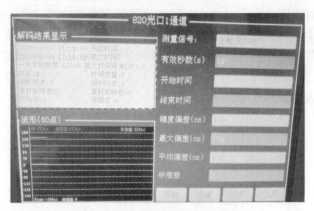

图 10-20　IRIG-B 格式测试示意图

（二）主时钟多源检测

主时钟多源选择检测用于测试主时钟装置对外部独立时源（北斗信号、GPS 信号、地面有线信号）及关联时源（热备信号）的逻辑处理的正确性。为了按照检测方法构建不同的逻辑测试场景，本测试将采用模拟器、1 台时间同步系统测试仪完成测试。一台卫星信号模拟器工作在无线模式，为测试仪和时间同步装置提供授时信号（根据场景需求提供北斗信号或 GPS 信号），另一台卫星信号模拟器工作在有线模式（根据场景需求提供北斗信号或 GPS 信号），时间同步系统测试仪用于模拟地面有线信号并对时钟输出信号进行测量，按照图 10-2 构建测试环境。因本节涉及测试逻辑较多，仅以开机初始化态各个时源间偏差均大于 5 源间偏的逻辑测试场景为例介绍多源选择检测，具体测试流程如下：

（1）时间同步系统测试仪接收真实卫星信号并完成同步（测试仪同步时间为：2020-3-4 17：16：21），利用时间同步系统测试仪调整 IRIG-B 输出时间为 2020-3-4 17：15：00，设置界面如图 10-21 所示，并将该 IRIG-B 信号作为被测主时钟的地面有线时源信号。

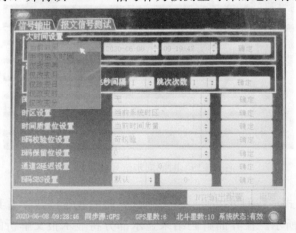

图 10-21　测试仪输出信号时间设置

（2）卫星信号模拟器通过有线的方式为被测设备提供 GPS 信号，通过操作界面关闭北斗卫星信号，设置卫星信号模拟器输出时间为 2015-6-30 23：30：41，如图 10-22 所示。

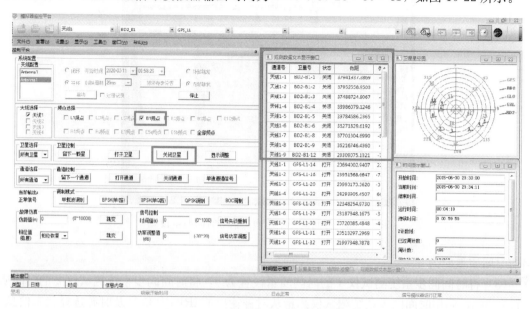

图 10-22　卫星信号模拟器测试场景设置

（3）在完成上述设置及连线后，将被测主时钟上电，此时主时钟接收到真实的北斗信号（2020-3-4 17：16：21）、GPS 信号（2015-6-30 23：30：41）及地面有线信号（2020-3-4 17：15：00），且上述三个信号两两之间的偏差均大于 5μs。

（4）利用时间同步系统测试仪测试被测主时钟输出的时间信号，同时监测主时钟时源选择相关的状态信息，按照时源选择逻辑，此时三个信号相互偏差较大，本着北斗优先的时源选择原则，被测主时钟应在连续监测 20min 后，选择北斗时源作为同步时源，即在 20min 后通过时间同步系统测试仪查看时源选择状态是否正确，输出信号精度是否满足规范要求，从而完成该逻辑的测试。

上述仅为测试的一种逻辑，时源之间的偏差可随机设置，满足测试逻辑即可。同理，其它逻辑也通过卫星信号模拟器的模拟卫星信号、真实卫星信号、时间同步系统测试仪输出的 IRIG-B 信号三者进行特定组合完成相应场景的设置。

（三）从时钟时源检测

从时钟时源包括两个 IRIG-B 信号源，分别用两台时间同步系统测试仪（时间同步系统测试仪 1 和时间同步系统测试仪 2）模拟两个不同时源，并按照图 10-3 搭建测试环境，通过时间同步系统测试仪的时间质量设置，分别构建不同的测试逻辑，如图 10-23 所示，具体测试流程如下所述：

（1）时钟装置设置时间同步系统测试仪 1 的信号优先级高于时间同步系统测试 2 的信号。

（2）将时间同步系统测试仪 1 的时间质量设置为 0，将时间同步系统测试仪 2 的时间质量设置为 3，利用时间同步系统测试仪测量从时钟输出的 IRIG-B 信号及时源选择状态信息，根据检测要求，在此逻辑下，时钟装置应选择时间同步系统测试仪 1 的信号作为时源，输

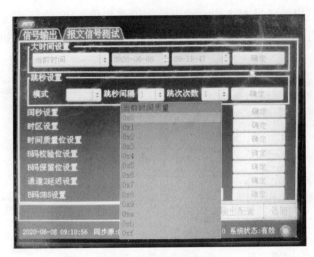

图 10-23　时间同步系统输出信号时间质量设置

出的时间质量应为 0。

（3）将时间同步系统测试仪 1 的时间质量设置为 5，将时间同步系统测试仪 2 的时间质量设置为 3，利用时间同步系统测试仪测量从时钟输出的 IRIG-B 信号及时源选择状态信息，根据检测要求，在此逻辑下，时钟装置应选择时间同步系统测试仪 2 的信号作为时源，输出的时间质量应为 3。

（4）将时间同步系统测试仪 1 的时间质量设置为 3，将时间同步系统测试仪 2 的时间质量设置为 3，利用时间同步系统测试仪测量从时钟输出的 IRIG-B 信号及时源选择状态信息，根据检测要求，在此逻辑下，根据优先级设置时钟装置应选择时间同步系统测试仪 1 的信号作为时源，输出的时间质量应为 3。

通过上述方式，可完成对从时钟时源选择逻辑的设置，且可设置时间同步系统测试仪 1 和时间同步系统测试仪 2 存在一定偏差，便于考量时源的选择及切换能力。另外，时间质量设置的具体数值满足逻辑要求即可，上述步骤仅为其中一种符合逻辑的设置。

（四）时源切换

利用 BDS、GPS 及测试仪提供的 IRIG-B 信号为被测设备提供授时信号，在被测设备完成同步后，断开卫星信号仅保留 IRIG-B 信号，利用 IRIG-B 信号将被测设备缓慢拉偏 24μs，恢复 BDS 和 GPS 信号，利用测试仪记录被测设备时源切换时间和移动步进。

（五）闰秒处理功能检测

1. 主时钟闰秒处理功能检测

主时钟闰秒处理主要检测主时钟接收及处理卫星信号（北斗和 GPS）闰秒信息的正确性，该项测试利用卫星信号模拟器和时间同步系统测试仪完成，测试包含 4 个部分，即北斗正闰秒接收及处理检测、北斗负闰秒接收及处理检测、GPS 正闰秒接收及处理检测、GPS 负闰秒接收及处理检测。测试流程如下所述：

（1）打开卫星信号模拟器，选择正闰秒测试场景，如图 10-24 所示。

（2）卫星信号模拟器加载正闰秒测试场景并开始发送卫星信号，被测主时钟开机接收卫星信号直至其完成同步。此时，通过卫星信号模拟器关闭 GPS 卫星信号，即此刻主时钟

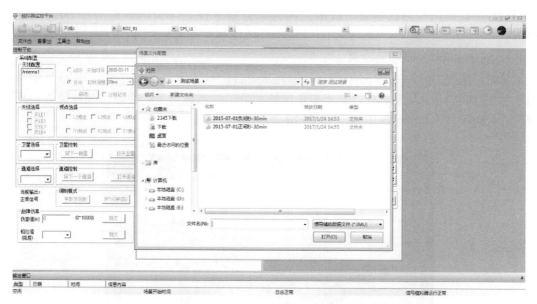

图 10-24　卫星信号模拟器场景选择

应选择北斗信号作为当前时源，接收北斗信号的正闰秒信息，如图 10-25 所示。

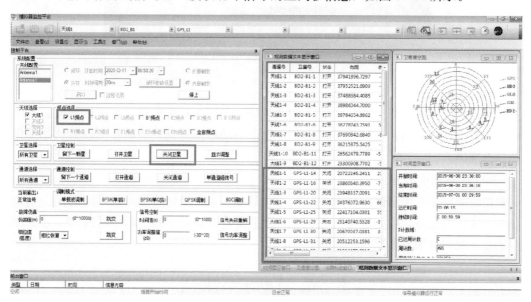

图 10-25　关闭 GPS 卫星信号

（3）利用时间同步系统测试仪接收主时钟输出的 IRIG-B 信号，检测主时钟在北斗正闰秒发生前后输出时间信号的准确度是否符合检测要求，同时，检测相关闰秒预告及闰秒标志位是否准确。

（4）因主时钟卫星信号接收模块会保留当前星历信息，当进行其他项闰秒测试项时，需重新启动时钟装置，按照上述方式在主时钟同步后关闭北斗卫星进行 GPS 正闰秒测试。

（5）加载负闰秒测试场景，按照上述方式分别进行北斗负闰秒检测和GPS负闰秒检测。

2. 从时钟闰秒处理功能检测

从时钟接收主时钟的IRIG-B信号，因此从时钟闰秒处理主要通过模拟IRIG-B信号即可。利用时间同步系统测试仪分别模拟正闰秒和负闰秒测试场景，检测从时钟是否能正常接收并处理闰秒，检测示例图如图10-26所示。

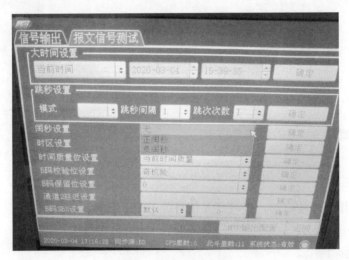

图10-26　检测示例图

（六）对时状态自检功能检测

利用时间同步系统测试仪与被测设备建立IEC 61850通信连接，读取被测设备各个自检状态信息，同时按照表10-7分别模拟各个状态的动作及返回，检测被测设备状态动作及复归是否准确。

（七）时间同步状态监测功能

利用时间同步系统测试仪与被测设备建立IEC 61850通信连接，利用时间同步系统测试仪模拟被授时设备，检测被测设备上送的测量偏差值是否准确，调整时间同步系统测试仪的偏差，检测被测设备测得的偏差是否正确。

第二节　被授时装置检测

一、时间同步状态在线监测协议配置

根据各个设备检测规范中时间同步管理的要求，检查被测设备对时间同步状态在线监测的协议配置功能，时间同步在线监测功能根据设备类型及应用场景的不同，可映射到不同的电力通信规约，如表10-10所示。

对被测设备的时间同步状态在线监测协议配置检查，具体过程如下：

被测设备根据设备类型和应用场景，选择相应的协议进行测试；记录被测设备支持的协议配置和功能，本项测试通过后方可进行后续项目的检测。

设备类型	对时状态测量		设备状态自检	
	新建站	已建站	智能站	常规站
保护设备	NTP	宜 NTP，可选 103	61850-MMS	103
录波设备	NTP	宜 NTP，可选 103	61850-MMS	103
测控设备	NTP	宜 NTP，可选 104	61850-MMS	104
PMU 设备	NTP	宜 NTP，可选 104	61850-MMS	104
合并单元	61850-GOOSE	宜 61850-GOOSE，可选 61850-SMV	61850-GOOSE	—
智能终端	61850-GOOSE	61850-GOOSE	61850-GOOSE	—
时钟设备	NTP	NTP	61850-MMS	104
变电站监控系统	NTP	NTP，103，104	61850-MMS	103，104
调度系统	101，104，476	101，104，476	101，104	101，104

表 10-10　　　　　　　　　　时间同步状态在线监测的协议配置

二、基本对时功能的检测

根据各个设备检测规范中时间同步管理的要求，验证被测设备的基本对时功能，检测结果的要求及判断依据见表 10-11。

对被测设备的基本对时功能的检测，具体过程如下：

被测设备不连接对时信号启动，使其时钟处于随机状态，若被测设备支持手动配置时间，应将其日期时间置于与正确时间不同的时间，此时被测设备的状态应为未同步；接入正确的对时信号，被测设备应能正确同步，对时准确度应满足表 10-11 的要求。

表 10-11　　　　　　　　　　被授时设备的对时状态检测准确度

电力系统常用设备或系统	时间同步准确度
同步相量测量装置	优于 1μs
合并单元	优于 1μs
故障录波器	优于 1ms
电气测控单元、远方终端、保护测控一体化装置	优于 1ms
微机保护装置	优于 10ms
安全自动装置	优于 10ms
配电网终端装置、配电网自动化系统	优于 10ms
电能量采集装置	优于 1s
负荷/用电监控终端装置	优于 1s
电气设备在线状态检测终端装置或自动记录仪	优于 1s
火电厂、水电厂、变电站计算机监控系统主站	优于 1s
电能量计费、保护信息管理、电力市场技术支持等系统的主站	优于 1s
调度生产和企业管理系统	优于 1s

三、时间同步在线监测功能的通信规约检测

时间同步在线检测功能的通信规约检测主要验证被授时装置的通信规约配置是否正确，

以下分别介绍本项检测的技术要求和检测过程。

1. 应满足要求

（1）根据各个设备检测规范中时间同步管理的要求；

（2）验证被测设备的时间同步状态在线监测功能通信规约的正确性。

2. 具体检测过程

第一步：测试拓扑如图 10-27 所示。

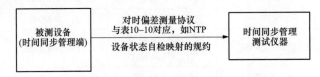

图 10-27　时间同步在线监测的协议测试

第二步：将时间同步管理测试仪器配置为被测设备应支持的规约类型，与被测设备相连；

第三步：利用时间同步管理测试仪通过规约读取相关信息；

第四步：若可正确读取信息表示规约配置正确，若不能正确读取则需重新配置规约相关信息直至规约通信正常。

四、对时偏差测量功能的检测

（一）被管理端对时偏差测量功能检测

被管理端对时偏差测量功能检测主要验证作为时间同步被管理端，响应管理端对时偏差测量功能是否准确，以下分别介绍本项检测的技术要求和检测过程。

1. 应满足要求

（1）测试被授时设备（保护、录波、测控、PMU、合并单元和智能终端等）的对时偏差测量功能；

（2）被测设备应支持 NTP 乒乓协议计算对时偏差，且只响应携带 TSSM 标志的 NTP 乒乓报文，回复报文中也应携带 TSSM 标志，时间同步准确度的要求如表 10-11 所示。

2. 具体检测过程

第一步：测试拓扑如图 10-28 所示。

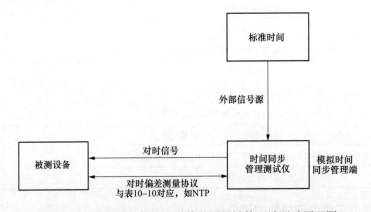

图 10-28　被测设备作为对时偏差测量被管理端测试原理图

第二步：按照测试拓扑完成连线，时间同步管理测试仪为被测设备提供对时信号，并设置时间同步管理测试仪为对时偏差测量的管理端，设置测试仪测量间隔为 1s 且携带 TSSM 标志信息，在每个偏差测量点测试持续 1min；

第三步：在时间同步管理测试仪和被测设备均完成同步后，查看被测设备是否响应乒乓报文且正确携带 TSSM 标志，记录时间同步管理测试仪显示的偏差测量值 t_0；

第四步：利用时间同步管理测试仪调整被测设备对时信号的偏差 Δt_1，并在被测设备同步后，记录时间同步管理测试仪显示的偏差测量值 t_1；

第五步：利用时间同步管理测试仪调整被测设备对时信号的偏差 $-\Delta t_1$，并在被测设备同步后，记录时间同步管理测试仪显示的偏差测量值 t_2；

第六步：选取 t_0，$t_1-\Delta t_1$，$t_2-(-\Delta t_1)$ 的最大值作为对时偏差测量结果；

第七步：设置测试仪不携带 TSSM 标志信息，检测装置是否未响应错误的对时偏差测量报文。

（二）管理端对时偏差测量功能检测

管理端对时偏差测量功能检测主要验证，以下分别介绍本项检测的技术要求和检测过程。

1. 应满足要求

（1）为了满足测控装置（管理过程层设备）、变电站监控系统、调度系统等临时作为时间同步管理端的工作要求，被测设备应支持 NTP 乒乓协议计算对时偏差，且应携带 TSSM 标志的 NTP 乒乓报文，并响应携带 TSSM 标志的返回报文；

（2）且应可设置被监测设备的对时偏差告警阈值，超过告警阈值的应产生告警信息。

2. 具体检测过程

第一步：测试拓扑如图 10-29 所示；

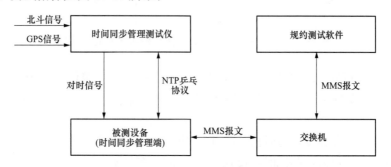

图 10-29　被测设备作为对时偏差测量管理端测试原理图

第二步：按照测试拓扑完成连线，时间同步管理测试仪为被测设备提供对时信号，并利用时间同步管理测试仪为对时偏差测量的被管理端，设置测试仪携带 TSSM 标志信息，设置被测设备的偏差告警阈值为 $\pm 10ms$；

第三步：在时间同步管理测试仪和被测设备均完成同步后，利用规约测试软件查看对时偏差测量值 t_0；

第四步：利用时间同步管理测试仪调整被测设备对时信号的偏差 Δt_1（大于 10ms），并在被测设备同步后，利用规约测试软件查看对时偏差测量值 t_1（大于 10ms），并检测是否上送告警信息；

第五步：利用时间同步管理测试仪调整被测设备对时信号的偏差－Δt_1（小于－10ms），并在被测设备同步后，利用规约测试软件查看的偏差测量值 t_2（小于－10ms），并检测是否上送告警信息；

第六步：选取 t_0，$t_1 - \Delta t_1$，$t_2 - (-\Delta t_1)$ 的最大值作为对时偏差测量结果；

第七步：设置测试仪不携带 TSSM 标志信息，检测装置是否不回应错误的对时偏差测量报文。

五、对时状态自检功能的检测

被授时装置应对自身的对时状态进行自检，并将自检信息上送至管理端，以下分别介绍本项检测的技术要求和检测过程。

1. 应满足要求

根据各个设备检测规范中时间同步管理的要求，测试被测设备的状态自检功能。

2. 具体检测过程

第一步：测试拓扑如图 10-30 所示。

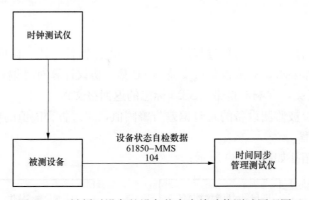

图 10-30　被授时设备的设备状态自检功能测试原理图

第二步：时间同步管理测试仪设置在接收被测设备状态告警信号的模式，例如，智能站的 PMU 设备，设置为 61850-MMS 协议模式，常规站的 PMU 设备，设置为 104 协议模式；

第三步：通过断开和接入对时信号线并利用时钟测试仪模拟表 10-12 所示的测试场景，监测对时接口状态的行为，测试时，设置每个产生告警的场景前应先使告警返回；

表 10-12　　　　　　　　　　被授时设备对时接口自检功能检测及合格判据

测 试 场 景	合格判据
拔下或不连接对时电缆/光纤	产生对时接口状态告警
对时信号质量标志无效	产生对时接口状态告警
对时信号校验错	产生对时接口状态告警
插入或连接对时电缆/光纤且对时信号质量标志有效且校验正确	对时接口状态告警返回

第四步：通过断开和接入对时信号线并利用时钟测试仪模拟表 10-13 所示的测试场景，监测对时服务状态的行为，测试时，设置每个产生告警的场景前应先使告警返回；

表 10-13　　　　　被授时设备对时服务状态自检功能检测及合格判据

测 试 场 景	合格判据
启动装置，不接入对时信号	对时服务状态告警
接入正确对时信号	对时服务状态返回
撤除正确对时信号	对时服务状态告警
设置对时信号与被授时设备当前时间偏差在 3600s 之内，并接入该对时信号	对时服务状态返回
撤除正确对时信号	对时服务状态告警
设置对时信号与被授时设备当前时间偏差在 3600s 之外，并接入该对时信号	对时服务状态告警
设置对时信号产生时间跳变	对时服务状态动作

第五步：利用时钟测试仪模拟表 10-14 所示的时间跳变和闰秒等测试场景，监测时间跳变侦测状态位的行为，测试时，设置每个产生告警的场景前应先使告警返回。

表 10-14　　　　　被授时设备时间跳变侦测状态自检功能检测及合格判据

测试场景	合格判据
对时信号年跳变增加 1	产生时间跳变侦测状态告警，装置守时
对时信号年跳变减少 1	产生时间跳变侦测状态告警，装置守时
对时信号月跳变增加 1	产生时间跳变侦测状态告警，装置守时
对时信号月跳变减少 1	产生时间跳变侦测状态告警，装置守时
对时信号日跳变增加 1	产生时间跳变侦测状态告警，装置守时
对时信号日跳变减少 1	产生时间跳变侦测状态告警，装置守时
对时信号时跳变增加 1	产生时间跳变侦测状态告警，装置守时
对时信号时跳变减少 1	产生时间跳变侦测状态告警，装置守时
对时信号分跳变增加 1	产生时间跳变侦测状态告警，装置守时
对时信号分跳变减少 1	产生时间跳变侦测状态告警，装置守时
对时信号秒跳变增加 1	产生时间跳变侦测状态告警，装置守时
对时信号秒跳变减少 1	产生时间跳变侦测状态告警，装置守时
闰秒	不产生时间跳变侦测状态告警，装置正常同步
恢复变化前正常信号	时间跳变侦测状态告警返回，装置正常同步

六、闰秒处理检测

被授时装置应正常接收并处理对时信号的闰秒信息，以下分别介绍本项检测的技术要求和检测过程。

1. 应满足要求

（1）通过时间同步管理测试仪为被测设备提供授时信号，进行正常功能测试，以确认被测装置处于正常完好状态；

（2）通过时间同步管理测试仪模拟正闰秒测试场景：并在闰秒发生前后触发相关报告信息，检查装置工作是否正常，带时间的报告是否正常；

（3）通过时间同步管理测试仪模拟负闰秒测试场景：并在闰秒发生前后触发相关报告信息，检查装置工作是否正常，带时间的报告是否正常。

2. 具体检测过程

第一步：装置功能性能不应受闰秒影响，闰秒发生时装置应正常运行且不发生误动。

第二步：当闰秒发生时，装置应能正确响应闰秒，且不应发生时间跳变等异常行为。

闰秒处理方式如下：正闰秒处理方式：⋯ →57s→ 58s → 59s → 60s（分钟数不变）→ 00s（分钟数加 1）→ 01s → 02s→⋯；负闰秒处理方式：⋯ →57s→ 58s → 00s → 01s → 02s→⋯。

第三步：闰秒处理应在北京时间 1 月 1 日 7 时 59 分、7 月 1 日 7 时 59 分两个时间内完成调整。

七、测试实例

与时间同步系统相比，被授时装置时间同步管理检测相对简单，可依靠时间同步系统测试仪完成对时间同步状态在线监测通信协议检测、基本对时功能检测、对时偏差功能检测、对时状态自检功能检测及闰秒处理检测，本节将结合当前主流的测试仪器介绍被授时装置相关检测项目。

（一）基本对时功能检测

在对时前查看被测设备当前时间，利用时间同步系统测试仪为其提供准确的授时信号，完成连线后，查看被测设备当前时间是否与测试仪一致。被授时装置主要通过光纤接口的 IRIG-B 信号、RS-485 接口的 IRIG-B 信号或 NTP 信号完成同步。对时接线图如图 10-31 所示。

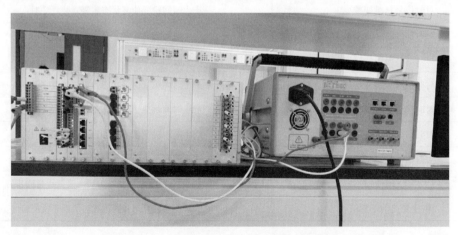

图 10-31　RS-485 接口 IRIG-B 码对时接线图

（二）时间同步在线监测功能检测

根据被授时装置的协议类型，配置时间同步系统测试仪模拟通信的客户端或服务器端，利用时间同步系统测试仪读取被授时装置的相关信息，读取成功示意图如图 10-32 所示。

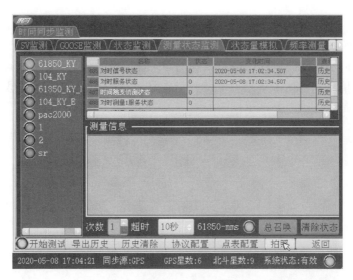

图 10-32 被授时设备规约通信示意图

（三）对时偏差测量功能检测

对时偏差测量分为被管理端对时偏差测量和管理端对时偏差测量。被管理端对时偏差测量即作为 NTP 乒乓的服务器端，响应测试仪模拟的 NTP 客户端的对时偏差测量报文，从而完成对被管理端的对时偏差测量。首先，利用时间同步系统测试仪为被测装置提供授时信号，并配置测试仪和被授时装置双方的通信 IP，利用测试仪完成对时偏差测量，被管理端对时偏差测试示例图如图 10-33 所示。

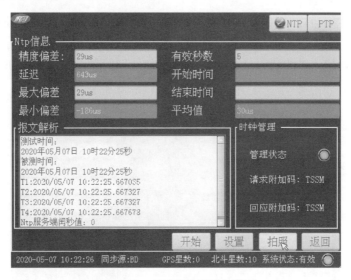

图 10-33 对时偏差测试示意图

管理端对时偏差测量即被测设备作为 NTP 乒乓报文的发起者，测量其他设备的对时偏差，并将对时偏差上送，管理端可设置对时偏差告警阈值，当测量值超过阈值应产生告警。利用时间同步系统测试仪为被测设备提供授时信号，同时模拟被管理端接收 NTP 乒乓测量报文，利用通信规约接收被测设备的对时偏差测量结果，检测被测设备对时偏差测量功能是否正确。

（四）对时状态自检功能检测

配置好时间同步系统测试仪与被测装置的 IP，利用时间同步系统测试仪接收被测装置的对时状态自检信息，根据本章第五节的测试方法，模拟不同的状态信息，利用测试仪测量状态信息变化是否正确，测试示例图如图 10-34 所示。

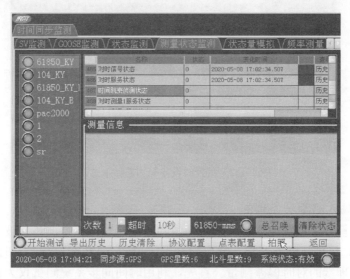

图 10-34　对时状态自检功能测试示意图

（五）闰秒处理检测

被授时装置主要通过 IRIG-B 信号或 NTP 信号完成同步，因此闰秒处理检测主要通过模拟 IRIG-B 信号或 NTP 信号闰秒场景即可。利用时间同步系统测试仪分别模拟正闰秒和负闰秒测试场景，检测被测装置是否能正常接收并处理闰秒，测试截图如图 10-35、图 10-36 所示。

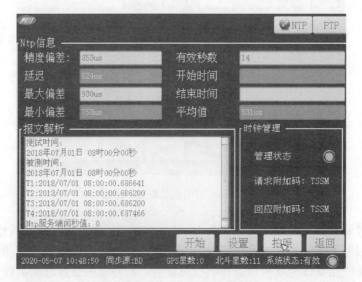

图 10-35　正闰秒测试截图

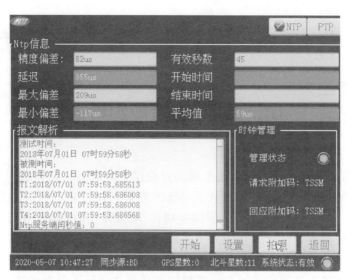

图 10-36 负闰秒测试截图

第十一章

DL/T 860 通信规约检测

DL/T 860 体系规定了整个变电站系统的过程层、间隔层、站控层间的数据采集和发送方式，间隔层的保护、测控等装置作为 MMS 服务器端设备与监控主机、数据通信网关机等进行通信，监控主机与数据通信网关机作为 MMS 客户端设备与服务器端设备通信，发送关联及数据读写请求并接收服务器端设备传输的报告、文件等数据。在通信网络中，服务器是一个功能节点，向其他功能节点提供数据，或允许其他功能节点访问其资源。客户端是请求服务器提供服务，或接收服务器主动传输数据的实体。DL/T 860 通信规约检测包括服务器端设备一致性检测、客户端设备一致性检测、采样值设备 SV 报文一致性检测。

第一节　服务器端设备一致性检测

（一）检测系统架构

服务器端设备一致性检测系统主要由以下仪器设备组成：①服务器设备（被测设备）：主要包含保护、测控、PMU、网络报文记录与分析装置、电能量采集等变电站间隔层设备，在检测系统中作为服务器端与模拟客户端进行通信；②模拟客户端：模拟监控主机、数据通信网关机等客户端设备与被测装置通信，发送正确和非正确的关联和读写请求报文；③GOOSE 报文模拟器：模拟智能终端、采集执行单元装置发送正确和非正确的报文 GOOSE 报文；④测试主机：用以启动/停止检测步骤、分析和记录测试结果；⑤主时钟：为被测装置及模拟客户端提供对时信号；⑥配置工具：配置被测设备的工程工具；⑦网络报文记录与分析仪：用以存储所有检测步骤的通信网络信息；⑧信号发生器：由测试主机或测试工程师控制产生数字量和模拟量的事件信号发生器。检测系统构成如图 11-1 所示。

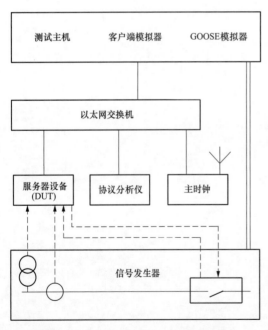

图 11-1　测试服务器设备的测试系统结构

以下为本节常见缩略语及其含义：

ACSI	abstract communication service interface	抽象通信服务接口
BRCB	buffered report control block	缓存报告控制块
CDC	common data class	公用数据类
FAT	factory acceptance test	工厂验收
GI	general interrogation	总召唤
GoCB	GOOSE control block	GOOSE 控制块
GOOSE	generic object oriented substation events	通用面向对象变电站事件
HMI	human machine interface	人机接口
HSR	high availability seamless ring	高可靠性无缝冗余
ICD	IED capability description	IED 能力描述
IED	intelligent electronic device	智能电子设备
IID	instantiated IED description	实例化的 IED 描述
IP	internet protocol	互联网协议
LCB	log control block	日志控制块
LD	logical device	逻辑设备
LN	logical node	逻辑节点
MICS	model implementation conformance statement	模型实现一致性陈述
MMS	manufacturing message specification	制造报文规范（ISO 9506 系列）
MSVCB	multicast sampled value control block	多播采样值控制块
PICS	protocol implementation conformance statement	协议实现一致性陈述
PIXIT	protocol implementation extra information for testing	协议实现额外信息（测试用）
PPS	pulse per second	秒脉冲
PUAS	power utility automation system	电力自动化系统
SAT	site acceptance test	现场验收测试
SAV	sampled analogue value	采样模拟值
SCD	substation configuration description	变电站配置描述
SCL	substation configuration language	变电站配置语言
SCSM	specific communication service mapping	特定通信服务映射
SGCB	setting group control block	定值组控制块
SICS	SCL implementation conformance statement	SCL 实现一致性陈述
SNTP	simple network time protocol	简单网络对时协议
SSD	system specification description	系统规范描述
SV	sampled value	采样值
SVCB	sampled value control block	采样值控制块
TCP	transport control protocol	传输控制协议
TICS	technical issues conformance statement	技术情况一致性陈述
TPAA	two party application association	双边应用关联
TUT	tool under test	被测工具

URCB	unbuffered report control block	非缓存报告控制块
USVCB	unicast sampled value control block	单路传输采样值控制块
UTC	coordinated universal time	世界协调时间
XML	extensible markup language	可扩展标记语言

（二）文件和版本控制检测

1. 应满足要求

被测装置提供的 PICS、PIXIT、MICS 与 TICS 文件中主要/次要的软件版本应与被测装置的软件版本一致，应符合 DL/T 860.4 的相关要求。

2. 检测具体过程

第一步：检查被测装置提供的 PICS 文件中主要/次要的软件版本是否和被测装置的软件版本一致。PICS 文件应包含按照 DL/T 860.72 的附录 A 规定的 ACSI 一致性陈述。

第二步：检查被测装置提供的 PIXIT 文件中主要/次要的软件版本是否和被测装置的软件版本一致。PIXIT 文件中应指明在检测步骤中所要求的信息。

第三步：检查被测装置提供的 MICS 文件中主要/次要的软件版本是否和被测装置的软件版本一致。MICS 文件中应指明所有非标准的逻辑节点、数据对象、数据属性和枚举值的语义。

第四步：检查被测装置提供的 TICS 文件中主要/次要的软件版本是否和被测装置的软件版本一致。TICS 应指明实现技术的情况。

（三）配置文件检测

1. 应满足要求

被测装置的配置文件应符合 DL/T 860.6 的相关要求。

2. 检测具体过程

第一步：检测被测装置的 ICD 配置文件是否与 SCL 文件模式定义一致。

第二步：检查被测装置的 ICD 配置文件是否与通过网络读取的被测设备实际数据名称、数据类型、数据集、预定义的数据值相符合。

第三步：在 SCD 配置文件中，改变至少 5 个可以在线获取的可配置参数，使用制造商提供的配置工具将修改后的 SCD 文件配置进被测设备中，然后使用在线服务获取被测设备中的配置参数，检查是否与更新后的 SCD 文件一致；随后再恢复原始的 SCD 文件，重新配置被测设备为初始状态，检查被测设备中配置参数是否返回为初始值。

第四步：检查服务器在 ICD 文件中服务部分（services）的能力是否与 IED 的能力匹配。

第五步：在控制模式固定（不可配置）的情况下，检查 ICD 文件是否正确的初始化所有可控对象的控制模式（ctlModel）的值。

第六步：检查 DL/T 860 第二版中 SCL 的变化：version＝"2007"；revision＝"A"或更高；名字长度＝64。

第七步：当被测设备支持时，检查"ldName"名字结构。所有在线对象的路径（包括数据集和控制块的路径）应以"LDevice ldName"代替"IED name"＋"LDevice inst"开始。

（四）数据模型检测

1. 应满足要求

被测装置的数据模型应符合 DL/T 860.73 和 DL/T 860.74 的相关要求。

2. 检测具体过程

第一步：检查每个 LN 的强制对象是否存在，检查每个 LN 的有条件存在对象是否存在，检查有条件不存在的对象是否不存在。

第二步：检查数据模型是否按照 SCSM 相关的名称长度和对象扩展原则进行映射，检查数据模型是否按照 SCSM 相关的功能组件进行组织，检查数据模型是否按照 SCSM 相关的控制块和日志命名原则进行映射。

第三步：检查每个 LN 的所有数据对象的数据类型是否满足 DL/T 860.73、DL/T 860.74 和 SCSM 相关的要求。

第四步：检查被测设备和 SCL 预定义的枚举数据属性值是否在特定范围内。

第五步：当被测设备进行了数据模型扩展，检查被测设备的特定数据模型扩展是否是按照 DL/T 860.71 中 14 的规定执行。

第六步：检查数据对象类型功能约束范围内的数据属性的顺序是否符合 DL/T 860.73 的规定。

第七步：检查逻辑设备、逻辑节点、数据集和控制块的名称最大长度是否符合 DL/T 860.72 中 22.2 和 SCSM 的规定。

第八步：检查逻辑设备或 LLN0 逻辑节点的命名空间是否符合第二版的规定。检查非变电站电力自动化应用例如 Hydro 和 DER 的命名空间使用是否正确。

第九步：检查被测设备是否遵守多个数据实例化的规则。

（五）ACSI 模型和服务映射检测

下列服务对应了 DL/T 860.72 中规定的服务模型，具体测试项目将在（六）至（十八）中详细介绍：

（1）应用关联（sAss）；

（2）服务器、逻辑设备、逻辑节点，数据和数据属性模型（sSrV）；

（3）数据集模型（sDs）；

（4）服务跟踪（sTrk）；

（5）取代模型（sSub）；

（6）定值组模型（sSg）；

（7）非缓存报告控制模型（sRp）；

（8）缓存报告控制模型（sBr）；

（9）日志控制模型（sLog）；

（10）通用面向对象变电站事件（sGop 和 sGos）；

（11）控制模型（sCtl）；

（12）时间和时间同步模型（sTm）；

（13）文件传输模型（sFt）。

ACSI 模型和服务的测试用例分为两类：①肯定测试表示正常条件下的验证，结果一般为肯定响应；②否定测试表示异常条件下的验证，结果一般为否定响应。

对于不同类型的被测装置，其强制要求支持的 ACSI 模型和 ACSI 服务需要满足技术规范的规定，当技术规范规定被测设备应支持相应的 ACSI 模型和 ACSI 服务时，该项测试用例是强制的。对于技术规范未做要求的 ACSI 模型和 ACSI 服务，应按被测装置提供的 DL/T 860.72 附录 A 中的 PICS 声明进行测试。

（六）应用关联检测

1. 应满足要求

被测装置应用关联服务应符合 DL/T 860.72 与 DL/T 860.81 的要求。

（1）应能正确响应客户端发送的 Associate（关联）、Abort（异常中止）和 Release（释放）服务请求；

（2）支持同时与最多数量的客户端建立连接；

（3）关联参数错误时，被测装置应能拒绝关联；

（4）应具备链路中断检测与中断并恢复供电后接受关联请求等功能。

2. 检测具体过程

第一步：模拟客户端发送请求，与被测装置建立和释放、建立和异常中止 TPAA 关联各 250 次，检查是否全部成功；

第二步：模拟最大数量的客户端发送关联请求，检查被测设备能否同时与最大数量的客户端关联成功，模拟客户端请求最大次数加 1 的关联，检查最后一次关联是否为失败；

第四步：当模拟客户端的关联参数错误时，检查被测设备是否拒绝关联；

第五步：断开通信接口，检查被测设备在规定的时间内是否检测到链路中断；

第六步：对被测设备进行中断并恢复供电，检查供电就绪后，被测设备是否能接受模拟客户端的关联请求；

第七步：检查客户端与服务器的关联终止后的资源是否可以被重复使用。

（七）服务器，逻辑设备，逻辑节点和数据检测

1. 应满足要求

被测装置服务器，逻辑设备，逻辑节点和数据服务应符合 DL/T 860.72 与 DL/T 860.81 的要求，应能正确响应客户端发送的 GetServerDirectory（读服务器目录）、Get-LogicalDeviceDirectory（读逻辑设备目录）、GetLogicalNodeDirectory（读逻辑节点目录）、GetDataDirectory（读数据目录）、GetDataDefinition（读数据定义）、GetDataValues（读数据值）、SetDataValues（设置数据值）服务请求。

2. 检测具体过程

第一步：模拟客户端下发 GetServerDirectory 请求、GetLogicalDeviceDirectory 请求、GetLogicalNodeDirectory（DATA）请求、GetDataDirectory 请求、GetDataDefinition 请求与 GetDataValues 请求，检查被测设备响应是否正确。

第二步：模拟客户端下发一个 GetDataValues 请求，读取最大数目的数据值，检查被测设备响应；对每个可写 DATA 对象下发 SetDataValues 请求，检查被测设备响应并验证写入值。

第三步：模拟客户端下发一个 SetDataValues 请求，写入最大数目的数据值，检查被测设备响应并验证写入值；对每个功能约束请求 GetAllDataValues，并检查被测设备响应。

第四步：分别检查选择的模拟量测量值（电压/电流）与状态量的语义。

第五步：当 blkEna 设置为 True 时，检查服务器过程数据值及品质位是否符合要求。

第六步：当 Mod/Beh 的值分别为 Off、Test、Blocked 时，检查服务器过程数据值及品质位是否符合要求。

第七步：检查逻辑设备层次是否符合要求。

第八步：模拟客户端请求下列带有错误参数（对象未知，名称用例不匹配，逻辑设备错误或逻辑节点错误）的数据服务，检查被测设备响应是否为服务差错，且错误类型为"object-non-existent"：ServerDirectory（LOGICAL-DEVICE）、GetLogicalDeviceDirectory、GetLogical-NodeDirectory（DATA）、GetAllDataValues、GetDataValues、SetDataValues、GetDataDirectory、GetDataDefinition。

第九步：模拟客户端下发 SetDataValues 请求，写入超出数值范围的 ENUMERATED 枚举值，检查被测设备响应是否为服务差错，且错误类型为"object-value-invalid"；下发 SetDataValues 请求，写入不匹配数据类型（假如 int-float）的数据，检查被测设备响应是否为服务差错，且错误类型为"type-inconsistent"；对只读数据下发 SetDataValues 请求，检查被测设备响应是否为服务差错，且错误类型为"object-access-denied"。

（八）数据集模型检测

1. 应满足要求

被测装置数据集模型应符合 DL/T 860.72 与 DL/T 860.81 的要求，应能正确响应客户端发送的 GetDataSetDirectory（读数据集目录）和 GetDataSetValues（读数据集值）服务请求。

2. 检测具体过程

第一步：客户端对每个逻辑节点下发带有正确参数的 GetLogicalNodeDirectory（DATA-SET）请求，检查被测设备是否正确响应；对 GetLogicalNodeDirectory（DATA-SET）响应的每一个 DataSet，发送 GetDataSetValues 和 GetDataSetDirectory 请求，检查被测设备是否正确响应。

第二步：请求 CreateDataSet 建立一个具有尽可能多元素的永久数据集/非永久数据集，检查是否已成功建立数据集，并检查该永久数据集/非永久数据集是否被另一客户可视。

第三步：建立并删除一个永久数据集/非永久数据集，用同样名称以新数据值或重新排序的元素再建立一个数据集，并检查这些元素。

第四步：建立一个非永久数据集，释放或中止关联，再进行关联并检查该数据集是否已删除；建立一个永久数据集，释放或中止关联，再进行关联并检查该数据集是否仍存在。

第五步：建立和删除一个永久数据集/非永久数据集多次，验证每个数据集都能正常建立。

第六步：验证 GetDataValues/SetDataValues 数据集成员的值与 GetDataSetValues/SetDataSetValues 获得的值应一致。

第七步：检查被测设备是否可以按 SCL 中的规定建立最大数量，具有最多元素数量的永久数据集/非永久数据集。

第八步：检查被测设备是否可以建立具有最大名称长度的数据集和数据集成员的永久数据集/非永久数据集。

第九步：请求下列带有错误参数（对象未知、名称用例不匹配、逻辑设备错误或逻辑节点错误）的数据集服务，检查被测设备的响应，响应应为服务差错。

GetDataSetValues、SetDataSetValues、CreateDataSet、DeleteDataSet、GetDataSetDirectory

第十步：使用同一名称两次建立永久数据集/非永久数据集，检查响应是否为服务差错。

第十一步：连续建立永久数据集/非永久数据集，直到被测设备返回服务差错响应。

第十二步：建立一个具有未知元素的永久数据集/非永久数据集，检查响应是否为服务差错。

第十三步：删除一个（预先定义的）不可删除的数据集，检查响应是否为服务差错。

第十四步：两次删除一个永久数据集/非永久数据集，检查响应是否为服务差错。

第十五步：删除一个由（报告）控制类引用的永久数据集/非永久数据集，检查响应是否为服务差错。

第十六步：向具有 1 个或多个只读元素的数据集请求 SetDataSetValues，检查响应是否为服务差错。

（九）服务跟踪模型检测

1. 应满足要求

被测装置服务跟踪模型应符合 DL/T 860.72 与 DL/T 860.81 的要求。跟踪服务可在执行本章其他节的检测步骤时，通过检查跟踪信息而得到验证。例如在控制模型检测步骤执行过程中，跟踪的 AddCause 值也将被检查。

采用表 11-3 的检测步骤验证被测设备能够处理控制块服务跟踪，均采用具有最长名字长度的控制块和数据集。

2. 检测具体过程

第一步：检查被测设备能否正确实现以下控制块服务跟踪：

（1）缓存的报告，LTRK. BrcbTrk；非缓存的报告，LTRK. UrcbTrk。

（2）日志控制块，LTRK. LocbTrk；GOOSE 控制块 ，LTRK. GocbTrk。

（3）多播采样值控制块，LTRK. MsvcbTrk；单播采样值控制块 ，LTRK. UsvcbTrk。

（4）定值组控制块，LTRK. SgcbTrk。

（5）单点控制，LTRK. SpcTrk；双点控制，LTRK. DpcTrk。

（6）整数控制，LTRK. IncTrk；枚举值控制，LTRK. EncTrk。

（7）浮点模拟量过程值控制，LTRK. ApcFTrk。

（8）整数模拟量过程值控制，LTRK. ApcintTrk。

（9）二进制步位置控制，LTRK. BscTrk；整数步位置控制，LTRK. IscTrk。

（10）二进制模拟量过程值控制，LTRK. BacTrk。

第二步：检查被测设备能否正确实现其他支持的公共服务跟踪：LTRK. GenTrk。

（十）取代模型检测

1. 应满足要求

被测装置取代模型应符合 DL/T 860.73 的要求。

2. 检测具体过程

第一步：停用 SubEna，客户端设置 SubVal、SubMag、SubCMag、SubQ、SubID，检

查停用 SubEna 时，是否不传送取代值，当 SubEna 使能时，是否传送取代值；

第二步：在客户端与被测设备关联失败情况下，检查取代值是否仍然保持；

第三步：检验当 SubEna 使能时，客户端设置 SubVal，SubMag，SubCMag，SubQ 和 SubID，检查被测设备是否正确响应，取代值是否被传送。SubEna 使能时，品质位 Substituted 是否被置位。

（十一）定值组控制模型检测

1. 应满足要求

被测装置定值组模型应符合 DL/T 860.72 与 DL/T 860.81 的要求。应能正确响应客户端发送的 GetLogicalNodeDirectory（SGCB）与 GetSGCBValues 服务，支持 SelectActiveSG（选择激活定值组）、SelectEditSG（选择编辑定值组）、SetSGValuess（设置定值组值）、ConfirmEditSGValues（确认编辑定值组值）、GetSGValues（读定值组值）和 GetSGCBValues（读定值组控制块值）服务请求。

2. 检测具体过程

第一步：客户端下发 GetLogicalNodeDirectory（SGCB）请求，检查被测设备是否正确响应；对每个响应的定值组控制块下发 GetSGCBValues 请求读取属性值，检查被测设备是否能够正确响应。

第二步：检查下列定值组状态机路径。其中站控层设备修改保护定值过程中，装置不应断开与站控层通信连接。

（1）使用 SelectEditSG 选择编辑区，检查被测设备能否正确响应；

（2）对编辑区中每种数据类型的定值使用 SetEditSGValues［FC＝SE］改变至少一个数据对象的值；

（3）使用 GetEditSGValues［FC＝SE］检查编辑值是否写入成功；

（4）使用 ConfirmEditSGValues 确认编辑。

第三步：检验 SelectActiveSG。

（1）SelectActiveSG 第一个定值组；

（2）用 GetSGCBValues 检验激活定值组和最后激活时间；

（3）用 GetDataValues/GetEditSGValues［FC＝SG］检验值为第一个定值组的值；

（4）重复所有定值组。

第四步：检查断开关联后服务器是否可以取消编辑（EditSG＝0）；检查客户是否可用 SelectEditSG 将值再次复制到编辑缓冲器中。

第五步：当 SGCB 中 ResvTms 存在时检查以下内容。

（1）当 ResvTms＝0 时，第一个客户端是否可以编辑定值组；

（2）当 ResvTms＞0 时，第二个客户端是否不可以编辑定值组；

（3）当服务器在保留时间内未收到 ConfirmEditSG 时，是否复位 ResvTms。

当 SGCB 中 ResvTms 不存在时检查以下内容。

（1）第一个客户端是否可以编辑定值组；

（2）在一定的时间内（PIXIT）第二个客户端是否不可以编辑定值组。

第六步：检查客户端是否可以编辑和激活已激活的定值组。

第七步：检查客户端是否可以取消定值组的编辑，并且检查定值组数值应不被改变。

第八步：对第一个定值组发送 SelectEditSG 请求，通过 SetEditSGValues[FC＝SE]服务编辑该定值组而不进行确认（ConfirmEditSGValues），对第二个定值组发送 SelectEditSG 请求，检查被测设备是否能够正确响应。

第九步：当一个定值组正被编辑，检查是否可以读取该定值组的 SG 值。

第十步：请求下列带有错误参数的定值组选择服务（值超范围或不存在的定值组），检查响应是否为服务差错：

SelectActiveSG、GetDataValues/GetEditSGValues［FC＝SG］、GetSGCBValues

第十一步：请求下列带有错误参数的定值组定义服务（值超范围或不存在的定值组），检查响应是否为服务差错：

SelectEditSG、SetEditSGValues、ConfirmEditSGValues、GetEditSGValues［FC＝SE］

第十二步：对一激活的定值组（FC＝SG）请求 SetEditSGValues，检查响应是否为服务差错。

第十三步：客户端未请求 SelectEditSGValues（EditSG＝0），就请求 SetEditSGValues（FC＝SE），检查响应是否为服务差错。

第十四步：当一个客户端正在编辑定值时，检查其他客户端是否不能编辑定值。

（十二）非缓存报告模型检测

1. 应满足要求

被测装置非缓存报告模型应符合 DL/T 860.72 与 DL/T 860.81 的要求。

（1）应支持 Report（报告）服务；

（2）应能正确响应客户端发送的 GetURCBValues（读非缓存报告控制块值）、SetURCBValues（设置非缓存报告控制块值）服务请求。

2. 检测具体过程

第一步：客户端下发 GetLogicalNodeDirectory（URCB）请求，检查被测设备是否能正确响应；对每个响应的 URCB 下发 GetURCBValues 请求读取属性值，检查 URCB 初始化触发选项值中的总召位是否为 1。

第二步：检查 URCB 报告的可选域。配置和使能 URCB 全部有用的可选域：顺序号 sequence-number、报告时标 report-time-stamp、上送原因 reason-for-inclusion、数据集名 data-set-name、数据引用 data-reference，强制触发一个报告并检查报告是否包含使能的可选域。

第三步：检查 URCB 的触发条件。

（1）依照检测步骤 2 中的内容配置和使能 URCB 可选域，检查报告是否按照以下触发条件传送：①完整性周期；②数据更新（dupd）；③完整性周期和数据更新；④数据变化（dchg）；⑤数据和品质变化；⑥带有完整性周期的数据和品质变化。

（2）检查报告中 ReasonCode 是否与实际触发条件一致。

（3）检查当多个触发条件同时满足时是否只产生一个报告。

（4）检查是否只有当 RptEna 设置为 True 时才发送报告。

第四步：设置 URCB 的 GI 属性应启动总召唤过程，检查 URCB 是否能发送包含所有数据集成员的当前数据值报告。在总召唤启动以后，检查 GI 属性是否复位为 False。

第五步：当报告太长不能在一个报文中传送时，检查是否可分成几个子报告。发生分段的报告应包含相同的 SqNum 值和 report-time-stamp 值，SubSqNum 应从 0 开始并递增，除了最后一个发送的分段报告中 MoreSegmentsFollow＝False 外，之前发送的分段报告中 MoreSegmentsFollow＝True；当发生完整性周期报告或者总召触发的报告被分段传输的情况时，检查该分段报告是否可以被数据变化的报告所中断，检查此报告是否具有新的顺序号。检查新的总召唤请求是否能停止在进行中的总召唤报告的剩余段的发送。且新的总召唤报告以新的顺序号开始，其子顺序号为 0。

第六步：检查 ConfRev 属性表示 DatSet 属性引用的数据集的配置次数，下述情况 ConfRev 属性应计数累加：

（1）删除数据集元素。

（2）数据集元素的重新排序。

服务器重新启动后，检查 ConfRev 值是否恢复到当地初始配置值，或者保持不变（PIXIT）；检查 ConfRev 值是否随着通过 ACSI 服务在线修改 DatSet 属性值的次数而递增；检查 ConfRev 值在 DatSet 不为空时是否不为 0。

第七步：缓存时间（Buffer Time）检测。

（1）在 BufTm 定时器超时前，URCB 引用 DATA-SET 同一成员发生第二个内部事件，检查服务器是否有如下应对：

1）对于状态信息，如同 BufTm 定时器超时一样，应当立即发送报告，重新启动 BufTm 定时器同时处理第二个事件；

2）对于模拟量信息，如同 BufTm 定时器超时一样，应当立即传输报告，重新启动 BufTm 定时器同时处理第二个事件；

3）对于模拟量信息，用新值代替挂起报告中的当前值。

（2）配置缓存时间为 1000ms，在缓存时间内强使多个 dataset 元素的数据值改变。检查服务器是否能将自上次报告后的缓存时间内发生改变的所有数据值用一个报告发送。

（3）检查缓存时间值配置为 0 时，表示不使用缓存时间属性。

（4）检查 BufTim 值是否至少包含值 3 600 000ms（缓存时间值设置按照 1ms 递增）。

第八步：检查被测设备是否能发送具有数据对象/数据属性的报告；检查被测设备是否能在完整性周期报告之前发送缓存的所有事件报告；检查被测设备是否能在总召报告之前发送缓存的所有事件报告。

第九步：当 URCB 被一客户端配置后，检查被测设备（服务器端）是否将 URCB 的拥有者设置为非空值，当客户端释放 URCB 后，检查被测设备（服务器端）是否将其重新设置为空值；对于预先分配的 URCB，检查服务器是否将 URCB 的拥有者设置为预先分配的客户端地址。

第十步：检查被测设备是否能够处理具有最大名称长度 RptID 和 DatSet 的 URCB。

第十一步：客户端下发带有错误参数（对象未知，名称用例不匹配，逻辑设备错误或逻辑节点错误）的 GetURCBValue 请求，检查响应是否为服务差错。

第十二步：客户端将 URCB 触发选项仅配置为 GI（不配置 dchg，qchg，dupd，integrity），使能报告时，检查服务器端是否仅能送出总召报告；发生事件时，检查服务器端是否不发送报告。

第十三步：将 URCB 完整性周期值设置为 0，触发选项配置为 integrity，检查服务器是否不发送完整性周期报告。

第十四步：错误地配置 URCB：在使能时配置，用未知的数据集配置，配置 ConfRev 和 SqNum。

第十五步：检查 URCB 的排他性，并进行丢失关联测试。配置 URCB 并使能 Resv 属性，此时，其他客户应不能在此 URCB 中设置任何属性值。

第十六步：用 PIXIT 声明中不支持的选项对 URCB 进行配置，配置不支持的触发条件、可选域和相关参数，检查被测设备的响应是否与 PIXIT 声明一致。

第十七步：检查其他客户端是否不能配置预先分配的 URCB。

第十八步：当 URCB 的触发选项中 GI 未被配置时，检查被测设备是否不发送 GI 报告，当 RptEna=False 时，请求 GI=True 时是否失败，当 RptEna=True 时，请求 GI=False 时被测设备是否成功响应且不发送 GI 报告。

（十三）缓存报告模型检测

1. 应满足要求

被测装置缓存报告模型应符合 DL/T 860.72 与 DL/T 860.81 的要求。

（1）应支持 Report（报告）服务；

（2）应能正确响应客户端发送的 GetBRCBValues（读缓存报告控制块值）、SetBRCB-Values（设置缓存报告控制块值）服务请求。

2. 检测具体过程

第一步：客户端下发 GetLogicalNodeDirectory（BRCB）请求，检查被测设备是否能正确响应；对每个响应的 BRCB 下发 GetBRCBValues 请求读取属性值，检查 BRCB 初始化触发选项值中的总召位是否为 1。

第二步：检查 BRCB 报告的可选域。配置和使能 BRCB 全部有用的可选域：顺序号 sequence-number、报告时标 report-time-stamp、上送原因 reason-for-inclusion、数据集名 data-set-name、数据引用 data-reference、缓存溢出 buffer-overflow 和 entryID，强制触发一个报告并检查报告是否包含使能的可选域。

第三步：检查 BRCB 的触发条件。

（1）依照检测第二步中的内容配置和使能 BRCB 可选域，检查报告是否按照以下触发条件传送：

1）完整性周期；

2）数据更新（dupd）；

3）完整性周期和数据更新；

4）数据变化（dchg）；

5）数据和品质变化；

6）带有完整性周期的数据和品质变化。

（2）检查报告中 ReasonCode 是否与实际触发条件一致；

（3）检查当多个触发条件同时满足时是否只产生一个报告；

（4）检查是否只有当 RptEna 设置为 True 时才发送报告。

第四步：设置 BRCB 的 GI 属性应启动总召唤过程，检查 BRCB 是否能发送包含所有数据集成员的当前数据值报告。在总召唤启动以后，检查 GI 属性是否复位为 False。

第五步：

（1）当报告太长不能在一个报文中传送时，检查是否可分成几个子报告。发生分段的报告应包含相同的 SqNum 值、report-time-stamp 值和 EntryID 值，SubSqNum 应从 0 开始并递增，除了最后一个发送的分段报告中 MoreSegmentsFollow＝False 外，之前发送的分段报告中 MoreSegmentsFollow＝True。

（2）当发生完整性周期报告或者总召触发的报告被分段传输的情况时，检查该分段报告是否可以被数据变化的报告所中断，检查此报告是否具有新的顺序号。

（3）检查新的总召唤请求是否能停止在进行中的总召唤报告的剩余段的发送。且新的总召唤报告以新的顺序号开始，其子顺序号为 0。

（4）当不设置可选域中的顺序号 sequence-number 时，检查子报告中是否不出现 SubSqNum 和 SqNum。

第六步：（1）检查 ConfRev 属性表示 DatSet 属性引用的数据集的配置次数，在下述情况 ConfRev 属性应计数累加：①删除数据集元素；②数据集元素的重新排序。

（2）服务器重新启动后，检查 ConfRev 值是否恢复到原先当地初始配置值，或者 ConfRev 值是否保持不变（PIXIT）；检查 ConfRev 值是否随着通过 ACSI 服务在线修改 DatSet 属性值的次数而递增；检查 ConfRev 在 DatSet 不为空时是否不为 0。

第七步：缓存时间（Buffer Time）检测。

（1）在 BufTm 定时器超时前，BRCB 引用 DATA-SET 同一成员发生第二个内部事件，检查服务器是否有如下应对：

1）对于状态信息，如同 BufTm 定时器超时一样，应当立即发送报告，重新启动 BufTm 定时器同时处理第二个事件；

2）对于模拟量信息，如同 BufTm 定时器超时一样，应当立即传输报告，重新启动 BufTm 定时器同时处理第二个事件；

3）对于模拟量信息，用新值代替挂起报告中的当前值。

（2）配置缓存时间为 1000ms，在缓存时间内强使多个 dataset 元素的数据值改变。检查服务器是否能将自上次报告后的缓存时间内发生改变的所有数据值用一个报告发送。

（3）检查缓存时间值配置为 0 时，表示不使用缓存时间属性。

（4）检查 BufTim 值是否至少包含值 3 600 000ms（缓存时间值设置按照 1ms 递增）。

第八步：检查被测设备是否能发送具有数据对象/数据属性的报告；检查被测设备是否能在完整性周期报告之前发送缓存的所有事件报告；检查被测设备是否能在总召报告之前发送缓存的所有事件报告。

第九步：当 BRCB 被一个客户端配置后，检查被测设备（服务器端）是否将 BRCB 的拥有者设置为非空值，当客户端释放 BRCB 后，检查被测设备（服务器端）是否将其重新设置为空值；对于预先分配的 BRCB，检查服务器是否将 BRCB 的拥有者设置为预先分配的客户端地址。

第十步：检查被测设备是否能够处理具有最大名称长度 RptID 和 DatSet 的 BRCB。

第十一步：缓存报告（BRCB）状态机检测。

（1）关联释放后，检验被测设备（服务器端）中事件是否被缓存；

（2）关联失去后，检验被测设备（服务器端）是否停止报告；

（3）检验客户端未关联时未接收到的报告会以正确的顺序（SOE）接收；

（4）客户端在使能报告前将 PurgeBuf 置 1，检查被测设备（服务器端）是否不发送缓存报告；

（5）强使缓存溢出，在溢出后上送所有缓存报告的第 1 个报告中，检查 OptFlds 中缓存溢出是否置位。

第十二步：再次关联并且客户端设置 EntryID 后使能 BRCB，检验 BRCB 是否发送已缓存的事件报告。检查 BRCB 是否正确的使用了顺序号和子顺序号，检查缓存报告是否无间断上送。

第十三步：检查被测设备（服务器端）是否能缓存完整性周期报告。

第十四步：检验 ResvTms 的行为是否正确。

（1）当 ResvTms＝－1，检查 BRCB 是否可以由预先分配的客户端使用；

（2）当 ResvTms＝0，检查客户端是否可以通过写值并配置 BRCB 来预定 BRCB；

（3）当失去关联时，检查 ResvTms 秒数之后，预定的 BRCB 是否被释放（ResvTms 设置为 0）；

（4）当失去关联时，检查在 ResvTms 时间内，该 BRCB 应保留给原先的客户端，其他客户端不可使用该 BRCB，除了之前预定该 BRCB 的客户端（客户端恢复关联）。

第十五步：检验通过 SetBRCBValues 请求设置 ResvTms，是否符合以下情况：

（1）BRCB 的 ResvTms＝－1 时设置 ResvTms，被测设备应回复否定响应；

（2）BRCB 的 ResvTms 值非 0 并由其他未预定该 BRCB 的客户端发送 SetBRCBValues 请求设置 ResvTms，被测设备应回复否定响应；

（3）BRCB 的 ResvTms 值设置为负数，被测设备应回复否定响应。

第十六步：修改 BRCB 的 RptID、BufTm、TrgOps、IntgPd 或 DatSet 属性，检查被测设备（服务器端）是否清除缓存；修改 BRCB 的 Optflds 属性，检查被测设备是否不清除缓存。

第十七步：写入一个无效、空或不存在的 EntryID 值，检查被测设备是否发送缓存中的所有报告。

第十八步：当 BRCB 的 RptEna＝False 状态时，检查 GetBRCBValues 服务返回的 EntryID 值是否为最后一个进入缓存队列中的条目号；当 BRCB 的 RptEna＝True 时，检查 GetBRCBValues 服务返回的 EntryID 值是否为刚发送过的报告的条目号。

第十九步：在重新同步（resync）后，检验被测设备（服务器端）是否只传输最后一个缓存的 GI 报告。

第二十步：客户端下发带有错误参数（对象未知，名称用例不匹配，逻辑设备错误或逻辑节点错误）的 GetBRCBValue 请求，检查响应是否为服务差错。

第二十一步：客户端将 BRCB 触发选项仅配置为 GI（不配置 dchg，qchg，dupd，integrity），使能报告时，检查服务器端是否仅能送出总召报告；发生事件时，检查被测设备（服务器端）是否不发送报告。

第二十二步：将 BRCB 完整性周期设置为 0，触发选项配置为 integrity，检查服务器是否不发送完整性周期报告。

第二十三步：错误地配置 BRCB：在使能时配置，用未知的数据集配置，配置 ConfRev 和 SqNum。

第二十四步：检查 BRCB 的排他性，并进行丢失关联测试。配置 BRCB 并将它使能，此时，其他客户应不能在此 URCB 中设置任何属性值。

第二十五步：用 PIXIT 声明中不支持的选项对 BRCB 进行配置，配置不支持的触发条件、可选域和相关参数，检查被测设备的响应是否与 PIXIT 声明一致。

第二十六步：检查其他客户是否不能配置预先分配的 BRCB。

第二十七步：当 BRCB 的触发选项中 GI 未被配置时，检查被测设备是否不发送 GI 报告，当 RptEna＝False 时，请求 GI＝True 时是否失败，当 RptEna＝True 时，请求 GI＝False 时被测设备是否成功响应且不发送 GI 报告。

（十四）日志类模型检测

1. 应满足要求

被测装置日志类模型应符合 DL/T 860.72 与 DL/T 860.81 的要求。应能正确响应客户端发送的 GetLCBValues（读日志控制块值）、SetLCBValues（设置日志控制块值）、QueryLogByTime（按时间查询日志）、QueryLogAfter（查询某条目以后的日志）和 GetLogStatusValues（读日志状态值）服务请求。

2. 检测具体过程

第一步：客户端发送 GetLogicalNodeDirectory（Log）请求、GetLogicalNodeDirectory（LCB）请求、QueryLogByTime 请求、QueryLogAfter 请求，检查被测设备响应为肯定响应。

第二步：配置并使能日志记录，检查包含正确数据成员的日志条目应正确包含下述日志触发条件：完整性周期（integrity）、数据刷新（dupd）、数据刷新和完整性周期（dupd and integrity）、数据变化（dchg）、品质变化（qchg）、数据变化和品质（dchg and qchg）、数据变化品质变化和完整性周期（dchg and qchg and integrity）。

第三步：检查按照逻辑节点 GLOG 配置定义的数据是否被记录，相应的原因代码应是"application-trigger"；检查服务器是否能够处理具有最大名称长度 LCBRef、LogRef、DatSet 的 LCB 和 LOG；检查在掉电重新启动之后，日志条目没有丢失。

第四步：客户端请求包含以下错误参数（条目号超出范围，不存在的数据集、日志控制块或日志）的日志服务，检查响应是否为服务差错"object-non-existent"：GetLCBValues 请求未知的 LCB、SetLCBValues、QueryLogByTime 请求未知的 LogRef、QueryLogAfter 请求未知的 LogRef、GetLogStatusValues 请求未知的 LCB。

（十五）通用变电站事件模型检测

1. GOOSE 发布检测

（1）应满足要求：被测装置通用变电站事件模型应符合 DL/T 860.72 与 DL/T 860.81 的要求。

（2）检测具体过程：

第一步：客户端发送 GetLogicalNodeDirectory（GoCB）请求，并对被测设备响应的每个 GoCB 发送 GetGoCBValues，检查被测设备是否回复肯定响应。

第二步：被测设备发送具有长周期（SCL 中最大时间）的 GOOSE 报文，检查 GOOSE 数据是否与以下配置一致：

1）gocbRef 是一个有效的 GoCB 路径；

2）timeAllowedtoLive ＞0，并且下一个 GOOSE 报文是在当前 GOOSE 报文规定的值范围内被发送；

3）DatSet 与 GoCB 中的相同并包含有效的 DataSet 路径；

4）goID 与 GoCB 和 SCL 中的相同，缺省值是 GoCB 的路径；

5）t 包含状态增加或启动的时间；

6）sqNum 增加，stNum＞0 而且在未变位时不变化；

7）Simulation 不出现或以值 False 呈现；

8）confRev＞0 而且与 GoCB 和 SCL 中的相同；

9）needsCommisioning 不存在或与 GoCB 中相同；

10）numDatSetEntries 与 allData 中的数据数匹配；

11）allData 值与 DatSet 元素类型匹配。

第三步：被测设备重新上电后，检查其是否发送带有 stNum 初始值为 1、sqNum 初始值为 1 的初始 GOOSE 报文。

第四步：强迫改变 GOOSE 数据集中一个数据值，检查被测设备是否按规定或配置（SCL 时间）发送报文，stNum 增加，sqNum＝0。

第五步：当支持 simulation 标志时，检查被测设备是否发送带有 simulation 标志的 GOOSE 报文。

第六步：停止使能 GoCB，检查能否通过 SetGoCBValues 改变参数，并且无任何 GOOSE 报文发送。

第七步：设备重新启动后，检查 Configurationrevision 值是否不改变。

第八步：检查 ConfRev 属性是否表示 DatSet 属性引用的数据集的配置改变次数，下列改变应被计数：

1）删除数据集元素；

2）数据集元素的重新排序；

3）数据集属性值改变。

第九步：当 GoCB 的 DatSet 未配置（NULL）时，检查 GoCB 的 NdsCom 属性是否置位为 True。

第十步：检查被测设备是否能发送带有数据属性和/或数据对象的 GOOSE 报文。

第十一步：检查服务器是否能处理 GoCB 中具有最大名称长度的 DatSet、GoCBRef 和 GoID 的 GOOSE 报文。

第十二步：GOOSE 已使能（GoEna＝True），检查 GoCB 控制块除 GoEna 之外的其他属性是否不能被设置。

第十三步：如果数据集中元素的值的数和范围超出 SCSM 定义的最大数，检查 NdsCom 是否置位为 True。

2. GOOSE 订阅检测

（1）应满足要求：

被测装置通用变电站事件模型应符合 DL/T 860.72 与 DL/T 860.81 的要求。

（2）检测具体过程如下：

第一步：GOOSE 模拟器发送带或不带 VLAN 标志的 GOOSE 报文新数据，检查被测设备是否能够订阅报文并通过检查二进制输出，事件列表，日志或 MMI 查看数据是否有了新值。

第二步：GOOSE 模拟器发送带 NdsCom 置 True 的 GOOSE 报文，检查此时的数据值变化是否不被被测设备所使用。

第三步：被测设备在接收到 stNum 不变、sqNum 达到最大值后翻转的 GOOSE 信息时，检查被测设备是否不误改变 GOOSE 中的数据状态。

第四步：当被测设备接收有效的 GOOSE 报文、无 GOOSE 报文和无 ConfRev 的 GOOSE 报文时，检查逻辑节点 LGOS 数据对象属性值。

第五步：检查被测设备是否能够订阅具有结构数据（FCD）的 GOOSE 报文。

第六步：GOOSE 模拟器发送被测设备订阅的带 simulation 参数的 GOOSE 报文，检查是否发生下列情况：

1）当订阅方不是仿真模式时（LPHD. Sim. stVal＝False），仿真值被忽略。订阅方将使用"real"GOOSE 报文。

2）当订阅方是仿真模式时（LPHD. Sim. stVal＝True）仿真值被用于操作。在收到第一个仿真报文后订阅方将忽略"real"GOOSE 报文。当收到第一个仿真报文时对应的 LGOS. SimSt 将被置位，当 LPHD. Sim. stVal 设置为 False 时则复位。

第七步：检查被测设备是否能够订阅 GoCB 中具有最大名称长度的 DatSet、GoCBRef 和 GoID 的 GOOSE 报文。

第八步：检查被测设备接收以下报文时的处理是否与 PIXIT 声明一致：

1）GOOSE 报文丢失；

2）GOOSE 报文重复；

3）GOOSE 报文延迟；

4）超过或不超 timeAllowedToLive；

5）GOOSE 报文失序；

6）无 GOOSE 报文。

第九步：检查被测设备收到以下无效 GOOSE 报文时的处理是否与 PIXIT 声明一致：

1）gocbRef 不同于 GoCB，或者为 NULL；

2）timeAllowedtolive＝0；

3）DatSet 不同于 GoCB，或者为 NULL；

4）goID 不同于 GoCB 和，或者为 NULL；

5）t 包含变位时间减/加 1 小时的时标；

6）confRev 不同于 GoCB，或者为 NULL；

7）numDatSetEntries 等于 0，与实际数据数相比较多或较少；

8）allData 值的类型与 DatSet 定义不匹配。

3. GOOSE 管理检测

（1）应满足要求：

被测装置通用变电站事件模型应符合 DL/T 860.72 与 DL/T 860.81 的要求。

（2）检测具体过程如下：

第一步：检查 GOOSE 服务。请求具有合法参数的服务 GetGoReference 和 Get-GOOSEElementNumber 并检查响应。

第二步：检查 GOOSE 管理请求。检查被测设备请求具有有效参数的 GetGoReference 与 GetGOOSEElementNumber 服务，模拟有效响应。

第三步：客户端请求带有非法参数的 GOOSE 管理服务，检查被测服务器是否响应服务差错，检查在 GetGOOSEElementNumber 时，MemberReference 是否为 NULL，表示引用的数据集未定义成员。

（十六）控制模型检测

1. 控制模型检测

（1）应满足要求：被测装置控制模型应符合 DL/T 860.72 与 DL/T 860.81 的要求。应支持 PIXIT 文件中声明的控制模式；当收到客户端发送的正确控制请求时，被测装置应正确发送肯定响应；当收到客户端发送的错误控制请求时，被测装置应正确发送带有附加原因的否定响应。

（2）检测具体过程如下：

第一步：分别选取各种控制模型的几个控制对象，检查其控制状态机的每个路径是否正确。

1）常规安全的直接控制；

2）常规安全的操作前选择控制（一次或多次操作）；

3）增强安全的直接控制；

4）增强安全的操作前选择控制（一次或多次操作）。

第二步：使用在线服务（PIXIT）改变控制模式，检查控制对象按照新的控制模式响应。

第三步：在第 1 个控制对象的激活时间之前，定时操作第 2 个增强安全控制对象（PIXIT）。

第四步：检查 stSeld 属性值是否能够按照状态机中的规定被置位/复位。

第五步：检查在带值选择/操作时，被测设备的测试标志和 Beh＝test 是否符合以下情况：

1）当 LN Beh 为"ON"时控制请求被拒绝并带有附加原因"Blocked-by-mode"；

2）当 LN Beh 为"test/blocked"时控制请求被接受；

3）当 LN Beh 为"test"时控制请求被接受。

第六步：选择所有 SBO 控制对象并以相反顺序取消它们。由于其他控制正在进行中，下一个控制应被闭锁，检查请求是否被拒绝且附加原因应是"1-of-n-control"。

第七步：被测设备（服务器端）具有互锁或同期检查条件，检查是否按照以下情况执行命令：

1）当互锁检查失败时具有附加原因"Blocked-by-interlocking"；

2）互锁检查通过；

3）当同期检查失败时具有附加原因"Blocked-by-synchrocheck"；

4）同期检查通过。

第八步：客户端操作（未选择）1 个 SBO 控制对象，检查请求是否被拒绝且附加原因为"Object-not-selected"。

第九步：客户端选择同一控制对象两次，检查第 2 次选择是否被拒绝且附加原因为"Object-not-selected"，并且对象仍在选择状态（操作请求能被正确接收）。

第十步：客户端请求操作值和实际值相同（On-On，or Off-Off），检查请求是否被拒绝且附加原因为"Position-reached"。

第十一步：两个不同的客户端选择同一控制对象，检查第二个客户端的控制请求是否被拒绝且附加原因为"locked-by-other-client"。

第十二步：客户端选择/操作一个未知的控制对象，检查请求是否被拒绝且附加原因为"Unknown"。

第十三步：客户端选择一个直接操作的控制对象，检查控制请求是否被拒绝且附加原因为"Unknown"。

第十四步：两个客户操作一个直接控制对象两次，检查较后的控制请求是否被拒绝且附加原因为"Command-already-in-execution"。

第十五步：客户端用与 SBOes 不同的控制参数请求 Operate 或 Cancel，检查请求是否被拒绝且附加原因为"Inconsistent-parameters"。

第十六步：当 Loc 被置位，检查远方控制请求是否被拒绝且附加原因为"Blocked-by-switching-hierarchy"。

第十七步：具有站级控制授权（LocSta＝T）进行远方控制请求，检查远方控制请求是否被拒绝且附加原因为"Blocked-by-switching-hierarchy"。

第十八步：当 CmdBlk. stVal 被置位，检查控制请求是否被拒绝，且附加原因为"Blocked-by-command"。

第十九步：当 blkEna 被置位，检查控制请求是否被终止，且附加原因为"Time-limit-over"。

第二十步：在选择响应之后被测设备（服务器端）参数被改变，检查操作请求是否被拒绝且附加原因为"Parameter-change-in-execution"。

第二十一步：当分接头调节器已到达极限（在 YLTC 中 EndPosR 或 EndPosL），检查控制请求是否被拒绝且附加原因为"Step-limit"。

第二十二步：当访问授权不满足时，检查控制请求是否被拒绝且附加原因为"No-access-authority"。

第二十三步：当 APC 控制动作最终位置已过头，检查控制命令是否被终止且附加原因为"Ended-with-overshoot"。

第二十四步：由于命令值和测量值有偏差 APC 控制动作中止时，检查控制是否被终止且附加原因为"Abortion-due-to-deviation"。

第二十五步：当控制对象在 WaitForExecution 状态时，检查取消或 SelectWithValue 请求是否被拒绝且附加原因为"Commend-aiready-in-execution"。

第二十六步：对 SBOns 控制对象进行 SelectWithValue 请求时，检查请求是否被拒绝且附加原因为"Unknown"。

第二十七步：检查被测设备是否可控制一个具有最大名称长度的 IED 和逻辑设备对象。

第二十八步：检查当控制对象在未选择状态时，客户端发送取消请求，被测设备是否回复肯定响应。

2. SBOes 检测具体过程

（1）应满足要求：

被测装置 SBOes 控制模型应符合 DL/T 860.72 与 DL/T 860.81 的要求。

（2）检测具体过程如下：

第一步：客户端发送一个正确的 SelectWithValue 和 Operate 请求，检查下述每个路径是否能使设备返回到未选择状态且命令终止。

1）强使设备模拟器改变到请求的新状态；

2）强使设备模拟器保持老状态（AddCause：Time-limit-over 或无效位置）；

3）强使设备模拟器改变到中间状态（AddCause：无效位置）。

第二步：客户端发送一个正确的 SelectWithValue 请求，检查下述每个路径是否能使设备返回到未选择状态。

1）发送一个正确的撤销请求；

2）等待选择超时；

3）发送一个释放请求；

4）发送一个操作请求，结果是"Test not ok"。

第三步：客户端发送一个正确的 SelectWithValue 和 TimeActivatedOperate 请求，结果为否定响应。

第四步：客户端发送一个正确的 SelectWithValue 和 TimeActivatedOperate Once 请求，检查发送 TimeActivatedOperateTermination 请求结果是否为肯定响应；检查下述每个路径是否能使被测设备返回到未选择状态并且验证 CommandTermination。

1）强使设备模拟器改变到请求的新状态；

2）强使设备模拟器保持老状态（AddCause：Time-limit-over 或无效位置）；

3）强使设备模拟器改变到中间状态（AddCause：无效位置）。

第五步：客户端发送一个正确的 SelectWithValue 和 TimeActivatedOperate 请求检查下述每个路径是否能够使设备返回到准备就绪状态并且为 TimeActivatedOperateTermination 否定响应。

1）强使一个"Test not ok"；

2）发送一个正确的 Cancel 请求。

第六步：客户端发送具有非正确访问权限的 SelectWithValue 请求选择设备，检查访问是否被拒绝，或发送不正确的 SelectWithValue 请求。

第七步：客户端发送一个正确的 SelectWithValue 请求，检查发送多个 Operate Many 请求是否能使设备返回到设备准备就绪状态；检查发送一个 Cancel 请求是否能使设备返回到未选择状态。

第八步：客户端发送具有不同控制参数的 Operate 或 Cancel 请求，检查 SelectWithValue 被是否被拒绝且附加原因为参数不一致。

3. DOns 检测

（1）应满足要求：

被测装置 DOns 控制模型应符合 DL/T 860.72 与 DL/T 860.81 的要求。

（2）检测具体过程如下：

第一步：客户端发送一个正确的 Operate 请求；

第二步：客户端发送一个 Operate 请求，结果为"Test not ok"；

第三步：客户端发送一个 TimeActivatedOperate 请求，检查结果为否定响应；

第四步：客户端发送一个正确的 TimeActivatedOperate 请求，检查是否为 TimeActivatedOperateTermination 肯定响应；

第五步：客户端发送一个正确的 TimeActivatedOperate 请求，检查下述每个路径是否能使设备返回到准备就绪状态，检查是否为 TimeActivatedOperateTermination。

1）强使一个"Test not ok"；

2）发送一个正确的 Cancel 请求。

4. SBOns 检测

（1）应满足要求：

被测装置 SBOns 控制模型应符合 DL/T 860.72 与 DL/T 860.81 的要求。

（2）检测具体过程如下：

第一步：客户端发送一个正确的 Select 请求，发送一个正确的 Operate 请求。

第二步：客户端发送一个正确的 Select 请求，验证下述每个路径是否都能使设备返回到未选择状态。

1）发送一个正确的撤销请求；

2）等待选择超时；

3）发送一个释放请求；

4）发送一个 Operate 请求结果是"Test not ok"。

第三步：客户端发送一个正确的 Select 和不正确的 TimeActivatedOperate 请求，结果为否定响应。

第四步：客户端发送一正确的 Select 请求，发送一个 TimeActivatedOperate 请求，确保被测设备产生"Test ok"，检查 TimeActivatedOperateTermination 是否肯定响应。

第五步：发送一个正确的 Select 和 TimeActivatedOperate 请求，检查下述每个路径是否能使设备返回到准备就绪状态，并且为 TimeActivatedOperateTermination。

1）强使一个"Test not ok"

2）发送一个正确的 Cancel 请求

第六步：发送一个 Select 请求结果为否定响应，检查设备是否返回到未选择状态。

第七步：发送一个正确的 Select 请求，检查发送多个 Operate Many 请求是否能使设备返回到设备准备就绪状态；检查发送一个 Cancel 请求是否能使设备返回到未选择状态。

5. DOes 检测具体过程

（1）应满足要求：

被测装置 DOes 控制模型应符合 DL/T 860.72 与 DL/T 860.81 的要求。

（2）检测具体过程如下：

第一步：发送一个正确的 Operate 请求，检查下述每个路径是否能使设备返回准备就绪状态，验证 CommandTermination。

1）强使设备模拟器改变到请求的新状态；

2）强使设备模拟器保持老状态（AddCause：Time-limit-over 或无效位置）；

3）强使设备模拟器改变到中间状态（AddCause：无效位置）。

第二步：客户端发送一个 Operate 请求，结果为"Test not ok"。

第三步：发送一个 TimeActivatedOperate 请求，结果为否定响应。

第四步：发送一个正确的 TimeActivatedOperate 请求，检查 TimeActivatedOperate-Termination 请求结果是否为肯定响应，检查下述每个路径是否均能使设备返回准备就绪状态，验证 CommandTermination。

1）强使设备模拟器改变到请求的新状态；

2）强使设备模拟器保持老状态（AddCause：Time-limit-over 或无效位置）；

3）强使设备模拟器改变到中间状态（AddCause：无效位置）。

第五步：发送一个正确的 TimeActivatedOperate 请求，检查发送 TimeActivatedOperateTermination 请求结果是否为否定响应，检查下述每个路径是否都能使设备返回到准备就绪状态。

1）强使一个"Test not ok"；

2）发送一个正确的 Cancel 请求。

（十七）时间和时间同步模型检测

1．应满足要求

被测装置时间和时间同步模型应符合 DL/T 860.72、DL/T 860.74 与 DL/T 860.81 的要求。应支持 SCL 文件中配置的时间同步；报告和日志的时标品质应满足要求。

2．检测具体过程

第一步：检查被测设备是否支持 SCL 中配置的 SCSM 时间同步；

第二步：检查被测设备的报告和日志的时标准确度是否符合服务器时标品质要求；

第三步：检验当设备支持时区和 daylight 存储时，事件和扰动文件的时标是否是 UTC 时间；

第四步：检查逻辑节点 LTIM 中的时间管理设置是否符合要求；

第五步：检查逻辑节点 LTMS 中的主时钟监视是否符合要求；

第六步：检查特定周期之后，被测设备能否检测到"时间同步通信丢失"事件；

第七步：检查同步错误时，能否检测出时标偏差超过允许值。

（十八）文件传输模型检测

1．应满足要求

被测装置文件模型应符合 DL/T 860.72 与 DL/T 860.81 的要求。应能正确响应客户端发送的 GetServerDirectory（FILE）（读文件目录）、GetFile（读文件）和 GetFileAttributeValues（读文件属性值）服务请求。

2．检测具体过程

第一步：被测客户端用正确的参数请求 GetServerDirectory（FILE），检查服务器端是否为肯定响应；

第二步：被测客户端使用正确的参数请求 GetFileAttributeValues、请求 GetFile、请求 DeleteFile，检查服务器端是否能够肯定响应；

第三步：客户端用大小不同的文件和最多数量的最大文件请求 SetFile 下装文件，检查被测设备是否能回复肯定响应；

第四步：如支持与多个客户端关联，同时由几个客户端请求 GetFile 服务（PIXIT）；

第五步：用通配符参数请求 GetServerDirectory（FILE），检验被测设备响应；

第六步：请求下列带有未知文件名的文件传输服务，检查被测设备响应是否为服务差错。

（1）GetFile；

（2）GetFileAttributeValues；

（3）DeleteFile。

（十九）网络冗余检测

1. 应满足要求

被测装置网络冗余功能应满足 IEC 62439-3 标准要求。

2. 检测具体过程

第一步：检查被测设备是否支持符合 IEC 62439-3 标准的 PRP 冗余；

第二步：如果一个通道失败时，检查被测设备是否无数据包丢失，以及 LCCH 数据值是否被更新；

第三步：检查被测设备是否支持符合 IEC 62439-3 标准的 HSR 冗余；

第四步：如果一个通道失败时，检查被测设备是否无数据包丢失，以及 LCCH 数据值是否被更新。

第二节　客户端设备一致性检测

（一）检测系统架构

客户端设备的一致性检测使用的主要仪器设备有：

（1）客户端设备（被测设备）：主要包含监控主机、数据通信网关机等变电站站控层设备，在检测系统中作为客户端与模拟服务器端进行通信；

（2）多服务器模拟器：模拟保护、测控、PMU、网络报文记录与分析装置、电能量采集等多个服务器端设备同时与被测装置通信，对被测装置的关联和读写请求回复肯定或否定响应；

（3）测试主机：用以启动/停止检测步骤、分析和记录测试结果；

（4）主时钟：为被测装置及模拟客户端提供对时信号；

（5）配置工具：配置被测设备的工程工具；

（6）网络报文记录与分析仪：用以存储所有检测步骤的通信网络信息。

检测系统结构如图 11-2 所示。

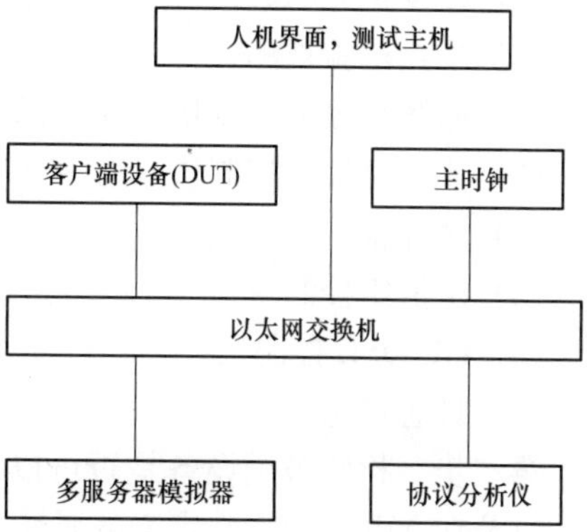

（二）文件和版本控制检测

1. 应满足要求

被测装置提供的 PICS、PIXIT、MICS 与 TICS

图 11-2　客户端设备一致性检测系统结构

文件中主要/次要的软件版本应与被测装置的软件版本一致，应符合 DL/T 860.4 的相关要求。

2. 检测具体过程

第一步：检查 PICS 文件中主要/次要的软件版本是否和被测设备一致；

第二步：检查 PIXIT 文件中主要/次要的软件版本是否和被测设备一致，检查 PIXIT 文件中是否指明在测试用例中所要求的信息；

第三步：检查 MICS 文件中主要/次要的软件版本是否和被测设备中软件版本一致，检查 MICS 文件中是否指明所有非标准的逻辑节点、数据对象、数据属性和枚举值的语义；

第四步：检查 TICS 文件中主要/次要的软件版本是否和被测设备中软件版本一致，检查 TICS 是否指明实现技术的情况。

（三）配置文件检测

1. 应满足要求

被测装置的配置文件应符合 DL/T 860.6 的相关要求。

2. 检测具体过程

第一步：检查被测设备处理的数据名称、数据类型是否和 SCL 文件模式定义一致。

第二步：在被测设备的 SCL 配置文件中，改变至少 5 个可以在线获取的可配置参数，使用制造商提供的配置工具，将修改后的 SCL 文件配置写进被测设备中，然后使用在线服务获取被测设备中的配置参数，检查是否与更新后的 SCL 文件一致；随后再恢复原始的 SCL 文件，重新配置被测设备为初始状态。

第三步：检验客户端是否可以分析 SCL 文件中的 ConfigRev 与服务器中的 LLN0. NamOlt. configRev。当不匹配时，检查被测设备是否可以按 PIXIT 中的描述执行。

注：如果被测设备的 PIXIT 中的描述不检查不匹配情况，则不要求被测设备做处理。

（四）数据模型检测

1. 应满足要求

被测装置的数据模型应符合 DL/T 860.73 和 DL/T 860.74 的相关要求。

2. 检测具体过程

第一步：检验客户端是否能够按照 DL/T 860.72 中 22.2 和 SCSM 的规定处理最大名称长度，以及扩充的数据对象如 SDOs(PIXIT)。

第二步：检验被测设备是否支持下列控制块的命名规定：

（1）非缓存报告控制块（无下标）；

（2）非缓存报告控制块（有下标）；

（3）缓存报告控制块；

（4）定值组控制块；

（5）GOOSE 控制块；

（6）日志控制块。

第三步：检验被测设备是否可以导入 DL/T 860.73 标准中定义 CDC 的强制和可选属性，以及在 MICS 中特殊定义的属性。

（五）ACSI 模型和服务映射检测

下列服务对应了 DL/T 860.72 中图 3 规定的服务模型，具体测试项目将在本节（六）～（十八）中详细介绍：

（1）应用关联（cAss）；

（2）服务器、逻辑设备、逻辑节点，数据和数据属性模型（cSrV）；

（3）数据集模型（cDs）；

（4）服务跟踪（cTrk）；

（5）取代模型（cSub）；

（6）定值组模型（sSg）；

（7）非缓存报告控制模型（cRp）；

（8）缓存报告控制模型（cBr）；

（9）日志控制模型（cLog）；

（10）GOOSE 控制块模型（cGos）；

（11）控制模型（cCtl）；

（12）时间和时间同步模型（cTm）；

（13）文件传输模型（cFt）。

ACSI 模型和服务的测试用例分为以下两类：肯定测试表示正常条件下的验证，结果一般为肯定响应；否定测试表示异常条件下的验证，结果一般为否定响应。

对于不同类型的被测装置，其 ACSI 模型和 ACSI 服务需要满足相应装置技术规范的规定，当技术规范规定被测设备应支持相应的 ACSI 模型和 ACSI 服务时，该项测试用例是强制要求的。对于技术规范未做要求的 ACSI 模型和 ACSI 服务，应按被测装置提供的 DL/T 860.72 附录 A 中的 PICS 声明进行测试。

（六）应用关联检测

1. 应满足要求

被测装置应用关联服务应符合 DL/T 860.72 与 DL/T 860.81 的要求。

（1）应能正确地向服务器端发送 Associate（关联）、Abort（异常中止）和 Release（释放）服务请求，并正确处理服务器端回复的响应；

（2）应支持同时与最多数量的服务器端建立连接；

（3）服务器端由于关联参数错误回复否定响应时，被测装置应能正确处理；

（4）应具备链路中断检测与中断并恢复供电后再次建立关联等功能。

2. 检测具体过程

第一步：建立一个应用关联，在关联建立的状态下强制被测设备释放一个 TPAA 关联。

第二步：强制被测设备同时与最多数量的服务器关联（PIXIT），检查所有关联是否全部成功。

第三步：当被测设备与其中一个服务器失去关联后，检查被测设备是否能够恢复关联，而且不影响其他正在关联的服务器。

第四步：检验被测设备是否能够处理具有小值和大值 MMS PDUsize 的服务器，检查被测设备是否能够保持它初始的 MMS PDUsize（PIXIT）。

第五步：客户端和服务端建立应用关联，服务器由于 AccessPointReference 错误回复否定响应，检查客户端能否正确处理；客户端和服务端建立应用关联，服务器由于认证参数错误回复否定响应，检查客户端能否正确处理。

第六步：客户端和服务端建立应用关联，服务器释放 TPAA 关联，检查被测设备是否可以在规定的时间后，试图重新建立关联（PIXIT）。

第七步：客户端和服务端建立应用关联，服务器异常终止 TPAA 关联，检查被测设备是否可以在规定的时间后，试图重新建立关联（PIXIT）。

第八步：客户端和服务端建立应用关联，服务器拒绝 TPAA 关联，检查被测设备是否可以应在规定的时间后，试图重新建立关联（PIXIT）。

第九步：断开服务器和以太网交换机之间通信接口，保持被测设备和以太网交换机之间的链路仍在激活状态。检查被测设备是否可以在规定的时间内，检测到链路中断；一旦链路重新建立，检查被测设备是否试图再次建立关联。

第十步：中断和恢复供电，被测设备就绪后，检查其是否可以建立所有已配置的关联（PIXIT）。

（七）服务器，逻辑设备，逻辑节点和数据检测

1. 应满足要求

被测装置服务器，逻辑设备，逻辑节点和数据服务应符合 DL/T 860.72 与 DL/T 860.81 的要求。

（1）如果被测客户端可实现自动描述，应能正确地向服务器端发送 GetServerDirectory（读服务器目录）、GetLogicalDeviceDirectory（读逻辑设备目录）、GetLogicalNodeDirectory（读逻辑节点目录）、GetDataDirectory（读数据目录）、GetDataDefinition（读数据定义）服务请求，并正确处理服务器端回复的响应；

（2）应能正确地向服务器端发送 GetDataValues（读数据值）、SetDataValues（设置数据值）服务请求，并正确处理服务器端回复的响应。

2. 检测具体过程

第一步：如果被测客户端可实现自动描述，强使被测客户端启动自动描述，检查能够对所有配置的服务器的逻辑设备正确地请求 GetServerDirectory（LOGICAL-DEVICE）。

第二步：如果被测客户端可实现自动描述，强使被测客户端对每个 GetServerDirectory（LOGICAL-DEVICE）的响应发 GetLogicalDeviceDirectory 请求，检查请求是否正确发送。

第三步：如果被测设备可实现自动描述，强使被测设备对每个 GetLogicalDeviceDirectory 响应发 GetLogicalNode Directory（DATA）请求，检查请求是否正确发送。

第四步：如果被测设备可实现自动描述，强使被测设备对每个 GetLogicalNode Directory（DATA）的响应至少发送下面命令的一条，检查请求是否正确发送。

（1）发 GetDataDirectory 请求；

（2）发 GetDataDefinition 请求。

第五步：被测设备启动后，检查其是否能够更新已配置服务器的过程采集值。

第六步：对所有不同的基本类型数据（例如 FC＝CF）发一个 SetDataValues 的请求，并检查服务运行情况。

第七步：请求 GetDataValues，检查被测设备是否更新数据值。

第八步：对每个功能约束请求 GetAllDataValues，检查被测设备是否更新其数据模型。

第九步：检查客户端是否能够置位/复位 blkEnd。

第十步：如果被测设备可实现自动地向已进行通信的多个服务器发送命令，强使被测

设备开始自动描述，检查当服务器对下列请求否定回答时，被测设备是否仍然保持与其他服务器的正常通信：

（1）GetServerDirectory（LOGICAL-DEVICE）；

（2）GetLogicalDeviceDirectory；

（3）GetLogicalNodeDirectory（DATA）；

（4）GetDataDirectory；

（5）GetDataDefinition。

第十一步：被测设备在下列情况请求 GetAllDataValue 失败后，检查其是否仍然保持与其他服务器的正常通信：

（1）否定响应；

（2）带不匹配数据对象的响应。

第十二步：被测设备在下列情况请求 GetDataValue 失败后，检查其是否仍然保持与其他服务器的正常通信：

（1）否定响应；

（2）带不匹配数据对象的响应；

（3）数据值超出有效范围。

第十三步：被测设备在下列情况请求 SetDataValues 失败后，检查其是否仍然保持与其他服务器的正常通信：

（1）否定响应；

（2）其中一个数据值是只读。

第十四步：如果被测设备能检测/发现"Quality"属性变化，用 SERVER SIMULATOR 改变被测设备监测的模拟量和状态量的"Quality"属性的值，检查被测设备变化是否如 PIXIT 所述。

第十五步：如果被测设备能检测/发现时标的"TimeQuality"属性变化，用 SERVER SIMULATOR 改变被测设备监测的模拟量和状态量的"TimeQuality"属性的值，检查被测设备是否如 PIXIT 所述进行处理。

（八）数据集模型检测

1. 应满足要求

被测装置数据集模型应符合 DL/T 860.72 与 DL/T 860.81 的要求。

（1）如果被测客户端可实现自动描述，应能正确地向服务器端发 GetLogicalNodeDirectory（DATA-SET）GetDataSetDirectory（读数据集目录）服务请求，并正确处理服务器端回复的响应；

（2）应能正确地向服务器端发送 GetDataSetValues（读数据集值）服务请求，并正确处理服务器端回复的响应。

2. 检测具体过程

第一步：如果被测设备可实现自动描述，强使被测设备启动自动描述，检查其是否对所有配置的服务器的逻辑节点发送 GetLogicalNodeDirectory（DATA-SET）请求。

第二步：如果被测设备可实现自动描述，强使被测设备开始自动描述，检查其是否对服务器的所有数据集发送 GetDataSetDirectory 请求。

第三步：检查被测设备能够请求 GetDataSetValues 和处理响应。

第四步：检查被测设备能够请求 SetDataSetValues 和处理响应。

第五步：验证被测设备能够检查 SCD 文件中预配置的数据集。如果检查出任何偏差，检查被测设备是否按 PIXIT 的规定进行处理。

第六步：如果被测设备在启动后能够动态建立永久或非永久数据集，检查被测设备是否按照配置发送 CreateDataSet 服务。

第七步：检查被测设备能否正确发出 DeleteDataSet 请求并能处理服务器的响应。

第八步：检查被测设备是否能够处理具有最大名称长度数据集和数据集成员的永久/非永久数据集。

第九步：如果被测设备可实现自动描述，强使被测设备开始自动描述，检查当服务器对下列请求否定回答时，被测设备是否仍然保持与其他服务器的正常通信。

（1）GetLogicalNodeDirectory（DATA-SET）；

（2）GetDataSetDirectory。

第十步：当被测设备向其中一个服务器请求 GetDataSetValue 并发生以下情况时，检查被测设备是否仍然保持与其他服务器的正常通信。

（1）否定响应；

（2）具有超过预期的较多或较少元素的响应；

（3）带有不同类型重新排序元素的响应；

（4）带有相同类型重新排序元素的响应。

第十一步：当被测设备向其中一个服务器请求 SetDataSetValues 并收到否定响应时，检查被测设备是否仍然保持与其他服务器的正常通信。

第十二步：如果在启动后被测设备能够动态建立永久或非永久数据集，当被测设备发送 CreateDataSet 服务并收到否定响应时，检查被测设备是否仍然保持与其他服务器的正常通信。

第十三步：如果在启动后被测设备能够动态配置数据集，当被测设备发 DeleteDataSe 服务并收到否定响应时，检查被测设备是否仍然保持与其他服务器的正常通信。

（九）服务跟踪模型检测

1. 应满足要求

被测装置服务跟踪模型应符合 DL/T 860.72 与 DL/T 860.81 的要求。

2. 检测具体过程

第一步：检查被测设备能否正确处理以下控制块服务跟踪：

（1）缓存的报告，LTRK. BrcbTrk；非缓存的报告，LTRK. UrcbTrk。

（2）日志控制块，LTRK. LocbTrk；GOOSE 控制块，LTRK. GocbTrk。

（3）多播采样值控制块，LTRK. MsvcbTrk；单播采样值控制块，LTRK. UsvcbTrk。

（4）定值组控制块，LTRK. SgcbTrk。

（5）单点控制，LTRK. SpcTrk；双点控制，LTRK. DpcTrk。

（6）整数控制，LTRK. IncTrk；枚举值控制，LTRK. EncTrk。

（7）浮点模拟量过程值控制，LTRK. ApcFTrk。

（8）整数模拟量过程值控制，LTRK. ApcintTrk。

（9）二进制步位置控制，LTRK.BscTrk；整数步位置控制，LTRK.IscTrk。

（10）二进制模拟量过程值控制，LTRK.BacTrk。

第二步：检查被测设备能否正确处理其他支持的公共服务跟踪，LTRK.GenTrk。

（十）取代模型检测

1. 应满足要求

被测装置取代模型应符合 DL/T 860.73 的要求。

2. 检测具体过程

第一步：检查被测设备是否能够使能取代，输入一个取代值和停止使能取代；

第二步：检查被测设备是否能够显示取代值的源品质为"取代"；

第三步：检查被测设备是否能够显示由其他客户端取代的值的源品质为"取代"；

第四步：检查被测设备是否能够处理具有最大名称长度的取代值。

（十一）定值组控制模型检测

1. 应满足要求

被测装置定值组模型应符合 DL/T 860.72 与 DL/T 860.81 的要求。

（1）如果被测设备可实现自动描述，应能正确地向服务器端发送 GetLogicalNodeDirectory（SGCB）服务请求，并正确处理服务器端回复的响应；

（2）应能正确地向服务器端发送 GetSGCBValues、SelectActiveSG（选择激活定值组）、SelectEditSG（选择编辑定值组）、SetSGValuess（设置定值组值）、ConfirmEditSGValues（确认编辑定值组值）、GetSGValues（读定值组值）和 GetSGCBValues（读定值组控制块值）服务请求，并正确处理服务器端回复的响应。

2. 检测具体过程

第一步：如果被测设备可实现自动描述，强使被测设备开始自动描述并检查其是否正确发送 GetLogicalNodeDirectory（SGCB）请求，能否正确处理所收到的肯定响应。

第二步：检查被测设备是否能够选择一个定值组。

（1）SelectActiveSG 第一个定值组；

（2）用 GetSGCBValues 检查激活定值组；

（3）重复以上步骤选择其他定值组。

第三步：检查被测设备是否能够读取一个定值组值 [FC＝SG]。

（1）SelectActiveSG 第一个定值组；

（2）用 GetDataValues 检查值为第一个定值组的值；

（3）重复其他定值组。

第四步：检查被测设备是否能够编辑定值组的值。

（1）SelectEditSG 第一个定值组；

（2）请求 GetEditSGValues 读编辑的值；

（3）用 SetEditSGValues 改变编辑的值；

（4）用 ConfirmEditSGValues 确认改变的值。

第五步：检查被测设备是否能够取消编辑进程。

（1）SelectEditSG 第一个定值组；

（2）用 SelectEditSG 第 0 个定值组取消进程。

第六步：如果被测设备能够读可选的 ResvTms，当 ResvTms＞0 时，检查被测设备是否不能请求 SelectEditSG。

第七步：如果被测设备能够读可选的 EditSG，当 EditSG＞0 时，检查被测设备是否不能请求 SelectEditSG。

第八步：强使模拟服务器对下列服务返回一个否定响应，检查被测设备是否能正常工作。

（1）SelectActiveSG；

（2）GetSGCBValues。

（十二）非缓存报告模型检测

1. 应满足要求

被测装置非缓存报告模型应符合 DL/T 860.72 与 DL/T 860.81 的要求。应支持 Report（报告）服务，应能正确地向服务器端发送 GetURCBValues（读非缓存报告控制块值）、SetURCBValues（设置非缓存报告控制块值）服务请求，并正确处理服务器端回复的响应。

2. 检测具体过程

第一步：如果被测设备可实现自动描述，强使被测设备开始自动描述并检查其是否对所有配置的服务器在 PIXIT 中声明的逻辑节点请求 GetLogicalNodeDirectory（URCB）。

第二步：如果被测设备在开始通信后，能够用 SetURCBValues 配置服务器的 URCB 的参数。检查被测设备是否能够带着配置的值发送 SetURCBValues。

第三步：检查被测设备是否能够处理带有不同可选域的报告。强使被测设备用有用的可选域的组合配置/使能一个 URCB：顺序号、报告时标，包括的原因，数据集名和/或数据引用，强制/触发一个报告，并检查被测设备是否能够处理报告和更新它的数据库。

第四步：检查被测设备是否能够处理带有不同触发条件的报告。用所有有用的可选域配置/使能一个 URCB 并检查报告是否按下面的触发条件被发送。

（1）完整性周期。

（2）数据更新（dupd）。

（3）完整性周期与数据更新。

（4）数据变化（dchg）。

（5）数据和品质变化（dchg+ qchg）。

（6）数据和品质按完整性周期变化（dchg+ qchg）。

第五步：检查被测设备是否能够处理分段的报告。

第六步：检查被测设备是否能够改变（预）配置的缓存时间。

第七步：检查被测设备是否能够强制发送 GI 总召唤。

第八步：启动后，被测设备按 SCD 文件中的规定配置和使能 URCBs，检查被测设备是否只能写 SCL 中 URCB 的"dyn"域。

第九步：检查被测设备是否能处理复杂结构数据的报告。

第十步：检查被测设备是否能处理基本数据的报告（如 stVal 和品质）。

第十一步：检查被测设备是否能处理具有最大名字长度 RptID 和 DatSet 的 URCB。

第十二步：检查被测设备是否能够改变在 URCB 中先前使用的动态数据集的成员，结果由服务器增加 ConfigRev 值。

第十三步：当另一客户端已保留一个实例号的 URCB 时，检查被测设备是否可配置其他实例号的 URCB。

第十四步：如果被测设备可实现自动描述，强使被测设备开始自动描述，当请求 Get-LogicalNodeDirectory（URCB）收到否定回答时，检查被测设备是否仍然保持与其他服务器的正常通信。

第十五步：当请求 GetURCBValues 收到否定回答时，检查被测设备是否仍然正常工作。

第十六步：当请求 SetURCBValues 收到否定回答时，检查被测设备是否仍然正常工作。

第十七步：当请求 SetURCBValues 而且 URCB 被保留时（Resv＝True，PIXIT），检查被测设备是否仍然正常工作。

第十八步：当被测设备收到的报告中具有未配置的或不支持的 Optflds 时，检查被测设备是否不会崩溃。

第十九步：当被测设备收到的报告中具有未配置的或不支持的 TrgOps 时，检查被测设备是否不会崩溃。

第二十步：在收到下列情况的错误格式报告时，检查被测设备的处理是按照 PIXIT 中的描述执行。

（1）报告中有未知的 DataSet；

（2）报告中有未知的 RptID；

（3）报告中数据引用不正确；

（4）报告中数据类型不对。

第二十一步：当 ConfRev 属性有变化时，检查被测设备是否已检测到相应变化。当被测设备不进行 ConfRev 检查时，是否检查数据集成员。需要在 PIXIT 中规定检查方法。

（十三）缓存报告模型检测

1. 应满足要求

被测装置缓存报告模型应符合 DL/T 860.72 与 DL/T 860.81 的要求。

（1）应支持 Report（报告）服务；

（2）应能正确地向服务器端发送 GetBRCBValues（读缓存报告控制块值）、SetBRCBValues（设置缓存报告控制块值）服务请求，并正确处理服务器端回复的响应。

2. 检测具体过程

第一步：如果被测设备可实现自动描述，强使被测设备开始自动描述并检查其是否对所有配置的服务器在 PIXIT 中声明的逻辑节点请求 GetLogicalNodeDirectory（BRCB）。

第二步：如果被测设备在开始通信后，能够用 SetBRCBValues 配置服务器的 BRCB 的参数，检查是否能够带着配置的值发送 GetBRCBValues/SetBRCBValues。

第三步：验证被测设备能否处理带有不同可选域的报告。强使被测设备用有用的可选域的组合配置/使能一个 BRCB：顺序号、报告时标，包括的原因，数据集名和/或数据引用，强制触发一个报告并检查被测设备是否能够处理报告和更新它的数据库。

第四步：验证被测设备能否处理带有不同触发条件的报告，用所有有用的可选域配置/

使能一个 BRCB 并检查报告是否按下面的触发条件被发送：

（1）完整性周期；

（2）数据更新（dupd）；

（3）完整性周期与数据更新；

（4）数据变化（dchg）；

（5）数据和品质变化（dchg＋qchg）；

（6）数据和品质按完整性周期变化（dchg＋qchg）。

第五步：检查被测设备能否处理分段的报告。

第六步：检查被测设备能否改变（预）配置的缓存时间。

第七步：检查被测设备能否触发 GI 总召唤。

第八步：检查启动后被测设备能否按 SCD 文件中的规定配置和使能 BRCBs，被测设备只能写 SCL 中 BRCB 的"dyn"域。

第九步：检查被测设备能否处理复杂结构数据的报告（如 WYE 和 DEL 数据对象）。

第十步：检查被测设备能否处理基本数据的报告（如 stVal 和品质）。

第十一步：检查被测设备能否处理具有最长名字 RptID 和 DatSet 的 BRCB。

第十二步：检验被测设备能否改变之前在 BRCB 中使用的动态数据集的成员，该操作将引起服务器 ConfRev 值递增。

第十三步：检验当另一客户端已配置一个实例号的 BRCB 时，被测设备能否配置其他实例号的 BRCB。

第十四步：检查被测设备能否处理失去关联期间的缓存报告。

（1）缓存未溢出（PIXIT）；

（2）缓存溢出。

第十五步：检查被测设备在失去关联再次关联后，能否通过设置 EntryID 请求指定的缓存报告。

第十六步：检查被测设备能否清除缓存报告。

第十七步：检查当 ResvTms 属性可用并且值为 0 时，被测设备能否第一次设置 ResvTms 属性值。

第十八步：如果被测设备可实现自动描述，强使被测设备开始自动描述并检查当请求 GetLogicalNodeDirectory（BRCB）收到否定回答时，被测设备是否仍然保持与其他服务器的正常通信。

第十九步：检查当请求 GetBRCBValues 收到否定回答时，被测设备是否仍然正常工作。

第二十步：检查当请求 SetBRCBValues 收到否定回答时，被测设备是否仍然正常工作。

第二十一步：检查当被测设备请求 SetBRCBValues，而且该 BRCB 是由另外的设备使用或已预分配时，被测设备是否仍然正常工作。

第二十二步：具有不支持的 Optflds 的报告。当被测设备收到的报告中具有未配置的或不支持的 Optflds 时，检查被测设备是否不会崩溃。

第二十三步：配置不支持的 TrgOps 的报告。当被测设备收到的报告中具有未配置的或不支持的 TrgOps 时，验证被测设备是否不会崩溃。

第二十四步：检查被测设备收到下列情况的错误格式报告时，能否按照 PIXIT 中的描述处理：

（1）报告中有未知的 DatSet；

（2）报告中有未知的 RptID；

（3）报告中数据引用不正确；

（4）报告中数据类型不对。

第二十五步：检查被测设备能否检测报告控制块的 ConfRev 属性有变化，当被测设备不进行 ConfRev 检查是，检查它是否检查数据集成员。需要在 PIXIT 中规定检查方法。

第二十六步：检查当被测设备请求 SetBRCBValues 设置 EntryID 收到否定响应时，是否能够处理服务器的缓存溢出报告。

（十四）日志类模型检测

1. 应满足要求

被测装置日志类模型应符合 DL/T 860.72 与 DL/T 860.81 的要求。应能正确地向服务器端发送 GetLCBValues（读日志控制块值）、SetLCBValues（设置日志控制块值）、QueryLogByTime（按时间查询日志）、QueryLogAfter（查询某条目以后的日志）和 GetLogStatusValues（读日志状态值）服务请求，并正确处理服务器端回复的响应。

2. 检测具体过程

第一步：如果被测设备可实现自动描述，强使被测设备开始自动描述，检查其是否对所有配置的服务器在 PIXIT 中声明的逻辑节点请求 GetLogicalNodeDirectory(LOG)。

第二步：如果被测设备可实现自动描述，强使被测设备开始自动描述，检查其是否对所有配置的服务器在 PIXIT 中声明的逻辑节点请求 GetLogicalNodeDirectory(LCB)。

第三步：如果被测设备可实现自动描述，强使被测设备开始自动描述，检查其是否对使用 GetLogicalNodeDirectory(LCB) 服务获取的 LCBs 请求 GetLogStatusValues。

第四步：如果被测设备可实现自动描述，强使被测设备开始自动描述，检查其是否对使用 GetLogicalNodeDirectory(LCB) 服务获取的 LCBs 开始自动地请求 GetLCBValues。

第五步：如果被测设备在开始通信后，能够用 SetLCBValues 配置服务器的 LCB 的参数。检查被测设备是否能够带着配置的值发送 SetLCBValues。

第六步：强使被测设备使能服务器的至少一个 LOG 的日志，检查被测设备是否能够正确发送请求。

第七步：请求 QueryLogByTime 或 QueryLogAfter，检查被测设备是否能够用收到的日志更新数据库。

第八步：检查被测设备是否能处理具有最大名称长度的 LCB 和 DatSet。

第九步：如果被测设备可实现自动描述，强使被测设备开始自动描述，并检查当请求 GetLogicalNodeDirectory(LCB) 和 GetLogicalNodeDirectory(LOG) 收到否定回答时，被测设备是否仍然保持与其他服务器的正常通信。

第十步：当请求 GetLCBValues 或 GetLogStatusValues 收到否定回答时，检查被测设备是否仍然正常工作。

第十一步：当请求 SetLCBValues 收到否定回答时，检查被测设备是否仍然正常工作。

（十五）GOOSE 控制块检测

1. 应满足要求

被测装置通用变电站事件模型应符合 DL/T 860.72 与 DL/T 860.81 的要求。

2. 检测具体过程

第一步：检查被测设备是否能够发送 GetGoCBValues 请求并处理响应；

第二步：检查被测设备是否能够发送 SetGoCBValues 请求并处理响应。

（十六）控制模型检测

1. 应满足要求

被测装置控制模型应符合 DL/T 860.72 与 DL/T 860.81 的要求。

2. 检测具体过程

第一步：检查被测设备是否能够在 SelectWithValue 和 Operate 请求中设置 TEST 域（PIXIT）。

第二步：检查被测设备对支持的控制模式，是否能够在命令中设置 CHECK 域（Synchro-Check 或 interlock-Check 位）（PIXIT）。

第三步：检查被测设备是否能够使用在线服务改变控制模式（PIXIT）。

第四步：验证初始分类标识值以及控制号的值（PIXIT）。

第五步：检查被测设备在检测到下列控制模式不匹配时，是否能够正确处理（PIXIT）：

（1）服务器是 status-only，被测设备认为可控制；

（2）服务器是 SBO 模式，被测设备认为是直接控制；

（3）服务器是直接控制模式，被测设备认为是 SBO。

第六步：检查当被测设备检测到控制模式在 SCL 中未配置时，被测设备是否能够正确处理（PIXIT）。

（十七）时间和时间同步模型

1. 应满足要求

被测装置时间和时间同步模型应符合 DL/T 860.72、DL/T 860.74 与 DL/T 860.81 的要求。应支持 SCSM 时间同步，时标准确度符合服务器时标品质要求。

2. 检测具体过程

第一步：检查被测设备是否支持 SCSM 时间同步。改变时间服务器的时间并验证被测设备使用新的时间。

第二步：检查被测设备的时标准确度是否符合服务器时标品质要求。

第三步：检查特定周期之后被测设备能否检测到"时间同步通信丢失"事件，并将时标品质设置为无效。

第四步：检查被测设备能否处理来自时间服务器的时标品质。

（十八）文件传输模型

1. 应满足要求

被测装置文件模型应符合 DL/T 860.72 与 DL/T 860.81 的要求。应能正确地向服务器端发送 GetServerDirectory（FILE）（读文件目录）、GetFile（读文件）和 GetFileAttributeValues（读文件属性值）等服务请求，并正确处理服务器端回复的响应。

2. 检测具体过程

第一步：检查被测设备是否能够用正确参数请求 GetServerDirectory（FILE），并处理响应。

第二步：检查被测设备是否能够用正确参数请求 GetFileAttributeValues，并处理响应。

第三步：检查被测设备是否能够用正确参数请求 GetFile，并处理响应。

第四步：检查被测设备是否能够用大小不同的文件请求 SetFile 服务，以及能否成功发送文件。

第五步：检查被测设备是否能够用正确参数请求 DeleteFile，并处理响应。

第六步：当被测设备请求 GetFile 服务时，强使模拟服务器回复否定响应，检查被测设备是否报告一个错误。

第七步：当被测设备请求 GetFileAttributeValues 服务时，强使模拟服务器回复否定响应，检查被测设备是否报告一个错误。

第八步：当被测设备请求 SetFile 服务时，强使模拟服务器回复否定响应，检查被测设备是否报告一个错误。

第三节　采样值设备一致性检测

（一）检测系统架构

采样值设备的一致性检测使用的主要仪器设备有被测设备（SV 发布装置）、主时钟、配置工具（用以配置被测设备）、高性能协议分析仪（用以存储每个检测步骤的所有网络流量信息）、信号发生器［用以产生电流和（或）电压信号］等。检测系统构成如图 11-3 所示。

采样值发布设备的一致性检测使用的主要仪器设备有：

（1）被测设备（SV 发布装置）：主要包含合并单元、采集执行单元等设备，在检测系统中作为采样值发布设备对外发布 SV 报文；

（2）信号发生器：用以产生电流和（或）电压信号；

（3）主时钟：为被测装置及模拟客户端提供对时信号；

（4）配置工具：配置被测设备的工程工具；

（5）网络报文记录与分析仪：用以存储所有检测步骤的通信网络信息。

检测系统构成如图 11-3 所示。

（二）文件和版本控制检测

1. 应满足要求

被测装置提供的 PICS、PIXIT、MICS 与 TICS 文件中主要/次要的软件版本应与被测装置的软件版本一致，应符合 DL/T 860.4 的相关要求。

2. 检测具体过程

第一步：检查 PICS 文件中主要/次要的软件版本是否和被测设备一致。

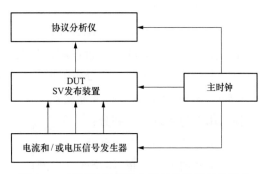

图 11-3　测试采样值发布设备的检测系统结构

第二步：检查 PIXIT 文件中主要/次要的软件版本是否和被测设备中软件版本一致，PIXIT 文件中是否指明在检测步骤中所要求的信息。

第三步：检查 MICS 文件中主要/次要的软件版本是否和被测设备中软件版本一致，MICS 文件中是否规定采样值报文，包括有效性和每个数据对象的源。

第四步：检查 TICS 文件中主要/次要的软件版本是否和被测设备中软件版本一致，TICS 是否指明实现技术的情况。

（三）配置文件检测

1. 应满足要求

被测装置的配置文件应符合 DL/T 860.6 的相关要求。

2. 检测具体过程

第一步：检查 ICD 配置文件是否和 SCL 文件模式定义一致。

第二步：检查 ICD 配置文件是否和通过网络读取的被测设备实际的名称、数据集和数据值相符合。

第三步：检查服务器在 ICD 文件中服务部分的 "SMVsettings" 能力是否与 IED 的能力匹配。

第四步：检查 SCL 中的名称和逻辑节点是否符合相关规定并配置正确。

第五步：检查 SCL 中的逻辑节点 LLN0。检查应包括两方面：数据集；采样值控制块。

第六步：检查 SCL 中的采样值数据集是否符合相关规定并配置正确。

第七步：检查 SCL 中的公共数据类 SAV 和标度值是否符合相关规定并配置正确。

第八步：检查 SCL 中的多播采样值控制块的配置是否符合相关规定。

第九步：检查 SCL 中的单播采样值控制块的配置是否符合相关规定。

第十步：如果设备不提供所有的采样值，空采样值的数据对象应在数据集中引用。为检查在 SCL 中的空的采样值和实际有的采样值之间的不同，ICD 文件中需包含所有的逻辑节点，但是不支持预配置模式为 "Off" 的逻辑节点。

（四）数据模型检测

1. 应满足要求

被测装置的数据模型应符合 DL/T 860.73 和 DL/T 860.74 的相关要求。

2. 检测具体过程

第一步：检查采样值对象是否存在；

第二步：检查 MSVCB 是否在逻辑节点 LLN0 中；

第三步：检查 USVCB 是否在逻辑节点 LLN0 中。

（五）ACSI 模型映射和服务检测

检测用例包含以下三部分：

（1）采样值控制块（svSvcb）检测；

（2）采样值报文发布（svSvp）检测；

（3）采样值报文订阅（svSvs）检测。

对于不同类型的被测装置，其 ACSI 模型和 ACSI 服务需要满足相应装置技术规范的规定，当技术规范规定被测设备应支持相应的 ACSI 模型和 ACSI 服务时，该项测试用例是强制要求的。对于技术规范未做要求的 ACSI 模型和 ACSI 服务，应按被测装置提供的 DL/T 860.72 附录 A 中的 PICS 声明进行测试。

（六）采样值模型的传输检测

1. 采样值控制块检测

（1）应满足要求：

被测装置的采样值模型应符合 DL/T 860.92 的相关要求。

（2）检测具体过程如下：

第一步：客户端请求 GetLogicalNodeDirectory（MSVCB），检查采样值设备响应是否为肯定响应。

第二步：客户端请求 GetLogicalNodeDirectory（USVCB），检查采样值设备响应是否为肯定响应。

第三步：检查客户端是否能够用 Get MSVCBValues 读取 MSVCB 属性。

第四步：检查客户端是否能够用 Get USVCBValues 读取 USVCB 属性。

第五步：检查客户端是否能够用 SetMSVCBValues 改变 MSVCB 属性，当 SvEna＝False 时，是否没有任何 SV 报文被传输。

第六步：检查客户端是否能够用 SetUSVCBValues 改变 USVCB 属性，当 SvEna＝False 时，是否没有任何 SV 报文被传输。

第七步：检查 ConfRev 是否能够表示 xSVCB 的配置改变次数的计数。下述改变应被计数：

1）删除数据集成员；

2）数据集成员重新排序；

3）数据集功能约束为 CF 的属性值的任何改变；

4）xSVCB 的属性值的改变；

5）ConfRev 不应为 0；

6）验证发布方重新启动后，ConfRev 的值不发生改变。

第八步：当 SVCB 使能时，检查 SVCB 的属性值是否不能被改变，而非使能时是否允许改变。

第九步：当 SVCB 非使能时，检查是否可以在 SVCB 中设置不可配置的属性，并验证否定响应服务差错。

第十步：检查发送的 SV 报文与 xSVCB 中的配置是否匹配。

2. SV 报文发布检测

（1）应满足要求：被测装置的采样值模型应符合 DL/T 860.92 的相关要求。

（2）检测具体过程：

第一步：检查从产生采样值到发送相应报文的最大延迟时间是否在 PIXIT 规定的范围内。

第二步：检查物理层和连接器是否与 SCSM 和 PIXIT 匹配。

第三步：检查链路层格式是否与 SCSM 匹配。

第四步：检查应用层格式是否与 SCSM 匹配。

第五步：检查采样值支持的品质位是否符合标准要求。

第六步：检查采样值是否按每周期规定的报文数据传输（PIXIT，SVCB）。

第七步：检查每次产生一个新的采样值时，SmpCnt 是否加 1。

第八步：检查采样值是否与模拟信号匹配。

第九步：检查电压标度参数是按 PIXIT 的规定配置的并正确应用。

第十步：检查电流标度参数是按 PIXIT 的规定配置的并正确应用。

第十一步：检查 SmpSynch 值是否符合以下要求：

1）SmpSynch＝2 时表示接收全局域时间同步信号；

2）SmpSynch＝1 时表示接收当地域时间同步信号；

3）SmpSynch＝0 时表示无时间同步信号。

第十二步：检查在重新加电之后，被测设备是否在规定的时间内（PIXIT）发布有效的 SV 报文。

第十三步：检查在 SIMULATION 模式，被测设备是否发布带有 Simulation ＝ True（PIXIT）的 SV 报文。

第十四步：未被测量或计算的信号，检查其对应的品质位是否是无效。

3. SV 报文订阅检测

（1）应满足要求：

被测装置的采样值模型应符合 DL/T 860.92 的相关要求。

（2）检测具体过程如下：

第一步：检查被测设备物理层和连接器是否与 SCSM 和 PIXIT 匹配。

第二步：从一个或多个源发送带有新数据的 SV 报文，检查被测设备是否能处理这些报文（PIXIT）。

第三步：发送带有 SmpSynch＝0、1、2 的 SV 报文，检查被测设备是否按照 PIXIT 处理这些报文。

第四步：在重新加电之后，检查被测设备应在规定的时间内（PIXIT）订阅有效的 SV 报文。

第五步：当在 SV 报文中设置了 Simulation（PIXIT），检查被测设备是否正确处理。

第六步：当在 SV 报文中采样数据设置了 Quality-Test（PIXIT），检查被测设备是否正确处理。

第七步：当在 SV 报文中采样数据设置了 Quality-Invalid（PIXIT），检查被测设备是否正确处理。

第八步：检查在收到下列 SV 报文时，被测设备的处理是否与 PIXIT 中的声明一致。

1）丢失一些 SV 报文；

2）丢失所有 SV 报文；

3）双倍的 SV 报文；

4）延迟的 SV 报文；

5）失序的 SV 报文。

第九步：当订阅 SV 报文的 SvID、ConfRev、SmpRate 或 DatSet 不匹配时，检查被测设备的处理是否与 PIXIT 中的声明一致。

第十步：当订阅 SV 报文的数据集配置不匹配时：太多元素、元素不够、元素失序或元素类型错误时，检查被测设备的处理是否与 PIXIT 中的声明一致。

第十一步：当订阅 SV 报文的 SmpSynch 设置为 1 或 2 并且再次恢复为 0 时，检查被测设备的处理是否与 PIXIT 中的声明一致。

第十二章

一体化监控系统检测

　　一体化监控系统纵向贯通调度、生产等主站系统，横向联通变电站内各自动化设备，处于体系结构的核心部分，可采集站内电网运行信息、二次设备运行状态信息，实现变电站全景数据采集、处理、监视、控制、运行管理、统一存储变电站模型、图形和操作记录、运行信息、告警信息、故障波形等历史数据，为各类应用提供数据查询和访问服务，支撑主站各业务需求。一体化监控系统体系架构逻辑关系如图 12-1 所示。智能变电站一体化监控系统检测包含其功能检测、性能检测，应具备模型一致性检测、装置配置工具检测、系统配置工具检测、模型校核工具检测、图形管理工具检测、模型和版本管理检测等无须复杂检测方法的测试项目。

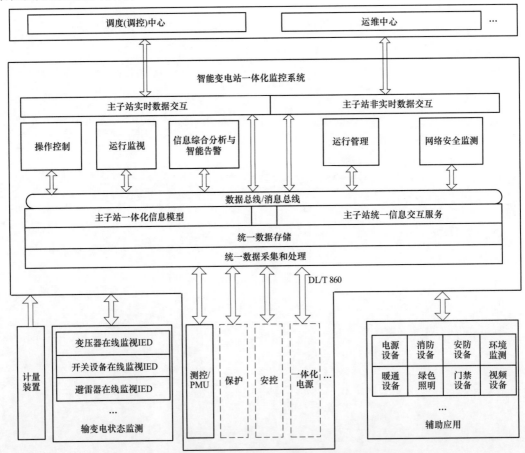

图 12-1　智能变电站自动化系统体系架构逻辑关系图

第一节　检测系统架构

检测系统架构如图 12-2 所示，其中红色虚框内的设备为被测设备，包括监控主机、操作员站、Ⅰ区数据通信网关机、Ⅱ区数据通信网关机、综合应用服务器、测控装置；检测系统的配合测试设备包括保护装置、智能防误主机、网络安全监测装置、对时系统、测试仪器、DL/T 860 规约测试工具、IED-仿真器、业务安全测试工具等；测控装置 1 为数字化测控装置，测控装置 2 为常规测控装置，交直流电源、电能量采集终端等设备可以通过 IED-仿真器模拟接入监控系统，过程层数据可以通过变电站监控系统试验装置等测试设备模拟生成。

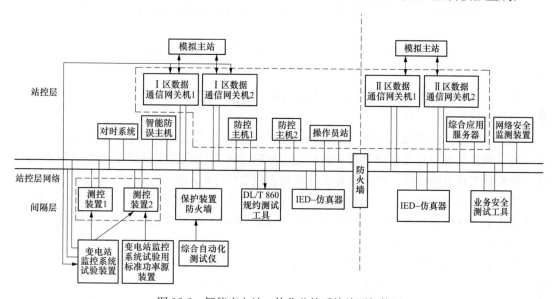

图 12-2　智能变电站一体化监控系统检测架构图

第二节　功能检测方法

一体化监控系统的功能检测主要包括数据采集功能、数据处理功能、运行监视功能、告警直传功能、远程浏览功能、操作与控制、运行管理功能、信息综合分析与智能告警应用检测、安全监测与管理及规约转换功能等检测。

（一）数据采集功能检测

数据采集功能检测包括内容为检测一体化监控系统对测控、保护、故障录波、电量等数据的采集功能是否正确，根据应满足的技术要求共分为五个步骤，分别为测控数据采集功能检测、保护数据采集功能检测、故障录波数据采集功能检测、电量数据/交直流电源数据/在线监测数据采集功能检测以及辅助设备数据采集检测，以下分别介绍本项检测的技术要求和检测过程。

1. 应满足要求

（1）应实现测控数据的采集功能；

（2）应实现保护数据的采集功能；

（3）应实现故障录波数据的采集功能；

（4）应实现电量数据/交直流电源数据/在线监测数据的采集功能；

（5）应实现辅助设备数据的采集功能。

2. 具体检测过程

第一步：测控数据采集功能检测。

（1）模拟量/状态量采集检测：使用数字信号发生器施加模拟量报文/状态量报文，改变多次，在监控系统上查看模拟量/状态量显示，是否与施加的模拟量/状态量保持一致。

（2）事件顺序记录（SOE）采集检测：使用数字信号发生器施加状态量报文，改变多次，在监控系统上查看 SOE 信息的时间、信号状态及信号顺序是否正确。

（3）量测数据时标、品质信息检测：在监控系统查看量测数据的时标、品质信息是否正确。

（4）每隔 10min 人为中断交换机，再恢复，观察监控系统数据是否能快速恢复，接收数据是否正确。

第二步：保护数据采集功能检测。模拟保护告警、动作信息，在监控系统上查看显示信息与仿真信息是否一致。

第三步：故障录波数据采集功能检测。模拟录波器告警、动作信息，在监控系统上查看告警、录波信息与仿真信息是否一致；检查故障录波文件是否支持以 COMTRADE 标准格式存储并实现召唤上送，故障波形文件名是否包含故障时间。

第四步：电量数据/交直流电源数据/在线监测数据采集功能检测。模拟电表电量数据/直流模拟量、状态量数据/在线监测模拟量、状态量数据，改变多次，在监控系统上查看对应信息与仿真信息是否一致。

第五步：辅助设备数据采集检测。通过仿真工具模拟环境温度、湿度以及消防告警信号，每项改变多次，在监控系统上查看辅助设备信息与仿真信息是否一致。

（二）数据处理功能检测

数据处理功能检测包括内容为检测一体化监控系统对遥信、遥测数据的处理功能是否正确，根据应满足的技术要求共分为四个步骤，分别为遥信数据处理功能检测、遥测数据处理功能检测、信号合成逻辑功能检测以及信号合成算术功能检测，以下分别介绍本项检测的技术要求和检测过程。

1. 应满足要求

（1）监控系统应具备遥信、遥测数据处理功能，应能正确反应设备的状态信息和量测信息；

（2）应支持对数据的逻辑运算与算术运算功能，支持时标和品质的运算处理、通信中断品质处理功能；

（3）应支持数据的转换、置数、告警、保存、统计等功能。

2. 具体检测过程

第一步：遥信数据处理功能检测。

（1）状态接收检测：使用测试仪随机设置遥信值并多次改变，检查监控主机各遥信量是否与设置值一致。

（2）状态变化检测：使用测试仪随机改变某遥信量的状态，检查监控主机遥信量是否跟随变化，对应的变化标志是否被设置为真，观察告警窗、历史库是否产生对应的报警和事件。

（3）状态恢复检测：人为去掉监控主机某个遥信的变位标志，使用测试仪设置该遥信量的值为正常状态，查询监控主机实时库，检查监控主机遥信量是否恢复。

（4）取反检测：设置监控主机某遥信取反标志，检查实时库中某状态量是否与测试仪设置的该遥信量状态相反。再次检验，检查是否能得到相反的结果。

（5）人工置数检测：监控主机中设置某遥信量的人工置数标志为真，改变对应的遥信值，检查实时库遥信是否无变化；再设置人工置数标志为假，检查遥信与测试仪设置该遥信量的值是否一致。

第二步：遥测数据处理功能检测。

（1）遥测接收检测：在测试仪中随机设置各遥测的值为 $10\sim100$，查看监控主机遥测量，检查各遥测量是否与测试仪中经转换后的值一致，反复改变遥测值，检查其一致性。

（2）遥测越限检测：在监控主机参数库随机设置某遥测量的各种越限值（如上限、下限、上上限、下下限），在测试仪中每 30s 改变一次该遥测值，查看实时库中相应的记录和事件变化情况。

（3）报警延迟检测：在测试仪中设置某遥测量值为正常值，并在预设报警延迟时间内设置越限值，此后再将遥测值设置为正常值。观察实时库，遥测值是否有量值的变化，查看实时库的相应记录和事件的变化。

（4）零漂检测：在监控主机任选一遥测量，设置其合理的零值范围，用测试仪设置对应遥测为零漂范围以内的值，查看实时库，遥测值是否为 0。

（5）人工置数检测：在监控主机设置某遥测的人工置数标志为 1，在测试仪中改变对应遥测的值，检查实时库中该遥测是否无变化；改变监控主机人工置数标志为 0，检查实时库中遥测数据是否与测试仪保持一致。

第三步：在一体化监控系统数据库工具中定义 ABC 三相开关合成状态数据，检测合成遥信是否变位正确，信号合成的方式是否支持触发和周期计算两种。

第四步：在一体化监控系统数据库工具中定义合成量测数据，通过加减等算术运算，触发量测变化，检测合成量测是否变化正确。

（三）运行监视功能检测

1. 总体检测要求

（1）监视范围包括电网运行信息、一次设备状态信息、二次设备状态信息、辅助设备信息和网络运行监视；

（2）应对主要一次设备（变压器、断路器等）、二次设备运行状态、网络运行状态进行可视化展示，为运行人员快速、准确地完成操作和事故判断提供技术支持；

（3）监视画面应具有电网拓扑识别功能，对不同电压等级、运行状态使用不同的颜色显示；

（4）监视画面应能正确反映品质信息，可以通过不同颜色区分；

（5）运行告警应支持分层、分级、分类显示，信号应能根据运行单位要求人工进行分类；

（6）统计及功能报表应包括限值一览表、人工置数一览表、挂牌一览表、日报表、月报表等；

（7）在Ⅱ区综合应用服务器应支持对二次设备、网络状态的运行监视及可视化展示。

2. 电网运行监视检测

电网运行监视检测包括内容为检测一体化监控系统界面是否支持电网实时运行监视功能，根据应满足的技术要求共分为三个步骤，分别为电网实时运行信息展示检测、全站事故总及事故自动推图功能检测、检修挂牌功能检测，以下分别介绍本项检测的技术要求和检测过程。

（1）应满足要求：

1）应能够监视包括电流、电压、功率、断路器、隔离开关等电网实时运行信息；

2）应能够监视全站事故总、装置动作告警、越限告警等信号，具备双点信息不确定状态展示功能；

3）应具备开关事故故障自动推画面功能；

4）应具备设备挂牌功能。

（2）具体检测过程：

第一步：在间隔分图查看电流、电压、有功功率、无功功率、频率等模拟量信息是否与仿真数据一致，变化时间是否满足性能指标要求；查看断路器、隔离开关、接地开关、变压器分接头的位置信号是否与仿真数据一致，变化时间是否满足性能指标要求。

第二步：仿真生成全站事故总信号、保护等装置告警信号、以及仿真模拟量越上限、越上上限、越下限、越下下限，在实时告警窗口中检查是否生成相应的告警信息；仿真双位置节点双分、分位、合位、双合四种状态，在监控系统上查看是否能正常展示；仿真开关事故故障，查看监控系统是否能自动推出事故画面。

第三步：在监控系统设置检修挂牌操作，触发该设备告警信号，检查告警信号是否不在实时告警窗中出现。

3. 设备状态监视检测

设备状态监视检测包括内容为检测一体化监控系统是否支持二次设备自检状态、运行状态、对时状态等的展示功能，根据应满足的技术要求共分为三个步骤，分别为过程层设备运行状态监视功能检测、间隔层设备运行状态监视功能检测、站控层设备运行状态监视功能检测，以下分别介绍本项检测的技术要求和检测过程。

（1）应满足要求：

能够监视智能终端、合并单元、保护、测控、监控主机、综合应用服务器、故障录波器、网络交换机等二次设备的设备自检、运行状态、告警、对时状态、定值、软压板、装置版本及参数等信息。

（2）具体检测过程：

第一步：检查监控系统是否能够通过测控装置监视智能终端、合并单元的告警信息；

第二步：检查监控系统是否能够显示保护、测控装置、故障录波器的设备自检、运行状态、告警、对时、定值、软压板、装置版本及参数信息；

第三步：检查监控系统是否能监视监控主机、综合应用服务器的设备自检、告警、对时信息。

4. 网络运行监视及可视化展示检测

网络运行监视及可视化展示检测包括内容为检测一体化监控系统监视各层网络端口、链路等实时状态的功能，根据应满足的技术要求共分为两个步骤，分别为交换机规约检测、二次设备网络状态可视化监视检测，以下分别介绍本项检测的技术要求和检测过程。

（1）应满足要求：

能够监视站控层、间隔层和过程层各网络物理链路及其连接物理端口，包含物理链路连接状态、物理连接端口状态、物理网络拓扑连接信息、交换机网络通信状态、交换机网络连接状态等信息。

（2）具体检测过程：

第一步：检查监控系统采集交换机信息的规约是否为 SNMP 或者 DL/T 860；

第二步：检查监控系统是否能采用可视化方式展示二次设备的物理端口、交换机设备在内的全站物理回路的连接关系，并显示物理链路状态和二次设备物理端口状态。

5. 可视化展示检测

可视化展示检测包括内容为检测一体化监控系统界面图元、光字牌、表格、曲线等可视化展示功能，根据应满足的技术要求共分为七个步骤，分别为多图元展示量测数据检测、潮流方向检测、多类型告警方式检测、异常工况展示检测、告警联动提示检测、越限告警提示检测、历史曲线查询检测，以下分别介绍本项检测的技术要求和检测过程。

（1）应满足要求：

1）应具备稳态、动态数据的可视化展示，如有功功率、无功功率、电压、电流、频率、同步相量等，采用表格、曲线、饼图、柱图、仪表盘等多种形式展现；

2）应具备站内潮流方向的实时显示，通过流动线等方式展示电流方向，并显示线路、主变的有功、无功等信息；

3）应提供多种信息告警方式，包括：最新告警提示、光字牌、图元变色或闪烁、自动推出相关故障间隔图、音响提示、语音提示以及数据品质变化提示等；

4）对不合理的模拟量、状态量等数据应置异常标志，并用闪烁或醒目的颜色给出提示，颜色可以设定；

5）应支持电网运行故障与视频联动功能，在电网设备跳闸或故障情况下，视频应自动切换到故障设备；

6）应针对不同监测项目显示相应的实时监测结果，超过阈值的应以醒目颜色显示；可根据监测项目调取、显示故障曲线和波形。

（2）具体检测过程：

第一步：打开一体化监控系统图形编辑工具，分别配置表格、曲线、饼图、柱图、仪表盘等图元，关联量测数据，模拟触发量测量变化，检查图元变化是否与实际一致。

第二步：检查主接线图上是否能够实时显示站内潮流的方向，通过流动线等方式展示电流方向，并显示线路、主变的有功、无功等信息。

第三步：检查监控系统是否能够对电网运行状态以及站内重要设备的运行工况提供多种信息告警方式。告警方式包括：最新告警提示、光字牌、图元变色或闪烁、自动推出相关故障间隔图、音响提示、语音提示等，其中光字牌应支持事故类、异常类、告知类、正常状态等 4 种颜色显示。

第四步：仿真不合理的遥测量，检查监控系统是否能够对不合理数据置异常标志，并用闪烁或醒目的颜色给出提示，检查在越限、检修、置数等工况下是否区分对应工况的颜色。

第五步：仿真电网设备跳闸或故障情况，检查监控系统是否向辅控系统发送联动报文，报文是否正确。

第六步：仿真装置的光口强度、工作温度、工作电压等实时信息，检查相应间隔分图是否能实时展示，数据是否正确，超过阈值的数据是否以醒目的颜色显示。

第七步：检查监控系统是否具有历史曲线查询功能。

（四）告警直传功能检测

告警直传功能检测包括内容为检测一体化监控系统产生的告警信号通过告警直传的方式实时上送调度中心的功能，根据应满足的技术要求共分为五个步骤，分别为告警信号一致性检测、告警信号补传检测、告警信号同时上送多主站功能检测、异常处理检测、告警格式及内容检测，以下分别介绍本项检测的技术要求和检测过程。

1. 应满足要求

（1）变电站监控系统应支持将本地告警信息转换为带站名和设备名的标准告警信息，传给主站；

（2）变电站监控系统应按照告警级别做好现有告警事件的分类整理，对告警信息进行合理分类和优化，确保上送主站告警信息总量在合理范围之内，能够按照主站要求定制告警信息上送；

（3）变电站告警直传应支持同时上送多个主站；

（4）链路中断后恢复，应支持补传链路中断期间规定时间内的告警信息，事故类和异常类告警信息优先补传；

（5）变电站告警网关因故障无法正常上送告警信息时应主动断开与主站连接且不再响应主站重连请求，待故障恢复后，重新响应主站，建立连接；

（6）一体化监控系统产生的告警信号应能通过数据通信网关机上传到调度（调控）中心，传输规约为 DL/T 476，遵循 Q/GDW 11021 和 Q/GDW 11207 的技术要求。

2. 具体检测过程

第一步：配置并启动数据通信网关机与模拟主站的 DL/T 476 告警直传通信链路。触发告警信号，检查在模拟主站是否收到告警信号，并且与触发的告警信号一致。

第二步：中断数据通信网关机与模拟主站的 DL/T 476 告警直传通信链路，触发告警信号，然后恢复数据通信网关机与模拟主站的 DL/T 476 告警直传通讯链路，检查在模拟主站是否收到告警信号，是否优先补传事故类和异常类告警信息。

第三步：模拟变电站告警直传同时上送两个模拟主站，检查两个模拟主站是否均收到告警信息，检查告警信息是否正确。

第四步：模拟变电站告警直传网关机故障，无法正常上送告警信息，检验网关机是否主动断开与主站连接且不再响应主站重连请求；待故障恢复后，检查网关机是否重新响应主站，建立连接。

第五步：检查告警格式、告警级别等信息是否满足 Q/GDW 11207 的要求。

（五）远程浏览检测

远程浏览检测包括内容为检测一体化监控系统是否支持远程浏览站内一次接线图、实时运行数据等，根据应满足的技术要求共分为五个步骤，分别为数据源检查、图形浏览检测、变化实时数据上送检测、远程遥控禁用检查、画面跳转功能检测，以下分别介绍本项检测的技术要求和检测过程。

1. 应满足要求

（1）应支持从调度（调控）中心通过数据通信网关机浏览站内监控系统界面，包括一次接线图、电网实时运行数据、设备状态等；

（2）应只允许浏览一次接线图、电网实时运行数据、设备状态、告警信息等，不能进行任何操作；

（3）远程浏览应遵循 Q/GDW 11208 要求。

2. 具体检测过程

第一步：检查远程浏览的数据源是否部署在监控主机。

第二步：检查是否可以通过数据通信网关机与调度模拟主站连接；在调度主站上分别远程浏览一体化监控系统的一次主接线图、间隔分图，检查远程浏览图形与监控系统显示是否一致。

第三步：仿真触发模拟量、状态量变化，查看模拟主站远程浏览画面，检查数据通信网关机是否能上送实时变化数据给模拟主站。

第四步：在仿真主站的一次主接线图上进行开关、刀闸遥控操作，模拟远程浏览的主站对监控系统发起遥控操作，检查上述动作是否均无法操作。

第五步：在仿真主站的一次主接线图上，点击间隔名称，检查是否可以进行画面的跳转。

（六）操作与控制检测

1. 总体检测要求

（1）应支持单设备控制和顺序控制；

（2）应支持监控主机对站内设备的控制与操作，包括遥控、遥调、人工置数、标识牌操作、闭锁和解锁等操作，支持调度（调控）中心对站内设备的遥控、遥调操作；

（3）应满足安全可靠的要求，所有相关操作应与设备和系统进行关联闭锁，确保操作与控制的准确可靠；

（4）应支持操作与控制可视化；

（5）电气设备的操作采用分级控制，控制应分四级，优先级从高到低分别为设备本体就地操作、间隔层设备控制、站控层控制、调度（控制）中心控制；

（6）设备的操作与控制应优先采用遥控方式，间隔层控制和设备就地控制作为后备操作或检修操作手段；

（7）同一时刻，只允许执行一个控制命令。

2. 站内操作与控制检测

站内操作与控制检测包括内容为检测一体化监控系统的站内遥控等操作功能的正确性，根据应满足的技术要求共分为五个步骤，分别为多个控令互斥功能检测、单设备投退控制功能检测、同期操作功能检测、软压板投退功能检测、主变分接头调节功能检测，以下分别介绍本项检测的技术要求和检测过程。

(1) 应满足要求:

1) 全站同一时间只允许一个控制命令。

2) 单设备(断路器、隔离开关等)投退控制,应支持设备挂牌、人工置数、防误解闭锁功能;应支持防误逻辑校验功能;操作必须在具有控制权限的工作站上进行;应支持操作员、监护员双席验证功能;应支持增强安全的直接控制或操作前选择控制方式;遥控选择后,应支持超时或校验结果不正确自动撤销功能。

3) 同期操作应支持选择断路器检同期、检无压等同期控制方式,应能上送控制方式操作结果信息,并且能在人机界面展示。

4) 软压板投退功能应支持测控/保护软压板投退,压板投退应支持选择-返校-执行操作流程。应能上送压板状态信息并在人机界面展示压板。

5) 主变分接头调节,应支持主变分接头的逐档调节,调节按照直接执行的方式进行,应能上送变压器分接头挡位信息并在人机界面展示。

(2) 具体检测过程:

第一步:双主或主备运行的监控主机,模拟两台监控主机同时下发控制命令,检测是否只有其中一个控制命令执行成功、结果正确,而另一个控制命令返回失败;

第二步:单设备(断路器、隔离开关等)投退控制功能检测。

1) 设备挂牌功能检测:在一体化监控系统图形工具上,对一次设备进行挂牌、摘牌操作。挂牌后,检查一体化监控系统是否禁止该一次设备的遥控操作,摘牌后是否允许该一次设备的遥控验证流程。同时检测挂牌和摘牌是否产生相应的告警信息。

2) 设备人工置数功能检测:置数某遥信为合或分,仿真改变对应的遥信状态值,在一体化监控系统图形工具界面上检测遥信值是否无变化。取消置数,解除此遥信的置数状态,仿真改变对应的遥信状态值,检查系统界面上该遥信状态是否随仿真器的变化而变化。

3) 防误逻辑校验功能检测:在一体化监控系统图形工具上,对未挂牌、人工置数的设备进行遥控操作,模拟不满足防误逻辑操作时,检查监控系统是否闭锁该操,作并提示闭锁原因。在满足防误逻辑时,检查是否允许进入后续遥控验证流程。

4) 防误解闭锁功能检测:在一体化监控系统图形工具上,对未挂牌、人工置数,且不满足防误逻辑的设备进行间隔解锁,检查其在不满足五防逻辑的情况下,是否屏蔽五防逻辑验证环节,进入遥控验证流程。

5) 遥控主机权限验证检测:设置监控主机的操作权限,使用一体化监控系统图形工具,检查该主机是否可以触发设备的遥控验证流程。取消操作权限后,再次检查该主机是否不再触发设备的遥控验证流程。

6) 操作员、监护员双席验证功能检测:设置操作员、监护员双席验证方式,使用一体化监控系统图形工具操作设备,检测是否只有在正确输入操作员及监护员口令后才能触发设备的遥控选择流程。

7) 直接控制或操作前选择控制方式验证检测:使用一体化监控系统图形工具,操作直控对象。检查监控系统应无遥控命令发送至测控装置;操作带选择控制对象,检查设备是否先进入遥控选择流程,在遥控选择成功之后方能进入遥控执行流程。

8) 遥控自动撤销功能检测:模拟使用一体化监控系统图形工具,操作带选择控制对象，在遥控选择成功后，等待 30～90s 装置超时，或者遥控执行命令校验结果不正确，检查装置是否自动撤销此次遥控流程，遥控操作结果信息是否在遥控界面展示。

9）遥控唯一性验证检测：使用一体化监控系统图形工具，进入一个设备遥控流程，检查设备状态，此时不应触发其他设备的遥控流程。

10）遥控记录检查检测：检查操作时是否每一步都有提示信息；是否所有操作都有记录，包括操作人、操作对象、操作内容、操作时间、操作结果等，且可供调阅和打印。

11）抑制告警功能检测：模拟某个信号频繁报警，此时检查在界面上是否能设置抑制遥信的告警；抑制告警解除操作后，检查遥信频繁报警时是否能产生告警。

第三步：同期操作功能检测：使用一体化监控系统图形工具，在开关遥控合闸时，应检测是否可以选择不同的（包括直合、检同期、检无压合闸）同期合闸方式；

第四步：软压板投退功能检测：使用一体化监控系统图形工具，操作保护的软压板，检测此时软压板是否首先进入遥控选择流程，不得跳入遥控执行流程，在遥控选择成功后方能进入遥控执行流程；在软压板遥控执行完成后，检测软压板是否能正确投退，且在图形工具上实时显示压板状态；

第五步：主变分接头调节功能检测：使用一体化监控系统图形工具，进行主变分接头的挡位调节，检测是否能够进行挡位的升、降、停操作。同时验证挡位调节控令下发的正确性。

3. 远方操作与控制检测

远方操作与控制检测包括内容为检测一体化监控系统接收到远方调度（调控）中心的操作控制指令后处理是否正确，根据应满足的技术要求共分为四个步骤，分别为远方遥控检测、远方保护定值召唤、保护定值区的切换以及软压板的投退操作检测、控令互斥功能检测、遥调功能检测，以下分别介绍本项检测的技术要求和检测过程。

（1）应满足要求：

1）支持调度（调控）中心对管辖范围内的断路器、电动刀闸等设备的遥控操作；

2）支持保护定值的在线召唤、保护定值区的切换以及软压板的投退，满足 Q/GDW 11354 的要求；

3）支持变压器挡位调节和无功补偿装置投切功能；

4）支持交直流电源的充电模块投退、交流进线开关等的远方控制功能；

5）同一时刻，只允许执行一个远方操作与控制命令；

6）以上操作应通过 I 区数据通信网关机实现；

7）应支持调度（调控）中心进行功能软压板投退和定值区切换时的"双确认"功能。

（2）具体检测过程：

第一步：I 区数据通信网关机与调度通信正常后，在模拟主站上选择遥控对象，发出控制合闸或分闸命令，检查被控对象是否及时返回遥控返校正确报文；再由模拟主站发出遥控执行命令，检查被控制对象的状态变化。

第二步：在模拟主站进行保护定值召唤、保护定值区的切换以及软压板的投退操作，检查是否执行正确。其中采用在 DL/T 634.5104 规约上嵌套 DL/T 667 规约的方式实现保护定值召唤，采用基于 DL/T 634.5104 规约的遥调业务实现保护定值区的切换，采用基于 DL/T 634.5104 规约的遥控业务实现软压板投退操作。

第三步：双主或主备运行的数据通信网关机，仿真在两个模拟主站同时对监控系统下发远方操作与控制命令，检查是否只有一个命令执行成功，返回结果正确，而另一个命令是否执行失败。

第四步：在模拟主站上选择遥调对象，发出控制升、降、停止等遥调命令；检查被控对象是否及时返回遥调返校正确报文，检查被控制对象的状态变化。

4. 防误闭锁检测

防误闭锁分为三个层次，站控层闭锁、间隔层联闭锁和机构电气闭锁，本节仅针对站控层闭锁和间隔层联闭锁的检测进行阐述，根据应满足的技术要求共分为四个步骤，分别为防误逻辑配置工具检查、界面检查、生成操作票检测、执行操作检测，以下分别介绍本项检测的技术要求和检测过程。

（1）应满足要求：

1）站控层闭锁宜由监控主机实现，操作应经过防误逻辑检查后方能将控制命令发至间隔层，如发现错误应闭锁该操作；

2）站控层闭锁、间隔层联闭锁与机构电气闭锁属于串联关系，站控层闭锁失效时不影响间隔层联闭锁，站控层及间隔层联闭锁均失效时不影响机构电气闭锁。

（2）具体检测过程：

第一步：在一体化监控系统中启动防误逻辑配置工具，检查是否可查看和定义防误逻辑。

第二步：在一体化监控系统实时运行界面，检查是否可以在一次主接线图查看一次设备预定义的防误逻辑。

第三步：生成操作票，按照操作票进行预演功能：模拟防误逻辑满足，检查是否预演成功并可以进入执行操作；模拟防误逻辑校核不通过，检查是否终止模拟预演并提示错误。

第四步：执行操作：在变电站一次系统主接线图，模拟操作任意电气设备，检查执行的模拟操作是否符合防误逻辑，若防误逻辑不满足时是否能拒绝执行操作并有错误提示信息。

5. 厂站端顺序控制检测

厂站端顺序控制检测根据应满足的技术要求共分为五个步骤，分别为预制操作票检查、生成任务检查、模拟预演检查、指令执行检查、操作记录检查，以下分别介绍本项检测的技术要求和检测过程。

（1）应满足要求：

1）顺序控制操作票库部署在变电站监控主机，可编辑、修改、删除；

2）根据操作对象、当前设备态、目标设备态，在操作票库内应自动匹配生成唯一的操作票；

3）厂站端操作票名应满足 GB 18030 要求；

4）模拟预演应包括检查操作条件、预演前当前设备态核实、防误闭锁校验、单步模拟操作，全部环节成功后才可确认模拟预演完毕；

5）指令执行包括启动指令执行、检查操作条件、执行前当前设备态核实、顺控闭锁信号判断、全站事故总判断、单步执行前条件判断、单步防误闭锁校验下发单步操作指令、单步确认条件判断，全部环节成功后方能确认指令执行完毕；

6) 顺控操作过程中能够人工干预，执行过程中能够暂停、继续、终止；

7) 操作记录应包含顺控指令源、执行开始时间、结束时间、每步操作时间、操作用户名、操作内容等信息。

（2）具体检测过程：

第一步：预制操作票检查。

1) 进入操作票库维护界面，查看应需要输入权限验证；

2) 检测是否可以通过选择当前设备态及目标设备态创建顺控操作票；

3) 在变电站监控主机运行顺控操作票定义工具，打开一张顺控操作票进行编辑，设置某个操作项目的任务描述、执行前条件、确认条件、延时时间、超时时间、顺控闭锁信号、出错处理方式等参数；

4) 检测是否可以删除顺控操作票；

5) 选择该间隔顺控操作票列表中某一顺控操作票，尝试创建与之当前设备态、目标设备态相同的新顺控操作票，检查是否成功。

第二步：生成任务检查。

1) 经过操作员、监护员权限验证后，运行顺序控制程序，核对当前状态，选择目标状态，单击确定按钮，检查是否匹配到了预制操作票库的操作票；

2) 检查厂站端操作票名应遵循 GB 18030，格式为：间隔（或设备）由"当前设备态"转"目标设备态"，例如：连 1 号主变压器由"运行"转"热备用"。

第三步：模拟预演检查。

1) 在变电站监控主机上选择操作对象准备模拟预演；

2) 新建操作任务后，分别模拟操作条件不满足、当前任务设备态判断条件不满足、监控系统防误闭锁校验不通过、智能防误系统防误校核不通过，检查预演是否通过，预演不通过应不允许进入执行环节；

3) 单步模拟操作：检查模拟预演过程中每一个操作项目的预演结果是否逐项显示，任何一步模拟操作失败，是否终止模拟预演并说明失败原因。

第四步：指令执行检查。

1) 顺控操作票模拟预演成功后，进入顺控指令执行环节。

2) 在变电站监控主机上分别模拟执行前条件不满足、当前设备态不一致、顺控闭锁信号判断不满足、全站事故总信号、单步执行前条件不满足、单步监控系统防误闭锁校验不通过、单步智能防误系统防误校核不通过、单步确认条件不满足（包括双确认条件不满足）等情况，检查是否停止执行有报错提示并能点亮相应的错误指示灯，点击错误指示灯，应能再次弹出报错提示。

3) 指令执行过程结果应逐项显示，执行每一步操作项目之后应更新操作条件、目标状态。

4) 指令执行过程中，点击"暂停"按钮，检测是否能够暂停执行操作，"暂停"按钮变为"继续"，点击"继续"按钮后，操作继续；指令执行过程中，单击"终止"按钮，检测执行过程是否终止并弹出提示。

第五步：操作记录检查。

在变电站监控主机上查询操作记录，操作记录应包含顺控指令源、执行开始时间、结束时间、每步操作时间、操作用户名、操作内容等信息。

6. 主站端顺序控制检测

主站端顺序控制检测根据应满足的技术要求共分为六个步骤，分别为操作票调阅检查、操作票名格式、操作票预演命令检测、操作票执行命令检测、顺序控制执行过程中遇到异常情况检测、操作记录检查，以下分别介绍本项检测的技术要求和检测过程。

（1）应满足要求：

1）主站端顺序控制检测应遵循 DL/T 1708 以及 Q/GDW 11489 的要求；

2）顺序控制操作票在厂站侧监控主机存储、维护，主站侧无需存储顺控操作票，仅存储操作日志记录；

3）应依次经过操作票调阅、顺序控制操作票预演、顺序控制操作票执行三个环节；

4）应记录顺序控制指令源、执行开始时间、结束时间、每步操作时间、操作用户名、操作内容、异常告警、终止操作等信息，为分析故障以及处理提供依据。

（2）具体检测过程：

第一步：在模拟主站对一体化监控系统执行操作票调阅命令，检查监控系统收到命令后，是否经过身份认证、序列控制选择确认后，生成标准 CIM/E 操作票文件，并向模拟主站传送 CIM/E 操作票文件，检查模拟主站收到的操作票文件是否正确。

第二步：检查模拟主站收到的操作票名格式，是否符合"间隔全路径名 _ 源态 _ 目标态"或"设备全路径名 _ 源态 _ 目标态"，"间隔全路径名"和"设备全路径名"，命名应遵循 DL/T 1171 的要求。检查厂站端监控系统是否能根据主站下发的操作票命名解析并定位储操作票库内的唯一操作票。

第三步：在模拟主站下发操作票预演命令，检查监控系统收到命令后，是否首先上送预演命令确认，随后上送每个单步操作预演结果。若预演结果不通过，检查是否允许进行操作票执行操作，结果应为否。

第四步：在模拟主站下发操作票执行命令，检查监控系统是否在身份认证通过后返回执行命令确认，检查模拟主站是否支持通过人工确认或者自动确认方式对监控系统执行每一步操作，直到全部命令执行结束。

第五步：顺序控制执行过程中，模拟发生身份认证失败、闭锁逻辑不满足、操作指令出错、发生电力设备故障、与操作设备相关的异常或单步操作超时等异常情况，检查在执行过程是否立即发出暂停或中止命令，并逐层上报至调度（调控）主站。

第六步：在监控主机查询主站端顺序控制操作记录，检查是否包含顺控指令源、执行开始时间、结束时间、每步操作时间、操作用户名、操作内容等信息。

7. 无功优化检测

无功优化检测根据应满足的技术要求共分为五个步骤，分别为画面查看、VQC 各控制区域的动作逻辑检查、闭锁功能检测、VQC 功能压板投退功能、操作记录检查，以下分别介绍本项检测的技术要求和检测过程。

（1）应满足要求：

1）应支持自动对变电站的运行方式和运行状态进行监视并加以识别，从而正确地选择控制对象并确定相应的控制办法。

2）应提供实时数据、电网状态、闭锁信号、告警等信息的监视界面。

3）应具备控制模式、计算周期、数据刷新周期、控制约束等参数设置功能。

4）变压器、电容器和母线故障时应自动闭锁全部或部分功能，应支持人工恢复和自动恢复。

5）根据预定的优化策略实现无功的自动调节，能够由站内操作人员或调度（调控）中心进行功能投退和目标值设定。

6）应支持历史记录检查，记录内容包含操作前的控制目标值、操作时间及操作内容、操作后的控制目标值；操作异常时能够记录：操作时间、操作内容、引起异常的原因、是否由操作员进行人工处理等信息。

（2）具体检测过程：

第一步：模拟完成定义相关数据库、遥信、遥控、遥测点，设置相关定值参数。检查系统是否具备查看控制参数设置、运行监视、告警以及控制记录等画面的功能；

第二步：模拟修改 VQC 涉及的输入电压和电流模拟量，验证 VQC 各控制区域的动作逻辑是否符合其技术文档要求。各区 VQC 调节策略参见表 12-1 和图 12-3。

表 12-1　　　　　　　　　　　　　各区 VQC 调节策略表

区域	区号	第一步	第二步	详 细 说 明
1	1	退出电容器	分接头下调	先切除电容器，当电容器全部切完后（或没有可用的），电压仍高于上限时，再调主变分接头降压
2	20	退出电容器	分接头下调	先切除电容器，当电容器全部切完后（或没有可用的），电压仍高于上限时，再调主变分接头降压
3	2	退出电容器	分接头下调	先切除电容器，当电容器全部切完后（或没有可用的），电压仍高于上限时，再调主变分接头降压
4	21	分接头下调	退出电容器	先调整主变分头降压，当不能再调电压仍高于上限时，再切除电容器
5	3	分接头下调	退出电容器	先调整主变分头降压，当不能再调电压仍高于上限时，再切除电容器
6	40	退出电容器	—	只切除电容器，切完为止
7	51	分接头下调	—	只调整主变分头下降，至限值为止
8	4	退出电容器	—	只切除电容器，切完为止
9	9	合格工作区		
10	5	投入电容器	—	只投入电容器，投完为止
11	41	分接头上调	—	只调整主变分头升压，至限值为止
12	50	投入电容器	—	只投入电容器，投完为止
13	6	分接头上调	投入电容器	先调整主变分头升压，当不能再调电压仍低于下限时，再投入电容器
14	71	分接头上调	投入电容器	先调整主变分头升压，当不能再调电压仍低于下限时，再投入电容器
15	7	投入电容器	分接头上调	先投入电容器，当电容器全部投完后（或没有可用的），电压仍低于下限时，再调主变分头升压
16	70	投入电容器	分接头上调	先投入电容器，当电容器全部投完后（或没有可用的），电压仍低于下限时，再调主变分头升压
17	8	投入电容器	分接头上调	先投入电容器，当电容器全部投完后（或没有可用的），电压仍低于下限时，再调主变分头升压

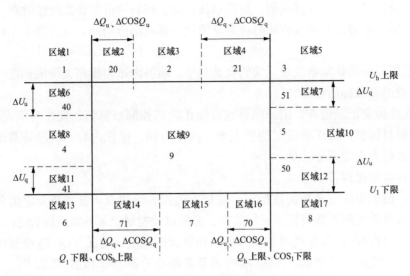

图 12-3　无功优化调度策略示意图

第三步：闭锁功能检测。

1）遥测闭锁试验：模拟电压异常、负荷异常闭锁；主变压器过负荷闭锁；调节设备日动作次数、累计动作次数闭锁等场景，检查系统能否正确闭锁相应操作功能。

2）遥信闭锁试验：模拟设备（主变压器分接开关、电容器、电抗器）相关保护报警、动作闭锁；电容器开关、主变压器本体告警闭锁；相关断路器、隔离开关、压板位置闭锁；相关单元故障（装置通信中断、控制回路断线等）闭锁；主变压器分接开关滑挡、拒动闭锁；电容器（电抗器）断路器拒动闭锁；并列运行主变压器分接开关差档闭锁等场景，检查系统能否正确闭锁相应操作功能。

3）逻辑闭锁试验：模拟电容器（电抗器）开关位置与电气量不一致闭锁；VQC 在自动控制工作状态，相关调节设备非 VQC 发令变位闭锁等场景，检查系统能否正确闭锁相应操作功能。

第四步：在模拟主站端模拟向监控系统发出 VQC 功能压板投退命令，检查监控系统是否能正确投退 VQC 功能压板。

第五步：模拟执行某操作后，检查是否生成包含操作时间、操作内容、操作结果的调节操作记录。

8. 智能操作票检测

智能操作票检测根据应满足的技术要求共分为五个步骤，分别为画面查看、VQC 各控制区域的动作逻辑检查、闭锁功能检测、VQC 功能压板投退功能、操作记录检查，以下分别介绍本项检测的技术要求和检测过程。

（1）应满足要求：

1）智能操作票采用典型票匹配方式实现，典型票基于间隔类型、设备类型、源态、目标态预先创建；

2）根据在人机界面上选择的设备和操作任务到典型票库中查找，如果匹配到典型票，则装载典型票，保存为未审票；

362

3）若未能匹配到典型票，则根据在画面上选择的设备和操作任务到已校验的顺控流程定义库中查找，如果匹配到顺控流程定义，则装载顺控流程定义，拟票人根据具体任务进行编辑，然后保存为未审票；

4）若未匹配到顺控流程定义，则根据在画面上选择的设备和操作任务到操作规则库中查找操作规则、操作术语，得到这个特定任务的操作规则列表，然后用实际设备替代操作规则列表中的模板设备，得到一系列的实际操作列表，生成未审票。

（2）具体检测过程：

第一步：据在画面上选择的设备和操作任务查找匹配的典型票，并装载典型票，生成操作票；

第二步：当未匹配到典型票时，在已校验的顺控流程定义库中查找并匹配顺控流程定义，拟票人应可根据具体任务进行编辑并生成操作票；

第三步：当未匹配到顺控票时，根据操作规则库生成操作票。

（七）运行管理功能检测

1. 源端维护检测

源端维护检测根据应满足的技术要求共分为两个步骤，分别为 CIM/E 模型文件检查、CIM/G 模型文件检查，以下分别介绍本项检测的技术要求和检测过程。

（1）应满足要求：

1）利用基于图模一体化技术的组态配置工具，统一进行信息建模及维护，生成标准配置文件，可以为各应用提供统一的信息模型及映射点表。

2）提供的信息模型文件应遵循 SCL、CIM、E 语言格式；图形文件应遵循 Q/GDW 624。

（2）具体检测过程：

第一步：基于图模库一体化技术的组态配置工具，模拟定义变电站的一次设备的配置信息，并导出相应的 CIM/E 模型文件，检查导出的文件格式是否符合 Q/GDW 215 的要求；

第二步：模拟绘制变电站的一次主接线图，并可导出相应的 CIM/G 模型，检查导出的文件格式是否符合 Q/GDW 624 的要求。

2. 权限管理检测

权限管理检测根据应满足的技术要求共分为六个步骤，分别为角色划分检查、系统管理员角色权限检查、审计管理员角色权限检查、业务操作员角色权限检查、不同操作功能权限设置检查、用户角色分配检查，以下分别介绍本项检测的技术要求和检测过程。

（1）应满足要求：

1）应设置独立的系统管理员角色、审计管理员角色、业务操作员角色，其中系统管理员角色、审计管理员角色为系统内置角色；

2）系统管理员角色仅具有用户管理、角色管理、权限管理等系统管理权限；

3）审计管理员角色仅具有监控其他各类用户的操作轨迹及对审计数据进行管理、监视和运行维护的权限；

4）业务操作员角色，该类角色为系统的最终业务用户，不具有任何管理权限；

5）针对不同的操作功能设置不同的操作权限，支持对操作票进行权限管理；

6）支持以角色为基础的授权方式，对用户进行角色的分配。

（2）具体检测过程：

第一步：检查系统是否支持设置系统管理员角色、审计管理员角色、业务操作员角色，并且对不同角色可以进行业务权限配置；检查系统是否内置至少一个系统管理员用户、一个审计管理员用户，且不存在超级管理员角色。

第二步：采用系统管理员角色对监控系统进行若干操作，检查系统管理员是否具有用户管理、角色管理、权限管理等系统管理权限，无进行业务操作权限。

第三步：采用审计管理员角色对监控系统进行若干操作，检查审计管理员功是否具有监控其他各类用户操作轨迹的权限，以及具有对审计数据进行管理、监视和运行维护的权限，无业务操作的权限。

第四步：采用各类业务操作员角色对监控系统进行若干操作，检查各类业务操作员角色功能，是否与对应角色权限划分一致，无任何管理权限。

第五步：检查系统是否针对不同的操作功能可以设置不同的操作权限，是否支持对操作票的权限管理。

第六步：检查是否支持角色为基础的授权方式，对用户进行角色的分配。

3. 测控装置参数管理检测

测控装置参数管理检测根据应满足的技术要求共分为两个步骤，分别为召唤、修改测控装置的参数检测、操作权限检测，以下分别介绍本项检测的技术要求和检测过程。

（1）应满足要求：

1）测控装置参数的操作人员应具备对应的操作权限；

2）应支持召唤、修改测控装置的参数。

（2）具体检测过程：

第一步：模拟在监控主机上召唤、修改测控装置的参数，检查是否能正确召唤、修改测控装置参数；

第二步：模拟修改操作人员权限，检查操作人员是否能正确操作或禁止操作。

4. 远动定值管理检测

远动定值管理检测根据应满足的技术要求共分为四个步骤，分别为远动定值文件分通道检测、RCD 格式检测、一致性检测、导入导出功能检测，以下分别介绍本项检测的技术要求和检测过程。

（1）应满足要求：

1）远动定值信息以文件形式进行管理，每个远动通道对应一个远动定值文件；

2）远动定值文件至少包括基本信息、版本信息、合并信号信息、遥测转发信息、遥信转发信息、遥控转发信息及遥调转发信息等内容；

3）同一变电站的远动定值文件引用的 SCD 文件版本信息应一致；同一变电站的远动定值文件的合并计算参与量及合并计算生成量信息应一致；

4）远动定值文件应支持参数配置导出功能及同产品的参数配置备份导入功能。

（2）具体检测过程：

第一步：检查确认每个远动通道是否对应一个远动定值文件；

第二步：检查远动定值文件是否遵循 RCD 格式，至少包括基本信息、版本信息、合并信号信息、遥测转发信息、遥信转发信息、遥控转发信息及遥调转发信息等内容；

第三步：使用远动定值管理工具查看同一变电站的远动定值文件，检查引用的 SCD 文件版本信息是否一致，合并计算参与量及合并计算生成量信息是否一致；

第四步：检查是否具备远动定值文件导出功能，同型号产品的远动定值文件备份是否支持互导。

5. 保护定值管理检测

保护定值管理检测根据应满足的技术要求共分为七个步骤，分别为定值区切换操作检测、召唤任意区定值检测、定值操作命令互斥检测、操作日志检查、自动召唤定值比对功能检测、人工召唤定值比对功能检测、通信协议检查，以下分别介绍本项检测的技术要求和检测过程。

(1) 应满足要求：

1) 应支持对保护设备的当前定值区号、任意区定值进行召唤和显示，定值信息应带有名称及相应属性，如模拟量类型定值应带有最大值、最小值、步长、量纲等信息的显示。

2) 应支持通过必要的校验、返校步骤，完成对保护设备的定值区切换操作、定值修改操作。

3) 应支持本地监控、远方主站发起的保护定值操作命令。在一个保护定值操作命令执行期间，应拒绝本地或其他远方主站新发起的对同一保护设备的定值操作命令。

4) 在保护定值操作过程中，应能完整记录整个操作流程的每个步骤，包括操作人、操作时间、操作类型、操作结果等信息，并存入数据库。

5) 应支持自动和人工召唤两种定值比对方式，比对基准为上次召唤时保存的定值。当发现定值比对不一致时，应能在本地监控给出告警提示，并将新定值保存在数据库中作为下次比对的基准。自动召唤比对的时间间隔可设置。

(2) 具体检测过程：

第一步：在监控主机进行定值区切换操作，检查装置是否切区成功，并召唤装置的当前定值区号，检查区号是否与切区命令下发的区号一致。

第二步：召唤保护设备的任意区定值，检查召唤成功的定值信息是否包含检测要求中提到的信息。

第三步：在模拟主站发起一个定值操作命令期间，在本地或其他模拟主站模拟发起对同一保护设备的定值操作命令（如定值修改、定值召唤或定值区切换），检查是否是先发起的命令正确执行，后发起的命令应返回失败。在监控主机进行保护设备的定值修改操作，检查通讯报文交互是否存在下装、确认下装（固化）的过程。

第四步：检查监控主机是否生成操作日志，包括操作人、操作时间、操作类型、操作结果信息的定值操作步骤记录。

第五步：自动召唤定值比对功能检测。设置好自动召唤比对时间间隔，首先在保护设备上修改当前区定值，检查当对时间到，是否产生定值比对不一致告警提示。

第六步：人工召唤定值比对功能检测。首先在保护设备上修改当前区定值，然后在后台召唤保护定值，检查定值召唤成功是否产生定值比对不一致告警提示。

第七步：Ⅱ区数据网关机与保信模拟主站通信宜用 Q/GDW 273，本地保护定值管理在综合应用服务器查看。

（八）信息综合分析与智能告警应用检测

1. 数据合理性检测

数据合理性检测根据应满足的技术要求共分为四个步骤，分别为母线及厂站功率量测值不平衡检测、变压器各侧的功率量测值不平衡检测、并列运行的母线电压量测值不一致检测、同一量测位置的有功、无功、电流、电压及功率因数量测值不匹配检测，以下分别介绍本项检测的技术要求和检测过程。

（1）应满足要求：

1）可以检测母线、厂站的功率量测总和是否平衡；

2）检测变压器各侧的功率量测是否平衡；

3）检测并列运行母线电压量测是否一致；

4）对于同一量测位置的有功、无功、电流、电压、功率因数量测，检查是否匹配。

（2）具体检测过程：

第一步：模拟上送母线及厂站功率量测值，分别设置功率量测值平衡和不平衡两种情况，检查不平衡时监控系统能否正确识别并做相应处理。

第二步：模拟上送变压器各侧的功率量测值，分别设置变压器各侧的功率量测值平衡和不平衡两种情况，检查不平衡时监控系统能否正确识别并做相应处理。

第三步：模拟上送并列运行的母线电压量测值，分别设置并列运行的母线电压量测值一致和不一致两种情况，检查不一致时监控系统能否正确识别并做相应处理。

第四步：模拟上送同一量测位置的有功、无功、电流、电压、功率因数量测值，分别设置同一量测位置的有功、无功、电流、电压及功率因数量测值匹配与不匹配的情况，不匹配情况如：电流、电压正常而有功、无功值偏大或偏小；各项功率（含有功、无功）总加与三相总功率值不一致等；通过有功、无功计算得到的功率因数值与上送的功率因数值不一致，检查在上述数据不匹配时监控系统能否正确识别并做相应处理。

2. 不良数据检测

不良数据检测根据应满足的技术要求共分为三个步骤，分别为量测量超出合理范围及异常跳变检测、断路器/刀闸状态和相关设备量测冲突检测、断路器/刀闸状态和实时监控标志牌信息冲突检测，以下分别介绍本项检测的技术要求和检测过程。

（1）应满足要求：

1）应具备检测量测量是否在合理范围、是否发生异常跳变的功能；

2）应具备检测断路器/隔离开关状态和相关设备量测是否冲突的功能，并提供其合理状态；

3）应具备检测断路器/隔离开关状态和实时监控标志牌信息是否冲突的功能，并提供其合理状态；

4）一体化监控系统上电检测时，应支持非稳定状态的数据不上传。

（2）具体检测过程：

第一步：模拟上送某一非合理范围量测值，检查监控系统能否正确识别并做相应处理；模拟上送的量测值发生异常跳变（如遥测值的变化率超过合理范围），检查监控系统能否正确识别并做相应处理。

第二步：模拟断路器/刀闸状态及其遥测电压、电流值，修改断路器/刀闸在不同位置时的相关设备的模拟量量测值，检查此时监控系统能否正确识别并提供其合理状态；模拟断路器/刀闸状态和实时监控标志牌信息冲突，检查监控系统能否识别该冲突并提供其合理状态。

该模拟系统可模拟断路器 2216DL 的刀闸状态以及 220kV 线路1 的线路保护/线路测控装置的电压、电流遥测大小，检查在下述状态监控系统能否正确识别以下不合理状态：

1）母线侧有压，2216DL 断路器在分闸位置时，而线路保护或测控装置的电流测量值不为 0；

2）母线侧有压，2216DL 断路器在合闸位置时，而线路保护或测控装置的电压测量值为 0。

第三步：模拟对断路器/隔离开关状态及其遥测电流值进行挂检修牌、停用牌等挂牌操作，设置断路器/隔离开关在合闸位置或断路器/隔离开关电流值不为 0，检查在这种情况下监控系统能否正确识别并提供其合理状态。

3. 故障分析检测

故障分析检测根据应满足的技术要求共分为五个步骤，分别为告警信息显示内容检测、故障分析报告内容检测、故障分析报告格式检测、以图形化的方式展示故障的分析结果检测、故障分析报告上送检测，以下分别介绍本项检测的技术要求和检测过程。

（1）应满足要求：

1）在电网发生故障后能够在实时告警窗口快速发出告警信息，同时生成事故简报，事故简报与实时告警关联，点击实时告警时应能自动弹出简报窗口；

2）应支持综合保护装置故障录波报告与保护装置动作报告，生成故障综合报告；

3）故障分析结果应支持图形化展示。

（2）具体检测过程：

模拟线路的各种事故状态，检查在事故发生后，监控系统能否实现对告警事件的分类、过滤、分析，并生成故障分析报告，分析结果与模拟的故障类型是否一致。

第一步：记录在各种事故状态下在实时告警窗查看到的告警信息显示内容，检查故障分析报告生成以及生成的故障分析报告内容；

第二步：检查故障分析报告内容是否包括事故发生时的稳态、暂态数据，并对数据进行整合、分析；检查显示的告警分析结果与模拟的故障类型是否一致；

第三步：检查故障分析报告格式是否遵循 XML1.0 规范，能否存储；

第四步：以图形化的方式展示故障的分析结果，检查主要内容是否包括：故障简报、保护动作事件、故障测距、动作时序、故障量及保护定值；

第五步：检查在模拟主站是否可以收到监控系统主动上送或通过模拟主站召唤的故障分析报告。

4. 智能告警检测

智能告警检测根据应满足的技术要求共分为三个步骤，分别为告警信号展示检测、告警信号分类及过滤功能检测、告警简报检测，以下分别介绍本项检测的技术要求和检测过程。

（1）应满足要求：

1）应具备故障告警信息的分类和过滤功能；

2）应具备按设备间隔级、设备级的故障告警信息分类和过滤功能；

3）通过分析电网实时运行信息，应具备按单事项推理与关联多事件推理，生成告警简报；

4）应具备通过检测图像、声音、颜色等方式给出正确告警信息的功能；

5）应支持多种方式查询告警记录的功能。

（2）具体检测过程：

模拟某些典型故障，测试智能告警是否具备相应功能要求。

第一步：分类模拟告警信号，检查是否在告警窗产生告警信号，检查故障告警信息显示是否按照事故告警、异常告警、变位信息、越限信息、告知信息显示窗口分类；检查告警窗口是否支持双击告警记录查看告警简报功能，核对告警简报正确性。

第二步：检查告警信号是否支持按照间隔、设备、告警类型进行分类和过滤，过滤后只显示满足当前过滤条件的告警信息；检查告警信号是否支持按照间隔、设备条件屏蔽告警信号，屏蔽后不再显示满足当前屏蔽条件的告警信息；检测告警历史信息是否支持按间隔、设备查询，按用户指定的起止时间段、告警级别和告警类型查询。

第三步：模拟故障事件产生告警信号，检查智能告警工具是否生成告警简报，以及检测其正确性；检查系统告警是否闪烁，是否发出对应分类的告警声音，检查是否显示对应分类告警颜色。

（九）安全监测与管理

安全监测与管理检测根据应满足的技术要求共分为八个步骤，分别为 TCP 连接方式及通道切换检测、采集信息检测、白名单及关键文件等参数查看、修改白名单、关键文件/目录清单检测、基线核查等控制命令检测、断网检测、漏洞扫描、异常处理检测，以下分别介绍本项检测的技术要求和检测过程。

1. 应满足要求

（1）站内的服务器（监控主机等）、工作站应支持采集自身网络安全状态数据，并上送网络安全监测装置，以及应支持处理网络安全监测装置下发的代理服务。

（2）控制操作命令类型包括参数查看、参数设置、基线核查、主动断网、漏洞扫描、版本管理及特征数据更新。

2. 具体检测过程

第一步：服务器、工作站与网络安全监测装置建立 TCP 连接，检测 TCP 连接方式及通道切换等是否符合规范要求；

第二步：依次触发服务器、工作站的安全事件信息，检测服务器、工作站是否能够上送相应的采集信息，信息是否完整、无丢失、格式是否正确；

第三步：通过服务代理方式查看服务器、工作站网络连接白名单、服务端口白名单、关键文件、目录清单、存在光驱设备检测周期、非法端口检测周期参数，检测服务器、工作站响应数据是否与实际相符，格式是否正确；

第四步：通过服务代理方式修改服务器、工作站网络连接白名单、服务端口白名单、关键文件/目录清单、存在光驱设备检测周期、非法端口检测周期参数，检测服务器、工作站参数被修改成功并生效，响应数据是否与实际相符，格式是否正确；

第五步：通过服务代理方式启动基线核查、漏洞扫描、版本管理，检测服务器、工作站是否能够正确启动相应的控制命令，在完成控制命令后，是否自动返回控制结果文件，文件内容和格式是否正确；

第六步：通过服务代理方式启动主动断网命令后，检测服务器、工作站是否能够主动断开网络连接，若断网失败，是否能够正确返回错误码；

第七步：通过服务代理方式更新漏洞扫描特征参数，检测服务器、工作站是否能够识别并更新现有的漏洞扫描特征参数，更新后的漏洞扫描特征参数是否生效；

第八步：触发异常的启动命令或服务器、工作站执行失败时，检测服务器、工作站是否能够响应正确的错误码。

（十）DL/T 860 与 DL/T 634.5104 规约转换检测

根据《智能变电站一体化监控系统技术规范》的要求，智能变电站一体化监控系统站内采用 DL/T 860 规约，通过网关机对远方调度 DL/T 634.5104 规约，本节重点侧重于 DL/T 860 规约与 DL/T 634.5104 规约映射关系的检测，检测应用中的遥测、遥信、SOE、遥控、遥调的数据对象映射关系，检测数据对象是否正确的使用了品质位。

1. 应满足要求

应用功能与品质描述如表 12-2、表 12-3 所示。

表 12-2　　　　　　　　　　应用功能

项目	DL/T 860 规约	DL/T 634.5104 规约
遥信、SOE	单点信息 SPS	类型<30>，当事件变化时； 类型<1>，当总召唤时；
	双点信息 DPS	类型<31>，当事件变化时； 类型<3>，当总召唤时
遥测量	测量值 MV	类型<36>或类型<35>，当事件变化时； 类型<13>或类型<11>，当总召唤时；
	向量值 CMV	类型<36>或类型<35>，当事件变化时； 类型<13>或类型<11>，当总召唤时；
遥控	单点控制 SPC	类型<45>（无时标）或 TI<58>（带时标）；
	双点控制 DPC	类型<46>（无时标）或 TI<59>（带时标）；
设点	整数设点 ING	类型<49>（无时标）或 TI<62>（带时标）；
	模拟量设点 ASG	类型<50>（无时标）或 TI<63>（带时标）；

表 12-3　　　　　　　　　　品质描述

项目	品质描述	
遥信、SOE	Quality 的 validity -值［good］	品质位 IV 值［valid］
	Quality 的 validity -值［invalid］	品质位 IV 值［invalid］
	Quality 的 validity -值［questionable］	品质位 NT 值［1］
	Quality 的 source 值［substituted］	品质位 SB 值［substituted］
	Quality 的 test 值［test］	品质位 IV 值［invalid］
	Quality 的 operatorBlocked 值［blocked］	品质位 BL 值［blocked］

项目	品质描述	
遥测量	Quality 的 validity -值［good］	品质位 IV 值［valid］
	Quality 的 validity -值［invalid］	品质位 IV 值［invalid］
	Quality 的 validity -值［questionable］	品质位 NT 值［1］
	Quality 的 detailQual -值［overflow］	品质位 OV 值［overflow］
	Quality 的 detailQual -值［out of Range］	品质位 OV 值［overflow］
	Quality 的 source 值［substituted］	品质位 SB 值［substituted］
	Quality 的 test 值［test］	品质位 IV 值［invalid］
	Quality 的 operatorBlocked 值［blocked］	品质位 BL 值［blocked］

2. 具体检测过程

第一步：建立测试环境，使用监控系统自动测试系统与被测设备数据通信网关机相连接，通过 IED-仿真器模拟信号上送；

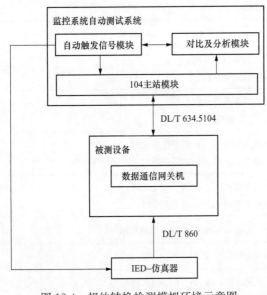

图 12-4 规约转换检测模拟环境示意图

第二步：如图 12-4 所示，监控系统自动测试系统的自动触发信号模块通知 IED-仿真器触发相关遥测、遥信的变化，通过被测设备上送自动测试系统 104 主站模块，并发送给自动测试系统对比及分析模块，检查品质位信息是否正确给出处理结果，在监控系统自动测试系统分别做遥控和设点命令，并检查执行结果是否正确。

（十一）工具软件检测

工具软件检测内容主要为验证一体化监控系统的配置工具、校核工具、版本管控等支撑工具是否满足技术要求，共分为五大部分的检测，包括装置配置工具检测、系统配置工具检测、模型校核工具检测、图形管理工具检测、模型和版本管理监测，以下将分别介绍各部分检测应满足的技术要求及具体的检测过程与步骤。

1. 装置配置工具检测

（1）应满足要求：

1）支持将来自 SCD 文件中其他 IED 的输入数据与装置内部信号关联配置，生成 IED 专用的配置文件，并将配置文件下装到 IED；

2）支持 SCD 文件导出 CID 文件和 IED 特定配置文件，支持文件下装到装置，并保证下装文件的一致性。

（2）具体检测过程：

第一步：导入 SCD 文件，完成其他 IED 输入数据与装置内部信号绑定，生成 IED 专用配置文件并下装至 IED 中，检查 IED 装置是否运行正常；

第二步：导入 SCD 文件，导出 CID 文件和 IED 特定配置文件，支持文件下装至 IED 装置中，检查装置是否重启运行正常。

2. 系统配置工具检测

（1）应满足要求：

1）配置工具对输入的数据应进行正确性和有效性检查，生成的文件应满足 DL/T 860.6 中 schema 的要求；

2）系统配置工具导入 ICD 文件时应保留厂家私有命名空间及其元素；

3）系统配置工具应支持 GOOSE 和 SV 虚端子连接配置，可自动生成虚端子连接图，以图形形式来表达各虚端子之间的连接；

4）配置工具应能自动生成文件的版本信息（version 和 revision）、并记录修改时间和修改人，修改内容和修改原因可人工填写；

5）系统配置工具应能自动生成全站虚端子配置 CRC 版本和 IED 虚端子配置 CRC 版本并自动保存；

6）系统配置工具宜支持图形化方式配置 Substation 部分并生成 SSD 文件；

7）系统配置工具应具备子网配置功能；

8）系统配置工具应具备 IP 地址、子网掩码、MAC 地址、APPID、VLAN-ID 和 VLAN-PRIORITY 属性值类型和范围自动限定功能；

9）系统配置工具应支持虚端子物理端口分配功能；

10）系统配置工具应具备 IED 更新功能，更新时应选择性保留虚端子连接、通信参数、控制块信息、自描述信息等配置；

11）系统配置工具应具备 SCD 文件导入和校验功能，可读取变电站 SCD 文件，测试导入的 SCD 文件的信息是否正确。

（2）具体检测过程：

第一步：打开系统配置工具，导入不符合 DL/T 860.6 中 schema 要求的模型文件，检查配置工具是否产生合法性不满足告警。

第二步：导入 ICD 文件，查看是否保留了厂家私有命名空间及其元素。

第三步：编辑 GOOSE 和 SV 虚端子连接配置，检查是否可以自动生成虚端子连接图，图形化展示虚端子间的连接关系。

第四步：在系统配置工具修改 SCD 文件并保存，查看更改前后的文件版本信息、修改内容、修改原因、修改时间、修改人。检查修改内容、修改原因、修改人是否支持人工录入。

第五步：编辑 GOOSE 和 SV 虚端子连接配置，检查是否支持自动生成全站虚端子配置 CRC 版本和 IED 虚端子配置 CRC 版本并自动保存。

第六步：检查系统配置工具是否支持采用图形化方式配置 Substation 部分并生成 SSD 文件。

第七步：在系统配置工具打开 SCD 文件，检查是否支持子网配置功能。

第八步：在系统配置工具打开 SCD 文件，修改 IP 地址、子网掩码、MAC 地址、AP-PID、VLAN-ID 和 VLAN-PRIORITY 属性值，检查是否具备类型和范围自动限定功能。

第九步：在系统配置工具打开 SCD 文件，检查是否支持分配虚端子物理端口。

第十步：在系统配置工具打开 SCD 文件，选择某一 IED 进行更新，检查是否支持选择性保留虚端子连接、通信参数、控制块信息、自描述信息等配置。

第十一步：在系统配置工具打开 SCD 文件，检查是否支持校验功能以及支持检查 SCD 文件的信息正确性。

3. 模型校核工具检测

(1) 应满足要求：

1) 应具备 SCD 文件导入和校验功能，可读取变电站 SCD 文件，测试导入的 SCD 文件的信息是否正确；

2) 应具备合理性检测功能，包括介质访问控制（MAC）地址、网际协议（IP）地址唯一性检测和 VLAN 设置；

3) 应具备 CID 文件检测功能，对装置下装的 CID 文件进行检测，保证与 SCD 导出的文件内容一致。

(2) 具体检测过程：

第一步：导入不满足 DL/T 860.6 中 schema 要求的 SCD 文件，使用工具模型校核功能，检查是否识别文件校验异常；模拟 LN、DOI、SDI、DAI 在对应 DataTypeTemplates 中未定义的场景，对模板引用进行校验，检查 LN、DOI、SDI、DAI 模板引用是否有效。

第二步：导入 MAC 地址、APPID、IP 地址描述冲突的 SCD 文件，使用工具模型校核功能，检查是否识别 MAC/IP 地址冲突。

第三步：通过一体化监控系统配置工具，下装装置 CID 文件后，再修改本地 CID 文件，使装置实际运行的 CID 文件与后台当前存储 CID 文件不一致，使用工具模型校核功能，检查是否识别 CID 不一致异常。

4. 图形管理工具检测

(1) 应满足要求：

1) 应具有图元编辑、图形制作和显示功能，并与实时数据库相关联；

2) 导入和导出的图形应满足 DL/T 1230 标准要求，以便于其他系统使用，实现图形共享。

(2) 具体检测过程：

第一步：检查是否可对图元库进行编辑，是否可绘制主接线图、间隔分图，实现图元与设备、信号的关联操作；

第二步：检查是否支持导出 CIM/G 文件。

5. 模型和版本管理

(1) 应满足要求：

1) 应具备 SCD 文件历史版本管理等功能，应支持不同版本 SCD 文件比对功能，并以图形化或列表方式展示版本差异；

2) 能够获取 SCD 中各 IED 设备 CCD 文件，并计算 CCD 文件 CRC 校验码。宜具备 CCD 文件与 SCD 文件一致性校验功能；

3) 应具备 IED 设备版本及校验码在线获取功能，并与本地数据进行对比，应识别差异信息。

(2) 具体检测过程：

第一步：检查 SCD 文件历史版本管理等功能，检查是否可以实现不同版本 SCD 文件比

对功能，并以图形或列表方式展示版本差异；

第二步：获取 SCD 中各 IED 设备 CCD 文件，并计算 CCD 文件 CRC 校验码。检查是否具备 CCD 文件与 SCD 文件一致性校验功能；

第三步：检查 IED 设备的 CCD 过程层配置校验码在线获取功能，并与本地数据进行对比，检查对于差异信息是否有告警提示。

第三节　性能指标测试

（一）系统性能指标检验

系统性能指标检验内容主要为检测一体化监控系统的数据传输与界面刷新的实时性是否满足要求，根据技术要求共分为八个步骤，以下分别介绍本项检测的技术要求和检测过程。

1. 应满足要求

（1）遥测量信息响应时间（从 I/O 输入端至数据通信网关机出口）不大于 2s；

（2）状态量变化响应时间（从 I/O 输入端至数据通信网关机出口）不大于 1s；

（3）间隔层测控装置事件顺序记录分辨率（SOE）不大于 1ms；

（4）监控主机对遥控命令的处理时间不大于 2s，控制操作正确率 100%；

（5）画面整幅调用响应时间，实时画面不大于 1s，其他画面不大于 2s；

（6）远程调阅画面整幅调用响应时间，实时画面不大于 5s，其他画面不大于 3s；

（7）画面数据刷新周期可设，可根据用户需要设置，最低不小于 1s；

（8）站控层网络通信状态变化能在 1min 内正确反应。

2. 具体检测过程

第一步：设置系统遥测值数据的上、下限，用秒脉冲触发模拟源输出，设置该模拟量越上限或越下限变化，使遥测量超越限值变化，产生越限告警事件报告。模拟主站收到的越限告警报告中所带时标显示的时间减去秒脉冲时间即为遥测变化传输到监控系统的时间，依此检测遥测量信息响应时间是否符合规范要求。

第二步：用秒脉冲触发状态信号仿真器上断路器的跳闸/合闸变位，系统产生遥信变位告警事件报告，模拟主站收到的越限告警报告中所带时标显示的时间减去秒脉冲时间即为状态量变位传输到监控主机的时间，依此检测状态量变化响应时间是否符合规范要求。

第三步：设置事件顺序记录分辨率测试仪所发出的两路开关量变位时间间隔为 1ms，分别将两路开关量接入两台智能装置的开入，分辨率测试仪发生开关量变位后检查装置上送的两路开关量变位信息的事件顺序记录时间间隔是否为 1ms。

第四步：在图形界面上对断路器做完整的遥控操作，操作完成后，系统产生遥信变位告警事件报告，报告中所带时标显示的时间减去遥控执行报文下发的时间即为遥控执行时间，依此检测监控主机对遥控命令的处理时间是否符合规范要求。并检查遥控输出接点路号是否正确；同一控点连续控制 50 次，检查控制操作是否 100% 正确。

第五步：在监控主机点击图形接口调出任一有实时数据的画面，测量从输入命令开始直到画面全部显示完毕的时间，依此检测画面整幅调用响应时间是否符合规范要求。

第六步：在模拟主站远程调阅任一有实时数据的画面，测量从输入命令开始直到画面全部显示完毕的时间，依此检测远程调阅画面整幅调用响应时间是否符合规范要求。

第七步：检查监控系统是否可以设置画面的数据刷新周期，最小能够设置到 1s，测量数据的变化刷新时间。

第八步：断开一体化监控系统与测控装置的网线，测量从断开网线到模拟主站收到通信中断告警信号的时间。依此检查站控层网络通信状态变化时间是否符合规范要求。

（二）系统负荷率指标检验

系统负荷率指标检验内容主要为检测一体化监控系统的 CPU 及网络负荷率是否满足要求，根据技术要求共分为四个步骤，以下分别介绍本项检测的技术要求和检测过程。

1. 应满足要求

（1）CPU 正常负荷率不大于 30%，事故下 CPU 负荷率不大于 50%；

（2）网络正常负荷率不大于 20%，事故下网络负荷率不大于 40%。

2. 具体检测过程

第一步：CPU 正常负荷率检验：在正常的工况条件下，完成系统各项模拟操作时，采用系统性能分析工具，监测并记录监控主机在 30min 内的 CPU 平均负荷率，检查数值是否符合规范要求；

第二步：事故下 CPU 负荷率检验：模拟系统发生事故时的工况条件，采用系统性能分析工具，监测并记录 10s 内监控主机的平均负荷率，检查数值是否符合规范要求；

第三步：网络正常负荷率检验：在正常的工况条件下，完成系统各项模拟操作时，采用网络性能测试仪，监测并记录 30min 内网络的平均负荷率，检查数值是否符合规范要求；

第四步：事故下网络负荷率检验：模拟系统发生事故时的工况条件，采用网络性能测试仪，监测并记录 10s 内网络的平均负荷率，检查数值是否符合规范要求。

（三）雪崩检验

雪崩检验内容主要为检测一体化监控系统在网络风暴下是否运行正常，四遥功能是否正确，根据应满足的技术要求共分为三个步骤，以下分别介绍本项检测的技术要求和检测过程。

1. 应满足要求

（1）检验信息量变化对网络负荷率及系统的功能和性能的影响；

（2）要求站控层能正常工作、事件记录要完整、事件顺序记录应真实、完整反映信息的变化。

2. 具体检测过程

第一步：模拟监控系统每 500ms 产生 200 点遥信变位，连续变化 1min，检查系统是否发生死机、重启等异常现象；

第二步：在 50% 的背景数据流量、30% 实际应用数据下，在数据流量加上后 10s 内检查系统的运行状况；

第三步：在雪崩过程中使用仿真器自动模拟进行遥测值越限、遥信变位、遥控和遥调试验，记录系统的处理情况，与仿真器的设置值做比较，检查系统是否正确处理并显示遥信、遥测数据并生成正确的告警信息，事件顺序记录时间是否正确，遥控、遥调操作是否正常。

（四）时间同步精度

时间同步精度检测内容主要为检测一体化监控系统的对时功能是否正确，根据应满足的技术要求共分为三个步骤，以下分别介绍本项检测的技术要求和检测过程。

1. 应满足要求

一体化监控系统的简单网络时间协议（SNTP）对时误差不大于200ms。

2. 具体检测过程

第一步：监控主机运行 SNTP 客户端与时钟装置进行时间校正；

第二步：监控主机启动网络传输协议（NTP）对时服务；

第三步：在时间同步装置上，检测监控主机的对时偏差是否小于200ms。

（五）可靠性检验

根据《智能变电站一体化监控系统技术规范》的要求，一体化监控系统可靠性检验内容包括双网切换检验、双机切换检验（要求切换平稳、系统和网络工作正常），以及稳定运行检验。

1. 双网切换检测

（1）应满足要求：

1）当被测系统断开 A 网或 B 网时，能自动切换到另一网络，数据采集及通信功能正常；

2）同时断开被测系统的 A、B 网时，待网络恢复后，数据采集及通信功能正常；

3）主备网络通道切换到系统功能恢复到正常的时间不大于15s。

（2）具体检测过程：

第一步：断开 A 网，用模拟器输出随机遥信变位，比较系统历史数据库与模拟器端的记录值，检查在切换过程中是否无数据丢失，并记录遥信变位中断接收时间；

第二步：恢复 A 网至正常，断开 B 网，用模拟器输出随机遥信变位，比较系统历史数据库与模拟器端的记录值，检查在切换过程中是否无数据丢失，并记录遥信变位中断接收时间；

第三步：恢复 B 网至正常，将 A、B 网同时断开，用模拟器输出随机遥信变位，将网络通信恢复后，比较系统历史数据库与模拟器端的记录值，检查系统是否无数据丢失，并记录从网络恢复到数据接收通信正常的时间。

2. 双机切换检验

（1）应满足要求：

1）主动切换检验时，备机切换为主机后要求功能恢复正常，从切换命令发出到系统恢复正常的时间不大于60s，切换过程中不应丢数据；

2）自动切换检验时，备机切换为主机后要求功能恢复正常，从主机关闭到系统恢复正常的时间不大于60s，切换过程中不应丢数据。

（2）具体检测过程：

第一步：主动切换检测。先在平台监视工具中查看各个服务器，确保系统运行正常，记录此时的监控主机1，当切换到监控备用机2时，检验系统是否运行正常，若监控系统配置了独立的操作员工作站，检查操作员工作站此时是否连接到监控主机 2；再切换到监控主机 1 时，检验系统是否运行正常，若监控系统配置了独立的操作员工作站，检查操作员工作站此时是否连接到监控主机 1。

第二步：自动切检测。先在平台监视工具中查看各个服务器，确保系统运行正常，记录此时的监控主机 1，模拟监控主机 1 故障，检查系统是否能切换到监控备用机 2，查看监控备用机 2，若监控系统配置了独立的操作员工作站，检查此时操作员工作站是否连接到监控备用机 2。

第三步：切换过程检测。系统在双机方式下运行，用模拟器输出随机遥信变位，遥信变位每 20ms 发生一次，模拟器端能够记录遥信值的变化情况。模拟主服务器发生故障时系统向备用节点切换，比较系统历史数据库与模拟器端的记录值，检查在切换过程中是否无数据丢失。若监控系统配置了独立的操作员工作站，也在操作员工作站进行上述比较，检查在切换过程中是否无数据丢失。

第四节 检 测 实 例

检测环境应根据图 12-2 的检测系统架构搭建，被测设备包括主备监控主机、综合应用服务器、操作员站、Ⅰ区数据通信网关机、Ⅱ区数据通信网关机、测控装置，辅助测试的设备包括网络安全监测装置、时间同步装置、网络报文记录分析装置、保护装置、变电站监控系统试验装置、变电站监控系统试验用标准功率源装置等，辅助测试的软件包括一体化监控系统自动测试软件、DL/T 860 规约测试工具、DL/T 634.5104 规约测试工具、仿真器-IED、模型文件校验工具、版本校核工具、模糊测试工具、网络攻击测试工具等，其中一体化监控系统自动测试软件可以实现自动或半自动逐项运行测试用例，并自动生成测试结果的功能。

（一）厂站端采集模拟量数据功能检测

检测人员在检测系统软件，点击预置的检测样例，模拟模拟量数据的变化，在厂站端 220kV 金龙 1 线 263 间隔信息分图中观察模拟量进行相应的数据变化。

第一步：打开检测系统软件，找到要执行的检测样例条目"采集模拟量数据"，右键单击"测试当前项目"开始测试，如图 12-5 所示。

第二步：系统弹出测试信息监视界面，并执行初始化信息操作，界面展示基本信息、初始化信息、过程描述，如图 12-6 所示。

第三步：初始化完成后点击"下一步"按钮，按照过程描述的步骤，模拟量数据进行相应的变化，同时在厂站端 220kV 金龙 1 线 263 间隔信息分图中观察模拟量是否进行相应的数据变化；脚本执行结束后，根据观察的结果下拉选择"通过/不通过"并填入可能的备注信息，最后点击"确定"按钮；每个通道分别填写，如图 12-7 所示。

第四步：系统自动填写检测结果和备注信息，如图 12-8 所示。

（二）厂站端遥控成功率功能检测

检测人员在检测系统软件，点击预置的检测样例，自动模拟主站端的 50 次遥控操作。

第一步：打开检测系统软件，找到检测样例条目"测试准备"右键单击"测试当前项

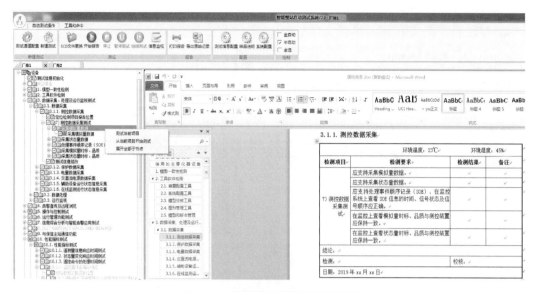

图 12-5 执行采集模拟量测试界面

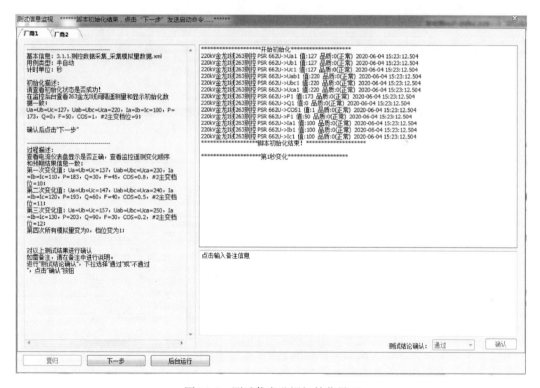

图 12-6 测试信息监视初始化界面

目"与子站端初始化链路；找到要执行的检测样例条目"163）遥控操作正确率测试（主站下发 50 次遥控命令）"，右键单击"测试当前项目"开始测试，如图 12-9 所示。

第二步：系统弹出测试参数编辑界面，设置遥控总次数、遥控失败后间隔时间、遥信类型、遥控点号、遥控对应遥信点号；一般默认即可，如果 30s 内未操作则按照默认参数

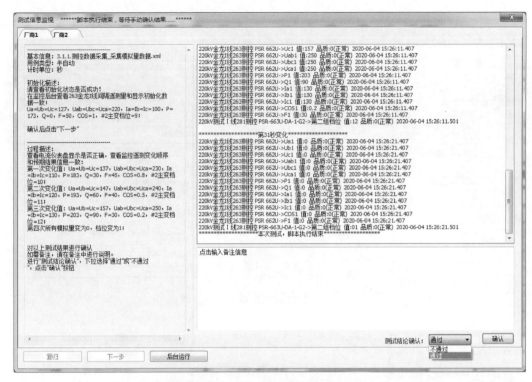

图 12-7　填写检测结果和备注信息界面

图 12-8　测试完成后自动填写报告界面

执行，如图 12-10 所示。

第三步：测试系统自动执行 50 次遥控操作，并在测试报告中自动填写检测结果和备注信息，备注格式为"遥控××次，成功××次，失败××次，遥控成功率：××%"；每个通道分别执行。

10.1.4. 遥控操作正确率测试
环境温度：23℃
环境湿度：45%
检测项目
检测要求
检测结果
备注
163) 遥控操作正确率测试
控制操作正确率 100%。
结论：
检测：
校核：
日期：2019 年 xx 月 xx 日

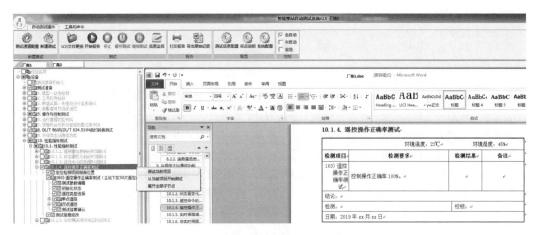

图 12-9　执行遥控操作正确率测试界面

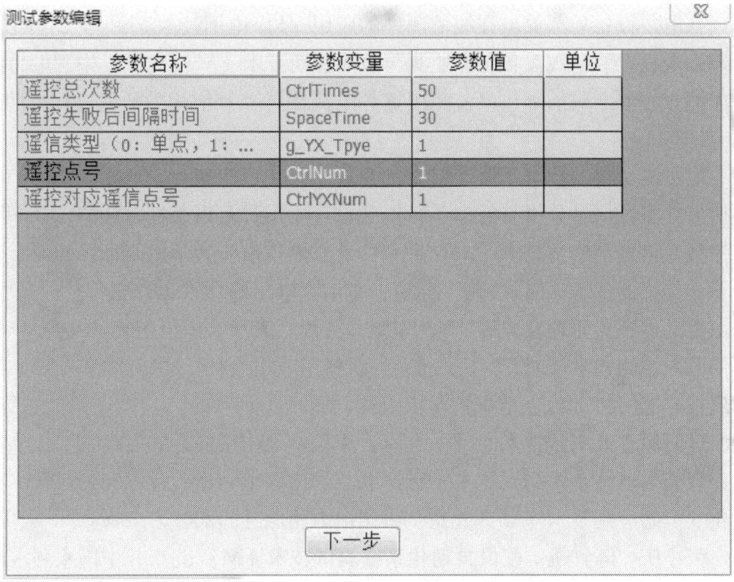

测试参数编辑
参数名称
参数变量
参数值
单位
遥控总次数
CtrlTimes
50
遥控失败后间隔时间
SpaceTime
30
遥信类型（0：单点，1：...
g_YX_Tpye
1
遥控点号
CtrlNum
1
遥控对应遥信点号
CtrlYXNum
1
下一步

图 12-10　测试参数编辑界面

参 考 文 献

[1] 蔡萍，赵辉，施亮. 现代检测技术［M］. 北京：机械工业出版社，2016.

[2] 唐文彦. 传感器［M］.5 版. 北京：机械工业出版社，2014.

[3] 施文康，余晓芬. 检测技术［M］.4 版. 北京：机械工业出版社，2015.

[4] 施文康，余晓芬. 检测技术［M］.3 版. 北京：机械工业出版社，2010.

[5] 施文康，徐锡林. 测试技术［M］. 上海：上海交通大学出版社，1995.

[6] 孙传友，翁惠辉. 现代检测技术及仪表［M］. 北京：高等教育出版社，2006.

[7] 周杏鹏. 现代检测技术［M］. 北京：高等教育出版社，2010.

[8] 郑华耀. 检测技术［M］. 北京：机械工业出版社，2004.

[9] 宋文绪，杨帆. 传感器与检测技术［M］. 北京：高等教育出版社，2009.

[10] 林占江. 电子测量技术［M］. 北京：电子工业出版社，2003.

[11] 覃剑. 特高频在电力设备局部放电在线监测中的应用［J］. 电网技术.1997，21（6）：33-36.

[12] 朱德恒，严璋，谈克雄. 电气设备状态监测与故障诊断技术［M］. 北京：中国电力出版社，2009.

[13] 吴广宁，陈志清. 大型电机局部放电监测用宽频电流传感器及应用的研究［J］. 西安交通大学学报，1996，30（6）：8-14.

[14] 常新华，等. 电子测量仪器技术手册［M］. 北京：电子工业出版社，1992.

[15] 邓善熙，秦树人. 测试信号分析与处理［M］. 北京：中国计量出版社，2003.

[16] 樊尚春，周浩敏. 信号与测试技术［M］. 北京：北京航空航天大学出版社，2002.

[17] 贾伯年，余朴. 传感器技术［M］.3 版. 南京：东南大学出版社，2007.

[18] 王化祥，张淑英. 传感器原理及应用［M］.3 版. 天津：天津大学出版社，2007.

[19] 施文康，余小芬. 检测技术［M］.3 版. 北京：机械工业出版社，2010.

[20] 吴正毅. 测试技术［M］. 北京：清华大学出版社，1991.

[21] 冯军. 智能变电站原理及测试技术［M］. 北京：中国电力出版社，2011.

[22] 何建军，等. 智能变电站系统测试技术［M］. 北京：中国电力出版社，2013.

[23] 高翔. 数字化变电站应用技术［M］. 北京：中国电力出版社，2008.

[24] 刘健，刘东，张小庆，陈宜凯. 配电自动化系统测试技术［M］. 北京：中国水利水电出版社，2015.

[25] 陈其森，宣晓华. 智能变电站自动化系统集成测试技术［M］. 北京：中国电力出版社，2015.